全国高等职业教育规划教材

S7-200 PLC 基础及应用

赵全利　李会萍　贾　磊　主　编
张　延　周　毅　万春林　等编著

机 械 工 业 出 版 社

本书在简单介绍低压电器、PLC基础知识及应用特点的基础上，从教学和应用的角度出发，系统地阐述了S7-200 PLC的性能特点、硬件结构、工作原理、编程资源及指令功能。通过大量工程实例，对PLC控制系统的编程环境、网络通信、设计思想、设计方法及调试过程进行了详尽阐述。本书每章均配有实训和思考练习题。

本书可作为高职院校电气电子工程、自动化、机电等专业的教学用书，也可供相关专业的工程技术人员参考。

图书在版编目（CIP）数据

S7－200 PLC基础及应用/赵全利，李会萍，贾磊主编．—北京：机械工业出版社，2010.3（2014．8重印）
（全国高等职业教育规划教材）
ISBN 978-7-111-29736-9

Ⅰ.S… Ⅱ.①赵…②李…③贾… Ⅲ.可编程序控制器－高等学校：技术学校－教材 Ⅳ.TM571.6

中国版本图书馆CIP数据核字（2010）第023922号

机械工业出版社（北京市百万庄大街22号 邮政编码100037）
责任编辑：石陇辉
责任印制：刘 岚
北京富生印刷厂印刷
2014年8月第1版·第3次印刷
184mm×260mm·16.25印张·396千字
5801－8800册
标准书号：ISBN 978-7-111-29736-9
定价：27.00元

凡购本书，如有缺页、倒页、脱页，由本社发行部调换

电话服务
社服务中心：(010)88361066
销 售 一 部：(010)68326294
销 售 二 部：(010)88379649
读者购书热线：(010)88379203

网络服务
教 材 网：http://www.cmpedu.com
机工官网：http://www.cmpbook.com
机工官博：http://weibo.com/cmp1952
封面无防伪标均为盗版

前 言

PLC 是以微处理器为基础，综合计算机技术、自动控制技术和通信技术发展而来的一种新型工业控制装置，在各种工业自动化控制领域中有广泛的应用。

本书以目前广泛应用的德国西门子 S7-200 PLC 为例，有针对性地介绍了 PLC 的结构、工作原理、硬件配置、指令系统、编程环境及网络通信等内容，并结合具体工程实例，对常用 PLC 控制系统的设计思想、设计步骤、设计方法及调试维护进行了详尽的讲述。本书通过大量由浅入深的 PLC 应用实例，引导读者逐步认识、熟知、应用 PLC，为 PLC 控制系统的开发和深入应用打下坚实的基础。

本书是根据不断发展的 PLC 控制技术以及编者多年的教学经验和工程实践，并在参阅同类教材和相关文献的基础上编写而成的，在内容的安排上，既注重通过 PLC 应用实例反映 PLC 的一般工作原理及其应用特点，又注重 PLC 工程应用的可操作性和实用性。

本书共有 9 章。第 1 章在简要介绍常用低压电器和电气控制电路的基础上，阐述了现代工业控制系统从继电器控制发展到 PLC 控制的过程，并对 PLC 的工作原理进行了分析；第 2 章主要介绍了 S7-200 PLC 的技术指标、硬件配置、编程软元件、数据类型及其寻址方式等；第 3 ~5 章详细介绍了 S7-200 PLC 的指令系统，通过实例介绍了梯形图的语法结构、指令格式以及利用梯形图设计控制系统的方法；第 6 章对 STEP7-Micro/WIN 编程工具的使用方法作了介绍；第 7 章主要介绍了 S7-200 PLC 通信网络的建立、通信组态的配置以及通信指令的应用等；第8、9 章重点介绍了 PLC 控制系统的总体规划和软硬件设计，以几个工程控制系统设计为例，说明 PLC 在工业控制系统中的应用。全书在取材和编排上由浅入深，循序渐进，便于读者学习和教学使用。各章节中列举的 PLC 设计实例都经 STEP7-Micro/WIN 编程工具编译通过，并在 S7-200 PLC 开发系统上进行了硬件测试，可直接使用或稍作修改用于相关系统的设计。

本书由赵全利、李会萍、贾磊主编，张延、周毅、万春林等编著。其中第 1 章、第 2 章由周毅编写，第 3 章由贾磊编写，第 4 章、第 8 章、习题答案由万春林编写，第 5 章 5. 4 ~5. 9 节由赵全利编写，第 5 章 5. 1 ~5. 3 节、第 7 章由张延编写，第 6 章、第 9 章由李会萍编写，各章实训及思考练习题由刘云、贺洁编写，附录 A、附录 B、图表制作、文字录入及电子课件由柴云、刘克纯、李慧、翟丽娟、张国胜、彭守旺、彭春艳、崔瑛瑛、赵俊杰、庄建新、巩义云、丁新旺、岳爱英、李晓娟、魏蔚、胡峰、孙洪玲编写和完成。全书由刘瑞新教授主审定稿，赵全利、李会萍统稿，并对所有程序上机验证、优化和调试。

本书可作为高职院校电气电子工程、自动化、机电等专业的教学用书，也可供相关专业的技术人员参考。

本书在编写过程中参考和引用了许多文献，在此对文献的作者表示感谢。由于编者水平有限，书中难免存在错误和不妥之处，敬请广大读者批评指正。

为了方便教师、学生和自学者使用本书，本书配有电子教案以及所有例题、习题的源程序代码，读者可以到机械工业出版社教材服务网 www. cmpedu. com 免费下载。

编 者

目　录

第1章　电气控制与PLC基础

传统电气控制系统常用的元器件主要是继电器和接触器等。随着电子技术、自动控制技术及计算机科学技术的迅速发展，计算机控制系统得到了广泛地应用，可编程序控制器已成为工业自动化控制系统的主要装置。

可编程序控制器（Programmable Logic Controller，PLC）是电气控制技术和计算机科学技术相结合的产物。PLC 以微处理器为核心，能够执行逻辑运算、定时、计数、模拟信号处理及 PID 运算等功能，是一种新型的工业自动化控制装置。

本章在简要介绍常用低压电器和电气控制电路的基础上，阐述了现代工业从电气控制发展到 PLC 控制的过程，然后介绍了 PLC 的硬件结构、软件组成、编程语言及 PLC 的基本工作原理。

1.1　低压电器与电气控制电路

1.1.1　常用低压电器

低压电器是指工作在交流 1200 V 以下或直流 1500 V 以下的电路中，能够依据操作信号或外界现场信号的要求，手动或自动地改变电路的状态、参数，实现对电路或被控对象的通断、切换、控制、检测、变换、调节和保护等作用的电器。随着电子技术、自动控制技术及计算机科学技术的发展，低压电器正在向小型化、智能化、自动化方向发展。

1. 低压电器的作用

低压电器在电气控制技术中占有相当重要的地位，主要有控制、保护、指示等作用。

1）控制作用。如电动机的起动和停止、开关延时、电梯自动停层、电动扶梯快慢速切换等。

2）保护作用。低压电器可以对设备、环境以及人身实行自动保护，如电动机的过热保护、电网的短路保护、漏电保护等。

3）指示作用。利用低压电器的控制、保护等功能，可以检测出设备运行状况与电气电路工作情况，如绝缘监测、保护掉牌指示等。

2. 低压电器的分类

低压电器种类很多，其功能、规格、用途各不相同。常用低压电器有开关电器、主令电器、接触器、继电器、熔断器、控制器等，其主要品种和用途见表 1–1。

表 1–1　常见低压电器

类　别	主要品种	用　　途
开关电器	限流式断路器、漏电保护式断路器、直流快速断路器、框架式断路器等	主要用于电路的过负载、短路、欠电压、漏电压保护，也可用于不频繁接通和断开的电路
	开关板用刀开关、负荷开关、熔断器式刀开关 、组合开关、换向开关等	主要用于切除电源，也可用于负载的通断或电路的切换；可以将电路与电源隔离，以保障检修人员的安全

（续）

类　别	主要品种	用　途
主令电器	断路器	主要用于低压动力电路、分配电能的电路和不频繁通断的电路，具有出现故障后自动断开的功能
	控制按钮	用于短时间接通和断开小电流控制电路
	微动开关、接近开关等	当其他物体与感应头接近时，可以发出一个电信号来控制电路的通断
	行程开关	用于检测运动机械的位置，控制运动部件的运动方向、行程长短以及限位保护
	指示灯	用于指示电路的工作状态，也可用作预警、故障及其他信号的指示
接触器	交流接触器、直流接触器	用于频繁通断的交、直流主电路，并可以实现远距离控制，主要用来控制电动机、电阻炉和照明器具等电力负载
继电器	电流继电器	根据输入电流的变化控制触点的动作
	电压继电器	根据输入电压的变化控制触点的动作
	时间继电器	按照预定时间接通或断开电路
	中间继电器	在控制电路中完成触点类型转换和信号放大
	速度继电器	多用于三相笼型异步电动机的反接制动控制，当电动机反接制动过程结束、转速为零时，自动切除反相电源，以保证电动机可靠停车
	热继电器	对连续运行的电动机进行过载保护，防止电动机因过热而烧毁，还具有断相保护、温度补偿、自动与手动复位等功能
熔断器	有填料熔断器、无填料熔断器、半封闭插入式熔断器、快速熔断器等	主要用于电路短路保护，也用于电路的过载保护
控制器	起重电磁铁、牵引电磁铁等	主要用于起重、牵引、制动等场合
	电磁起动器、自耦减压起动器等	主要用于电动机的起动控制
	凸轮控制器、平面控制器等	主要用于控制回路的切换

1.1.2 电气控制电路基础知识

电气控制电路是指根据一定的控制方式用导线将接触器、继电器、行程开关、按钮等电器元件连接组成的一种电路，具有制动、调速及换向等功能。

电气控制系统图用各电器元件及其连接电路来表达电气控制系统的结构、功能及原理等图样。依据电气控制系统图，使用者可以完成系统的安装、调试、使用及维修。常用的电气控制系统图有电路原理图、电器布置图和安装接线图三种。电气控制系统图是根据国家标准，用规定的图形符号、文字符号及电气规范绘制而成的，使用不同的图形符号表示各种不同的电器元件，文字符号用于说明电器元件的基本名称、用途、编号及主要特征等。

1. 常用电器的图形符号和文字符号

(1) 图形符号

图形符号通常用于图样或其他文件，用以表示一个设备或概念的图形、标记或字符。

(2) 文字符号

文字符号分为基本文字符号和辅助文字符号。文字符号适用于电气技术领域中技术文件的编制，也可用在电气设备、装置和元件上（或其近旁）来标明它们的名称、功能、状态和特征。如 R 表示电阻器类，C 表示电容器类等。

我国规定从 1990 年 1 月 1 日起，电气系统图中的图形符号和文字符号必须符合最新国家标准。常用电器图形符号、文字符号见附录 A（GB/T4728.1～4728.13—1996～2000）。

2. 常用电气控制电路的设计步骤

1）根据要求设计电路原理图。

2）电路原理图设计完成后，依照设计的电路选择电器元件，包括断路器、熔断器、接触器和继电器等。

- 断路器的选择。断路器的额定电压和额定电流应不小于电路正常工作的电压和电流；热脱扣器的整定电流应与所控制电动机的额定电流或负载额定电流一致；电磁脱扣器的瞬时脱扣整定电流应大于负载电路正常工作时的尖峰电流。
- 熔断器的选择。熔断器的类型应根据电路要求、使用场合和安装条件选择；额定电压应大于或等于电路的工作电压；熔体的额定电流应为负载工作电流的 2～3 倍。
- 接触器的选择。接触器的类型应根据其控制的负载性质来选择；额定电压应大于或等于负载回路的电压；额定电流应大于或等于被控回路的电流；吸引线圈的额定电压应与所接控制电路的电压一致；触点数量和种类应满足主电路和控制电路的要求。
- 时间继电器的选择。应根据控制电路的要求来选择时间继电器的延时方式，即通电延时型或断电延时型；根据延时准确度要求和延时长短要求来选择延时时间范围；根据使用场合、工作环境选择合适的时间继电器。
- 热继电器的选择。热继电器的选择应从电动机的工作环境、起动情况、负载性质等因素来考虑。

3）元件选择完毕后，应对配电盘进行设计，要求设计美观、用料节约、安全、可靠。

4）配电盘设计完成后，应对其进行空载调试。

5）空载调试无误后，对配电盘进行负载调试，直至系统运行成功。

3. 电气控制电路应用实例

三相异步电动机以结构简单、价格便宜、坚固耐用等优点得到了广泛的应用。三相异步电动机的控制电路大多由继电器、接触器和按钮等有触点的电器组成。下面以三相异步电动机的自锁起动控制电路和绕线式电动机的起动控制电路为例，简要介绍三相异步电动机控制电路的基本组成和工作原理。

(1) 自锁起动控制电路

图 1-1 是一个基本的三相异步电动机自锁起动控制电路。主电路由电动机 M、热继电器 FR、接触器 KM 的主常开触点、熔断器 FU1 以及刀开关 QS 构成。控制电路由熔断器 FU2、停止按钮

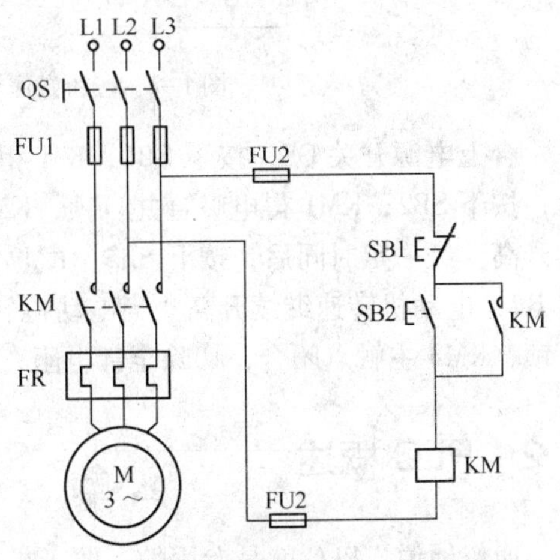

图 1-1　电动机自锁起动控制电路

SB1、起动按钮 SB2、接触器 KM 的辅助常开触点及它的线圈组成。注意，本例中控制电路的工作电压为两相电压。

控制电路起动时，合上刀开关 QS，主电路引入三相电源。按下起动按钮 SB2，接触器 KM 线圈通电，其常开主触点闭合，电动机接通电源开始全起动；同时接触器 KM 的辅助常开触点闭合，这样当松开起动按钮 SB2 后，接触器 KM 线圈仍能通过其辅助触点通电并保持吸合状态。这种依靠接触器本身辅助触点使其线圈保持通电的状态称为自锁，起自锁作用的触点称为自锁触点。按下停止按钮 SB1，接触器 KM 线圈失电，则其主触点断开，切断电动机三相电源，电动机 M 自动停止；同时接触器 KM 自锁触点也断开，控制回路解除自锁，KM 断电。松开停止按钮 SB1，控制电路又回到起动前的状态。

（2）绕线式电动机转子绕组串电阻起动控制电路

转子绕组串电阻起动控制电路又可细分为按钮操作控制电路、时间原则控制绕线式电动机串电阻起动控制电路、电流原则控制绕线式电动机串电阻起动控制电路。图 1-2 为按钮操作转子绕组串电阻起动控制电路图。

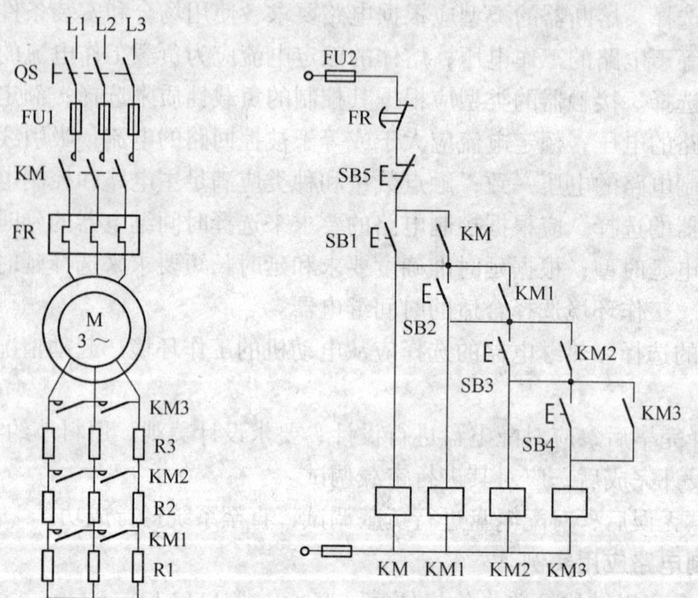

图 1-2　按钮操作转子绕组串电阻起动控制电路

合上电源开关 QS，按下 SB1，KM 得电吸合并自锁，电动机全电阻起动。经一定时间后，按下 SB2，KM1 得电吸合并自锁，KM1 主触点闭合切除第一级电阻 R1，电动机转速继续升高。经一定时间后，按下 SB3，KM2 得电吸合并自锁，KM2 主触点闭合切除第二级电阻 R2，电动机转速继续升高。当电动机转速接近额定转速时，按下 SB4，KM3 得电吸合并自锁，KM3 主触点闭合，切除全部电阻，起动结束，电动机在额定转速下正常运行。

1.2　PLC 概述

通俗地说，PLC 就是专用的、便于扩充的计算机控制装置。

国际电工委员会（IEC）对 PLC 的定义是：“可编程序控制器是一种数字运算操作的电子系统，专为在工业环境下应用而设计。它采用可编程序的存储器，用来在其内部存储执行逻辑运算、顺序控制、定时、计数和算术运算等操作的指令，并通过数字式、模拟式的输入和输出控制各种类型的机械和生产过程。可编程序控制器及其外围设备，都应按易于使工业控制系统连成一个整体、易于扩充其功能的原则设计。”

1.2.1 PLC 的产生

PLC 问世以前，人们主要利用继电接触式控制系统控制工业生产过程。继电接触式控制系统主要由继电器、接触器、按钮、行程开关等组成，具有结构简单、价格低廉、维护容易、抗干扰能力强等优点，在工业控制领域中有广泛的应用。但是，继电接触式控制系统采用固定的接线方式，灵活性差、工作频率低、触点易损坏、可靠性差。

20 世纪 60 年代，随着工业自动化程度的提高和计算机科学技术的飞速发展，对工业控制器的要求也越来越高。1968 年，美国通用汽车公司（GM）为了适应生产工艺不断更新的需要，提出了把计算机的完备功能以及灵活性好、通用性强等优点与继电接触式控制系统的简单易懂、操作便捷、价格低廉等特性结合起来，做成一种能适应工业环境的通用控制装置，并简化编程方法及程序输入方法，使不熟悉计算机的人员也能很快掌握。

1969 年美国数字设备公司（DEC）根据美国通用汽车公司的要求研制出了第一台 PLC（PDP-14），并在美国通用汽车公司的生产线上试用成功，取得了满意的效果，PLC 自此诞生。

20 世纪 70 年代，随着微电子技术的发展，出现了微处理器和微型计算机。微型技术被应用到 PLC 中，不仅用逻辑编程取代硬接线逻辑，还增加了运算、数据传送和处理等功能，使 PLC 真正成为一种工业控制计算机设备。

进入 20 世纪 80 年代，随着大规模和超大规模集成电路等微电子技术的快速发展，以 16 位和 32 位微处理器构成的微机化 PLC 得到了迅猛发展，使 PLC 在各个方面都有了新的突破，不仅功能增强，体积、功耗减小，成本下降，可靠性提高，而且在远程控制、网络通信、数据图像处理等方面也得到了长足的发展。目前，世界各国的一些著名的电气工厂几乎都在生产 PLC 装置。PLC 已作为一个独立的工业设备被列入生产中，成为当代电气控制装置的主导。

PLC 在我国的研制、生产和应用也获得了迅猛发展。在 20 世纪 80 年代初，随着 PLC 装置的引进，在改造传统设备和设计新设备中，PLC 的应用逐年增多，并取得了显著的经济效益。

1.2.2 PLC 的特点

1. 编程方法简单易学

PLC 是面向用户的设备，可以采用梯形图和面向工业控制的简单指令语句编写程序。梯形图是最常用的可编程序控制器的编程语言，其编程符号和表达方式与继电器电路原理图相似。

梯形图语言形象直观，易学易懂，熟悉继电器电路图的工程技术人员只需花少量时间就可熟练掌握梯形图编程语言。梯形图语言实际上是一种面向用户的高级语言，可编程序控制器在执行梯形图程序时，用编译程序将它“翻译”成机器语言后再去执行。

2. 功能强，性价比高

一台小型 PLC 内有成百上千个可供用户使用的编程元件，可以实现非常复杂的控制功能。此外，PLC 还可以通过网络通信，实现分散控制、集中管理。与相同功能的继电器系统相比，PLC 具有更高的性价比。

3. 硬件配套齐全，适应性强

PLC 及外围模块品种繁多，可以灵活方便地组合成满足不同要求的控制系统。在使用时，只需在 PLC 的端子上接入相应的输入/输出（I/O）信号线即可完成电路连接，不需要诸如继电器之类的物理电子器件和大量繁杂的连接电路。

PLC 的 I/O 端可以直接与交流（AC）220V 或直流（DC）24V 的电信号相接，还具有较强的驱动负载的能力，可以直接驱动一般的电磁阀和交流接触器的线圈。

4. 可靠性高，抗干扰能力强

PLC 在电子电路、机械结构及软件结构等方面采取了一系列抗干扰措施，能使 PLC 的平均无故障工作时间达数万小时以上。

在硬件结构方面，PLC 的 I/O 通道采用光电隔离，有效地抑制了外部干扰源的影响；对供电电源及电路采用多种形式的滤波，以消除或抑制高频干扰；对 CPU 等重要部件采用导电、导磁材料进行屏蔽，以减少空间电磁干扰。

在软件方面，PLC 采用扫描工作方式，减少了由于外界环境干扰引起的故障。在 PLC 系统程序中设有故障检测和自诊断程序，这些程序能对系统硬件电路的故障实现检测和判断。当外界干扰引起故障时，PLC 能立即将当前重要信息加以封存，禁止任何不稳定的读写操作，一旦外界环境正常，PLC 又可恢复到故障发生前的状态，继续原来的工作。

另外，PLC 在耐热、防潮、防尘、抗振等方面也都有精巧的设计。

5. 体积小，功耗低

PLC 体积小、重量轻，便于安装。在复杂控制系统中使用 PLC 后，可大大缩小控制系统的体积。PLC 便于植入各种机械设备，实现机电一体化。

在控制系统中采用 PLC，减少了各种时间继电器和中间继电器的数量，可以降低能耗。

6. 系统的设计、安装、调试工作量小

PLC 用软件功能取代了继电接触式控制系统中大量的继电器、计数器等元器件，大大减少了控制柜的设计、安装及接线工作。

PLC 的梯形图编程方法规律性强、容易掌握。对于复杂控制系统，设计梯形图所需的时间比设计继电器系统电路所需时间要少得多。

PLC 的程序可以先模拟调试，将输入信号的装置用小开关代替，输出信号的状态可通过 PLC 上的发光二极管指示，调试好后再将 PLC 安装在现场统一调试。调试过程中发现的问题一般通过修改程序就可以解决，所需调试时间比继电器系统的调试时间要少得多。

7. 维护方便工作量小

PLC 的故障率非常低，并且有完善的自诊断和显示功能。当 PLC 自身、外部的输入装置或执行机构发生故障时，可以根据 PLC 上的发光二极管或编程器提供的信息迅速查明故障的原因。如果是 PLC 自身故障，可用更换模块的方法迅速排除。

1.2.3 PLC 的分类

PLC 的种类有很多，功能也不尽相同。对 PLC 进行分类时，一般按照以下原则进行。

1. 按硬件结构分类

根据硬件结构的不同，可大致将 PLC 分为整体式和模块式。

(1) 整体式 PLC

整体式 PLC 是将 CPU、I/O 接口、电源等部件集中装在一个机箱内，具有结构紧凑、体积小、价格低、安装方便的特点。整体式 PLC 提供多种不同 I/O 点数的基本单元和扩展单元供用户选择。基本单元包含 CPU、I/O 接口、与 I/O 扩展单元相连的扩展口、与编程器或 EPROM 写入器相连的接口等。扩展单元内只有 I/O 接口和电源等，没有 CPU。基本单元和扩展单元之间一般用扁平电缆连接，各单元输入点和输出点的比例一般也是固定的。整体式 PLC 还配备多种特殊功能单元，如模拟量 I/O 单元、位置控制单元、数据 I/O 单元等，使 PLC 的功能得到了进一步的扩展。

小型 PLC 一般采用整体式结构，如西门子 S7-200 PLC 系列。

(2) 模块式 PLC

模块式 PLC 由机架和具有各种不同功能的模块组成，各模块可直接挂接在机架上，模块之间则通过背板总线连接起来。各模块功能独立，外形尺寸统一，使用的模块可根据需要灵活配置。厂家一般都备有不同槽数的机架供用户选择。如果一个机架容纳不下所选用的模块，可以增设一个或多个扩展机架，各机架之间用接口模块和电缆相连。

大、中型 PLC 多采用这种结构形式，如西门子 S7-300 系列、S7-400 系列。

整体式 PLC 每个 I/O 点的平均价格比模块式 PLC I/O 点的价格便宜，在小型控制系统中一般采用整体式结构。但模块式 PLC 的硬件组态方便灵活，I/O 点数的多少、I/O 点数的比例、I/O 模块的使用等方面的选择余地都比整体式 PLC 大，维修时更换模块、判断故障范围也很方便，因此较复杂的、要求较高的系统一般选用模块式 PLC。

2. 按功能分类

根据 PLC 的功能可将 PLC 分为低档、中档、高档三类。

(1) 低档 PLC

低档 PLC 具有逻辑运算、定时、计数、移位以及自诊断、监控等基本功能，还具有算术运算、数据传送、比较、通信以及进行少量模拟量输入输出等扩展功能，主要用于逻辑控制、顺序控制或少量模拟量控制的单机控制系统。

(2) 中档 PLC

中档 PLC 除具有低档 PLC 的功能外，还具有较强的模拟量输入输出、算术运算、数据传送和比较、数制转换、远程输入/输出、子程序、通信联网等功能。有些还可增设中断控制、PID (Proportional Integral Derivative) 控制等功能，适用于复杂控制系统。

(3) 高档 PLC

高档 PLC 除具有中档 PLC 的功能外，还增加了带符号算术运算、矩阵运算、位逻辑运算、平方根运算以及其他特殊功能函数的运算、制表及表格传送等功能。高档 PLC 具有更强的通信功能，可用于大规模过程控制系统或分布式网络控制系统，更利于实现工厂自动化。

3. 按 I/O 点数分类

根据 I/O 点数的多少，可将 PLC 分为小型 PLC、中型 PLC 和大型 PLC 三类。

（1）小型 PLC

小型 PLC 的 I/O 点数在 256 点以下。其中，I/O 点数小于 64 点的称为超小型或微型 PLC。

（2）中型 PLC

中型 PLC 的 I/O 点数在 256～2048 点之间。

（3）大型 PLC

大型 PLC 的 I/O 点数在 2048 点以上。其中，I/O 点数超过 8192 点的称为超大型 PLC。

在实际使用中，PLC 功能的强弱一般与其 I/O 点数的多少是相互关联的，PLC 的功能越强，其可配置的 I/O 点数越多。通常所说的小型 PLC、中型 PLC、大型 PLC，除表明其 I/O 点数不同外，同时也表明其对应的档次（低档、中档、高档）。

1.2.4 PLC 的应用领域

随着微处理器芯片价格的下降，PLC 的成本越来越低，功能也越来越强大，不仅能替代继电控制系统，还能解决模拟量控制及较复杂的计算和通信问题。因此，PLC 的应用范围越来越广，其应用领域可以归纳为以下几个方面。

1. 开关量的逻辑控制

开关量的逻辑控制是 PLC 最基本、应用最广泛的功能，可用于取代传统的继电控制系统，实现逻辑控制、顺序控制。

开关量的逻辑控制可用于单机控制，也可用于多机群及自动生产线的控制，如印刷机械、包装机械、组合机床、电镀流水线、电梯控制等。

2. 运动控制

PLC 可用于直线运动或圆周运动的控制，早期直接用开关量 I/O 模块连接位置传感器和执行机械，现在一般使用专用运动模块来实现。

3. 闭环过程控制

PLC 通过模拟量的 I/O 模块实现模拟量与数字量的相互转换，可实现对温度、压力、流量等模拟量的 PID 控制。当过程控制中某个变量出现偏差时，PID 控制算法会计算出正确的输出，使被控量按照要求恢复到设定值上。

4. 数据处理

现代的 PLC 具有数学运算（包括矩阵运算、函数运算、逻辑运算）、数据传递、排序、查表以及位操作等功能，可以完成数据的采集、分析和处理。数据处理一般用在大中型控制系统中。

5. 联机通信

PLC 通过通信线路可以方便地实现与其他 PLC、上位机及其他智能设备之间的通信，便于构成“集中管理、分散控制”的分布式控制系统。

1.2.5 PLC 的发展趋势

经过 40 多年的发展，PLC 在美国、德国、日本等工业发达国家已成为重要的产业之一，世界总销量不断上升，生产厂家不断涌现，品种不断更新，产品价格不断下降。目前，世界上有200多个厂家生产PLC，比较著名的厂家有美国的AB、通用电气（GE）、莫迪康公司（MODICON）；日本的三菱（MITSUBISHI）、富士（FUJI）、欧姆龙（OMRON）等；德国的西门子公司（SIEMENS）；法国的施耐德公司（SCHNEIDER）；韩国的三星（SAMSUNG）、LG公司等。

随着科学技术的发展，PLC正向着高集成度、小体积、大容量、高速度、易使用、高性能的方向发展。

1. 大容量、小体积、多功能

大型PLC的I/O点数可达14336点，采用32位微处理器、多CPU并行处理、大容量存储器、高速扫描，可同时进行多任务操作，特别是增强了过程控制和数据处理功能。

模块化结构的发展，增加了PLC配置的灵活性，将原来大中型PLC的功能部分地移植到小型PLC上，降低了成本，操作使用十分方便，使其成为现代电气控制系统中不可替代的控制设备。

2. 标准化的编程语言

PLC的软硬件体系结构都是封闭的。为了使各厂家PLC产品相互兼容，国际电工协会（IEC）制订了可编程序逻辑控制器标准（IEC1131），其中IEC1131-3是PLC的语言标准。该标准中有顺序功能图（SFC）、梯形图、功能块图、指令表和结构文本5种编程语言，允许编程者在同一程序中使用多种编程语言。

目前已有越来越多的工控产品厂商推出了符合IEC1131-3标准的PLC指令系统或在个人计算机上运行的软件包。例如，西门子公司的STEP7-Micro/WIN V4.0编程软件给用户提供了两套指令集，一套符合IEC1131-3标准，另一套指令集（SIMAIC指令集）中的大多数指令也符合IEC1131-3标准。

3. 多样化智能I/O模块

智能型I/O模块是以微处理器和存储器为基础的功能部件，它们的CPU和PLC的主CPU并行工作，占用主CPU的时间很少，有利于提高PLC的扫描速度。智能型I/O模块本身就是一个小的微型计算机系统，有很强的信息处理能力和控制功能，有的模块甚至可以自成系统，单独工作。智能型I/O模块可以完成PLC主CPU难以兼顾的功能，简化某些控制领域的系统设计和编程，提高PLC的适应性和可靠性。

智能型I/O模块主要有模拟量I/O模块、高速计数输入模块、中断输入模块、机械运动控制模块、热电偶输入模块、热电阻输入模块、条形码阅读器、多路BCD码I/O模块、模糊控制器、PID回路控制模块、通信模块等。

4. 软件化PLC功能

目前已有很多厂家推出了在工业计算机上运行的可实现PLC功能的软件包，基于计算机的编程软件包正逐步取代编程器。随着计算机在工业控制现场的广泛应用，与之配套的工业控制系统组态软件也相应产生。利用这些软件可以方便地进行工业控制流程的实时动态监控，完成各种复杂的控制功能，同时提高系统可靠性，节约控制系统的设计时间。

5. 现场总线型PLC

使用现场总线后，控制系统的配线、安装、调试和维护等方面的费用可以节约2/3左右，而且操作员可以在中央控制室实现远程控制、对现场设备进行参数调节，也可通过设备的自诊断功能寻找故障点。现场总线与 PLC 可以组成分布式控制系统（Distributed Control System，DCS），现场总线控制系统将 DCS 的控制站功能分散给现场控制设备，仅靠现场总线设备就可以实现自动控制的基本功能。

例如，利用现场总线将电动调节阀及其驱动电路、输出特性补偿电路、PID 控制器、阀门自校验和自诊断电路集成在一起，再配上温度变送器就可以组成一个闭环温度控制系统。

1.3 PLC 控制和继电器控制的区别

1.3.1 继电接触式控制系统的组成

继电接触式控制系统主要由输入部分、输出部分和控制部分组成，如图 1-3 所示。

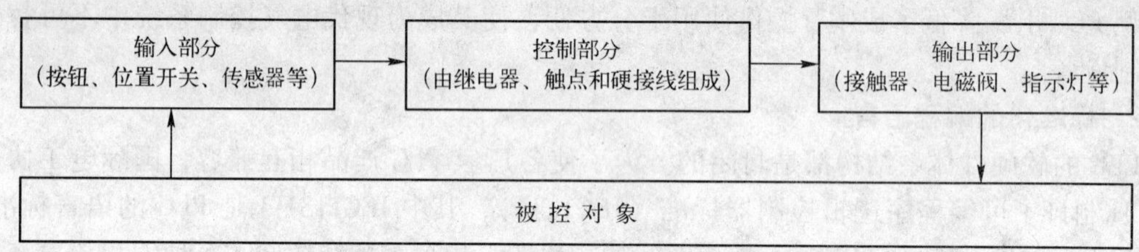

图 1-3 继电接触式控制系统的组成

其中输入部分是由各种输入设备，如按钮、位置开关及传感器等组成；控制部分是按照控制要求，由若干继电器及触点组成；输出部分是由各种输出设备，如接触器、电磁阀、指示灯等组成。

继电接触式控制系统根据操作指令及被控对象发出的信号，由控制电路按规定的动作要求决定执行的动作及动作顺序，然后驱动输出设备实现各种操作功能。继电接触式控制系统的缺点是接线复杂、不易改变、灵活性差、工作频率低、可靠性差、触点易损坏。

1.3.2 PLC 控制系统的组成

PLC 控制系统也主要由输入部分、输出部分和控制部分组成，如图 1-4 所示。

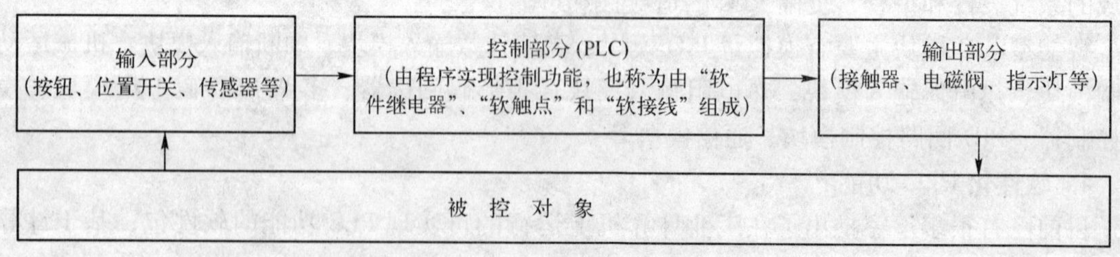

图 1-4 PLC 控制系统的组成

从图 1-4 可以看出，PLC 控制系统的输入、输出部分和继电器控制系统的输入、输出部分基本相同，但其控制部分采用了“可编程”的 PLC，而不是实际的继电器电路。因此，PLC 控制系统可以通过改变程序实现各种控制功能，从根本上解决了继电器控制系统控制电路难以改变的问题。同时，PLC 控制系统不仅能实现逻辑运算，还具有数值运算及过程控制等复杂的控制功能。

1.3.3 PLC 控制与继电器控制的区别

1. 组成器件不同

继电器控制系统由许多真正的继电器组成，而 PLC 控制系统由许多所谓的“软继电器（简称元件）”组成。这些“软继电器”实质上是存储器中的触发器，可以置“0”或置“1”。

2. 触点数量不同

硬件继电器的触点数量有限，用于控制的继电器的触点一般只有 4 ~ 8 对，而 PLC 中每个“软继电器”可供编程使用的触点数有无数多对。

3. 实施控制的方法不同

在继电器控制电路中，各种继电器通过硬接线来实现控制功能。由于其控制功能已经包含在固定电路之间，因此它的功能专一、灵活性差。而 PLC 控制是通过梯形图（软件功能）解决的，所以灵活多变。

继电器控制电路中，设置了许多互锁电路以达到提高安全性和节约继电器触点的要求；而在梯形图中，因为采用了扫描工作方式，不存在几个支路并列工作的现象。此外，也可以通过软件编程加入互锁条件，大大简化了控制电路的设计工艺。

4. 工作方式不同

继电器控制系统采用硬逻辑的并行工作方式，继电器线圈通电或断电，都会使该继电器的所有常开和常闭触点立刻动作；而 PLC 采用扫描工作方式（串行工作方式），如果某个软继电器的线圈被接通或断开，只有等到扫描到该触点时才会动作。

1.4 PLC 的工作原理

PLC 是一种工业控制计算机，通过执行程序来实现控制功能。PLC 按集中输入、集中输出、周期性循环扫描的方式进行工作，顺序执行程序依次完成相应元件的控制动作。

1.4.1 PLC 的扫描工作方式

PLC 是通过执行程序来完成控制任务的，但 CPU 不可能同时去执行多个操作，它只能按分时操作（串行工作）的方式，每次执行一个操作，按顺序逐个执行。这种串行工作的方式称为 PLC 的扫描工作方式。由于 CPU 的运算速度很快，所以从宏观上来看，PLC 的输出结果似乎是同时完成的。

用扫描工作方式执行用户程序时，扫描是从程序的第一条指令开始，在无中断或跳转控制的情况下，按程序存储顺序逐条执行，直到全部程序结束，然后再从头开始扫描，周而复始重复运行。

1.4.2 PLC 的工作流程图

通电后，PLC 首先进行初始化过程，主要包括硬件初始化、I/O 模块配置检查、断电保持范围设定及其他初始化处理。PLC 的扫描工作过程中除了执行用户程序外，还要完成内部处理、通信服务等工作，如图 1-5 所示。整个扫描工作过程包括内部处理、通信服务、输入采样、程序执行、输出处理五个阶段。整个过程执行一遍所需的时间称为扫描周期。扫描周期与 CPU 运行速度、PLC 硬件配置及用户程序长短有关，典型值为 1 ~ 100 ms。

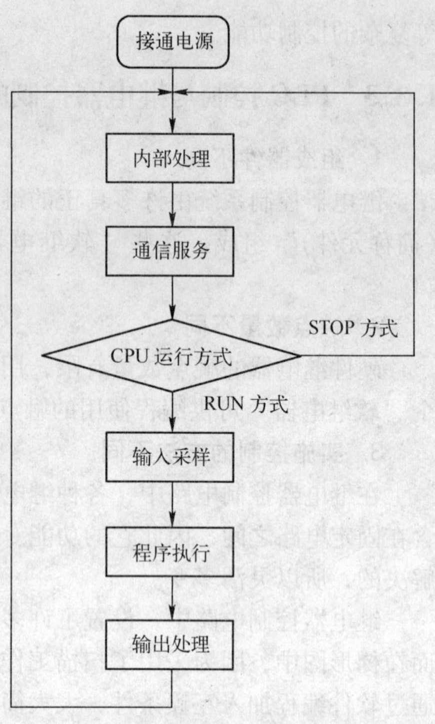

图 1-5　扫描过程示意图

1. 内部处理阶段

在内部处理阶段，PLC 进行自检，将监视定时器（WDT）复位并完成其他内部处理工作。

2. 通信服务阶段

在通信服务阶段，PLC 与其他智能装置实现通信，响应编程器键入的命令，以及更新编程器的显示内容等。

当 PLC 处于停止（STOP）状态时，只完成内部处理和通信服务工作；当 PLC 处于运行（RUN）状态时，除完成内部处理和通信服务工作外，还要完成输入采样、程序执行、输出刷新工作。

3. 输入采样阶段

在输入采样阶段，PLC 以扫描工作方式按顺序对所有输入端的输入状态进行采样，并存入输入映像寄存器中，接着进入程序处理阶段。即使输入状态发生变化，输入映像寄存器的内容也不会改变，只有在下一个扫描周期的输入状态采样后输入映像寄存器才能被刷新。

4. 程序执行阶段

在程序执行阶段，PLC 对程序按顺序进行扫描。若程序用梯形图来表示，则总是按先上后下，先左后右的顺序进行；当遇到程序跳转指令时，则根据跳转条件是否满足来决定程序是否跳转；当指令中涉及到输入、输出状态时，PLC 从输入映像寄存器和元件映像寄存器中读出相关数据，根据用户程序进行运算，将运算的结果再存入元件映像寄存器中。对于元件映像寄存器来说，其内容会随程序执行的过程而变化。

5. 输出处理阶段

当所有程序执行完毕后，进入输出处理阶段。在这一阶段里，PLC 将输出映像寄存器中与输出有关的状态（输出继电器状态）转存到输出锁存器中，并通过一定方式输出，驱动外部负载。

综上所述，PLC 采用了周期循环扫描、集中输入、集中输出的工作方式，具有可靠性高、抗干扰能力强等优点。但 PLC 的串行扫描方式、输入接口的信号传递延迟、输出接口中驱动器件的延迟等原因也造成了 PLC 的响应滞后，不过对一般的工业控制，这种滞后是完全允许的。

1.5　PLC 系统的基本结构

PLC 是一种以微处理器（CPU）为核心，专门为工业环境下的电气自动化控制而设计的计算机控制装置。相比于普通计算机，PLC 拥有更强的 I/O 接口能力，更适用于工业控制要求的编程语言和优良的抗干扰能力。尽管 PLC 种类繁多，但和普通计算机相似，都是由硬件和软件两大部分组成。PLC 的硬件是其软件发挥功能的物质基础，PLC 的软件则提供了发挥硬件功能的方法和手段。

1.5.1 硬件结构

PLC 的硬件主要由中央处理器（CPU）、存储器、输入单元、输出单元、通信接口、扩展接口、电源等几部分组成。其中，CPU 是 PLC 的核心，I/O 单元是 CPU 与现场 I/O 设备之间的接口电路，通信接口主要用于连接编程器、上位计算机等外部设备。

对于整体式 PLC，其组成框图如图 1-6 所示；而模块式 PLC 的组成框图如图 1-7 所示。无论是哪种结构类型的 PLC，都可根据用户需要进行配置与组合。

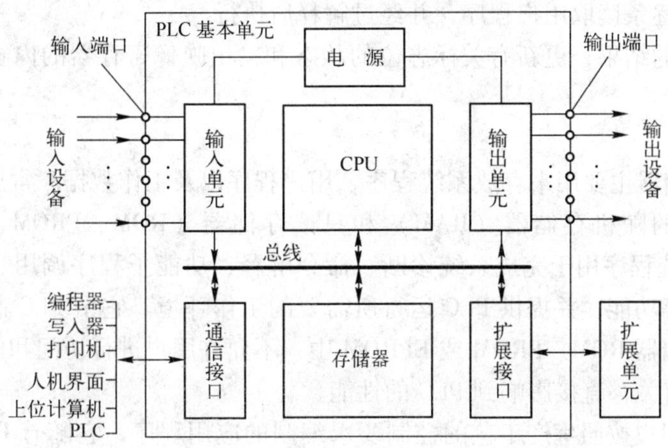

图 1-6　整体式 PLC 组成框图

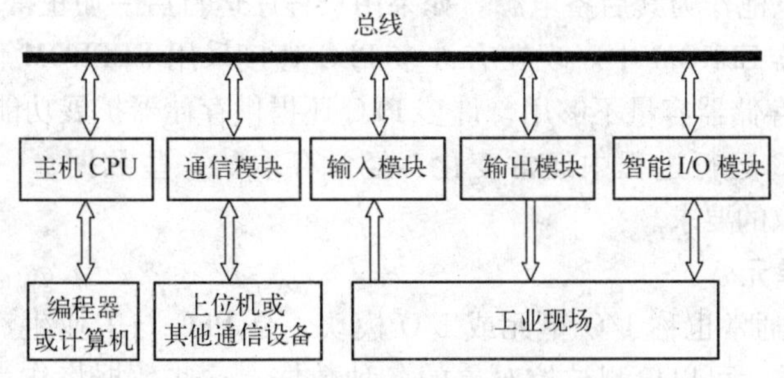

图 1-7　模块式 PLC 组成框图

尽管整体式 PLC 与模块式 PLC 的结构不太一样，但各部分的功能作用是相同的。下面对 PLC 主要组成部分进行简单介绍。

1. CPU

CPU 是 PLC 的核心，PLC 中配置的 CPU 随机型不同而不同。常用的 CPU 有三类：通用微处理器、单片机（如 80C51、8096 等）和位片式微处理器（如 AMD29W 等）。

在实际应用中，小型 PLC 大多采用 8 位通用微处理器或单片微处理器；中型 PLC 大多采用 16 位通用微处理器或单片微处理器；而大型 PLC 大多采用高速位片式微处理器。

目前，小型 PLC 多为单 CPU 系统，而大、中型 PLC 则多为双 CPU 系统。对于双 CPU 系统，其中一个 CPU 为字处理器，一般采用 8 位或 16 位处理器；另一个 CPU 为位处理器，采用由各厂家设计制造的专用芯片。字处理器为主处理器，用于实现与编程器连接、监视内部定时器和扫描时间、处理字节指令，以及对系统总线和位处理器进行控制等；位处理器为从处理器，主要用于处理位操作指令、实现 PLC 编程语言向机器语言的转换。位处理器的使用提高了 PLC 的速度，使其能够更好地满足实时控制要求。

在 PLC 中，CPU 按系统程序赋予的功能，指挥 PLC 有条不紊地进行工作。归纳起来，CPU 的作用主要有以下几个方面。

1）接收从编程器输入的程序和数据。

2）诊断电源及 PLC 内部电路的工作故障，判断编程中的语法错误等。

3）通过输入接口接收现场的状态或数据，并将其存入输入映像寄存器或数据寄存器中。

4）从存储器逐条读取用户程序，并经过解释后执行。

5）根据执行的结果，更新有关标志位的状态和输出映像寄存器的内容，通过输出单元实现输出控制。

2. 存储器

PLC 中的存储器主要用来存放系统程序、用户程序以及工作数据。常用的存储器主要有可进行读写操作的随机存储器（RAM）和只读存储器（ROM、PROM、EPROM 与 EEPROM）两类。系统程序用于完成系统诊断、命令解释、功能子程序调用、逻辑运算、通信及各种参数设定等功能，并提供 PLC 运行所需要的工作环境。它由 PLC 制造厂家编写，直接固化到只读存储器 ROM、PROM 或 EPROM 中，不允许用户进行访问和修改。系统程序和 PLC 的硬件组成有关，直接影响到 PLC 的性能。

用户程序是用户按照生产工艺的控制要求编制的应用程序，它随着 PLC 控制对象的不同而不同。为了便于检查和修改，用户程序一般存于随机存储器 RAM 中。为防止断电时信息丢失，通常用锂电池作为其后备电源。如果用户程序运行后一切正常，不需改变，也可将其固化在只读存储器 EPROM 中。现在有许多 PLC 直接采用 EEPROM 作为用户存储器。如果 PLC 提供的用户存储器容量不够用，许多 PLC 还提供存储器扩展功能。

工作数据是 PLC 运行过程中经常变化、经常存取的一些数据，一般将其存放在 RAM 中，以适应随机存取的要求。

3. 输入/输出单元

输入/输出单元通常也称 I/O 单元或 I/O 模块，是 PLC 与工业生产现场之间连接的部件。PLC 通过输入单元可以检测被控对象的各种数据，这些数据将作为 PLC 对控制对象进行控制的依据，同时 PLC 也可通过输出单元将处理结果送给被控对象，以实现控制的目的。

I/O 单元内部的接口电路具有电平转换的功能。由于外部输入设备和输出设备所需信号的电平多种多样，而在 PLC 内部，CPU 处理的信息只能是标准电平，这种电平的差异要由 I/O 接口来完成转换。另外，I/O 接口电路一般具有光电隔离和滤波功能，用来防止各种干扰信号和高电压信号的进入，以免影响设备的可靠性或造成设备的损坏。此外，I/O 接口电路上通常还有状态指示，使得工作状况直观，方便维护。

PLC 还提供了多种操作电平和驱动能力的 I/O 单元供用户选用。I/O 单元的主要类型有数字量（开关量）输入、数字量（开关量）输出、模拟量输入、模拟量输出等。

常用的开关量输入单元按其使用的电源不同分为直流输入单元、交流输入单元和交/直流输入单元三种类型，其内部接口电路如图 1-8 所示。

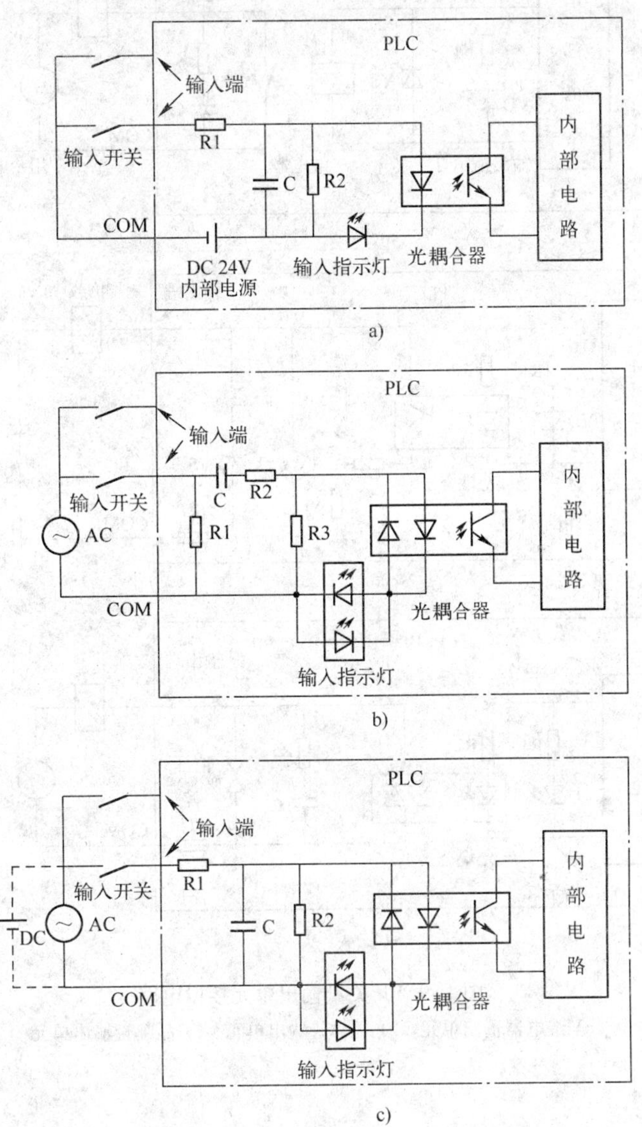

图 1-8　开关量输入单元接口电路

a）直流输入单元　b）交流输入单元　c）交/直流输入单元

常用的开关量输出单元按输出开关器件的不同分为三种：继电器输出单元、晶体管输出单元和双向晶闸管输出单元，其内部接口电路的基本原理如图 1-9 所示。继电器输出单元可驱动交流或直流负载，但其响应速度慢，适用于动作频率低的负载；而晶体管输出单元和双向晶闸管输出单元的响应速度快，工作频率高，前者仅用于驱动直流负载，后者多用于驱动交流负载。

PLC 的 I/O 单元所能接受的输入信号个数和输出信号个数称为 PLC 的 I/O 点数。I/O 点数是选择 PLC 的重要依据之一，当系统的 I/O 点数不够时，可通过 PLC 的 I/O 扩展接口对

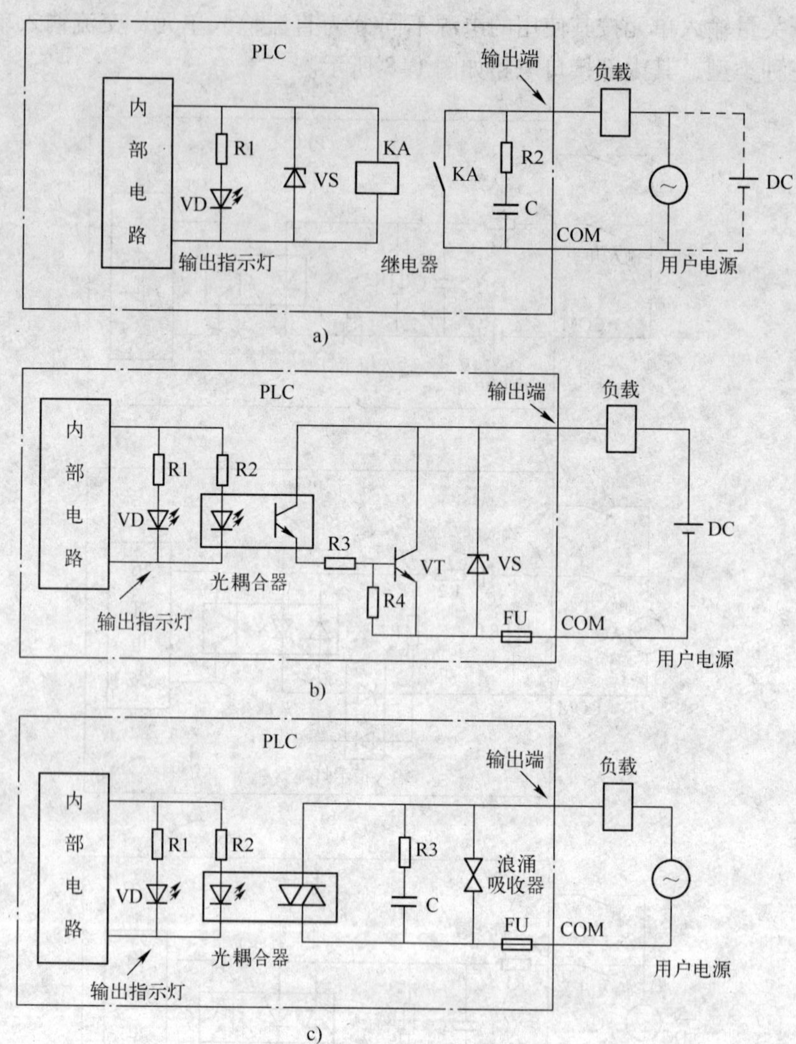

图 1-9 开关量输出单元接口电路

a）继电器输出单元 b）晶体管输出单元 c）晶闸管输出单元

系统进行扩展。

4. 通信接口

为了实现人机交互，PLC 配有各种通信接口。PLC 通过这些通信接口可与监视器、打印机、以及其他的 PLC 或计算机等设备实现通信。

PLC 与打印机连接，可将过程信息、系统参数等输出打印；与监视器连接，可将控制过程图像显示出来；与其他 PLC 连接，可组成多机系统或连成网络，实现更大规模的控制；与计算机连接，可组成多级分布式控制系统，实现控制与管理相结合。

远程 I/O 系统也必须配备相应的通信接口模块。

5. 智能接口模块

智能接口模块是一个独立的计算机系统，有自己的 CPU、系统程序、存储器以及与 PLC 系统总线相连的接口。它作为 PLC 系统的一个模块，通过总线与 PLC 相连，进行数据交换，并在 PLC 的协调管理下独立地进行工作。PLC 的智能接口模块种类很多，如高速计数模块、闭环控制模块、运动控制模块、中断控制模块等。

6. 编程装置

编程装置的作用是供用户编辑、调试、输入程序，也可在线监控 PLC 内部状态和参数，与 PLC 进行人机对话。编程装置是开发、应用、维护 PLC 不可缺少的工具。它可以是专用编程器，也可以是配有专用编程软件包的通用计算机系统。

专用编程器是由 PLC 厂家生产的，供该厂生产的某些 PLC 产品使用，主要由键盘、显示器和外存储器接插口等部件组成。专用编程器按结构可分为简易编程器和智能编程器两类。简易编程器体积小、价格便宜，可直接与 PLC 相连。智能型编程器又称图形编程器，其本质是一台专用的便携式计算机，既可联机编程，又可脱机编程，还具有 LCD 或 CRT 图形显示功能，可直接输入梯形图并通过屏幕对话，使用直观、方便，但价格较高，操作也比较复杂。

随着 PLC 产品不断更新，专用编程器的生命周期也十分有限，今后编程装置的发展趋势是利用计算机编程（即配有编程软件的个人计算机），用户只需购买 PLC 厂家提供的编程软件和相应的通信电缆。这样，用户只需用较少的投资即可得到高性能的 PLC 程序开发系统。基于个人计算机的程序开发系统功能强大，它既可以编制、修改 PLC 的梯形图程序，又可以监视系统运行、打印文件、系统仿真等，配上相应的软件还可实现数据采集和分析等功能。

7. 电源

PLC 配有开关电源供内部电路使用。与普通电源相比，PLC 电源的稳定性好、抗干扰能力强，对电网稳定度要求不高。另外，许多 PLC 电源还能够向外提供 24V 直流电压，为外部开关或传感器供电。

8. 其他外部设备

除了上述的部件和设备外，PLC 还有许多外部设备，如 EPROM 写入器、外存储器、人机接口装置等。

EPROM 写入器是用来将用户程序固化到 EPROM 存储器中的一种 PLC 外部设备。为了使调试好的程序不会丢失，可以用 EPROM 写入器将 RAM 中的程序保存到 EPROM 中。

一般把 PLC 内部的半导体存储器称为内存储器，而把磁带、磁盘和用半导体存储器做成的存储盒等称为外存储器。外存储器主要用来存储用户程序，它一般通过编程器或其他智能模块接口与内存储器之间进行数据传送。

人机接口装置用来实现人机对话。最简单、最普遍的人机接口装置由安装在控制台上的按钮、转换开关、拨码开关、指示灯、LED 显示器、声光报警器等元器件构成。

1.5.2 软件组成

PLC 硬件建立了 PLC 的物质基础，而软件则提供了发挥 PLC 硬件功能的方法和手段，扩大其应用范围，并能改善人机界面，方便用户使用。PLC 的软件主要分为系统软件和用户程序两大部分。系统软件是 PLC 制造商编制的，并固化在 PLC 内部 PROM 或 EPROM 中，随产品一起提供给用户，用于控制 PLC 自身的运行；用户程序是由使用者编制、用于控制被控装置运行的程序。

1. 系统软件

系统软件又分为系统管理程序、编程软件和标准程序库。

1）系统管理程序是系统软件中最重要的部分，是 PLC 运行的主管，具有运行管理、存储空间管理、时间控制和系统自检等功能。其中，存储空间管理是指生成用户程序运行环境，规定输入/输出、内部参数的存储地址及大小等；时间控制主要是对 PLC 的输入采样、运算、输出处理、内部处理和通信等工作的时序实现扫描运行的时间管理；系统自检是对 PLC 的各部分进行状态检测，及时报错和警戒运行时钟等，确保各部分能正常有效地工作。

2）编程软件是一种用于编写应用程序的工具，具有编辑、编译、检查、修改等功能。常见的编程软件有西门子的 Step7-Micro/WIN、三菱的 GX-Developer 和欧姆龙的 CX-Programmer 等。

3）标准程序库由许多独立的程序块组成，包括输入、输出、通信等特殊运算和处理程序，如信息读写程序等。各个程序块能实现不同的功能，PLC 的各种具体工作都是由这部分程序完成的。

2. 用户程序

用户程序是指用户根据工艺过程的控制要求，按照所用 PLC 规定的编程语言或指令系统而编写的应用程序。用户程序除了 PLC 的控制逻辑程序外，对于需要操作界面的系统还包括界面应用程序。

用户程序的编制可以使用编程软件在计算机或者其他专用编程设备上进行，也可使用手持编程器。用户程序常采用梯形图、助记符等方法编写，用户程序必须经编程软件编译成目标程序后，下载到 PLC 的存储器中进行调试。

1.6 PLC 的编程语言

1.6.1 常用的 PLC 编程语言

PLC 为用户提供了完善的编程语言来满足编制用户程序的需求。它提供的编程语言通常有梯形图（LAD）、语句表（STL）和顺序功能图（SFC）等。

1. 梯形图（LAD）

梯形图与继电器控制系统的电路图很相似，具有直观易懂的优点，很容易被熟悉继电器控制的人员掌握，如图 1-10 所示。

图 1-10a 是传统的继电器控制电路图，图 1-10b 是相应的 PLC 梯形图程序。梯形图程序使用的内部继电器等都是由软件来控制的，使用方便、修改灵活；而继电器控制电路采用的却是不易更改的硬接线方式。

在梯形图中，I0.0、I0.1 等触点代表逻辑“输入”条件，如开关、按钮等；Q0.0、Q0.1 等线圈通常代表逻辑“输出”结果，其输出可控制负载，如信号灯、接触器、中间继电器的通电或断电等。

梯形图是最常用的 PLC 图形编程语言，其主要特点如下。

1）梯形图中使用的“继电器”或“线圈”，不是真实的物理电器，而是在软件中使用

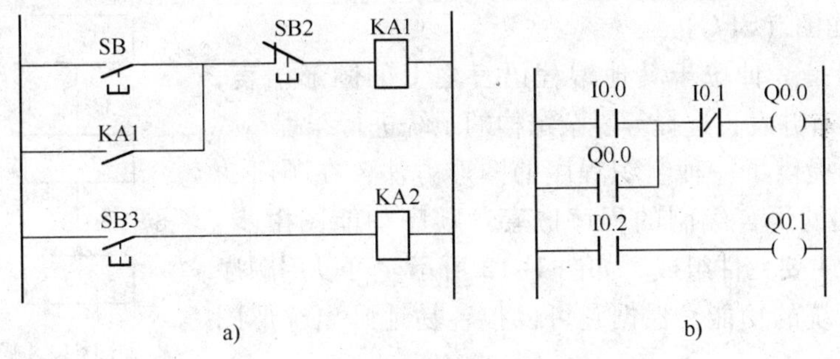

图 1-10 传统继电器控制电路图和 PLC 梯形图
a）继电器控制电路图 b）PLC 梯形图

的编程元件，每一编程元件与 PLC 存储器中元件映像寄存器的一个存储单元相对应。

2）梯形图两侧的垂直公共线称为公共母线（BUS bar）。在分析梯形图的逻辑关系时，为了借用继电器电路的分析方法，可以想像左右两侧母线之间有一个左正右负的直流电源电压。当图中的触点接通时，有一个假想的“概念电流”或“能流”（Power flow）从左到右流动，这一方向与执行用户程序时逻辑运算的顺序是一致的，如图 1-11 所示。

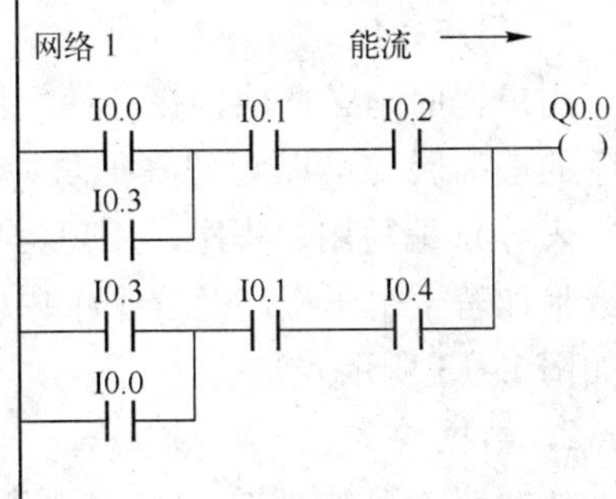

图 1-11 PLC 梯形图

3）根据梯形图中各触点的状态和逻辑关系，求出与图中各线圈对应的编程元件的状态，称为梯形图的逻辑解算。逻辑解算按梯形图中从上到下、从左到右的顺序进行的。

4）梯形图中的线圈和其他输出指令应放在最右边。

5）梯形图中各编程元件的常开触点和常闭触点均可以无限多次地使用。

梯形图适合于熟悉继电器电路的人员使用，设计复杂的触点电路时最好使用梯形图。

2. 语句表（STL）

语句表编程语言是一种与汇编语言类似的助记符编程语言，用一个或几个容易记忆的字符来代表 PLC 的某种操作功能，每个语句由地址（步序号）、操作码（指令）和操作数（数据）三部分组成。语句表可以实现某些不易用梯形图或功能块图来实现的功能。

语句表编程语言常用在没有显示屏的简易编程器中，用一系列 PLC 操作命令组成的语句表将梯形图描述出来，再通过简易编程器输入到 PLC 中。

下面的程序是用语句表语言编写的一个简单的定时程序。

```
Network 1        // I0.0 接通,定时 200 × 10ms = 2s 后 T36 的常开触点闭合,Q0.0 输出
LD   I0.0
TON   T36, 200
Network 2        // I0.0 断开,T36 复位
LD       T36
=        Q0.0
```

使用语句表编程速度快，可以在每条语句后面加上注释，便于理解和阅读。

3. 顺序功能图（SFC）

顺序功能图是一种位于其他编程语言之上的图形语言，使用它可以对具有并发、选择等复杂结构的系统进行编程。

顺序功能图提供了一种组织程序的图形方法，在顺序功能图中允许和别的语言编制的程序嵌套。顺序功能图由步、转换和动作三种主要元件组成，如图1-12所示。可以用顺序功能图来描述系统的功能，根据它可以很容易地画出梯形图程序。

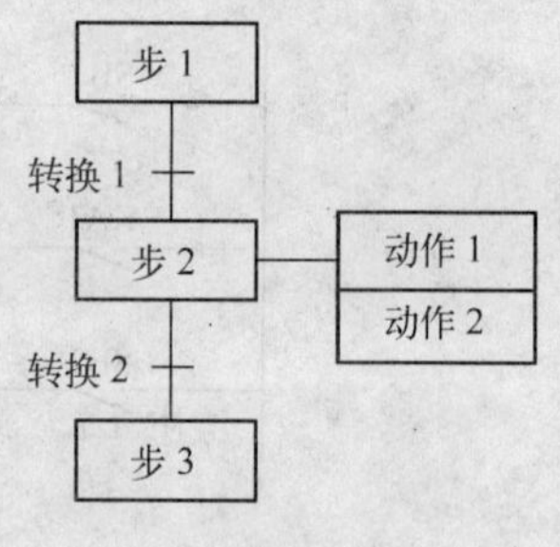

图1-12 顺序功能图

1.6.2 PLC的程序结构

广义上的PLC程序由用户程序、数据块和系统块三部分组成。

1. 用户程序

用户程序是必选项，在存储空间中也称为组织块。它处于程序的最高层，可以管理其他块，可用各种语言（如梯形图、语句表等）编写用户程序。用户程序中至少应当包含一个主程序或附加若干个子程序及若干个中断程序。用户程序结构示意图如图1-13所示。

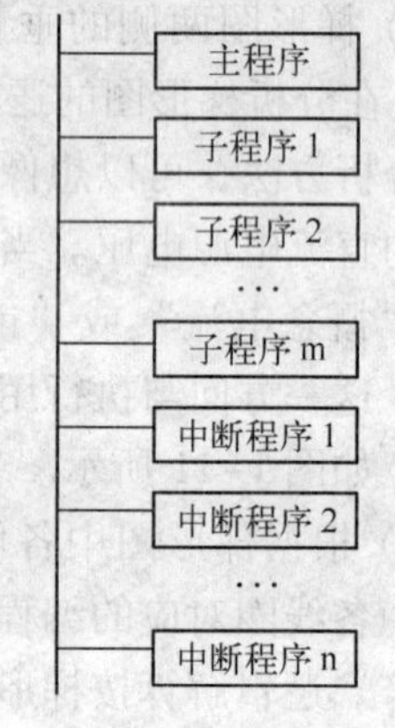

图1-13 PLC的用户程序结构

2. 数据块

数据块为可选部分，它主要存放控制程序运行所需的数据。在数据块中允许存放以下数据类型：布尔型，表示编程元件的状态；十进制、二进制或十六进制数；字母、数字和字符型。

3. 系统块

系统块存放的是CPU组态数据，如果在编程软件或者其他编程工具上未进行CPU的组态，则系统以默认值进行自动配置。

1.6.3 PLC的简单应用实例

在PLC的硬件平台上，利用软件开发工具，即可编写一般应用程序。下面仅介绍两个简单的应用程序。

【例1-1】 用PLC实现最简单的开关电路，接线如图1-14所示。

按下开关SB1（闭合）时，指示灯亮；松开SB1（断开）时，指示灯灭。

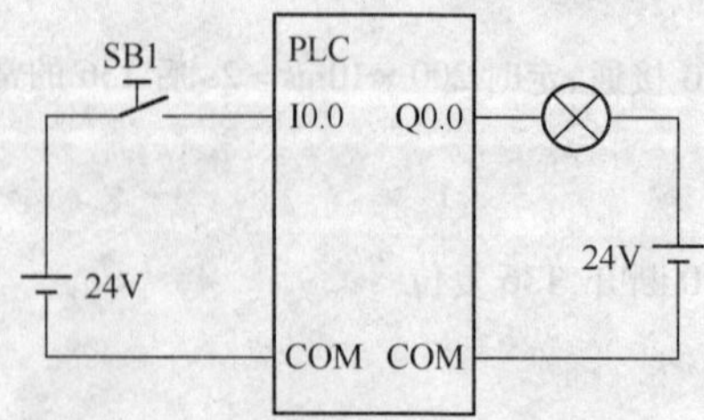

图1-14 简单开关控制PLC接线图

PLC 的程序如图 1-15 所示。

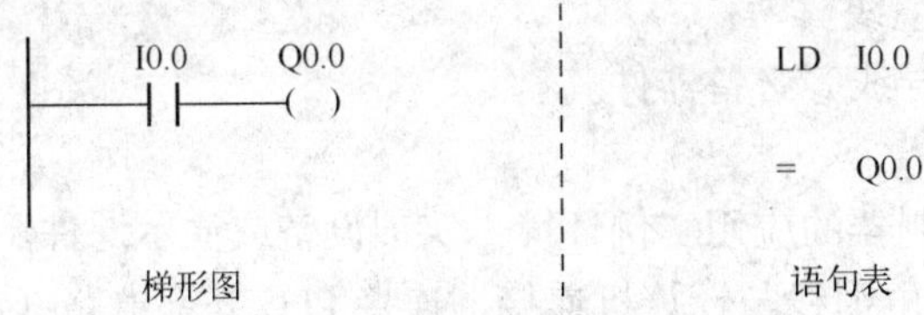

图 1-15 开关电路的 PLC 程序

程序执行过程：当 SB1 闭合时，I0.0 触点闭合，Q0.0 为 ON，点亮指示灯。

【例 1-2】 用 PLC 定时器实现简单定时功能。

PLC 硬件接线同图 1-14。在 SB1 按下（闭合）时，指示灯不亮；延时 1 s 后，点亮指示灯。

编程环境下的梯形图和语句表程序如图 1-16 所示。

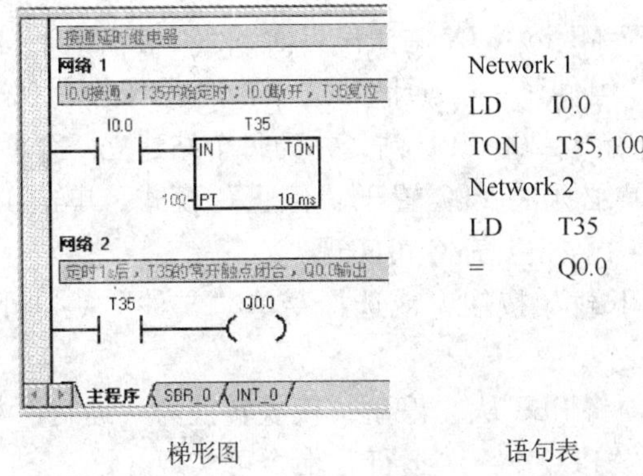

图 1-16 定时器梯形图程序结构

程序执行过程如下：

当 SB1 闭合时，I0.0 触点闭合，定时器 T35 开始计时，计时时间达到设定值（100 × 10 ms = 1 s）时，定时器 T35 触点闭合，线圈 Q0.0 为 ON，点亮指示灯。

当 SB1 断开时，触点 I0.0 断开，定时器 T35 复位，定时器触点 T35 断开，指示灯灭。

1.7 实训 PLC 的应用及简单实例

1. 实训目的

1）了解可编程序控制器的应用领域及特点。

2）初步认识可编程序控制器的简单应用过程，建立学习、应用可编程序控制器的自信心。

2. 实训内容

1）参观可编程序控制器的应用实例环境、实训设备或演示课件。

2）在 PLC 上实现一个简单的开关电路或一个定时时间为 10s 的定时器。

3. 实训设备及元器件

1）安装有 STEP7-Micro/WIN 编程软件的计算机。

2）S7-200 PLC 实验工作台或 S7-200 PLC 装置。

3）PC/PPI + 通信电缆线。

4）开关、指示灯、导线等必备器件。

4. 实训步骤

1）参观可编程序控制器的应用实例环境、实训设备或演示课件。

2）将 PC/PPI + 通信电缆线与计算机连接，连接 PLC 外部电路（参考图 1-14）。

3）运行 STEP7-Micro/WIN 编程软件，单击工具条中的“新建”按钮或者选择主菜单中的“文件”→“新建”命令新建一个项目文件。

4）在 STEP7-Micro/WIN 主操作界面下，选择梯形图编辑器，然后输入一个简单的开关电路或一个定时时间为 10s 的定时器的程序（梯形图程序可参考本章 1.6.3 节例 1-1 或例 1-2）。

5）程序编辑完成后，选择菜单“PLC”→“编译或全部编译”命令，或者单击工具条的“编译或全部编译”按钮，编译程序。发现运行错误或需要修改程序时，重复上面过程，直至程序编译成功。

6）建立通信。在 STEP7-Micro/WIN 主操作界面下，单击操作栏中的“通信”图标或选择主菜单中的“查看”→“组件”→“通信”选项，然后双击“双击刷新”图标，STEP7-Micro/WIN 将检查连接的所有 S7-200 CPU 站，并为每个站建立一个 CPU 图标。

7）下载程序之前，用户必须将 PLC 置于“停止”模式。单击工具条中的“停止”按钮，或选择菜单“PLC”→“停止”命令可实现。

8）单击工具条中的“下载”按钮，或选择菜单“文件”→“下载”命令，程序开始下载。

9）运行程序之前，必须将 PLC 从“停止”模式转换为“运行”模式。单击工具条中的“运行”按钮，或选择菜单“PLC”→“运行”命令可实现。

10）观察实验结果。

说明：本书中其他实训操作的步骤可参阅本实训，在后面章节中不再赘述。

5. 注意事项

1）明确实训要求，按要求完成实训内容。

2）爱护实训中用到的设备器件。在连接 PLC 外部电路时，注意输入输出电路对电源的要求（可参考相应 PLC 的 CPU 使用说明书）。

3）注意用电安全。

6. 实训操作报告

1）整理出运行调试后的梯形图程序。

2）写出该程序的调试步骤和实验结果。

1.8 思考与练习

1. 常用的低压电器有哪些？
2. 简述设计电气控制电路的基本步骤。
3. 简述可编程序控制器的定义。
4. 简述可编程序控制器的分类。

5. 可编程序控制器有哪些主要特点?

6. 与继电器控制系统相比，采用可编程序控制器的控制系统有哪些优点?

7. 简述可编程序控制器的系统结构。

8. 可编程序控制器的输入、输出单元各包括哪些类型? 各有什么特点? 使用时应注意哪些问题?

9. 通过 PLC 简单应用实例可以认识到，学习和应用可编程序控制器主要包括哪些方面?

第2章　S7-200 PLC硬件系统及编程资源

S7-200 PLC是德国西门子公司生产的一种超小型可编程序控制器，能够满足多种场合中的检测、监测及自动控制的需求，其设计紧凑、性价比高，具有良好的可扩展性及强大的指令集。S7-200 PLC广泛应用在集散化控制系统中，覆盖所有与自动检测、自动控制有关的工业及民用领域，如机床、机械、电力设施、民用设施、环境保护设备等。本章主要介绍S7-200 PLC的技术指标、硬件配置、编程软元件及其寻址方式等。

2.1　S7-200 PLC硬件系统配置

S7-200 PLC适用于多种场合中的监测及系统自动控制，具有极高的可靠性、极其丰富的指令集、强大的通信能力和丰富的扩展模块，便捷的操作特性易于用户掌握。随着技术的进步，S7-200 PLC的功能还在不断地提高和改进，主要表现以下几个方面。

1）内置集成功能，如CPU 224XP集成14个输入/10个输出共24个数字量I/O点，CPU 226集成24个输入/16个输出共40个数字量I/O点。

2）扩展模块特性，如数字扩展模块EM 223 24VDC支持32个输入/输出和32个输入/继电器输出，高密度扩展模块EM 232的模拟量输出多达4个，高密度扩展模块EM 231的模拟量输入多达8个。

3）编程软件包，STEP7-Micro/WIN V4.0编程软件能支持Microsoft Vista操作系统，同时，对通信设置也作了改进。如果STEP7-Micro/WIN V4.0第一次启动时检测到USB电缆，就会自动选择USB通信方式。

4）口令保护，为程序作者的知识产权提供更好的安全保护。

2.1.1　S7-200 PLC的硬件构成和性能特点

1. 硬件系统构成

S7-200 PLC硬件系统主要包括CPU主机、扩展模块、功能模块、相关设备以及编程工具，如图2-1所示。

- CPU主机是PLC最基本的单元模块，是PLC的主要组成部分，包括CPU、存储器、基本I/O单元和电源等。它实际上是一个完整的控制系统，可以单独完成一定的控制任务。
- 主机I/O单元数量不能满足控制系统的要求时，用户可以根据需要使用各种I/O扩展模块。
- 完成某些特殊功能的控制任务时，需要扩展功能模块，如模拟量输入扩展模块、热电阻（测温）功能模块等。
- 相关设备是为充分和方便利用系统的硬件和软件资源而开发和使用的一些设备，主要有编程设备、人机操作界面和网络设备等。

● 工业软件是为更好地管理和使用这些设备而开发的与之相配套的程序，它主要由标准工具、工程工具、运行软件和人机接口软件等构成。

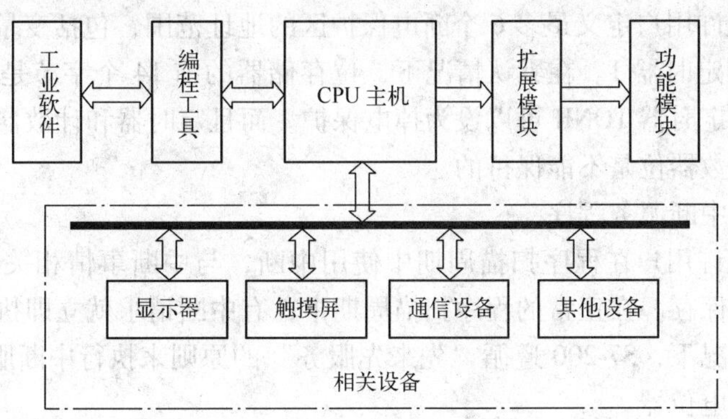

图 2-1　S7-200 PLC 系统组成图

2. S7-200 PLC 的性能特点

S7-200 PLC 的性能特点主要包括以下几点。

（1）立即读写 I/O 点

S7-200 PLC 的指令集提供了立即读写物理 I/O 点的指令，用户可以在程序中立即读写 I/O 点而不受 PLC 循环扫描工作方式的影响。

（2）提供高速 I/O 点

S7-200 PLC 具有集成的高速计数功能，能够对外部高速事件计数而不影响 S7-200 PLC 的性能。这些高速计数器都有专用的输入点作为时钟、方向控制、复位端、起动端等功能输入；S7-200 PLC 还支持高速脉冲输出功能，其输出点 Q0.0 和 Q0.1 可形成高速脉冲串（PTO）或脉宽调制（PWM）。

（3）对数字量输入加滤波器

S7-200 PLC 允许用户为某些或者全部本机数字量输入点选择输入滤波器，并可以对滤波器定义 0.2 ~ 12.8 ms 的延迟时间，系统默认的延迟时间为 6.4 ms。该延迟时间能滤除输入杂波，从而减小输入状态发生意外改变的可能。输入滤波器是系统块的一部分，它被下载并存储在 S7-200 PLC 中。

（4）对模拟量输入加滤波器

S7-200 PLC 允许用户对每一路模拟量输入选择软件滤波器，滤波值是多个模拟量输入采样值的平均值。滤波器具有快速响应的特点，可以反映信号的快速变换，系统默认对所有模拟量输入进行滤波配置。

（5）设置停止模式下的数字量/模拟量输出状态

S7-200 PLC 输出表可以用来设置数字量/模拟量的输出状态，用于指明 PLC 从运行模式进入停止模式后，是将已知值传送至数字量/模拟量输出点，还是使输出保持停止模式之前的状态。输出表是系统块的一部分，它被下载并存储在 S7-200 中。

（6）捕捉窄脉冲

S7-200 PLC 为每个本机数字量输入提供脉冲捕捉功能，该功能允许 PLC 捕捉到持续时间很短的高电平脉冲或者低电平脉冲。当一个输入设置了脉冲捕捉功能时，输入端的状态变换就被锁存一直保持到下一个扫描循环刷新，这样就能确保一个持续时间很短的脉冲被捕捉到，并一直保持到 S7-200 PLC 读取该输入点。

（7）设置断电保护存储区

S7-200 PLC 允许用户定义最多 6 个断电保护区的地址范围，包括变量存储器 V、位存储器 M、计数器 C 和定时器 T。在默认情况下，位存储器的前 14 个字节是非保持的。对于定时器，只有保持型定时器 TONR 可以设为掉电保护。而且定时器和计数器只有当前值可以保持，定时器位和计数器位是不能保持的。

（8）快速响应中断服务程序

S7-200 PLC 允许用户在程序扫描周期中使用中断，与中断事情相关的中断服务程序作为程序的一部分被保存。在正常的程序扫描周期中，有中断请求就立即执行中断事件。在中断优先级相同的情况下，S7-200 遵循“先来先服务”的原则来执行中断服务程序。

（9）提供模拟电位器

S7-200 PLC 提供有模拟电位器，位于模块前盖下面，可以用螺钉旋具进行调节。调节电位器能改变存于特殊存储器中的值，这些只读值在程序中可有很多用途，如更新定时器或计数器的当前值，输入或修改预置值、限定值等。

（10）提供 4 层口令保护

S7-200 PLC 所有型号都提供口令保护功能，用以限制对特殊功能的访问。对 CPU 功能及存储器的访问权限是通过设置口令来实现的。S7-200 CPU 提供了限制 CPU 访问功能的 4 个等级。若要进行 4 个等级的访问，需输入正确的口令。

3. S7-200 PLC 技术指标

S7-200 CPU 发展至今，经历了两代产品。第一代产品是 CPU21X 系列，具有 4 种不同结构配置的 CPU 单元，但是现已停止生产。第二代产品是 CPU22X 系列，21 世纪初投放市场，速度快，具有极强的通信能力，有 CPU 221、CPU 222 、CPU 224、CPU 224XP 和 CPU 226 五种不同结构配制的 CPU 单元，它们的技术指标见表 2-1。

表 2-1 S7-200 PLC 技术指标

特性		CPU 221	CPU 222	CPU 224	CPU 224XP	CPU 226
程序长度	运行模式	4096 B	4096 B	8192 B	12288 B	16384 B
	停止模式	4096 B	4096 B	12288 B	16384 B	24576 B
数据存储区		2048 B	2048 B	8192 B	10240 B	10240 B
断电保护时间		50 h	50 h	100 h	100 h	100 h
本机 I/O	数字量	6 入/4 出	8 入/6 出	14 入/10 出	14 入/10 出	24 入/16 出
	模拟量	无	无	无	2 入/1 出	无
扩展模块数量		0 个模块	2 个模块	7 个模块	7 个模块	7 个模块
高速计数器	单相	4 路，每路计数频率为 30 kHz	4 路，每路计数频率为 30 kHz	6 路，每路计数频率为 30 kHz	4 路，每路计数频率为 30 kHz 2 路，每路计数频率为 200 kHz	6 路，每路计数频率为 30 kHz
	两相	2 路，每路计数频率为 20 kHz	2 路，每路计数频率为 20 kHz	4 路，每路计数频率为 20 kHz	3 路，每路计数频率为 20 kHz 1 路，每路计数频率为 100 kHz	4 路，每路计数频率为 20 kHz

（续）

特　性	CPU 221	CPU 222	CPU 224	CPU 224XP	CPU 226
脉冲输出（DC）	2 路，每路计数频率为 20 kHz	2 路，每路计数频率为 20 kHz	2 路，每路计数频率为 20 kHz	2 路，每路计数频率为 100 kHz	2 路，每路计数频率为 20 kHz
模拟电位器	1 个	1 个	2 个	2 个	2 个
实时时钟	配时钟卡	配时钟卡	内置	内置	内置
通信口	1 RS-485	1 RS-485	1 RS-485	2 RS-485	2 RS-485
I/O 映象区	256（128 入/128 出）				
布尔指令执行速度	0.22 μs/指令				

2.1.2　S7-200 CPU 的结构和扩展模块

1. CPU 外形

S7-200 PLC 的 CPU 包括一个中央处理器、RAM、EEPROM、集成电源和 I/O 单元等，它们被封装在一个紧凑的外壳内。CPU 负责执行程序，输入单元用于从现场设备采集信号，输出单元则负责输出控制信号，用于驱动外部负载。CPU 22x 系列 PLC 主机（CPU 模块）的外形示意图，如图 2-2 所示。

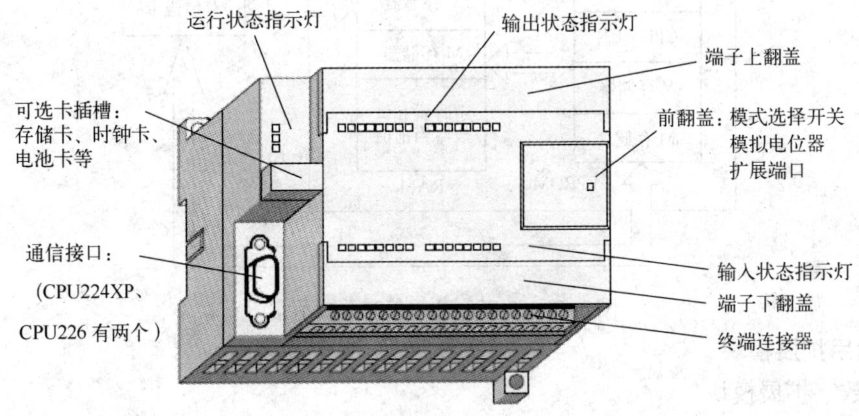

图 2-2　S7-200 系列 PLC 主机的外形图

其中，前翻盖下面有模式选择开关、模拟电位器以及扩展端口。S7-200 PLC 有 RUN 和 STOP 两种工作模式，可由模式选择开关选择。当模式选择开关处于 STOP 位置时，不执行程序但可以对其编写程序；当开关处于 RUN 位置时，PLC 处于运行状态，此时不能对其编写程序；当开关处于 TERM 监控状态时，可以运行程序也可以进行读/写操作。扩展端口用于连接扩展模块，实现 I/O 扩展。

端子下翻盖下面为输入端子和传感器电源端子，输入端子的运行状态可以由端子盖上方的一排指示灯显示，正常工作时对应指示灯被点亮。

端子上翻盖下面为输出端子和 PLC 供电电源端子，输出端子的运行状态可以由端子盖下方的一排指示灯显示，正常工作时对应指示灯被点亮。

运行状态指示灯用于显示 CPU 所处的工作状态。当 CPU 处于 STOP 状态或重新启动时“STOP”（黄灯）常亮；当 CPU 处于 RUN 状态时“RUN”（绿灯）常亮；CPU 硬件故障或软件错误时“SF”（红灯）亮。

可选卡插槽可以插入存储卡、时钟卡、电池卡等，存储器卡用来在没有供电的情况下（不需要电池）保存用户程序。

终端连接器 PPI 用于连接编程设备、文本显示器或其他的 CPU。

通信接口可以连接 RS-485 通信电缆，实现 PLC 与上位机或者 PLC 之间的通信。

2. 存储系统

S7-200 PLC 的存储系统由 RAM 和 EEPROM 两种类型存储器构成，CPU 模块内部配备一定容量的 RAM 和 EEPROM，如图 2-3 所示。同时，CPU 模块支持可选的 EEPROM 存储器卡，还增设了超级电容和电池模块，用于长时间保存数据。用户数据可通过主机的超级电容存储若干天；电池模块可选，使用电池模块可使数据的存储时间延长到 200 天。

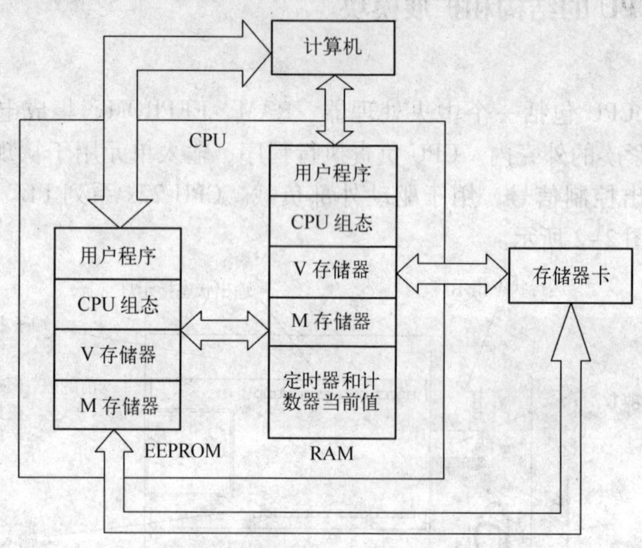

图 2-3　S7-200 PLC 存储系统示意图

3. 常用扩展模块

（1）数字扩展模块

S7-200 PLC 提供了多种类型的数字量扩展模块，利用这些扩展模块能完善 CPU 的功能，以满足不同的控制需要。在表 2-2 中，用户可选用 8 点、16 点和 32 点的数字量输入/输出模块。除 CPU 221 外，其他 CPU 模块均可配接多个扩展模块，连接时 CPU 模块放在最左侧，扩展模块用扁平电缆与左侧的模块相连。

表 2-2　S7-200 PLC 数字量扩展模块

数字量扩展模块	类　型			
输入	8 点 DC 信号输入	8 点 AC 信号输入	16 点 DC 信号输入	
输出	4 点 DC 信号输出	4 点继电器	8 点继电器	
	8 点 DC 信号输出	8 点 AC 信号输出		
混合	4 点 DC 信号输入/4 点 DC 信号输出	8 点 DC 信号输入/8 点 DC 信号输出	16 点 DC 信号输入/16 点 DC 信号输出	32 点 DC 信号输入/32 点 DC 信号输出
	4 点 DC 信号输入/4 点继电器	8 点 DC 信号输入/8 点继电器	16 点 DC 信号输入/16 点继电器	32 点 DC 信号输入/32 点继电器

（2）模拟量扩展模块

在工业控制中，温度、压力、流量等被控量都是模拟输入量，某些执行机构（如电动调节阀、晶闸管调速装置和变频器等）也要求 PLC 输出模拟信号。在 PLC 的 CPU 不能满足模拟信号输入输出通道数量要求时，可以使用模拟量扩展模块来实现 A/D 转换（模拟量输入）和 D/A 转换（模拟量输出）。

S7-200 PLC 有 3 种模拟量扩展模块，如表 2-3 所示。S7-200 PLC 的模拟量扩展模块中 A/D、D/A 转换器的位数均为 12 位。模拟量输入、输出有多种量程供用户选用，如 0～10 V、0～5 V、0～20 mA、±10 V、±5 V、±100 mA 等。其中，量程为 0～10 V 时的分辨率为 2.5 mV。

表 2-3　模拟量输入输出扩展模块

模块	EM231	EM232	EM235
点数	4 路模拟量输入	2 路模拟量输入	4 路输入、1 路输出

（3）热电偶/热电阻扩展模块

EM231 热电偶模块直接以热电偶输出的电势作为输入信号，进行 A/D 转换后输出给 PLC。该模块具有冷端补偿电路，可用于 J、K、E、N、S 和 R 型热电偶，并通过模块下方的 DIP 开关来选择热电偶的类型；EM231 热电阻模块提供了与多种热电阻的连接口，可通过 DIP 开关来选择热电阻的类型、接线方式、测量单位和开路故障的方向。

此外，S7-200 PLC 还配备有通信模块 EM277、CP243-2，以扩大其通信接口的数量和联网能力。

4. I/O 点数扩展和编址

CPU 22x 系列的每种主机提供的本机 I/O 单元的 I/O 地址是固定的，进行扩展时，可以在 CPU 右边连接多个扩展模块，每个扩展模块的组态地址编号取决于各模块的类型和该模块在 I/O 链中所处的位置。编址时同种类型输入或输出点的模块在链中按与主机的位置递增，其他类型模块的有无以及所处的位置不影响本类模块的编号。

例如，某一控制系统选用 CPU 224，系统所需的输入输出点数各为：数字量输入 24 点、数字量输出 20 点、模拟量输入 6 点、模拟量输出 2 点。那么，本系统可有多种不同模块的选取组合，并且各模块在 I/O 链中的位置排列方式也可能有多种。图 2-4 为其中的一种模块连接形式，表 2-4 列举了其对应的各模块的编址情况。

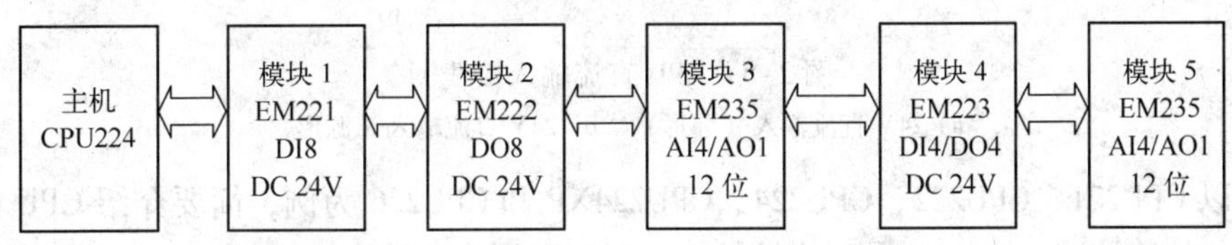

图 2-4　模块连接方式

由此可见，S7-200 PLC 系统扩展对输入/输出的组态规则为：

1）同类型输入或输出点的模块进行顺序编址。

2）对于数字量，输入/输出映像寄存器的单位长度为 8 位（1 个字节），本模块高于实际位数未满 8 位的，未用位不能分配给 I/O 链的后续模块。

3）对于模拟量，输入/输出以 2 个字节（1 个字）递增方式来分配空间。

表 2-4　各模块编址

主机	I/O	模块 1	I/O	模块 2	I/O	模块 3	I/O	模块 4	I/O	模块 5	I/O
I0.0	Q0.0	I2.0		Q2.0		AIW0	AQW0	I3.0	Q3.0	AIW8	AQW4
I0.1	Q0.1	I2.1		Q2.1		AIW2		I3.1	Q3.1	AIW10	
I0.2	Q0.2	I2.2		Q2.2		ATW4		I3.2	Q3.2	ATW12	
I0.3	Q0.3	I2.3		Q2.3		ATW6		I3.3	Q3.3	ATW14	
I0.4	Q0.4	I2.4		Q2.4							
I0.5	Q0.5	I2.5		Q2.5							
I0.6	Q0.6	I2.6		Q2.6							
I0.7	Q0.7	I2.7		Q2.7							
I1.0	Q1.0										
I1.1	Q1.1										
I1.2											
I1.3											
I1.4											
I1.5											

2.1.3　CPU 模块连接图

PLC 是通过 I/O 单元与外界建立联系的，用户必须灵活掌握 I/O 单元与外部设备的连接关系和配电要求。S7-200 PLC 所有型号 CPU 的直流输入（24V），既可以作为源形输入（公共点接负电位）也可以作为漏形输入（公共点接正电位），CPU 的直流输入接线图如图 2-5 所示。S7-200 PLC 所有型号 CPU 的输出可分为 24V 漏形直流输出、24V 源形直流输出和继电器输出，CPU 的输出接线图如图 2-6 所示。对于 S7-200 CPU224XP，其模拟量输入/输出接线图，如图 2-7 所示。

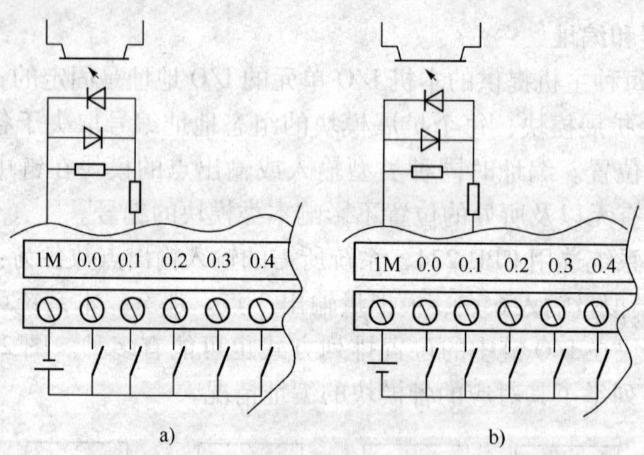

图 2-5　CPU 直流输入接线图

a) 24V 直流输入（漏形）　b) 24V 直流输入（源形）

下面以 CPU221、CPU222、CPU224、CPU224XP 和 CPU226 为例，简要介绍 CPU 的 I/O 点与外部设备的连接图（以 24V 漏形直流输入、24V 源形直流输出型为例）。为了分析问题方便，在这些连接图中，外部输入设备都用开关表示，外部输出设备（负载）则以电阻代表。

1. CPU221 模块外围接线图

CPU221 模块集成了 6 输入/4 输出共 10 个数字量 I/O 点，输入点为 24 V 直流双向光电耦合输入电路，输出有直流（MOS 型）和继电器两种类型。图 2-8 为 CPU221 模块典型的外围接线图，其中图 a 为直流电源/直流输入/直流输出的 CPU 外围接线图，图 b 为交流电源/直流输入/继电器输出的 CPU 外围接线图。

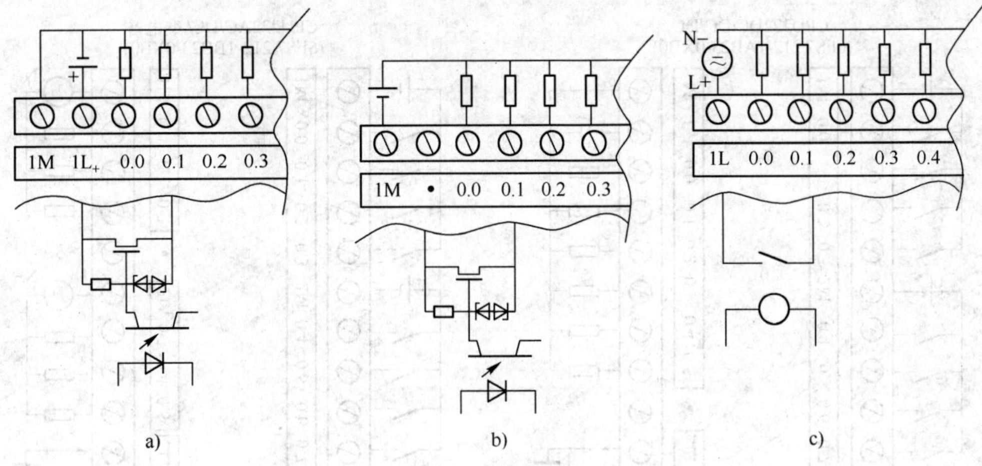

图 2-6　CPU 直流/继电器输出接线图
a) 24V 直流输出（源形）　b) 24V 直流输出（漏形）　c) 继电器输出

2. CPU222 模块外围接线图

CPU222 集成了 8 输入/6 输出共 14 个数字量 I/O 点，图 2-9 为 CPU222 模块典型的外围接线图。

3. CPU224 模块外围接线图

CPU224 集成 14 输入/10 输出共 24 个数字量 I/O 点，图 2-10 为 CPU224 模块典型的外围接线图。

4. CPU224XP 模块外围接线图

CPU224XP 集成 14 输入/10 输出共 24 个数字量 I/O 点和 2 输入/1 输出共 3 个模拟量 I/O 点，图 2-11 为 CPU224XP 模块典型的外围接线图。

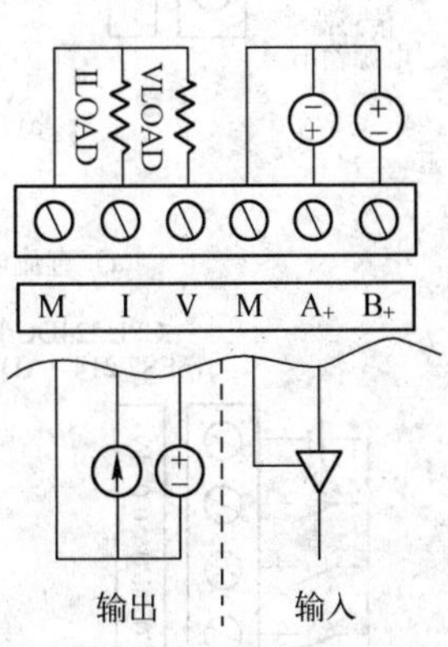

图 2-7　CPU224XP 模拟量输入/输出接线图

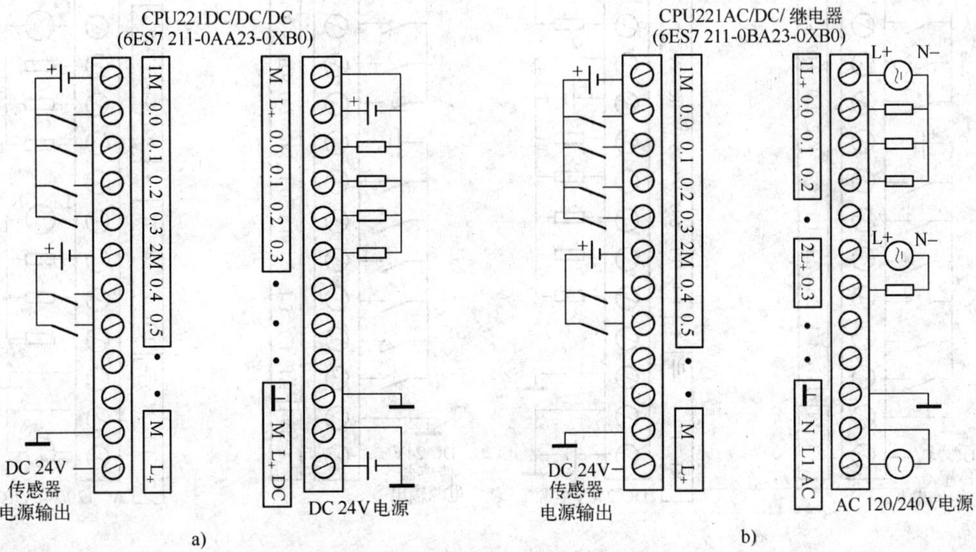

图 2-8　CPU221 典型外围接线图
a) 直流电源/直流输入/直流输出　b) 交流电源/直流输入/继电器输出

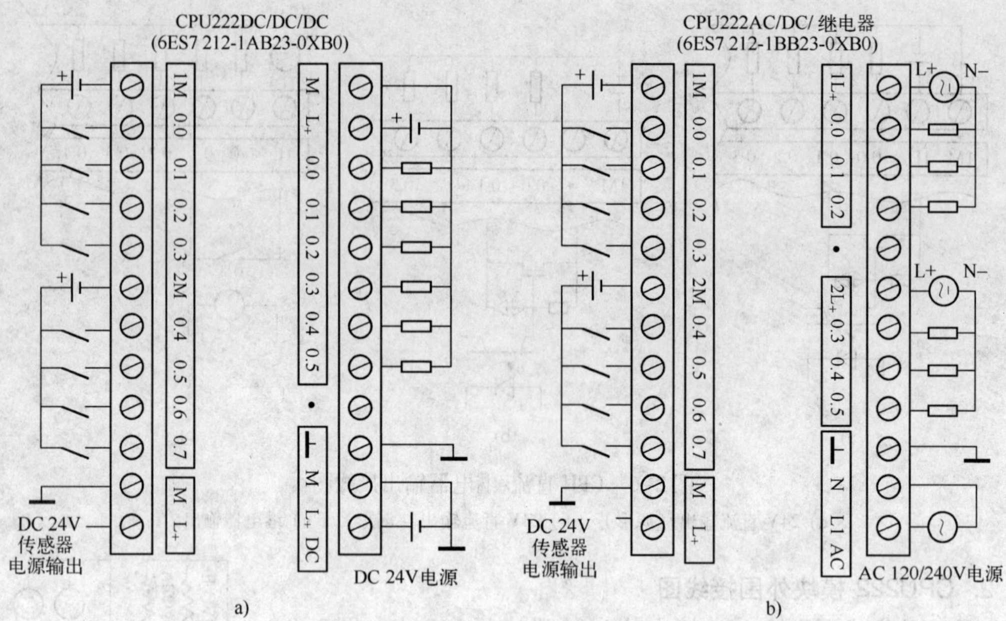

图 2-9　CPU222 典型外围接线图

a）直流电源/直流输入/直流输出　b）交流电源/直流输入/继电器输出

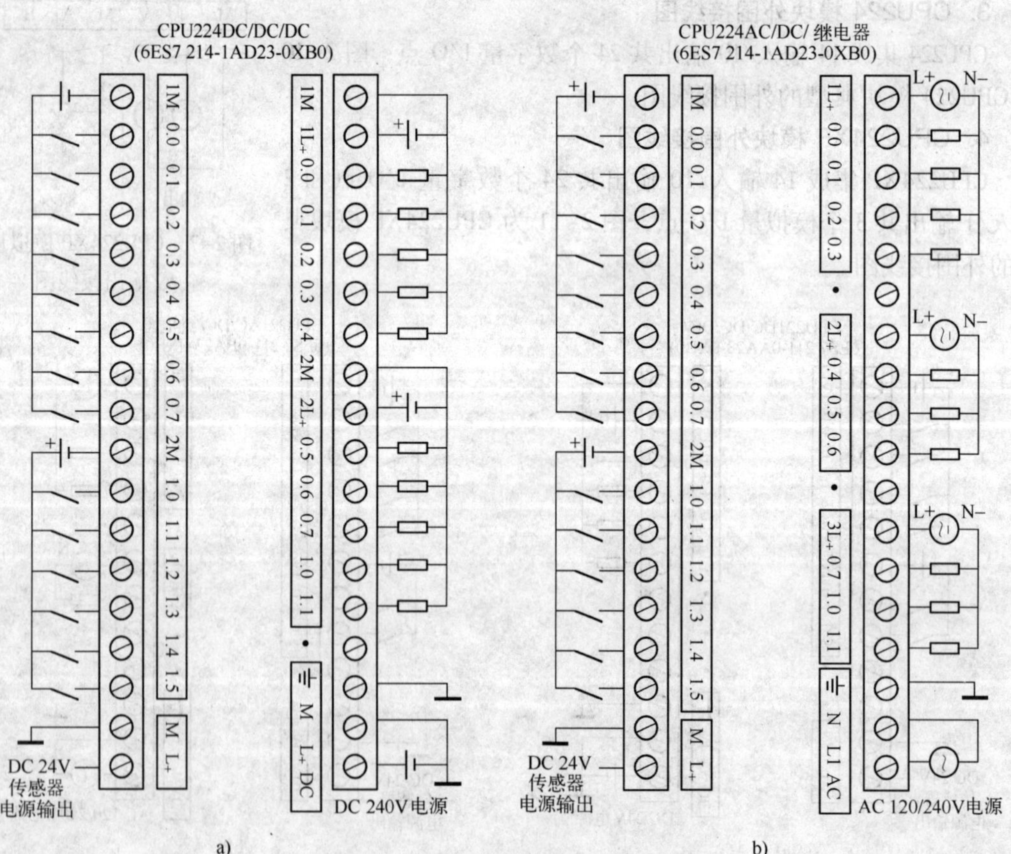

图 2-10　CPU224 典型外围接线图

a）直流电源/直流输入/直流输出　b）交流电源/直流输入/继电器输出

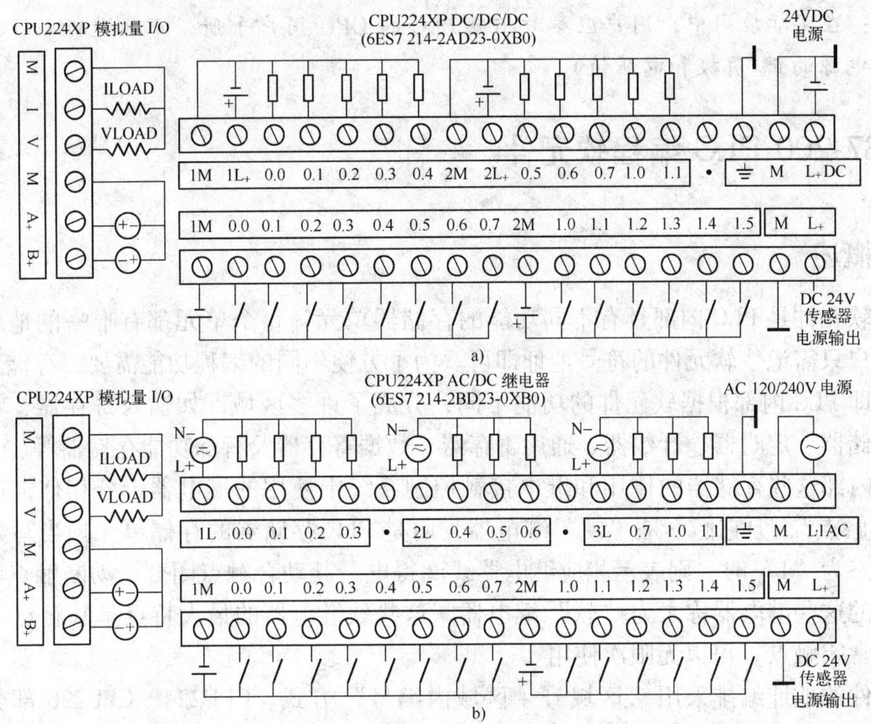

图 2-11　CPU224XP 典型外围接线图

a）直流电源/直流输入/直流输出　b）交流电源/直流输入/继电器输出

5. CPU226 模块外围接线图

CPU226 集成 24 输入/16 输出共 40 个数字量 I/O 点，图 2-12 为 CPU226 模块典型的外围接线图。

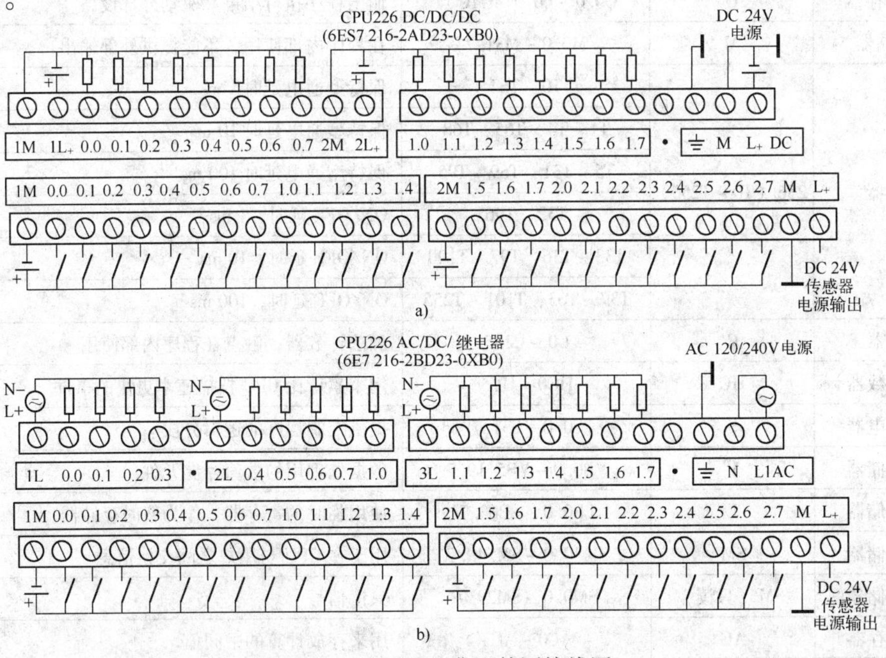

图 2-12　CPU226 典型外围接线图

a）直流电源/直流输入/直流输出　b）交流电源/直流输入/继电器输出

注意： 在实际应用中，用户应参考相应 PLC 的 CPU 用户手册，正确进行 I/O 连接及配电要求（电源的正/负极和电压值）。

2.2 S7-200 PLC 编程软元件

2.2.1 概述

编程软元件是 PLC 内部具有不同功能的存储器单元，每个单元都有唯一的地址，在编程时，用户只需记住软元件的符号地址即可。为了方便不同的编程功能需要，存储器单元做了分区，即 PLC 内部根据软元件的功能不同，分成了许多区域，如输入寄存器、输出寄存器、位存储器、定时器、计数器、通用寄存器、数据寄存器及特殊功能存储器等。

PLC 内部这些存储器的作用和继电接触控制系统中使用的继电器十分相似，也有“线圈”与“触点”，但它们不是“硬”继电器，而是 PLC 存储器的存储单元。当写入该单元的逻辑状态为“1”时，则表示相应继电器线圈得电，其动合触点闭合，动断触点断开。所以，内部的这些继电器称之为“软”继电器，这些软继电器的最大特点是其触点（包括常开触点和常闭触点）可以无限次使用。

软元件的地址编排采用“区域号 + 区域内编号”方式。CPU224、CPU226 部分编程软元件的编号范围和功能描述如表 2-5 所示。

表 2-5　S7-200 PLC 软元件的编号范围

元件名称	符　号	编号范围	功能说明
输入寄存器	I	I0.0 ~ I1.5 共 14 点	接受外部输入设备的信号
输出寄存器	Q	Q0.0 ~ Q1.1 共 10 点	输出程序执行结果并驱动外部设备
位存储器	M	M0.0 ~ M31.7	在程序内部使用，不能提供外部输出
定时器	256（T0 ~ T255）	T0，T64	保持型通电延时 1 ms
		T1 ~ T4，T65 ~ T68	保持型通电延时 10 ms
		T5 ~ T31，T69 ~ T95	保持型通电延时 100 ms
		T32，T96	ON/OFF 延时，1 ms
		T33 ~ T36，T97 ~ T100	ON/OFF 延时，10 ms
		T37 ~ T63，T101 ~ T255	ON/OFF 延时，100 ms
计数器	C	C0 ~ C255	加法计数器，触点在程序内部使用
高速计数器	HC	HC0 ~ HC5	用来累计比 CPU 扫描速率更快的事件
顺控继电器	S	S0.0 ~ S31.7	提供控制程序的逻辑分段
变量存储器	V	VB0.0 ~ VB5119.7	数据处理用的数值存储元件
局部存储器	L	LB0.0 ~ LB63.7	使用临时的寄存器，作为暂时存储器
特殊存储器	SM	SM30.0 ~ SM549.7	用于在 CPU 与用户之间交换信息
特殊存储器	SM（只读）	SM0.0 ~ SM29.7	只读信号
累加寄存器	AC	AC0 ~ AC3	用来存放计算的中间值

2.2.2 软元件类型和功能

1. 输入继电器（I）

输入继电器又称输入过程映象寄存器，它和 PLC 的输入端子相连，用于接收外部开关信号的控制。输入继电器与开关的连接及内部等效电路，如图 2-13 所示。

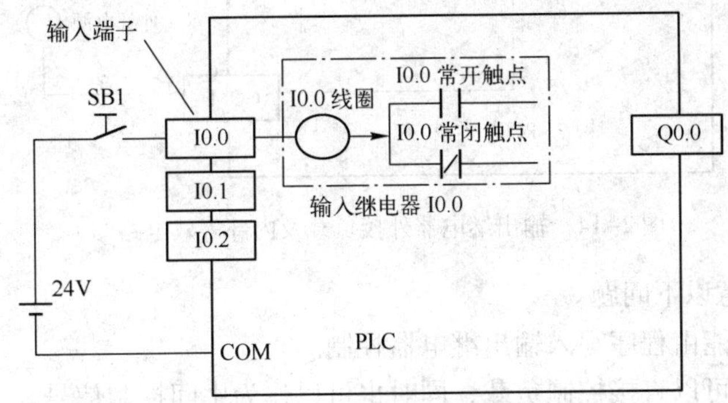

图 2-13 输入继电器外接控制开关及内部等效电路图

例如，当外部的开关 SB1 闭合后，输入继电器的线圈 I0.0 得电，则该继电器“动作”，在程序中表现为常开触点闭合、常闭触点断开。这些触点可以在编程时任意使用，并且使用次数不受限制。

在 PLC 每个扫描周期开始时，PLC 对各个输入端子进行采样，并把采样值送到输入映像寄存器。PLC 在本周期接下来的各阶段不再改变输入映像寄存器中的值，直到下一个扫描周期的输入采样阶段。

输入继电器可以按位来读取数据，其地址格式为 I[字节地址].[位地址]，如 I0.1；也可以按字节、字或双字来读取数据，其地址格式为 I[长度 B/W/D][起始字节地址]，如 IB1。软元件地址格式的读取方式与此相同，只是继电器符号发生改变。

在编程时应注意以下问题。

1）输入继电器只能由输入端子接收外部信号进行控制，不能由程序进行控制。

2）其触点只能作为中间控制信号，不能直接输出给负载。

3）输入开关外接电源的极性和电压值应符合输入电路的要求，如直流输入、交流输入。

2. 输出继电器（Q）

输出继电器又称输出过程映象寄存器，它和 PLC 的输出端子相连，可以输出负载的控制信号。输出继电器与负载电路的连接及内部等效电路，如图 2-14 所示。

例如，当通过程序使输出继电器线圈 Q0.0 得电时，该继电器“动作”，在程序中表现为常开触点闭合、常闭触点断开，即输出端子可以作为控制外部负载的开关信号。这些触点可以在编程时任意使用，使用次数不受限制。

在每个扫描周期的输入采样、程序执行等阶段，并不把输出结果信号直接送到输出锁存器（端点），而只是送到输出映像寄存器，只有在每个扫描周期的末尾才将输出映像寄存器中的结果几乎同时送到输出锁存器，对输出端点进行刷新。

输出继电器可以按位来写入数据，如 Q1.1；也可以按字节、字或双字来写入数据，如 QB1。

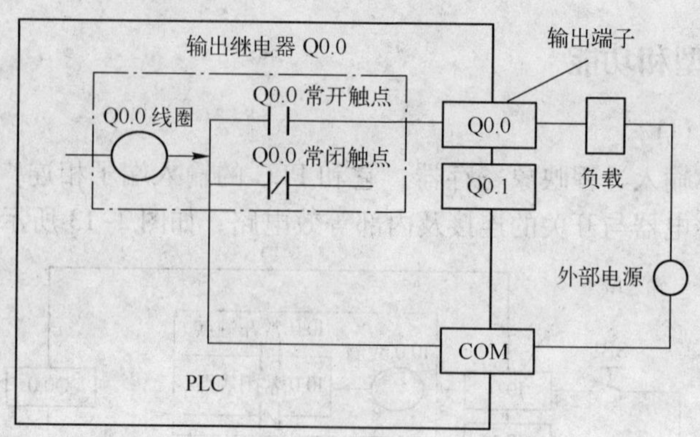

图 2-14 输出继电器外接负载及内部等效电路图

在编程时应注意以下问题。

1）输出端点只能由程序写入输出继电器控制。

2）其触点不仅可以直接控制负载，同时也可以作为中间控制信号。

3）输出外接电源的极性和电压值应符合输出电路的要求，输出继电器的执行部件有继电器、晶体管和晶闸管 3 种形式，图 2-14 是继电器输出等效电路。在继电器输出形式下，外接电源可使用直流或交流，其输出电流、电压值应满足输出触点的要求。

3. 通用辅助继电器（M）

通用辅助继电器（又称位存储区或内部标志位）在 PLC 中没有输入/输出端子与之对应，在逻辑运算中只起到暂存中间状态的作用，类似于继电器控制系统中的中间继电器。

通用辅助继电器可以按位来存取数据，如 M26.7；也可以按字节、字或双字来存取数据，如 MD20。

4. 特殊继电器（SM）

特殊继电器的某些位（特殊标志位）具有特殊功能或用来存储系统的状态变量、控制参数和信息，是用户与系统程序之间的界面。用户可以通过特殊标志位来沟通 PLC 与被控制对象之间的信息；用户也可以通过编程直接设置某些位来使设备实现某种功能（参看 S7-200 用户手册）。

特殊继电器有只读区和可读写区。例如，常用的 SMB0 单元有 8 个状态位为只读标志，其含义如下。

- SM0. 0：PLC 运行（RUN）指示位，该位在 PLC 运行时始终为 1。
- SM0. 1：在 PLC 由 STOP 转入 RUN 时，该位为 ON。在一个扫描周期中，该位常用来调用初始化子程序。
- SM0. 2：若保持数据丢失，则该位在一个扫描周期中为 1。
- SM0. 3：PLC 开机后进入 RUN 模式，该位一个扫描周期内为 ON。
- SM0. 4：该位提供了一个周期为 1 min、占空比为 0. 5 的时钟脉冲，可用作简单延时。
- SM0. 5：该位提供了一个周期为 1 s、占空比为 0. 5 的时钟脉冲。
- SM0. 6：该位为扫描时钟，本次扫描时置 1，下次扫描时置 0。可用作扫描计数器的输入。
- SM0. 7：该位指示 CPU 工作方式的开关位置（0 为 TERM 位置，1 为 RUN 位置）。

在每个扫描周期的末尾，由 S7-200 PLC 更新这些位。

5. 变量存储器（V）

变量存储器用来存储变量（可以被主程序、子程序和中断程序等任何程序访问，也称为全局变量），可以存放程序执行过程中数据处理的中间结果，如变量 V1.0、VB10、VW10、VD10。

6. 局部变量存储器（L）

局部变量存储器用来存放局部变量（局部变量只在特定的程序内有效），可以用来存储临时数据或者子程序的传递参数。局部变量可以分配给主程序段、子程序段或中断程序段，但不同程序段的局部存储器是不能相互访问的。

7. 顺序控制继电器（S）

有些 PLC 中也把顺序控制继电器称为状态器或状态元件，是顺控继电器指令的重要元件，常与顺序控制指令 LSCR、SCRT、SCRE 结合使用，实现顺序控制或步进控制，如 S2.1、SB4。

8. 定时器（T）

定时器是 PLC 中常用的编程软元件，主要用于累计时间的增量，其分辨率有 1 ms、10 ms和100 ms 三种。定时器的工作过程与继电器控制系统的时间继电器类同，当输入条件满足时定时器开始累计时间增量（当前值），当当前值达到预设值时定时器触点动作。

定时器地址格式为 T[定时器号]，如 T24。

9. 计数器（C）

计数器用来累计输入脉冲的个数。当输入触发条件满足时，计数器开始累计输入端脉冲上升沿（正跳变）的次数；当计数器计数值达到预定的设定值时，计数器触点动作。

计数器地址格式为 C[计数器号]，如 C24。

10. 累加器（AC）

累加器是用来暂存数据的寄存器，可进行读、写两种操作。它可以向子程序传递参数，也可以从子程序返回参数，或用来存储运算中间结果。S7-200 PLC 提供了 4 个 32 位的累加器，其地址格式为 AC[累加器号]，如 AC0、AC3 等。累加器的可用长度为 32 位，可采用字节、字、双字的存取方式。按字节、字存取时只能存取累加器的低 8 位或低 16 位，按双字存取时可以存取累加器全部的 32 位，如图 2-15 所示。

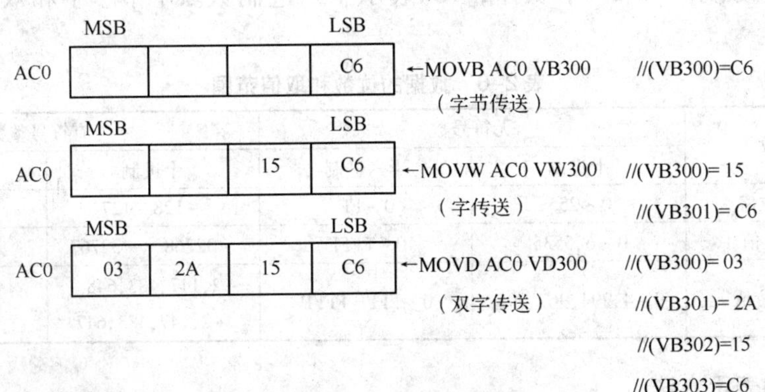

图 2-15 累加器的操作

11. 模拟量输入/输出映像寄存器（AI/AQ）

模拟量输入映像寄存器用于存放 A/D 转换后的 16 位数字量，其地址格式为 AIW[起始字节地址]，如 AIW2。注意，必须用偶数字节地址（0、2、4……），且只能进行读操作。

模拟量输出映像寄存器用于存放需要进行 D/A 转换的 16 位数字量，其地址格式为 AQW[起始字节地址]，如 AQW2。注意，必须用偶数字节地址（0、2、4……），且只能进行写操作。

12. 高速计数器（HC）

一般计数器的计数频率受扫描周期的影响，不能太高。而高速计数器可累计比 CPU 的扫描速度更快的事件。高速计数器的当前值是一个双字长（32 位）的整数，且为只读值。高速计数器的数量很少，地址格式为 HC[高速计数器号]，如 HC2。

2.3 S7-200 PLC 的寻址方式

2.3.1 数据类型

S7-200 PLC 数据类型可以是整型、实型（浮点数）、布尔型或字符串型，常用的数据长度有位、字节、字和双字。

1. 位、字节、字和双字

位（bit），数据类型为布尔（BOOL）型，有“0”和“1”两种不同的取值，可用来表示开关量（或称数字量）的两种不同状态，如触点的断开和接通、线圈的通电和断电等。如果该位为“1”，则表示梯形图中对应编程元件的线圈“通电”，称该编程元件为“1”状态，或称该编程元件 ON（接通）；如果该位为“0”，对应编程元件的线圈和触点的状态与上述的相反，称该编程元件为“0”状态，或称该编程元件 OFF（断开）。

字节（Byte），由 8 位二进制数组成，其中的第 0 位为最低位（LSB），第 7 位为最高位（MSB）。

字（Word），由字节组成，两个字节组成 1 个字。

双字（Double Word），由字组成，两个字组成 1 个双字。

有符号数一般用二进制补码形式表示，其最高位为符号位，0 表示正数，1 表示负数，最大的 16 位正数为 16#7FFF，其中，16#表示十六进制数。字节、字和双字的取值范围见表 2-6。

表 2-6　数据的位数和取值范围

数据位数	无符号数		有符号整数	
	十进制	十六进制	十进制	十六进制
B(字节),8 位值	0~255	0~FF	-128~127	80~7F
W(字),16 位值	0~6,5535	0~FFFF	-32768~+32767	8000~7FFF
D(双字),32 位值	0~4,294,967,295	0~FFFF FFFF	-2,147,483,648~+2,147,483,647	8000 0000~7FFF FFFF

2. 常数的表示方法

在许多指令中都可以使用常数。常数的数据长度可以是字节、字或双字，S7-200 CPU 以二进制方式存储常数。常数也可以用十进制、十六进制、ASCII 码或浮点数形式来表示，表 2-7 是一般常数的表示方法。

表 2-7 常数的表示方法

常　数	格　式	举　例
十进制常数	[十进制值]	20090709
十六进制常数	16#[十六进制值]	16#4E4F
二进制格式	2#[二进制值]	2#1011_0101
ASCII 码常数	'[ASCII 码文本]'	'Document'
实数或浮点数格式	ANSI/IEEE 754-1985	+1.175463E-20（正数）；-1.175463E-20（负数）
字符串	"[字符串文本]"	"It's OK!"

2.3.2 直接寻址与间接寻址

S7-200 PLC 将信息存储在不同的存储单元中，每个存储单元都有唯一确定的地址。根据存储单元中信息存取形式不同，可将寻址方式分为直接寻址方式和间接寻址方式。

1. 直接寻址

直接寻址方式是指明确指出存储单元的地址，在程序中直接使用编程元件的名称和地址编号，用户程序可以直接存取这部分信息。

直接寻址可以采用位寻址、字节寻址、字寻址和双字寻址等方式。

（1）位寻址

位寻址也称字节．位寻址，其格式为 Ax. y，由元件名称、字节地址和位地址组成。如 I3.2，表示输入继电器（I）的位寻址格式，其中"3"表示字节地址编号，"2"表示位地址编号。

（2）字节、字、双字寻址

以变量存储器为例，字节、字、双字寻址格式为

存储区域标识 + 数据类型 + 存储区域内的首字节地址

例如，VB100 中 V 表示存储区域标识符，B 表示访问一个字节，100 表示字节地址；VW100，表示由 VB100 和 VB101 组成的 1 个字（16 位），W 表示访问一个字（Word），100 为起始字节的地址；VD100，表示由 VB100 ~ VB103 组成的双字（32 位），D 表示访问一个双字（Double Word），100 为起始字节的地址，如图 2-16 所示。

（3）其他直接寻址

对于一些具有一定功能的器件，可以直接写出其编号，如定时器 T10。在这种编址中，指明了两个相关变量的信息，即 T10 定时器的状态和当前值。

此外，还可以采用不同的寻址格式对同一地址进行寻址。例如，输入字节 IB3 表示它由 I3.0 ~ I3.7 组成，

表 2-8 是 S7-200 PLC 各种 CPU 存储空间的取值范围。在该表中，输入/输出映像寄存器的存储范围都远大于 CPU 具有的输入/输出端子的数量，这是由于制造集成电路芯片时为了方便生产而统一按端口的最大配置数量制作造成的，不能作为输入/输出端口地址选择的依据。另外，累加寄存器 AC 支持字节、字和双字的存取，但是以字节或字为单元存取累加

器时，只能访问累加器的低 8 位或低 16 位信息。

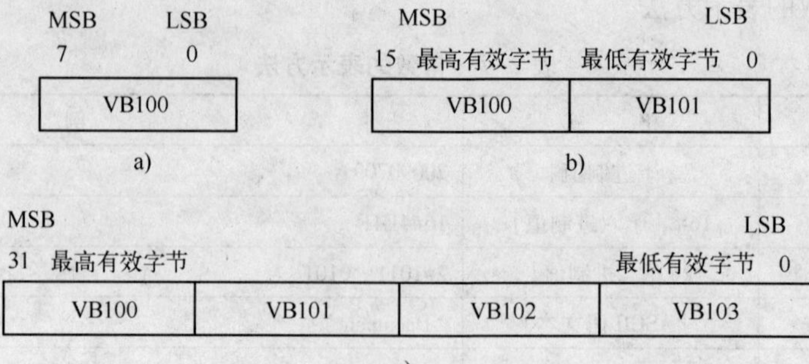

图 2-16　字、字节和双字对同一地址存取操作的比较
a) VB100　b) VW100　c) VD100

表 2-8　S7-200 PLC 存储器范围及特性

描　述		CPU221	CPU222	CPU224S	CPU224XP	CPU226
程序长度	在运行模式下编辑	4096 B	4096 B	8192 B	12288 B	16384 B
	不在运行模式下编辑	4096 B	4096 B	12288 B	16384 B	24576 B
用户数据大小		2048 B	2048 B	8192 B	10240 B	10240 B
输入映像寄存器 (I)		I0.0 ~ I15.7	I0.0 ~ I15.7	I0.0 ~ I15.7	I0.0 ~ I15.7	I0.0 ~ I15.7
输出映像寄存器(Q)		Q0.0 ~ Q15.7	Q0.0 ~ Q15.7	Q0.0 ~ Q15.7	Q0.0 ~ Q15.7	Q0.0 ~ Q15.7
模拟量输入(只读)		AIW0 ~ AIW30	AIW0 ~ AIW30	AIW0 ~ AIW62	AIW0 ~ AIW62	AIW0 ~ AIW62
模拟量输出(只写)		AQW0 ~ AQW30	AQW0 ~ AQW30	AQW0 ~ AQW62	AQW0 ~ AQW62	AQW0 ~ AQW62
变量存储器(V)		VB0 ~ VB2047	VB0 ~ VB2047	VB0 ~ VB8191	VB0 ~ VB10239	VB0 ~ VB10239
局部存储器(L)		LB0 ~ LB63	LB0 ~ LB63	LB0 ~ LB63	LB0 ~ LB63	LB0 ~ LB63
位存储器(M)		M0.0 ~ M31.7	M0.0 ~ M31.7	M0.0 ~ M31.7	M0.0 ~ M31.7	M0.0 ~ M31.7
特殊存储器(SM)		SM0.0 ~ SM179.7	SM0.0 ~ SM299.7	SM0.0 ~ SM549.7	SM0.0 ~ SM549.7	SM0.0 ~ SM549.7
只读		SM0.0 ~ SM29.7	SM0.0 ~ SM29.7	SM0.0 ~ SM29.7	SM0.0 ~ SM29.7	SM0.0 ~ SM29.7
定时器(T)		256(T0 ~ T255)	256(T0 ~ T255)	256(T0 ~ T255)	256(T0 ~ T255)	256(T0 ~ T255)
有记忆接通延迟 1 ms		T0, T64	T0, T64	T0, T64	T0, T64	T0, T64
有记忆接通延迟 10 ms		T1 ~ T4, T65 ~ T68	T1 ~ T4, T65 ~ T68	T1 ~ T4, T65 ~ T68	T1 ~ T4, T65 ~ T68	T1 ~ T4, T65 ~ T68
有记忆接通延迟 100 ms		T5 ~ T31, T69 ~ T95	T5 ~ T31, T69 ~ T95	T5 ~ T31, T69 ~ T95	T5 ~ T31, T69 ~ T95	T5 ~ T31, T69 ~ T95
接通/关断延迟 1 ms		T32, T96	T32, T96	T32, T96	T32, T96	T32, T96
接通/关断延迟 10 ms		T33 ~ T36, T97 ~ T100	T33 ~ T36, T97 ~ T100	T33 ~ T36, T97 ~ T100	T33 ~ T36, T97 ~ T100	T33 ~ T36, T97 ~ T100
接通/关断延迟 100 ms		T37 ~ T63, T101 ~ T255	T37 ~ T63, T101 ~ T255	T37 ~ T63, T101 ~ T255	T37 ~ T63, T101 ~ T255	T37 ~ T63, T101 ~ T255
计数器(C)		C0 ~ C255	C0 ~ C255	C0 ~ C255	C0 ~ C255	C0 ~ C255
高速计数器(HC)		HC0 ~ HC5	HC0 ~ HC5	HC0 ~ HC5	HC0 ~ HC5	HC0 ~ HC5
顺序控制继电器(S)		S0.0 ~ S31.7	S0.0 ~ S31.7	S0.0 ~ S31.7	S0.0 ~ S31.7	S0.0 ~ S31.7
累加寄存器(AC)		AC0 ~ AC3	AC0 ~ AC3	AC0 ~ AC3	AC0 ~ AC3	AC0 ~ AC3
跳转/标号		0 ~ 255	0 ~ 255	0 ~ 255	0 ~ 255	0 ~ 255
调用/子程序		0 ~ 63	0 ~ 63	0 ~ 63	0 ~ 63	0 ~ 127

（续）

描　述	CPU221	CPU222	CPU224S	CPU224XP	CPU226
中断程序	0～127	0～127	0～127	0～127	0～127
正/负跳变	256	256	256	256	256
PID 回路	0～7	0～7	0～7	0～7	0～7
端口	端口 0	端口 0	端口 0	端口 0,1	端口 0,1

2. 间接寻址

间接寻址方式是指通过使用指针来存取存储器中的数据的一种寻址方式。S7-200 CPU 允许使用指针对 I、Q、V、M、S、T（仅当前值）和 C（仅当前值）存储区域进行间接寻址，但不能对独立的位或模拟量进行间接寻址。使用间接寻址方式存取数据的过程如下。

（1）建立指针

使用间接寻址之前应创建一个指向该位置的指针。由于存储器的物理地址为 32 位，所以指针的长度应当为双字，只能用变量存储器 V、局部存储器 L 或累加器 AC1、AC2 和 AC3 作指针。

为了生成指针，必须用双字传送指令（MOVD）将要间接寻址的某存储器的地址装入用来作为指针的编程元件中，装入的是地址而不是数据本身。例如，

```
MOVD &VB200, AC1        //VB200 的地址送入 AC1,建立指针
MOVD &C3, VD6           //C3 的地址送入 VD6,建立指针
MOVD &MB4, LD8          //MB4 的地址送入 LD6,建立指针
```

指令的输入操作数开始处使用“&”符号，表示所寻址的操作数是要进行间接寻址的存储器的地址；指令的输出操作数是指针所指向的存储器地址，其数据长度为双字。

（2）用指针来存取数据

用指针来存取数据时，操作数前加“＊”号，表示该操作数为一个指针。图 2-17 中的“＊AC1”表示 AC1 是一个指针，＊AC1 是 MOVW 指令确定的一个字长的数据。此例中，存于 VB101 和 VB102 的数据被传送到累加器 AC0 的低 16 位。

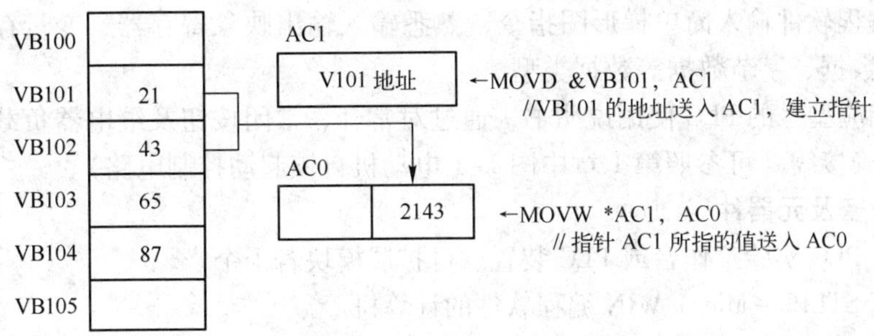

图 2-17　指针间接寻址方式

（3）修改指针

连续存取指针所指的数据时，因为指针是 32 位的数据，应使用双字指令来修改指针值，如双字加法（ADDD）或双字加 1（INCD）指令。修改时需要根据所存取的数据长度来正确调整指针。当存取字节数据时，指针调整单位为 1，即可执行 1 次 INCD 指令；当存取字时，

指针调整单位为2；当存取双字时，指针调整单位为4，如图2-18所示。

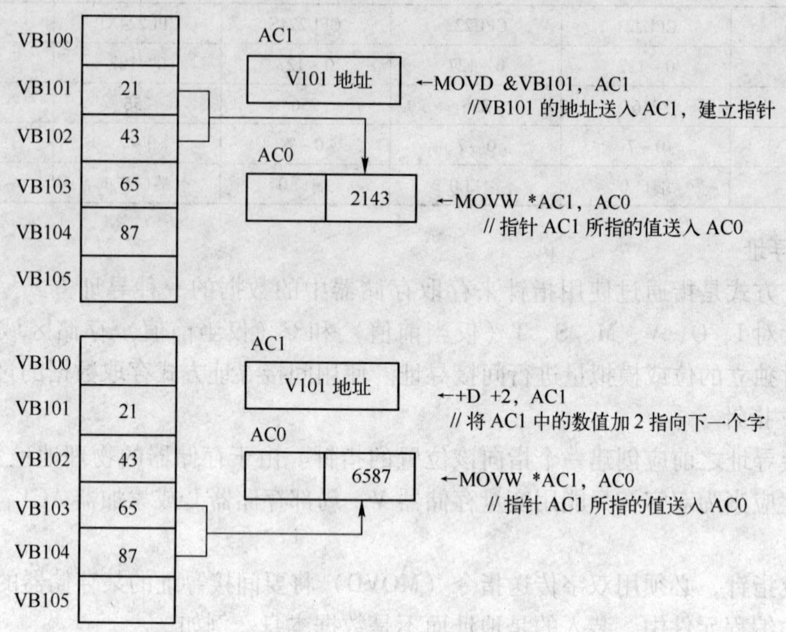

图2-18　改变指针寻址方式

2.4　实训　PLC硬件连接及简单程序

1. 实训目的

1）熟悉可编程序控制器的基本构成及扩展。

2）熟悉可编程序控制器的内部资源及数据类型。

3）正确掌握可编程序控制器的外部端口电路连接。

2. 实训内容

1）通过连接小型PLC及可扩展模块了解PLC基本构成。

2）通过编程软件输入简单梯形图指令，熟悉输入输出映象寄存器、变量存储器等编程元件，熟悉位数据、字节数据等数据类型。

3）参照相应型号的PLC使用说明书，通过对常开、常闭按钮及继电器负载，进行包括外部电源的正确接线（可参照第1章中图1-1电动机自锁起动控制电路）。

3. 实训设备及元器件

1）S7-200 PLC实验工作台或PLC装置、可扩展模块若干个。

2）安装有STEP7 - Micro/WIN编程软件的计算机。

3）PC/PPI + 通信电缆线。

4）开关8个、继电器1个、导线等必备器件。

4. 实训操作步骤

1）将PC/PPI + 通信电缆线与计算机连接。

2）运行STEP7 - Micro/WIN编程软件，输入含有位、字节数据的程序。

① 输入含有位、字节数据的简单梯形图指令，如图2-19所示。这些指令可单独进行。

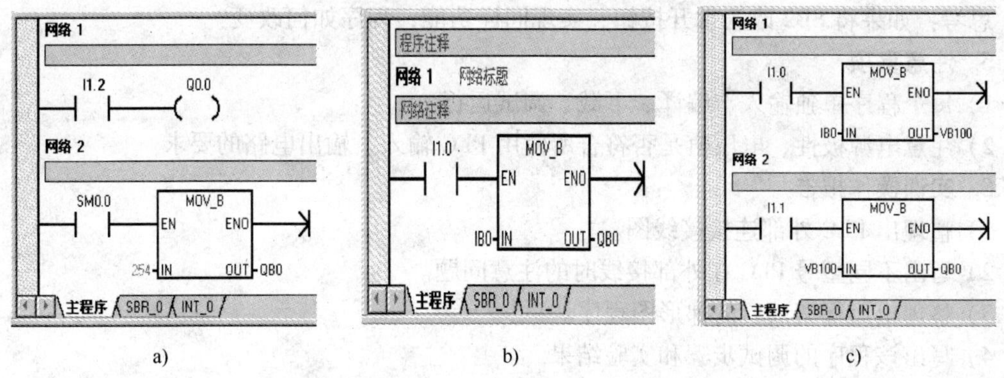

a)　　　b)　　　c)

图 2-19　位及字节数据简单梯形图指令

② 对该程序编译、运行、调试。

③ 观察输出端 QB0 状态。

- 图 a 中网络 1 为位控指令，I1.2 由输入开关控制，Q0.0 的输出由 I1.2 的状态控制。
- 图 a 中网络 2 中 IN 控制 QB0 的输出。在 I1.2 无效时，$QB0=(254)_{10}=(11111110)_2$。
- 图 b 中 IB0.0～IB0.7 的状态控制 QB0.0～QB0.7。如果控制 IB0 的 8 个开关状态为“10101010”，则 QB0 输出也为“10101010”。
- 图 c 中 IB0.0～IB0.7 的状态先送入变量存储器 VB100 中，再由 VB100.0～VB100.7 的状态控制 QB0.0～QB0.7。如果 IB0 为“11110000”，则 VB100 为“11110000”，QB0.0 输出也为“11110000”。

思考：

① 对比图 b 和图 c 中工作过程及 QB0 的状态，区别其异同。

② 辨析 QB0 与 QB0.0 的异同。

3）对第 1 章中图 1-1 电动机自锁起动控制电路使用 PLC 控制，在实训教师指导下进行。

提示：

① 参考图 2-20 连接硬件线路。

② 接线无误后，输入梯形图程序如图 2-21 所示。

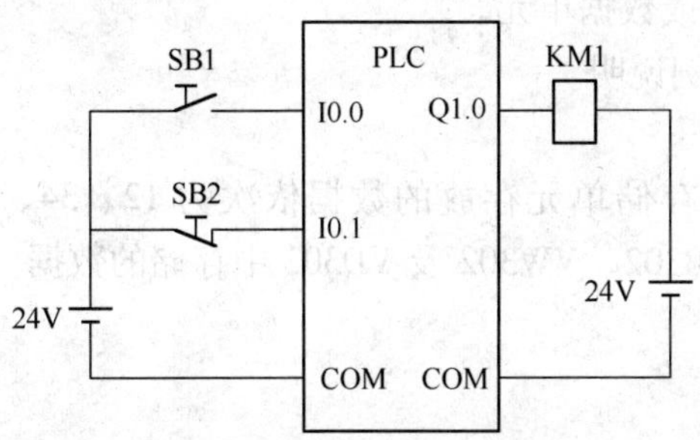

图 2-20　电动机自锁起动控制 PLC 接线图

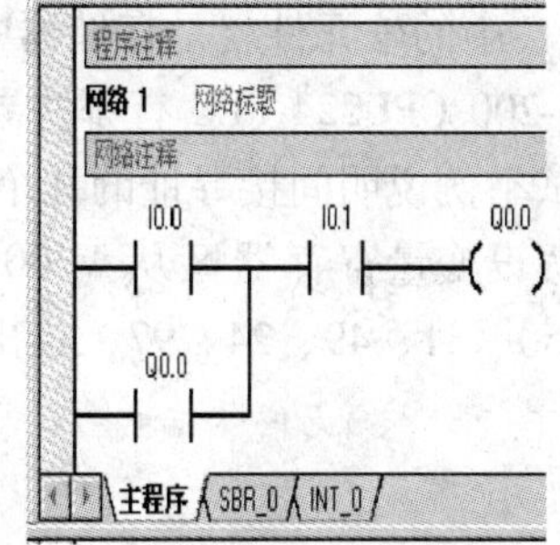

图 2-21　电动机自锁起动控制梯形图

③ 编译、调试、运行。

④ 观察运行结果。

思考：如果将 SB2 改为常开按钮，实现同样功能，程序如何改变？

5. 注意事项

1）每个程序单独输入、编译、下载、调试运行。

2）注意电源极性、电压值是否符合所使用 PLC 输入、输出电路的要求。

6. 实训操作报告

1）整理出 PLC 外部连接接线图。

2）写出不同型号 PLC 在外部接线时的注意问题。

3）整理出运行调试后的梯形图程序。

4）写出该程序的调试步骤和实验结果。

2.5 思考与练习

1. 简述 S7-200 PLC 的硬件系统组成。

2. 简述 S7-200 PLC 的性能特点。

3. S7-200 PLC 常见的扩展模块有哪几类？扩展模块的具体作用是什么？

4. S7-200 PLC 包括哪些编程软元件？其主要作用是什么？

5. PLC 外接端子和输入输出继电器是什么关系？哪些信号可以用来控制输入继电器？哪些信号可以用来控制输出继电器？

6. 输入继电器的触点可以直接驱动负载吗？输出继电器的触点可以作为中间触点吗？

7. PLC 输入输出端子与外部设备（如开关、负载）连接时，应注意哪些问题？

8. 判断下列描述正确与否。

① PLC 可以取代继电器控制系统，因此电器元件将被淘汰。

② PLC 就是专用的计算机控制系统，可以使用任意高级语言编程。

③ PLC 在外部电路不变的情况下，在一定范围内可以通过软件实现多种功能。

④ PLC 为继电器输出时，可以直接控制电动机。

⑤ PLC 为继电器输出时，外部负载可以使用交、直流电源。

⑥ PLC 可以识别外接输入开关是常开开关还是常闭开关。

⑦ PLC 可以识别外接输入开关是闭合状态还是断开状态。

⑧ PLC 中的软元件就是存储器中的某些位、或数据单元。

9. S7-200 CPU224 PLC 有哪些寻址方式？举例说明。

10. 试举例说明间接寻址的几个步骤。

11. 假设变量寄存器区从 V300 开始的 10B 存储单元存放的数据依次为 12、34、56、78、9A、50、31、49、24、97，指出 V302.1、VB302、VW302 及 VD302 中存储的数据。

第3章　S7-200 PLC的基本指令及应用

指令是编程软件能够识别、计算机能够执行的命令。按照功能实现的要求，一条条指令的有序集合就构成了程序，程序是编程者通过编程语言来实现的。在S7-200 PLC的编程软件中，用户可以利用梯形图、语句表和功能块图等编程语言来编制用户程序。其中，梯形图和语句表是最基本、最常用的PLC编程语言，它们不仅支持结构化编程方法，而且两种编程语言可以相互转化。本章重点介绍S7-200 PLC中梯形图和语句表两种编程语言的基本指令及简单应用。

3.1　概述

3.1.1　S7-200 PLC编程软件简介

要使用S7-200 PLC，首先需要在计算机上安装STEP 7-Mirco/WIN编程软件。按照STEP 7-Mirco/WIN软件规定的编程语言（指令格式）编写的PLC用户程序，可在该软件环境下进行录入编辑、编译、调试及运行监控。

STEP 7-Micro/WIN是SIEMENS公司专门为SIMATIC系列S7-200可编程序控制器研制开发的编程软件，它使用计算机作为图形编程器，用于在线（联机）或离线（脱机）开发用户程序，并可以在线实时监控用户程序的执行状态。

在STEP 7-Mirco/WIN软件环境下，同一程序可以使用梯形图、语句表和功能块图3种不同的编程语言进行编程，可以直接进行显示切换。

3.1.2　S7-200 PLC指令基本格式

下面介绍S7-200 PLC编程中常用的梯形图（以下简称LAD）和语句表（以下简称STL）指令表示方法。

1. LAD指令

LAD使用类似于电气控制形式的符号来描述指令要执行的操作，以符号上的数据表示需要操作的数据，如图3-1所示。该指令表示当输入位（常开按钮控制）I0.1闭合时，输出位（线圈驱动）Q1.0为ON（得电）。

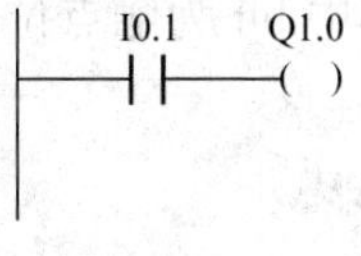

图3-1　简单LAD指令

2. STL指令

STL指令一般由助记符和操作数组成，其格式如图3-2所示。其中，助记符表示指令要执行的功能，操作数表示指令要操作的数据。

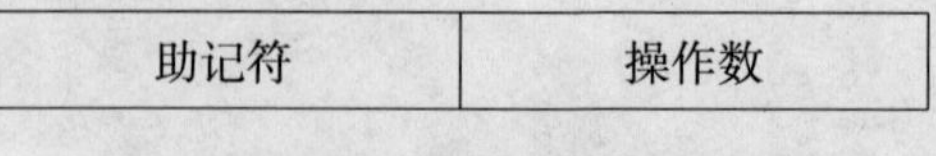

图 3-2　STL 指令的格式

例如，　　LD　　I0.1　　//LD：取指令操作码；I0.1：输入位操作数.
　　　　　=　　　Q1.0　　//"="：输出操作码；Q1.0：输出位操作数.

3. 操作数的表示方法

指令中的操作数一般由标识符和参数两部分组成，标识符指出操作数的存储区域及操作数的位数，参数则表示该操作数在存储区的具体位置。在图 3-1 中，操作数 I0.1 中的 I 表示输入映像寄存器，0.1 表示 I 寄存器 0 字节中的第 1 位输入点；操作数 Q1.0 中的 Q 表示输出映像寄存器，1.0 表示 Q 寄存器 1 字节中的第 0 位输出位。图 3-3 是一些常用操作数的表示方法。

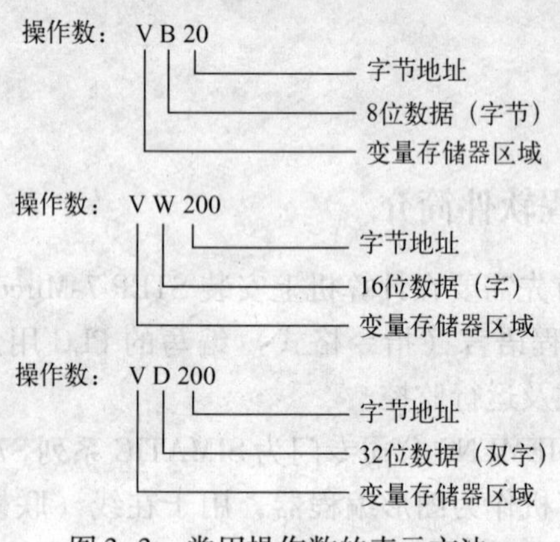

图 3-3　常用操作数的表示方法

3.2　基本逻辑指令

基本逻辑指令是 PLC 中最常用的指令，主要用来完成基本的位逻辑运算及控制。基本逻辑指令主要包括触点输入/线圈驱动输出指令、位逻辑指令、置位/复位指令、立即指令、边沿触发指令及堆栈操作指令等。

3.2.1　触点输入/线圈驱动输出指令

1. LD、LDN 指令

(1) 取指令 LD（Load）

LD 的指令格式如图 3-4 所示，其中 bit 为触点位地址（下同）。

图 3-4　LD 指令的格式

使用 LD 指令时，启动梯形图任何逻辑块的第一条指令时，对应输入端点连接开关导通，触点 bit 闭合；对应输入端点连接开关断开，触点 bit 断开。一般用于连接动合（常开）触点。

（2）取反指令 LDN（Load Not）

LDN 的指令格式如图 3-5 所示。

使用 LDN 指令时，启动梯形图任何逻辑块的第一条指令时，对应输入端点连接开关导通，触点 bit 断开；对应输入端点连接开关断开，触点 bit 闭合。

2. =（Out）指令

“=”指令的指令格式如图 3-6 所示。在梯形图中，该指令必须放在最右端。

图 3-5　LDN 指令的格式　　　　图 3-6　“=”指令的格式

触点输入/线圈驱动输出指令的梯形图及语句表综合示例如图 3-7 所示。

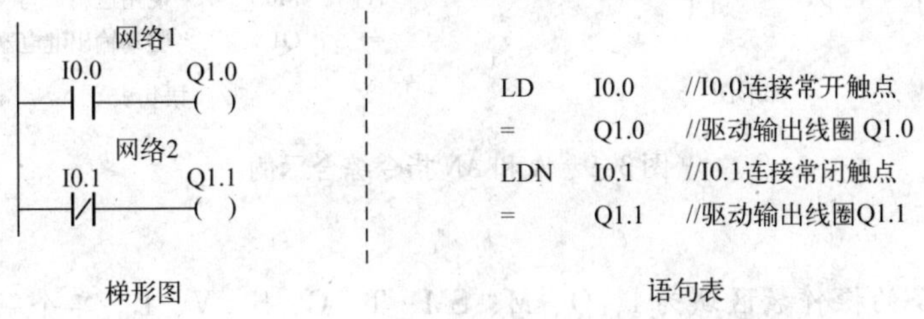

图 3-7　LD、LDN 及“=”指令综合示例

注意

LD、LDN 指令操作数区域为 I、Q、M、T、C、SM、S、V；“=”指令的操作数区域为 M、Q、T、C、SM、S。同一程序中，“=”指令后的线圈只能使用 1 次。

这里特别需要指出，PLC 不识别外部连接的是常开按钮还是常闭按钮，PLC 只识别外部开关是接通状态还是断开状态。例如，设图 3-7 程序中的 I0.0 由 PLC 外接常开按钮控制，I0.1 由外接常闭按钮控制，如图 3-8 所示。在执行图 3-7 指令后，图 3-8 电路工作过程如下。

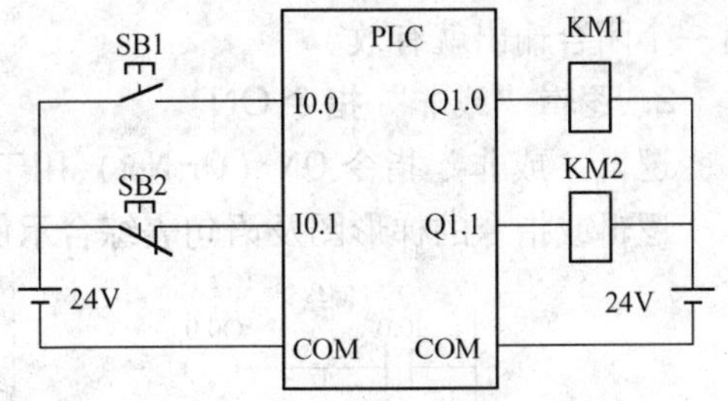

图 3-8　PLC 外接电路

1）当输入常开按钮 SB1 闭合时，执行 LD 指令，I0.0 为 ON，Q1.0 为 ON，输出线圈 KM1 得电。

2）当输入常闭触点 SB2 未按下（闭合）时，由于执行 LDN 指令，常闭位 I0.1 为 OFF，Q1.1 为 OFF，输出线圈 KM2 失电。

3）当输入常闭触点 SB2 按下（断开）时，则常闭位 I0.1 为 ON，Q1.1 为 ON，输出线圈 KM2 得电。

由此可以看出，当 SB2 按下断开时，KM2 得电工作；当 SB2 未按下接通时时，KM2 失电。

3.2.2 逻辑与指令

1. 逻辑“与”指令 A

逻辑“与”指令 A（And）用于动合触点的串联连接，只有串联在一起的所有触点全部闭合时输出才有效。

2. 逻辑“与非”指令 AN

逻辑“与非”指令 AN（And Not）用于动断触点的串联连接。

逻辑与指令的梯形图及语句表综合示例如图 3-9 所示。

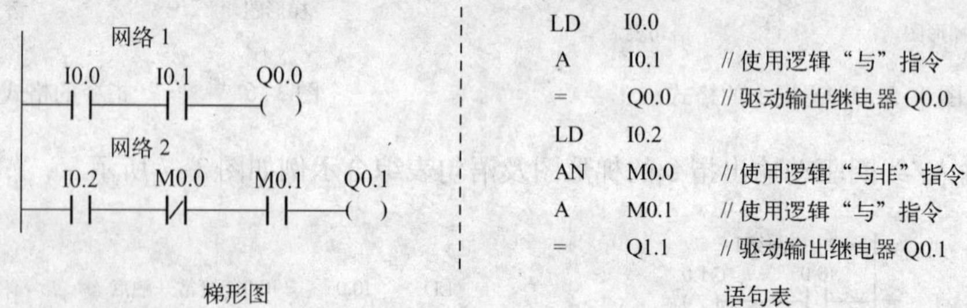

图 3-9　A 和 AN 指令综合示例

注意

A 和 AN 指令的操作数区域为 I、Q、M、SM、T、C、S、V、L。单个触点可以连续串联使用，最多可串联 11 个。

3.2.3 逻辑或指令

1. 逻辑“或”指令 O

逻辑“或”指令 O（Or）用于动合触点的并联连接，并联在一起的所有触点中，只要有一个闭合输出就有效。

2. 逻辑“或非”指令 ON

逻辑“或非”指令 ON（Or Not）用于动断触点的并联连接。

逻辑或指令的梯形图及语句表综合示例如图 3-10 所示。

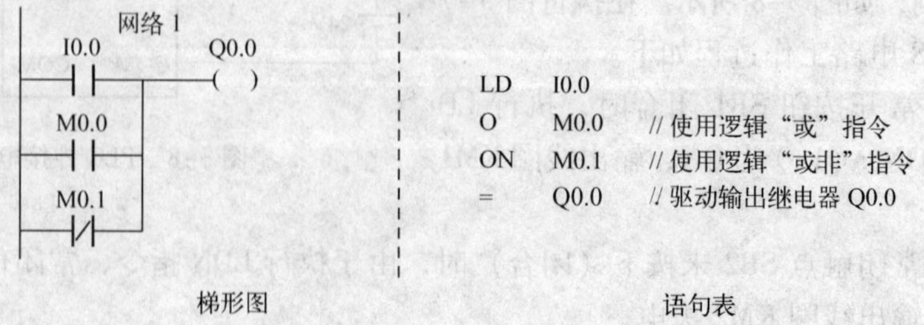

图 3-10　O 和 ON 指令综合示例

注意

O 和 ON 指令的操作数区域为 I、Q、M、SM、T、C、S、V、L。单个触点可以连续并联使用。

3.2.4 逻辑块与指令

逻辑块“与”指令 ALD（And Load）用于并联电路块的串联连接。

逻辑块是指以 LD 或 LDN 起始的一段程序，两条以上支路并联形成的电路叫并联逻辑块。如果将两个并联逻辑块串联在一起则需要使用 ALD 指令。

该指令的梯形图及语句表综合示例如图 3-11 所示。

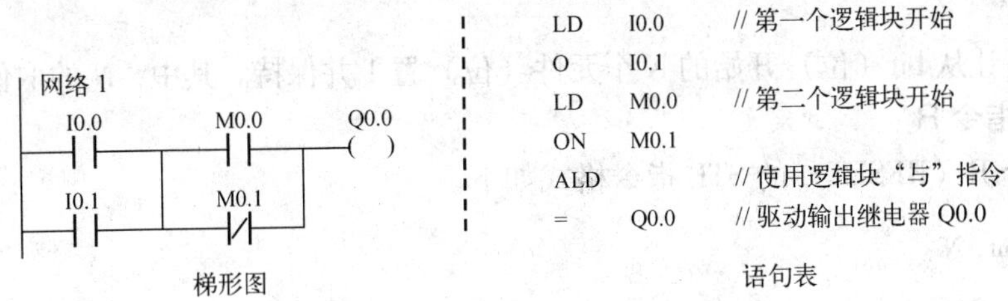

图 3-11 ALD 指令综合示例

在图 3-11 中，第一逻辑块实现 I0.0 与 I0.1 逻辑或操作，第二逻辑块实现 M0.0 与 M0.1（常闭）逻辑或操作，然后实现这两个逻辑块的逻辑与操作，驱动 Q0.0。

注意

1）逻辑块是以 LD 或 LDN 起始的一段程序，直至再次遇到 LD 或 LDN，则表示上一逻辑段结束，新的逻辑段开始。

2）该指令总是对其上方最近的两个逻辑块进行串联连接。

3）经连接的逻辑块仍为逻辑块，可以嵌套使用逻辑块指令。

4）ALD 指令无操作数。

3.2.5 逻辑块或指令

逻辑块“或”指令 OLD（Or Load）用于串联电路块的并联连接。

两个以上触点串联形成的电路叫串联逻辑块，如果将两个串联逻辑块并联在一起则需要使用 OLD 指令。

该指令的梯形图及语句表综合示例如图 3-12 所示。

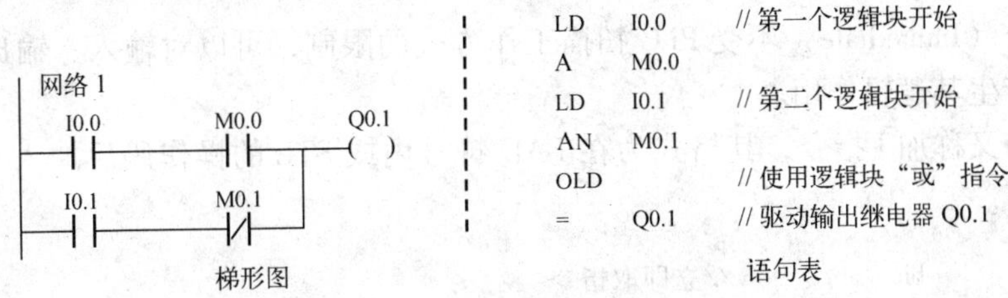

图 3-12 OLD 指令综合示例

在图 3-12 中，第一逻辑块实现 I0.0 与 M0.0 逻辑与操作，第二逻辑块实现 I0.1 与 M0.1（常闭）逻辑与操作，然后实现这两个逻辑块的逻辑或操作，驱动 Q0.1。

注意

1）该指令总是对其上方最近的两个逻辑块进行并联连接。

2）经连接的逻辑块仍为逻辑块，可以嵌套使用逻辑块指令。

3）OLD 指令无操作数。

3.2.6 置位/复位指令

1. 置位指令 S

置位指令 S（SET）的 STL 指令格式如下。

```
S  bit , N
```

其功能是让从 bit（位）开始的 N 个元件（位）置 1 并保持。其中，N 的取值为 1 ~ 255。

2. 复位指令 R

复位指令 R（RESET）的 STL 指令格式如下。

```
R  bit, N
```

其功能是让从 bit（位）开始的 N 个元件（位）置 0 并保持。其中，N 的取值为 1 ~ 255。

置位和复位指令的梯形图及语句表综合示例如图 3-13 所示。

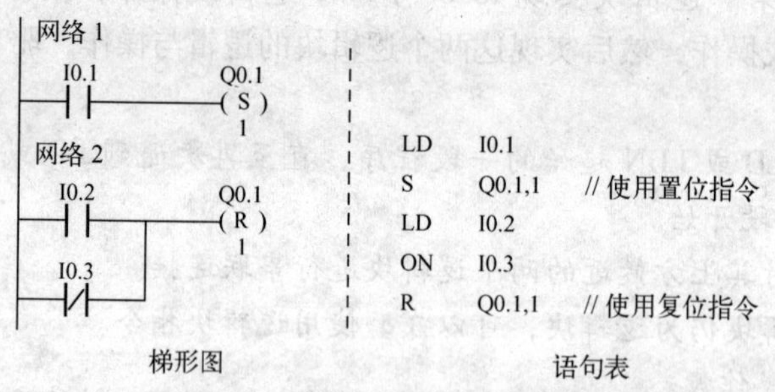

图 3-13 置位、复位指令综合示例

在图 3-13 程序中，当 I0.1 常开触点接通时，则 Q0.1 被置位“1”，之后即使 I0.1 触点断开，Q0.1 仍保持该状态不变；当 I0.2 接通或 I0.3 闭合，则 Q0.1 被复位“0”。

S 和 R 指令的操作数为 I、Q、M、SM、T、C、S、V 和 L。

3.2.7 立即指令

立即指令（Immediate）不受 PLC 扫描工作方式的限制，可以对输入、输出点进行立即读写操作并产生其逻辑作用。

立即指令又称加 I 指令，其格式为在 LAD 符号内或 STL 的操作码后加入“I”。其 STL 指令格式如下。

```
LDI    bit    //立即取指令
LDNI   bit    //立即取非指令
OI     bit    //立即“或”指令
ONI    bit    //立即“或非”指令
AI     bit    //立即“与”指令
```

```
ANI     bit       //立即"与非"指令
=I      bit       //立即输出指令
SI      bit,N     //立即置位指令
RI      bit,N     //立即复位指令
```

立即指令的梯形图及语句表综合示例如图 3-14 所示。

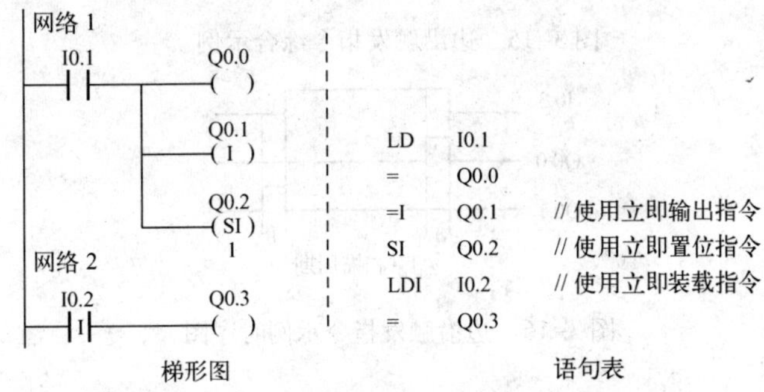

图 3-14 立即指令综合示例

注意

1）用立即指令读取输入点的状态时，该点对应的输入映像寄存器中的值并不会立即变化，而是随着扫描工作周期所采集的输入点的状态发生变化。

2）用立即指令访问输出点时，同时写入 PLC 的物理输出点和相应的输出映像寄存器。

3.2.8 边沿触发指令

边沿触发指令又称微分指令，分为上升沿微分和下降沿微分指令。

1. 上升沿微分指令

上升沿微分指令的 STL 格式为

```
EU    //(Edge UP)
```

上升沿微分指令的 LAD 格式由常开触点中加入符号"P"构成。

上升沿微分指令的作用是，当执行条件从 OFF 变为 ON 时，在上升沿产生一个扫描周期的脉冲。

2. 下降沿微分指令

下降沿微分指令的 STL 格式为

```
ED  //(Edge Down)
```

下降沿微分指令的 LAD 格式由常开触点中加入符号"N"构成。

下降沿微分指令的作用是，当执行条件从 ON 变成 OFF 时，在下降沿产生一个扫描周期的脉冲。

边沿触发指令无操作数。

边沿触发指令梯形图及语句表综合示例如图 3-15 所示，其时序图如图 3-16 所示。

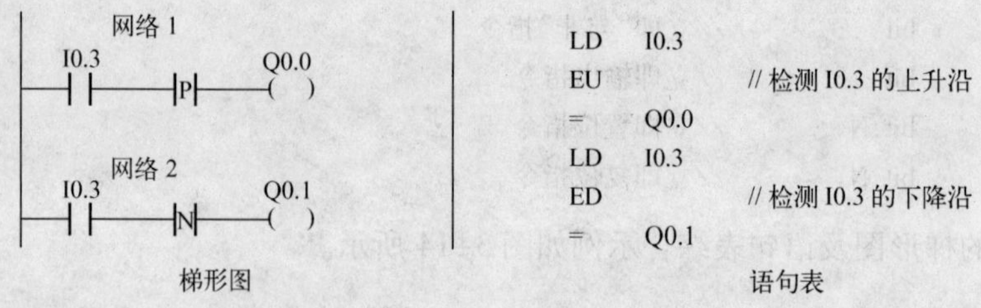

图 3-15　边沿触发指令综合示例

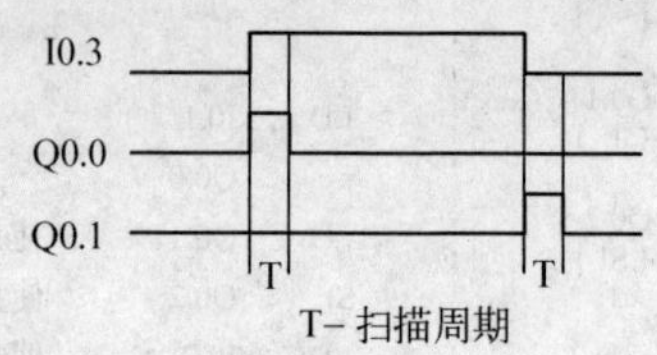

图 3-16　边沿触发指令示例时序图

3.2.9　堆栈操作指令

1. 堆栈及其操作

堆栈是一组能够按照先进后出、后进先出顺序进行数据存取的连续存储器单元，主要用来暂存一些需要临时保存的数据。把数据存入堆栈，称为压栈，其数据存入栈顶单元；把数据从栈顶取出，称为弹出，其数据从栈顶单元弹至目标单元。

S7-200 PLC 有一个 9 位的堆栈，栈顶用来存储逻辑运算的结果，下面的 8 位用来存储中间运算结果。

应该注意到，在 S7-200 PLC 系统中，对于不同的指令，系统将自动对其执行堆栈操作，或者暂存某些数据以备后用，或者从栈顶弹出数据以供操作。

- 执行 LD 指令时，系统自动将指令指定的位地址中的二进制数据压入栈顶，以备后续指令（如逻辑与或输出等指令）使用。
- 执行 A 指令时，系统将指令指定的位地址中的二进制数和栈顶中的二进制数（自动弹出后）相“与”，结果自动压入栈顶。
- 执行“=”指令时，系统自动将栈顶值复制到对应的映像寄存器。
- 执行 OLD 指令时，系统首先对栈顶第 1 层存放的逻辑块结果（S1）和第 2 层存放的另一逻辑块结果（S0）弹出进行逻辑块或操作，其结果 S2 存入栈顶，栈的深度减 1。执行 OLD 指令的堆栈操作如图 3-17 所示。

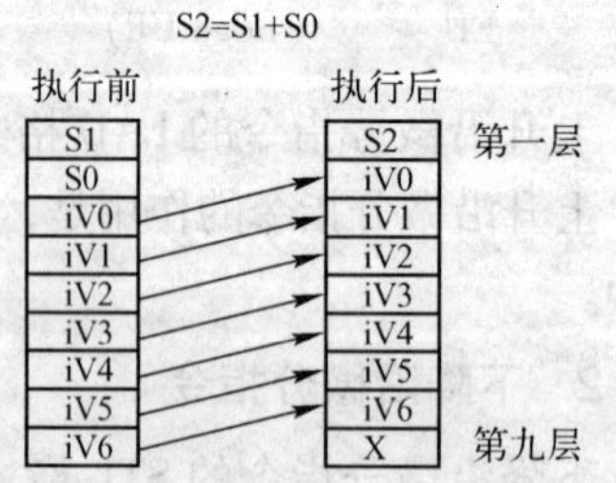

图 3-17　OLD 指令对堆栈的影响

2. 堆栈操作指令

堆栈操作指令包括 LPS、LRD、LPP、LDS。

各命令功能描述如下。

（1）逻辑入栈指令 LPS（Logic Push）——分支电路开始指令

在梯形图中，该指令用于生成一条新的母线，该母线的左侧为原来的主逻辑块，右侧为新生成的从逻辑块。

(2) 逻辑读栈指令 LRD（Logic Read）

在梯形图中，新母线生成后，LPS 开始右侧第一个从逻辑块的编程；LRD 则开始右侧第二个及其后的从逻辑块的编程。

(3) 逻辑出栈指令 LPP（Logic Pop）——分支电路结束指令

在梯形图中，该指令用于新母线右侧最后一个从逻辑块的编程。

(4) 装入堆栈指令 LDS（Logic Stack）

该指令复制堆栈中第 n（n = 1 ~ 8）层的值到栈顶，栈中原来的数据依次向下一层推移，栈底推出丢失。其指令格式为

LDS n

注意

LPS 和 LPP 指令必须成对出现。LPS、LPP、LRD 指令无操作数。

【例 3-1】 利用堆栈指令建立多级从逻辑块。具体指令如图 3-18 所示。

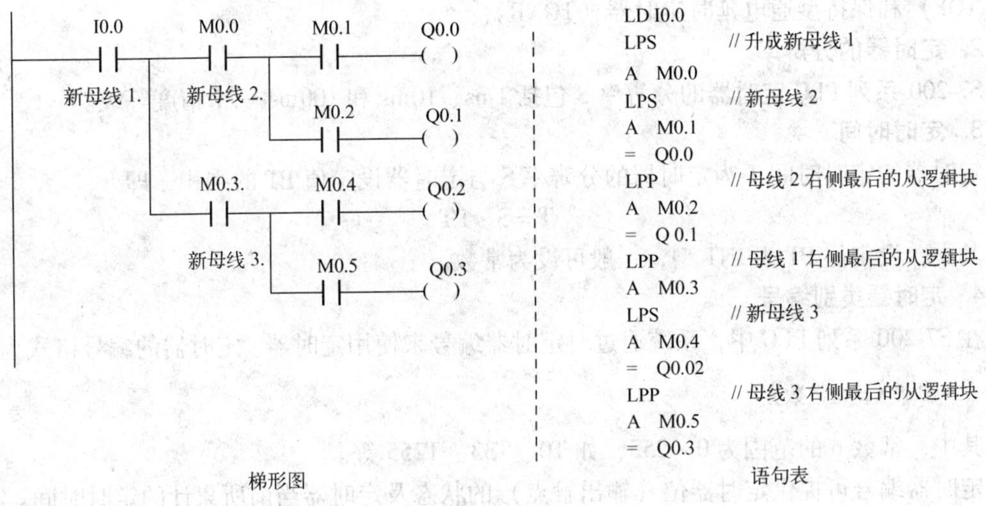

图 3-18 堆栈操作梯形图及语句表示例指令

3.2.10 取反/空操作指令

1. 取反指令 NOT

取反指令 NOT 的功能为将其左边的逻辑运算结果取反，指令本身没有操作数。

取反指令梯形图及语句表综合示例如图 3-19 所示。

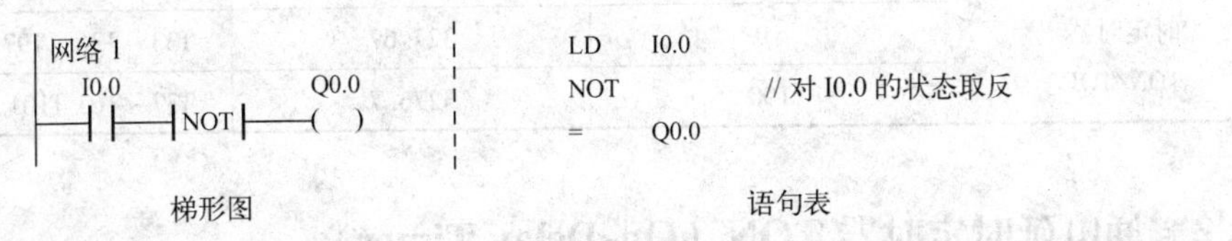

图 3-19 NOT 指令综合示例

2. 空操作指令

空操作指令 NOP，不影响程序的执行。其指令格式如下。

NOP　　N　　//N = 0 ~ 255，表示执行空操作的次数。

3.3 定时器指令

3.3.1 基本概念及定时器编号

定时器是 PLC 常用的编程元件之一。在 PLC 系统中，在满足一定的输入控制条件后，定时器从当前值按一定的时间单位进行增加操作，直至其当前值达到程序设定值，定时器位发生动作，以满足定时位控的需要。

1. 定时器的种类

S7-200 系列 PLC 提供了 3 种类型的定时器，即通电延时定时器（TON）、断电延时定时器（TOF）和保持型通电延时定时器（TONR）。

2. 定时器的分辨率

S7-200 系列 PLC 定时器的分辨率 S 包括 1ms、10ms 和 100ms 三个精度等级。

3. 定时时间

定时器的定时时间 T 为定时器的分辨率 S 与定时器设定值 PT 的乘积，即

$$T = S \cdot PT$$

其中，设定值 PT 为 INT 型，一般可设为常数。

4. 定时器类别编号

在 S7-200 系列 PLC 中，系统通过对定时器编号来使用定时器。定时器的编号格式为

Tn （n 为常数）

其中，常数 n 的范围为 0 ~ 255，如 T0、T33、T255 等。

定时器编号可提供定时器位（输出触点）的状态及定时器当前所累计的定时时间。定时器类别及编号见表 3-1。

表 3-1　定时器类别及编号

类　型	分辨率/ms	最大定时值/s	编　号
保持型通电延时定时器 TONR	1	32.767	T0、T64
	10	327.67	T1 ~ T4、T65 ~ T68
	100	3276.7	T5 ~ T31、T69 ~ T95
通电/断电延时定时器 TON/TOF	1	32.767	T32、T96
	10	327.67	T33 ~ T36、T97 ~ T100
	100	3276.7	T37 ~ T63 T101 ~ T255

3.3.2 通电延时定时器 TON（On-Delay Timer）

通电延时定时器（TON）用于通电后单一时间间隔的计时，其指令格式如图 3-20 所示。

图 3-20 TON 的指令格式

其中，TON 为通电延时定时器指令助记符，Tn 为定时器编号，IN 为定时器定时输入控制端，PT 为定时设定值输入端。

输入端（IN）接通时，定时器位为 OFF，定时器开始从当前值 0（加 1）开始记时。当前值大于等于设定值时（PT = 1 ~ 32767），定时器位变为 ON，定时器对应的常开触点闭合，长闭触点断开。达到设定值后，当前值仍继续计数，直到达到最大值 32767 为止。当输入端断开时，定时器复位，即当前值被清零，定时器位为 OFF。

【例 3-2】 通电延时定时器梯形图及语句表综合示例如图 3-21 所示，其时序图如图 3-22 所示。

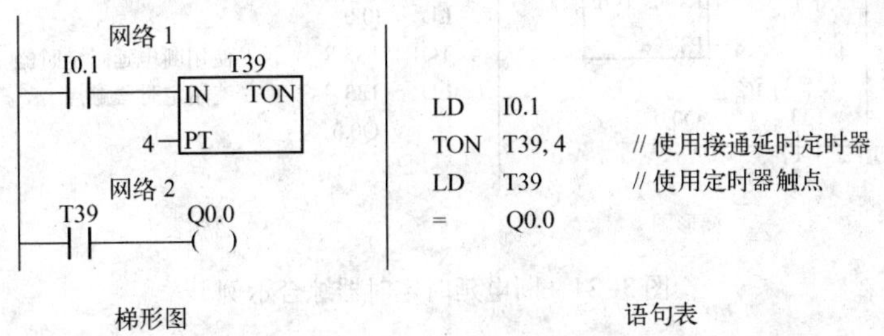

图 3-21 通电延时定时器综合示例

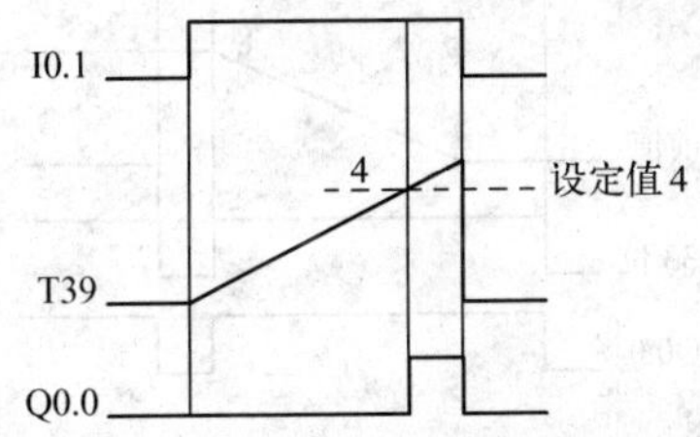

图 3-22 通电延时定时器指令示例时序图

本例中，由表 3-1 可知编号 T39 为通电延时定时器，其分辨率 S = 100 ms，指令中设定值 PT = 4，定时时间 T = 100 ms × 4 = 400 ms，其工作过程如下。

1）I0.1 接通时，T39 从当前值 0 开始（加 1）计时。

2）当前值大于等于设定值（PT = 4）时，T39 常开位触点闭合，Q0.0 为 ON。

3）当前值达到设定值 4 后，当前值仍继续计数，直到最大值 32767 为止。

4）I0.1 断开时，定时器 T39 复位，当前值被清零，定时器位为 OFF，Q0.0 失电。

3.3.3 断电延时定时器 TOF（Off-Delay Timer）

断电延时定时器（TOF）用于断电后的单一时间间隔计时，其指令格式如图 3-23 所示。

其中，TOF 为断电延时定时器指令助记符，Tn 为定时器编号，IN 为定时器定时输入控制端，PT 为定时设定值输入端。

图 3-23 TOF 的指令格式

输入端（IN）接通时，定时器位为 ON，当前值为 0。当输入端由接通到断开时，定时器从当前值 0（加 1）开始计时，定时器位仍为 ON。只有在当前值等于设定值（PT）时，输出位变为 OFF，当前值保持不变，停止计时。

断电延时定时器可用复位指令 R 复位。复位后定时器位为 OFF，当前值为零。

【例 3-3】 断电延时定时器梯形图及语句表综合示例如图 3-24 所示，其时序图如图 3-25 所示。

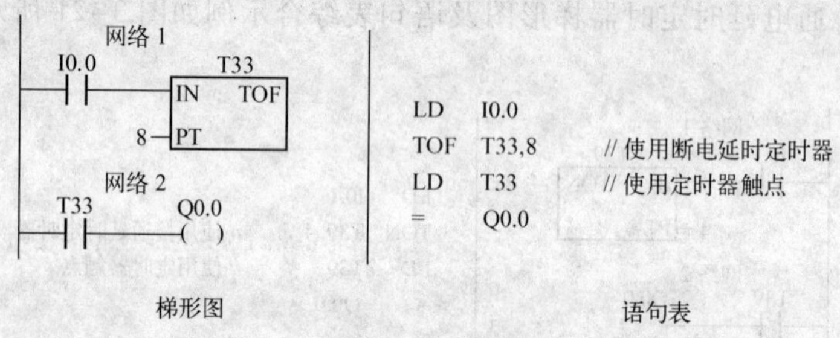

图 3-24 断电延时定时器综合示例

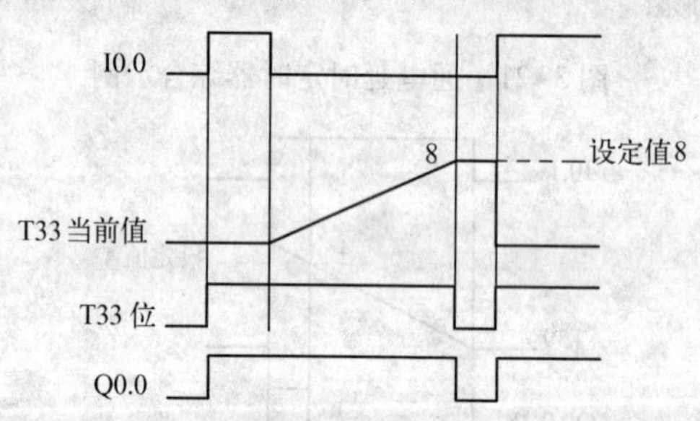

图 3-25 断电延时定时器示例时序图

本例中，由表 3-1 可知编号 T33 为断电延时定时器，其分辨率 S = 10 ms，指令中设定值 PT = 8，定时时间 T = 10 ms × 8 = 80 ms，其工作过程如下。

1）I0. 0 接通时，T33 为 ON，Q0. 0 为 ON。

2）I0. 0 断开时，T33 仍为 ON 并从当前值 0 开始（加 1）计时。

3）当前值等于设定值（PT = 8）时，当前值保持，T33 变为 OFF，常开位触点断开，Q0. 0 为 OFF。

4）I0. 0 再次接通时，当前值复位清零，定时器位为 ON。

3. 3. 4 保持型通电延时定时器 TONR（Retentive On-Delay Timer）

保持型通电延时定时器 TONR 用于对许多间隔的累计定时，具有记忆功能。其指令格式如图 3-26 所示。

图 3-26 TONR 的指令格式

其中，TONR 为保持型通电延时定时器指令助记符，Tn 为定时器编号，IN 为定时器定时输入控制端，PT 为定时设定值输入端。

当输入端（IN）接通时，定时器当前值从 0 开始（加 1）计时。当输入 IN 无效时，当前值保持；IN 再次有效时，当前值在原保持值基础上继续计数。当累计当前值大于等于设定值（PT）时，定时器位置 ON。

TONR 定时器可用复位指令 R 复位，复位后定时器位为 OFF，当前值清零。

【例 3-4】 保持型通电延时定时器梯形图及语句表综合示例如图 3-27 所示，其时序图如图 3-28 所示。

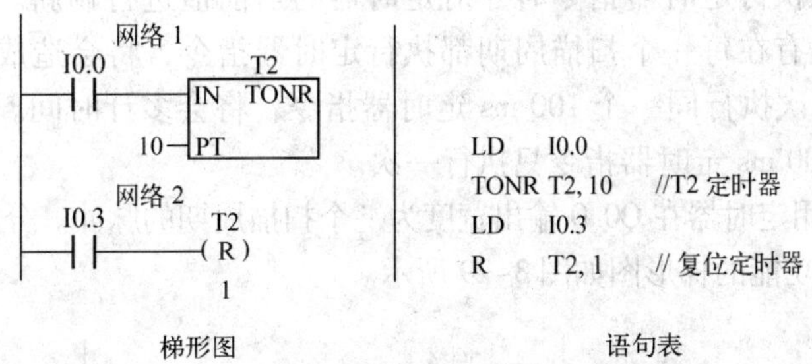

图 3-27 保持型通电延时定时器综合示例

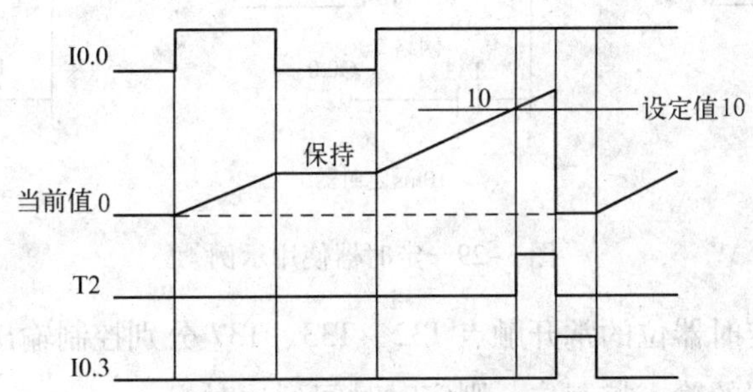

图 3-28 保持型通电延时定时器示例时序图

本例中，由表 3-1 可知编号 T2 为保持型通电延时定时器，其分辨率 S = 10 ms，指令中设定值 PT = 10，定时时间 T = 10 ms × 10 = 100 ms，其工作过程如下。

1）I0.0 接通后，T2 从当前值 0 开始（加 1）计时。

2）I0.0 断开后，T2 当前值保持不变。

3）I0.0 再次接通，T2 继续计时，直至当前值大于等于设定值（PT = 10）时，定时器位为 ON。

4）当 I0.3 接通时，执行 T2 复位指令，即当前值被清零，定时器位为 OFF。

3.3.5 定时器当前值刷新方式

在 S7-200 PLC 的定时器中，由于定时器的分辨率不同，其刷新方式也不相同，在使用时一定要根据使用场合和要求来选择定时器。常用定时器的刷新方式有 1 ms、10 ms、100 ms 三种。

（1）1 ms 定时器

1 ms 定时器由系统每隔 1 ms 对定时器和当前值刷新一次，不与扫描周期同步。扫描周期较长时，定时器在一个周期内可能多次被刷新，或者说，在一个扫描周期内，其定时器位及当前值可能要发生变化。

（2）10 ms 定时器

10 ms 定时器从执行定时器指令时开始定时，在每一个扫描周期开始时刷新，每个扫描周期只刷新一次。在一个扫描周期内定时器位和定时器的当前值保持不变。

（3）100 ms 定时器

100 ms 定时器在执行定时器指令时才对定时器的当前值进行刷新。因此，如果启动了 100 ms 定时器，但没有在每一个扫描周期都执行定时器指令，将会造成时间的失准。如果在一个扫描周期内多次执行同一个 100 ms 定时器指令，将会多计时间。所以，应保证每一扫描周期内同一条 100 ms 定时器指令只执行一次。

【例 3-5】 利用定时器在 Q0.0 输出宽度为一个扫描周期的脉冲。分别使用 1 ms、10 ms、100 ms 定时器实现该功能的梯形图如图 3-29 所示。

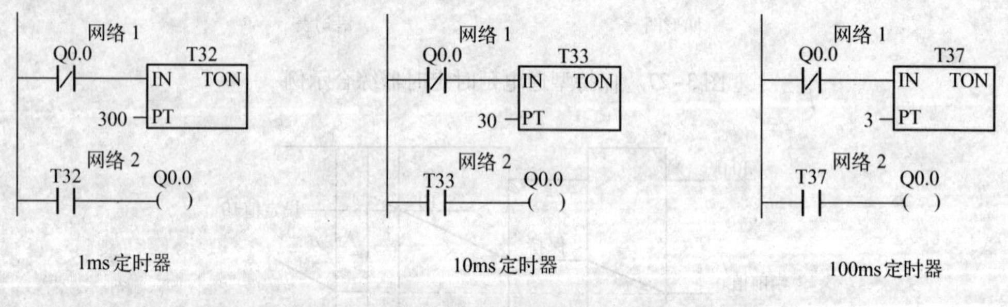

图 3-29 定时器使用示例

本例中，使用了定时器位的常开触点 T32、T33、T37 分别控制输出位 Q0.0，并将 Q0.0 的常闭触点作为定时器的输入控制位，则定时时间到达时，都能使 Q0.0 输出宽度为一个扫描周期的脉冲。

【例 3-6】 使用定时器设计占空比可调的脉冲源。

设计一周期约为 1 s、占空比为 50% 的方波脉冲，可使用两个 100 ms 通电延时定时器来实现，其梯形图程序如图 3-30 所示。

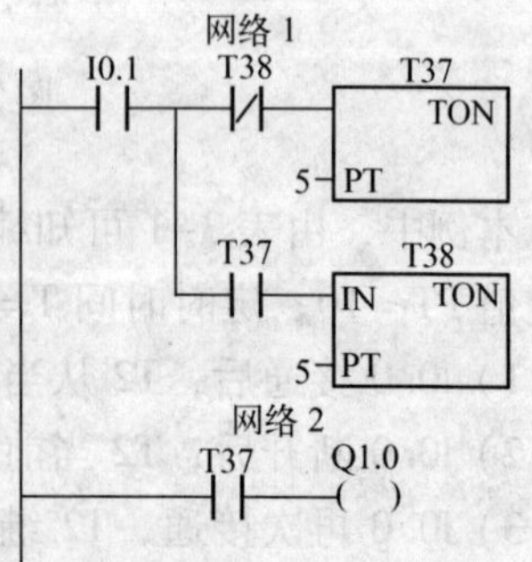

图 3-30 利用定时器输出脉冲梯形图程序

该程序使用分辨率为 100 ms 的定时器 T37、T38，其工作过程如下。

1）I0.1 为 ON 时，T37 启动开始计时，T37 状态为 OFF。当 T37 的当前值等于设定值 PT（500 ms）时，T37

状态变为 ON，T37 常开触点闭合，T38 启动开始计时，同时 Q1.0 输出 1。

2）T38 的当前值等于设定值 PT（500 ms），T38 状态即变为 ON，T38 常闭触点断开，使 T37 复位为 0，T37 常开触点释放，使 T38 瞬时复位为 0，同时 Q1.0 输出 0。

3）T38 的复位使 T38 常闭触点闭合，T37 又重新启动，开始下一个运行周期。

4）周而复始，T37 状态位脉冲信号控制 Q1.0 输出周期为 1s 的方波。

3.4 计数器指令

3.4.1 基本概念及计数器编号

在 PLC 系统中，计数器主要用于对计数脉冲个数的累计。当计数器所累计脉冲的个数（当前值）等于计数设定值时，计数器位发生动作（由 OFF 变为 ON），以满足计数控制的需要。

1. 计数器的种类

S7-200 PLC 提供了 3 种类型的计数器，即递增计数器 CTU、递减计数器 CTD 和增减计数器 CTUD。

2. 计数器编号

在 S7-200 PLC 中，系统通过对计数器编号来使用计数器。计数器的编号格式为

Cn （n 为常数）

其中，常数 n 的范围为 0～255，如 C50 等。

计数器编号在程序中可提供计数器位（输出触点）的状态及计数器当前累计的计数脉冲个数，其最大计数值为 32767。

注意

不同类型计数器不能共用同一计数器编号。

3. 计数器的设定值

计数器的设定值为 INT 型，寻址范围为 VW、IW、QW、MW、SW、SMW、LW、AIW、T、C、AC、＊VD、＊AC、＊LD 和常数，一般可设为常数。

3.4.2 递增计数器 CTU（Count Up）

递增计数器的指令格式如图 3-31 所示。

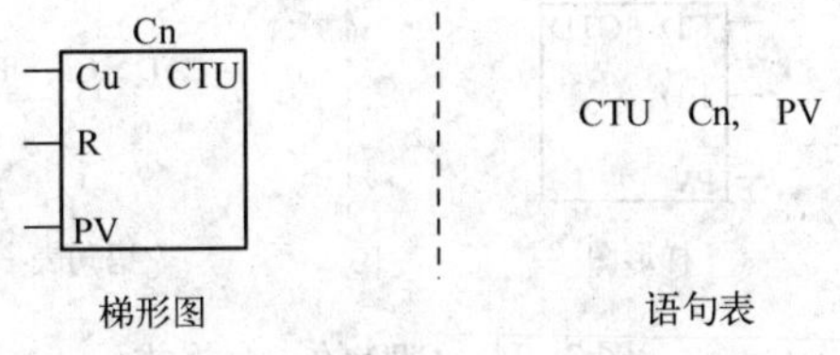

图 3-31 CTU 的指令格式

其中，CTU 为递增计数器指令助计符，Cn 为计数器编号，CU 为计数脉冲输入端，R 为复位输入端，PV 为设定值。

当复位输入（R）无效时，计数器开始对计数脉冲输入（CU）的上升沿进行加 1 计数。当计数当前值大于等于设定值（PV）时，计数器位被置 ON，计数器继续计数直到 32767。当复位输入（R）有效时，计数器复位，计数器位变为 OFF，当前值清零。

【例 3-7】 递增计数器梯形图及语句表综合示例如图 3-32 所示，其时序图如图 3-33 所示。

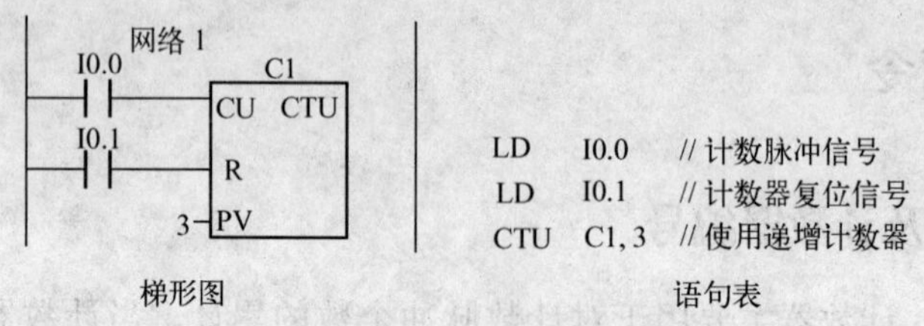

图 3-32 递增计数器综合示例

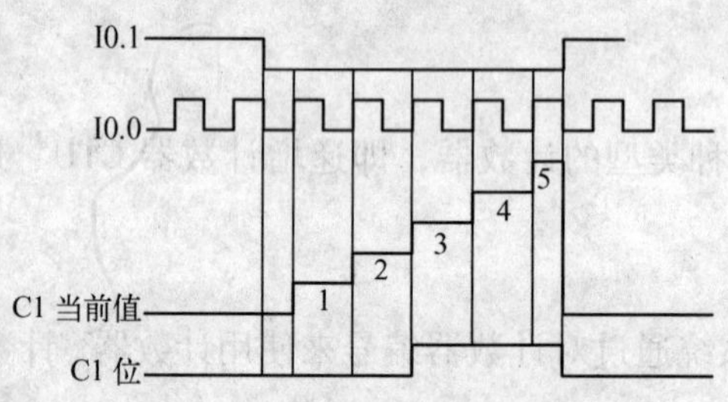

图 3-33 递增计数器示例时序图

本例中，编号 C1 的计数器为递增计数器，指令中设定值 PV＝3，其工作过程如下。

1）当复位输入控制端 I0.1 接通为 ON 时，计数器复位，计数器位 C1 变为 OFF，C1 当前值清零。

2）当复位输入（R）无效，即 I0.1 断开为 OFF 时，在计数脉冲输入端 I0.0 接通的上升沿，C1 从当前值（0）开始（加 1）计数。

3）当前值等于设定值时，计数器位 C1 由 OFF 变为 ON，计数器继续计数。

4）当 I0.1 再次接通时，C1 复位，即计数器位为 OFF，当前值被清零。

3.4.3 递减计数器 CTD（Count Down）

递减计数器的指令格式如图 3-24 所示。

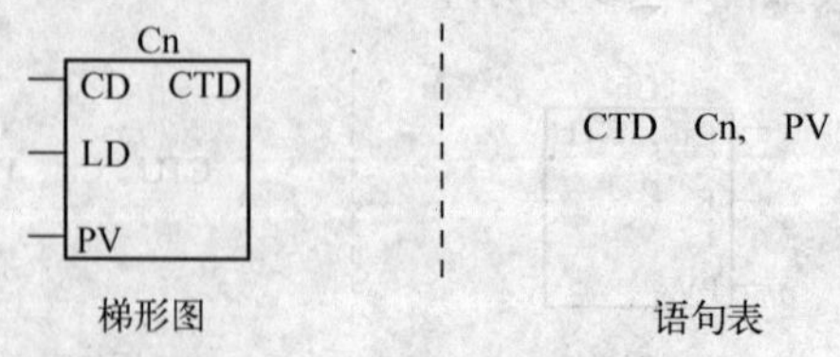

图 3-34 CTD 的指令格式

其中，CTD 为递减计数器指令助计符，Cn 为计数器编号，CD 为减计数脉冲输入端，LD 为复位脉冲输入端，PV 为设定值。

当复位端LD无效时，计数器对减计数脉冲输入端（CD）的上升沿从当前值开始减1计数。减到0时，停止计数，计数器位被置ON。复位输入（LD）为ON时，计数器复位，计数器当前值被置为设定值PV，计数器位为OFF。

【例3-8】 递减计数器梯形图及语句表综合示例如图3-35所示，其时序图如图3-36所示。

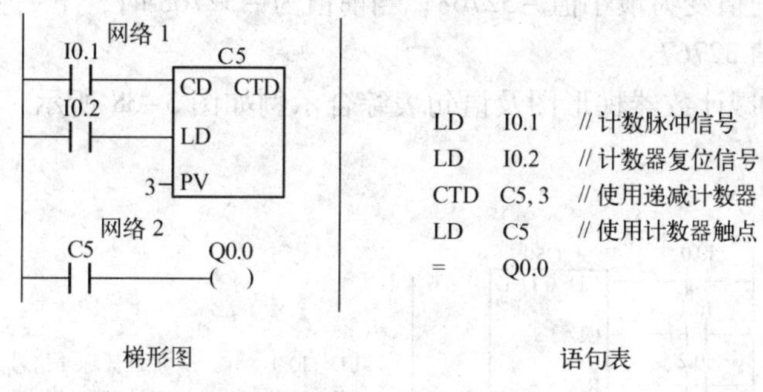

图3-35 递减计数器综合示例

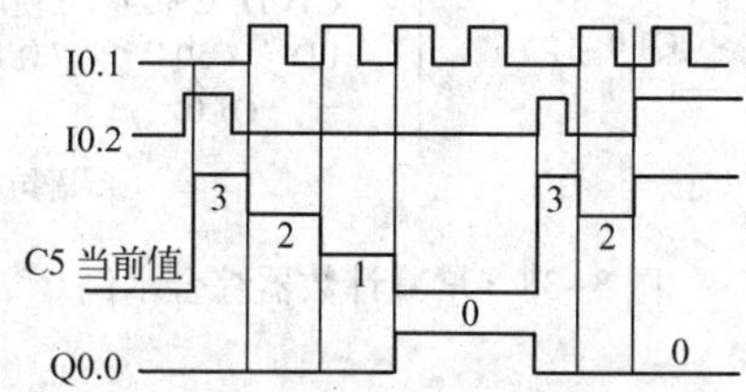

图3-36 递减计数器指令示例时序图

本例中，编号C5的计数器为递减计数器，指令中设定值PV＝3，其工作过程如下。

1）当复位输入控制信号I0.2接通为ON时，计数器复位，计数器位C5变为OFF，C5当前值被置为设定值3。

2）当复位输入（LD）无效，即I0.2断开为OFF时，在计数脉冲输入端I0.1接通的上升沿，C5从当前值开始（减1）计数。

3）当前值为0时，计数器位C5由OFF变为ON，其C5常开触点闭合，Q0.0＝1。

4）当I0.2再次接通时，C5复位，即计数器位为OFF，当前值被置为设定值3。

3.4.4 增减计数器CTUD（Count UP/Down）

增减计数器的指令格式如图3-37所示。

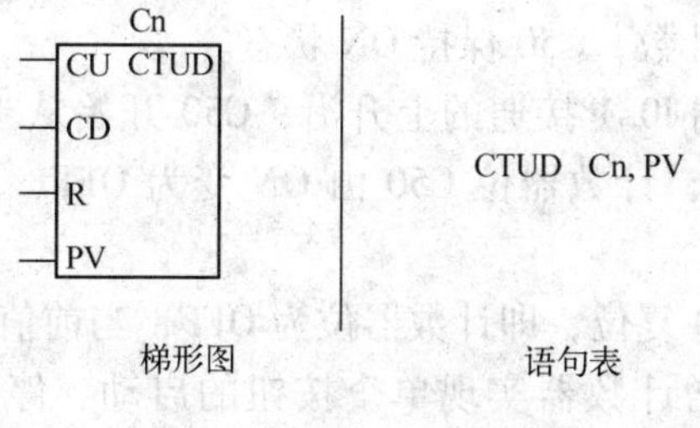

图3-37 CTUD的指令格式

其中，CTUD 为增减计数器指令助计符，Cn 为计数器编号，CU 为加计数脉冲输入端，CD 为减计数脉冲输入端，R 为复位输入端，PV 为设定值。其计数范围为 -32768 ~32767。

在加计数器脉冲输入（CU）的上升沿，计数器当前值加 1；在减计数脉冲输入（CD）的上升沿，计数器的当前值减 1；当前值大于等于设定值（PV）时，计数器位置 ON；复位输入（R）有效时，计数器复位，复位时当前值为 0；当前值为最大值 32767 时，下一个 CU 输入的上升沿使当前值变为最小值 -32768；当前值为 -32768 时，下一个 CD 输入的上升沿使当前值变为最大值 32767。

【例 3-9】 增减计数器梯形图及语句表综合示例如图 3-38 所示，其时序图如图 3-39 所示。

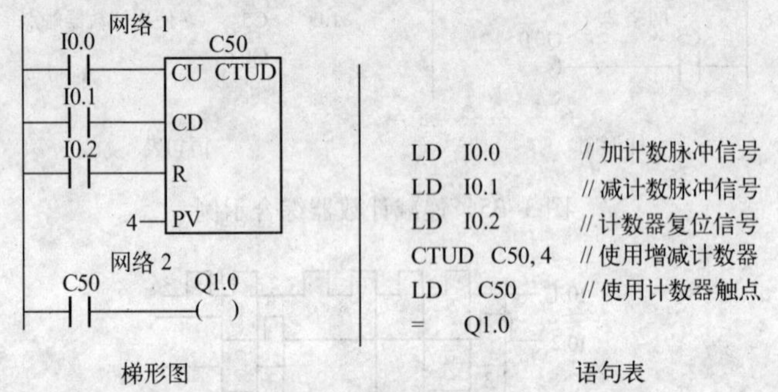

图 3-38　增减计数器综合示例

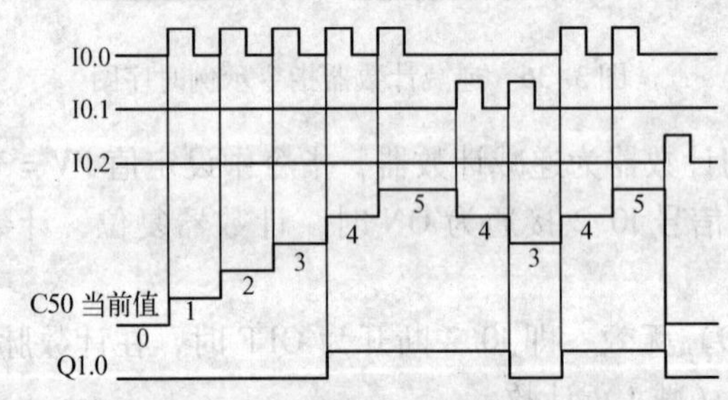

图 3-39　增减计数器示例时序图

本例中，编号 C50 的计数器为增减计数器，指令中设定值 PV =4，其工作过程如下。

1）当复位输入（R）无效，即 I0.2 断开为 OFF 时，在加计数脉冲输入端 I0.0 接通的上升沿，C50 开始从当前值（0）开始（加 1）计数。

2）当前值等于设定值 4 时，计数器位 C50 由 OFF 变为 ON，其 C50 常开触点闭合，线圈 Q1.0 通电，计数器继续计数，C50 保持 ON 状态。

3）在减计数脉冲输入端 I0.1 接通的上升沿，C50 开始从当前值（5）开始（减 1）计数。当前值小于设定值 4 时，计数器位 C50 由 ON 变为 OFF，其 C50 常开触点断开，线圈 Q1.0 失电。

4）当 I0.2 接通时，C50 复位，即计数器位为 OFF，当前值清 0。

【例 3-10】 利用递增计数器实现单个按钮的启动、停止功能。PLC 连接原理图如图 3-40 所示，梯形图及语句表指令如图 3-41 所示。

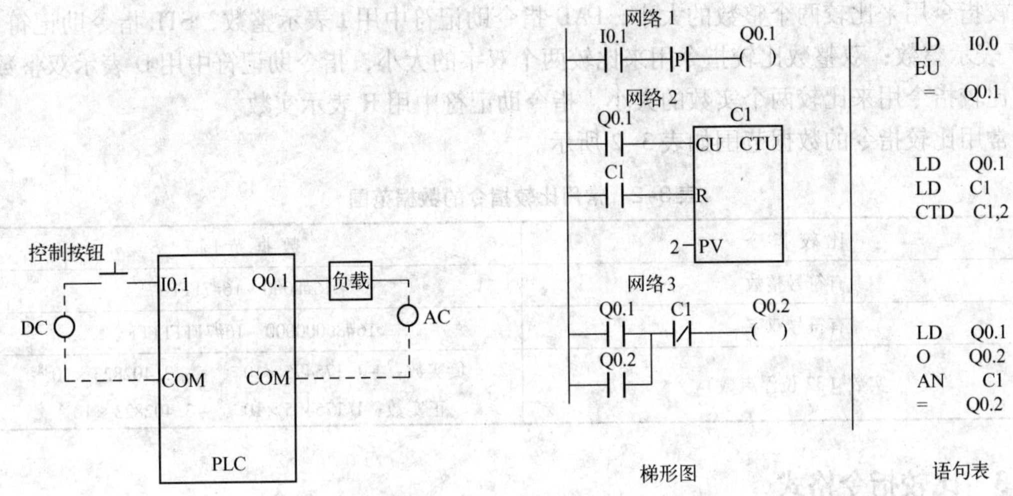

图 3-40　单按钮启动、停止连接图　　图 3-41　利用递增计数器实现单按钮启动、停止程序

本例中，编号 C1 的计数器为递增计数器，指令中设定值 PV =2，其工作过程如下。

1）当控制按钮按下，I0.1 接通为 ON 时，Q0.1 产生通电脉冲。该脉冲使其常开触点闭合，一方面置 Q0.2 通电（ON）且自锁，起动负载工作；另一方面作为计数器的计数输入控制信号，使计数器计 1。

2）当再次按下控制按钮时，Q0.1 再次产生通电脉冲，计数器计数为 2，达到计数器设定值 2，计数器 C1 的常闭触点断开，Q0.2 失电，负载停止工作。同时 C1 的常开位闭合，使计数器复位。

3.5　比较指令

3.5.1　比较指令运算符

比较指令用来比较两个数 IN1 和 IN2 的大小。在梯形图中，比较关系式的条件满足时，触点接通。比较运算符有以下 6 种。

```
=      //比较 IN1 是否等于 IN2
<>     //比较 IN1 是否不等于 IN2
>      //比较 IN1 是否大于 IN2
<      //比较 IN1 是否小于 IN2
>=     //比较 IN1 是否大于等于 IN2
<=     //比较 IN1 是否小于等于 IN2
```

3.5.2　比较数据类型

在比较指令应用时，被比较的两个数的数据类型要相同。数据类型可以是字节、整数、双整数或浮点数（即实数）。

字节比较指令用来比较两个字节（无符号）的大小，指令助记符中用 B 表示字节；整数比较指令用来比较两个整数的大小，LAD 指令助记符中用 I 表示整数，STL 指令助记符中用 W 表示整数；双整数比较指令用来比较两个双字的大小，指令助记符中用 D 表示双整数；实数比较指令用来比较两个实数的大小，指令助记符中用 R 表示实数。

常用比较指令的数据范围如表 3-2 所示。

表 3-2　常用比较指令的数据范围

比较指令	数据范围
有符号整数	16#8000 ~ 16#7FFF
有符号双字	16#80000000 ~ 16#7FFFFFFF
实数（32 位浮点数）	负实数：$-1.175495\times10^{-38}\sim-3.402823\times10^{38}$ 正实数：$1.175495\times10^{-38}\sim3.402823\times10^{38}$

3.5.3　比较指令格式

比较指令是通过取指令 LD、逻辑与指令 A、逻辑或指令 O 的操作码分别加上数据类型符号 B、I（W）、D、R 进行组和实现编程的。

表 3-3 列出的是两实数大于等于比较指令的一般格式。

表 3-3　两实数大于等于比较指令格式

LAD	STL	功能
IN1 —┤>=R├— IN2	LDR >= IN1，IN2	实现操作数 IN1 和 IN2（实数）的比较，当 IN1 >= IN2 时，该比较指令触点接通

下面具体说明各比较指令的格式。

1）字节比较的语句表指令格式为

```
LDB  =  IN1,IN2     //字节比较相等输入指令(该触点直接与左母线连接)
AB   =  IN1,IN2     //字节比较相等逻辑与指令(该触点串联实现逻辑与)
OB   = IN1,IN2      //字节比较相等或指令(该触点并联实现逻辑或)
```

用梯形图表示为

```
      IN2
——┤ ==B ├——
      IN1
```

2）整数比较的语句表指令格式为

```
LDW  < = IN1,IN2     //整数比较小于等于输入指令
AW   < = IN1,IN2     //整数比较小于等于逻辑与指令
OW   < = IN1,IN2     //整数比较小于等于逻辑或指令
```

用梯形图表示为

```
      IN2
——┤ <=I ├——
      IN1
```

3）双整数比较的语句表指令格式为

```
LDD <> IN1,IN2      //整数比较不等于输入指令
AD  <> IN1,IN2      //整数比较不等于逻辑与指令
OD  <> IN1,IN2      //整数比较不等于逻辑或指令
```

用梯形图表示为

```
      IN2
——| <>D |——
      IN1
```

4）实数比较的语句表指令格式为

```
LDR = IN1,IN2      //实数比较相等输入指令
AR  = IN1,IN2      //实数比较相等逻辑与指令
OR  = IN1,IN2      //实数比较相等逻辑或指令
```

用梯形图表示为

```
      IN2
——| ==R |——
      IN1
```

【例 3-10】 比较指令梯形图及语句表综合示例如图 3-42 所示。

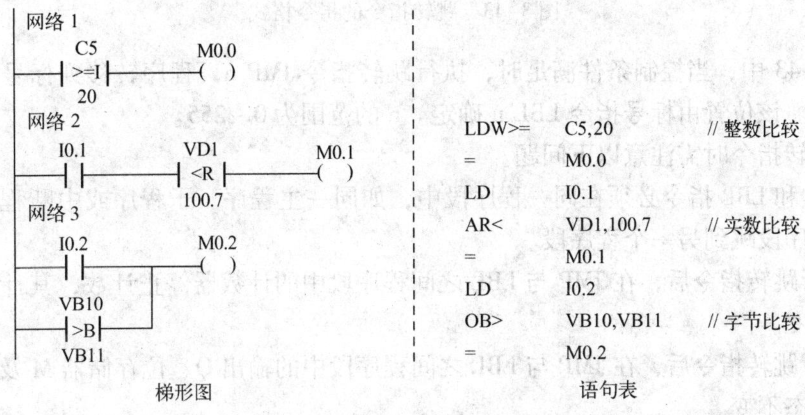

图 3-42 比较指令综合示例

本例工作过程如下。

网络 1：整数比较取指令，IN1 为计数器 C5 的当前值，IN2 为常数 20。当 C5 的当前值大于等于 20 时，比较指令触点闭合，M0.0 = 1。

网络 2：实数比较逻辑与指令，IN1 为双字存储单元 VD1 的数据，IN2 为常数 100.7。当 VD1 小于 100.7 时，比较指令触点闭合，该触点与 I0.1 逻辑与置 M0.1 = 1。

网络 3：字节比较逻辑或指令，IN1 为字节存储单元 VB10 的数据，IN2 为字节存储单元 VB11 的数据。当 VB10 的数据大于 VB11 的数据时，比较指令触点闭合，该触点与 I0.2 逻辑或置 M0.2 = 1。

3.6 程序控制指令

前面所介绍的指令可以实现简单顺序控制逻辑功能的编程，但对于一些较复杂的程序设

计，如程序转移、循环执行等，则需要使用程序控制指令。程序控制指令不仅可以控制程序的流程，而且可以用来优化程序结构，提供编程效率。程序控制指令包括跳转、循环、看门狗、停止、结束及子程序调用等指令。

3.6.1 跳转指令

跳转指令又称转移指令。在程序中使用跳转指令后，系统可以根据对不同条件选择执行不同的程序段。跳转指令由跳转指令 JMP 和标号指令 LBL 组成，JMP 指令在梯形图中以线圈形式编程。跳转指令的指令格式如图 3-43 所示。

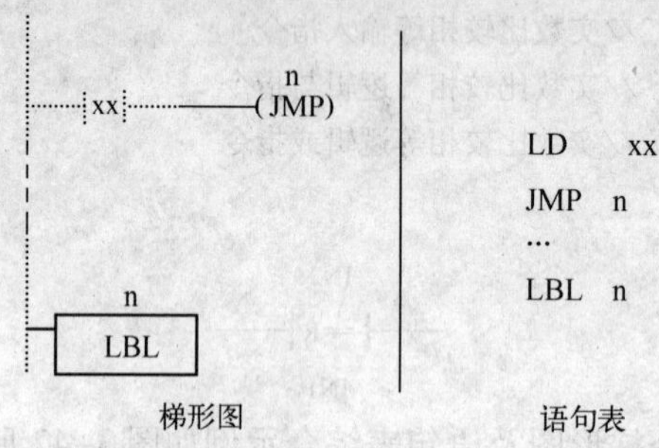

图 3-43 跳转指令的指令格式

在图 3-43 中，当控制条件满足时，执行跳转指令 JMP n，程序转移到标号 n 指定的目的位置执行。该位置由标号指令 LBL n 确定。n 的范围为 0 ~ 255。

使用跳转指令时需注意以下问题。

1）JMP 和 LBL 指令必须在同一程序段中，如同一主程序、子程序或中断程序等。即不能从一个程序段跳到另一个程序段。

2）执行跳转指令后，在 JMP 与 LBL 之间程序段中的计数器停止计数，其计数值及计数器位状态不变。

3）执行跳转指令后，在 JMP 与 LBL 之间程序段中的输出 Q、位存储器 M 及顺序控制继电器 S 的状态不变。

4）执行跳转指令后，在 JMP 与 LBL 之间程序段中，分辨率为 1 ms、10 ms 的定时器保持原来的工作状态及功能；分辨率为 100 ms 的定时器则停止工作，当前值保持在跳转时的值不变。

【例 3-11】 跳转指令梯形图、语句表综合示例如图 3-44 所示。

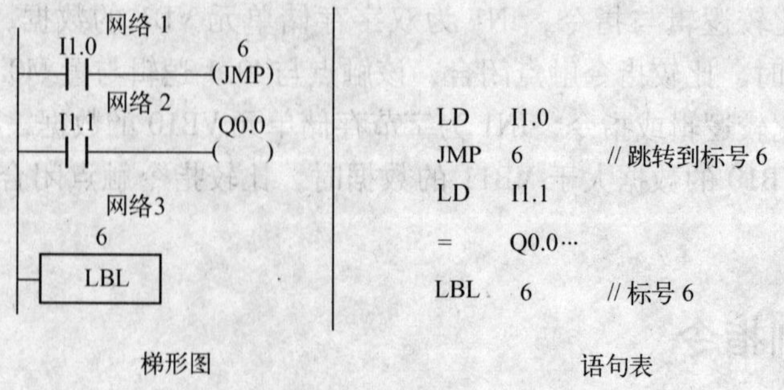

图 3-44 跳转指令综合示例

本例工作过程如下。

1）当输入端 I0.1 接通时，执行跳转指令 JMP，程序跳过网络 2，转移至标号 6 位置执行。

2）被跳过的网络 2，其输出 Q0.0 状态保持跳转前的状态不变。

3.6.2 循环指令

在需要反复执行若干次相同功能程序时，可以使用循环指令，以提高编程效率。循环指令由循环开始指令 FOR、循环体和循环结束指令 NEXT 组成，其指令格式如图 3-45 所示。

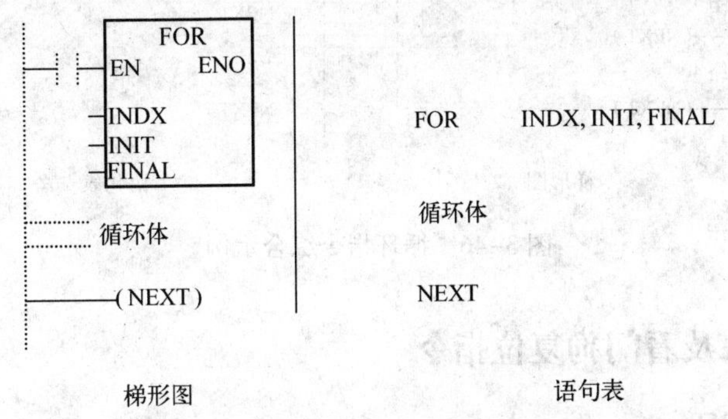

图 3-45 循环指令的指令格式

其中，FOR 指令表示循环的开始，NEXT 指令表示循环的结束，中间为循环体；EN 为循环控制输入端，INDX 为设置指针或当前循环次数的计数器，INIT 为计数初始值，FINAL 为循环计数终值。

在循环控制输入端有效且逻辑条件 INDX < FINAL 满足时，系统反复执行 FOR 和 NEXT 之间的循环体程序。每执行一次循环体，INDX 自增加 1，直至当前循环计数器值大于终值时，退出循环。

INDX 的操作数为 VW、IW、QW、MW、SW、SMW、LW、T、C、AC、* VD、* AC、和 * CD，属 INT 型。INIT 和 FINAL 的操作数不仅包括以上各种数据，也可为 INT 常数。

使用循环指令时需注意以下问题。

1）FOR 和 NEXT 必须成对出现。

2）FOR 和 NEXT 可以嵌套型循环，最多嵌套 8 层。

3）当输入控制端 EN 重新有效时，各参数自动复位。

【例 3-12】 循环指令梯形图、语句表综合示例如图 3-46 所示。

本例工作过程如下。

1）网络 1 和网络 4 构成外循环（虚线 B），其循环体为网络 2 和网络 3；网络 2 和网络 3 为内循环（虚线 A），故为 2 级循环嵌套。

2）外循环计数初始值为 1，终值为 100，循环计数器为字变量存储器 VW100。当 I0.0 接通时，其循环体被执行 100 次。

3）当 I0.0 和 I0.1 同时接通后，外循环每执行一次，内循环执行两次，程序共执行 2 × 100 次内循环。

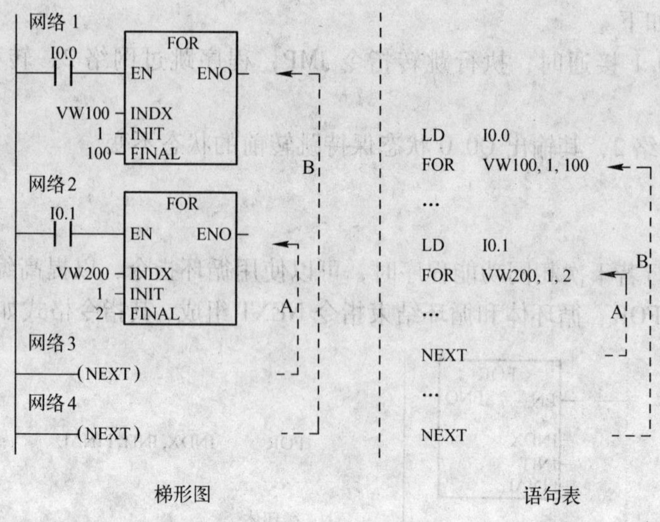

图 3-46 循环指令综合示例

3.6.3 停止、结束及看门狗复位指令

1. 停止指令 STOP

停止指令 STOP 可使 PLC 从运行模式进入停止模式，立即停止程序的执行。如果在中断程序中执行停止指令，中断程序立即终止，并忽略全部等待执行的中断，继续执行主程序的剩余部分，并在主程序的结束处完成从运行方式至停止方式的转换。

2. 结束指令

结束指令包括条件结束指令 END 和无条件结束指令 MEND。

(1) 条件结束指令 END

END 指令的指令格式如图 3-47 所示。从图中可以看出，当输入条件 xx 有效时，系统结束主程序，并返回主程序的第一条指令开始执行。

注意 END 指令不能直接连接母线。

(2) 无条件结束指令 MEND

MEND 指令的指令格式如图 3-48 所示。从图中可知，系统执行到此指令时，立即无条件结束主程序，并返回主程序的第一条指令开始执行。

图 3-47 END 指令的指令格式　　图 3-48 MEND 指令的指令格式

注意 无条件结束指令需直接连接母线。

使用结束指令时还需注意以下问题。

1) 这两条指令在梯形图中以线圈形式编程，都只能在主程序中使用。

2）编程时一般不需要输入 MEND，编程软件自动将该指令追加到程序的结尾。

3. 看门狗复位指令 WDR

看门狗复位指令 WDR（Watch Dog Reset）实际上是一个监控定时器，在梯形图中以线圈形式编程。其指令格式如图 3-49 所示。WDR 指令的定时时间为 300 ms（由系统设置）。CPU 每次扫描到该指令，则延时 300 ms 后 PLC 被自动复位一次。

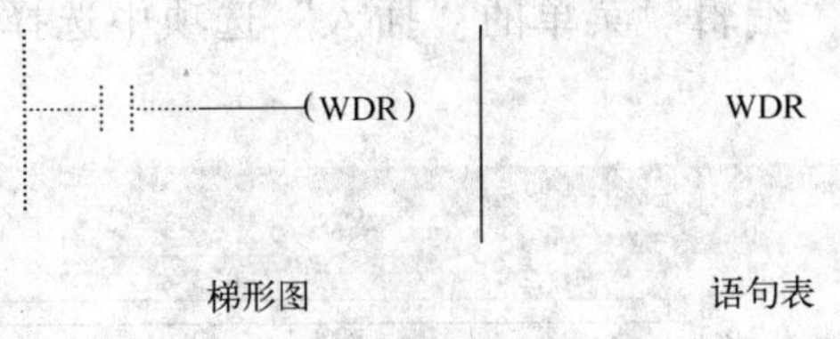

图 3-49 WDR 指令的指令格式

WDR 指令的执行过程如下。

1）如果 PLC 正常工作时扫描周期小于 300 ms，在 WDR 定时器未到定时时间，系统开始下一扫描周期，WDR 定时器不起作用。

2）如果外界干扰使程序死机或运行时间超过 300 ms，则监控定时器不再被复位，定时时间到达后，PLC 将停止运行，重新启动，返回到第一条指令重新执行。

因此，如果希望延长程序的扫描周期，或者在中断事件发生时有可能使程序超过扫描周期时，为了使程序正常执行，应该使用看门狗复位指令来重新触发看门狗定时器。

【例 3-13】 停止指令、结束指令及看门狗复位指令的示例如图 3-50 所示。

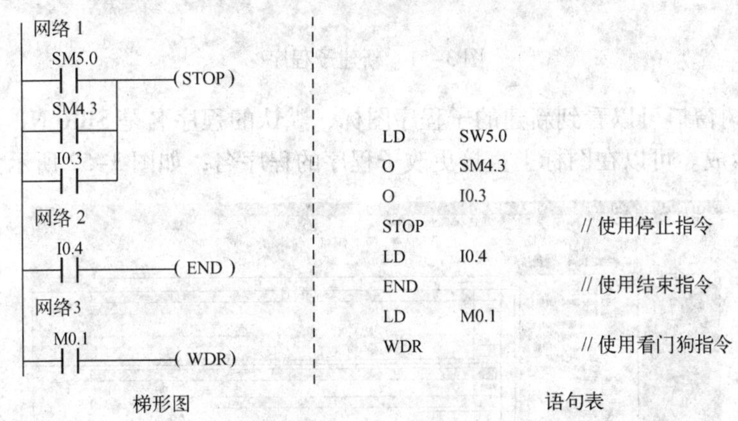

图 3-50 停止指令、结束指令、看门狗指令示例

本例工作过程如下。

1）网络 1 为或逻辑使用停止指令。

2）网络 2 中的 I0.4 接通时，执行条件结束指令，返回主程序的第一条指令执行。

3）网络 3 中的 M0.1 为 ON 时，执行看门狗指令触发看门狗定时器，延长本次扫描周期。

3.6.4 子程序

在结构化程序设计中，将实现某种控制功能的一组指令设计在一个模块中，该模块可以被多次调用执行，每次执行结束后，系统又返回到调用处继续执行原来的程序，这样的模块称为子程序。S7-200 PLC 的指令系统可以方便、灵活地实现子程序建立、子程序调用和子程序返回操作。

1. 建立子程序

用户可以通过 S7-200 PLC 的编程软件建立子程序，其操作步骤如下。

1）运行编程软件，在“编辑”菜单的“插入”选项中选择“子程序”，如图 3-51 所示。

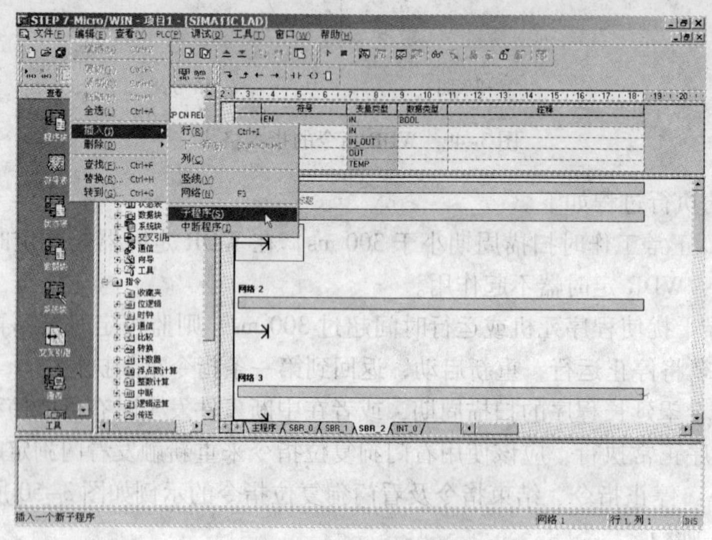

图 3-51　新建子程序

2）在指令树窗口可以看到新建的子程序图标，默认的程序名是 SBR_N，编号 N 从 0 开始按递增顺序生成。可以在图标上直接更改子程序的程序名，如图 3-52 所示。

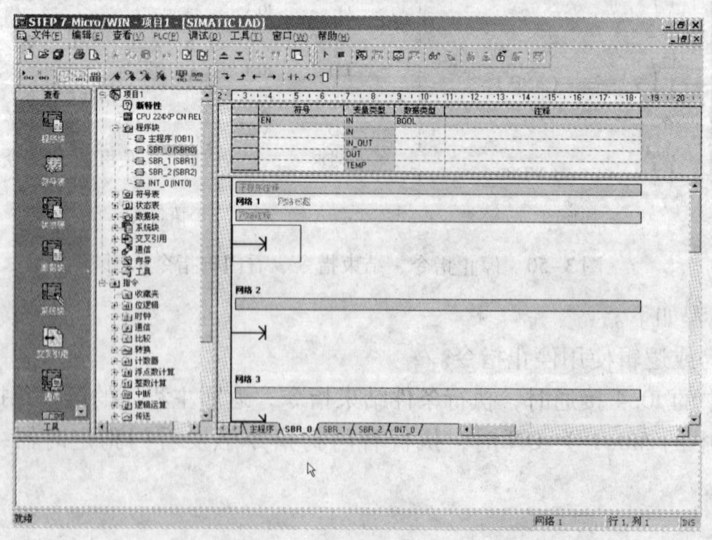

图 3-52　新建的子程序图标及默认的程序名

3）在指令树窗口中双击子程序的图标就可以进入子程序编辑窗口。图 3-53 为 SBR_0 子程序的编辑窗口。双击主程序图标 MAIN 可切换回主程序编辑窗口。

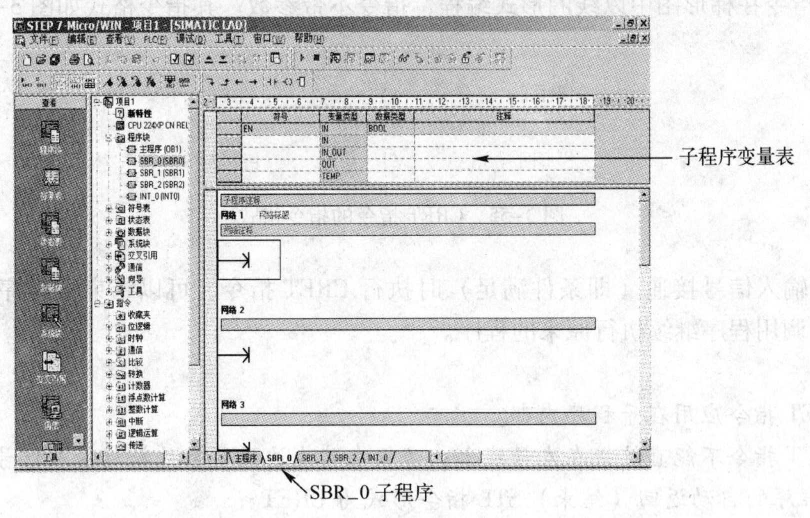

图 3-53　子程序编辑窗口

4）若子程序需要接收（传入）调用程序传递的参数，或者需要输出（传出）参数给调用程序，则在子程序中可以设置参变量。子程序参变量应在子程序编辑窗口的子程序局部变量表中定义，如图 3-53 所示。

2. 子程序调用指令

(1) 子程序调用指令 CALL

在子程序建立后，可以通过子程序调用指令反复调用子程序。子程序的调用可以带参数，也可以不带参数。它在梯形图中以指令盒的形式编程。其指令格式如图 3-54 所示。

图 3-54　CALL 指令的指令格式

其中，EN 为子程序调用使能控制输入信号，SBR_0 为子程序名，CALL 为 STL 指令调用子程序助记符。

在子程序调用使能控制输入信号接通时，主程序转向子程序入口执行子程序。

注意

1）子程序名可以修改。为了便于阅读，一般定义为该子程序功能英文单词的缩写。

2）该指令应用在主程序或调用程序中，可以实现嵌套调用。

3）当子程序在一个周期内被多次调用时，不能使用上升沿、下降沿、定时器和计数器指令。

4）累加器可以在调用程序和被调用程序之间传递参数，所以累加器的值在子程序调用时不需要保护。

(2) 子程序条件返回指令 CRET

CRET 指令在梯形图中以线圈形式编程，指令不带参数。其指令格式如图 3-55 所示。

图 3-55　CRET 指令的指令格式

在控制输入信号接通（即条件满足）时执行 CRET 指令，可以结束子程序的执行，返回主程序或调用程序继续执行原来的程序。

注意

1）CRET 指令应用在子程序内部。

2）CRET 指令不能直接接在左母线上，必须在其左边设置条件控制输入信号。

3）子程序的自动返回（结束）STL 指令形式为 CRET。

4）在用 Micro/Win V4.0 编程时，不需要输入 RET 返回指令。该软件自动将 RET 指令加在每个子程序结尾。

3. 子程序嵌套

如果在子程序的内部又对另一个子程序执行调用指令，这种调用称为子程序的嵌套。子程序最多可以嵌套 8 级。

当一个子程序被调用时，系统自动保存当前的堆栈数据，并把栈顶置“1”，堆栈中的其他位置为“0”，子程序占有控制权。子程序执行结束，通过返回指令自动恢复原来的逻辑堆栈值，调用程序又重新取得控制权。

注意　在中断服务程序调用的子程序中不能再出现子程序嵌套调用。

【例 3-14】　子程序调用指令示例程序如图 3-56 所示。

本例的要求如下。

建立子程序 SBR_0，使 Q1.0 控制一个闪光灯（周期性亮 2 s，熄灭 2 s）。该子程序由主程序中 I0.0 直接控制调用，也可由子程序 SBR_1 嵌套调用。

建立子程序 SBR_1，对 I1.0 计数脉冲计数。计数值为 10 时，嵌套调用子程序 SBR_0，驱动 Q1.0 闪亮。该子程序由主程序 I0.1 控制调用。

本例用外部控制条件分别调用两个子程序，其工作过程如下。

1）主程序网络 1 中，当输入控制 I0.0 接通时调用子程序 SBR_0。

2）主程序网络 2 中，当输入控制 I0.1 接通时调用子程序 SBR_1，计数器 C1 开始对 I1.0 脉冲计数，当计数值为 10 时，触点 C1 导通，调用子程序 SBR_0。

4. 带参数的子程序调用

在子程序中可以根据需要设置参变量，该参变量接收调用程序传递的实际参数，并且只能在子程序内部使用。因此，子程序参变量又称局部变量。带参数的子程序调用扩大了子程序的使用范围，增加了调用的灵活性。

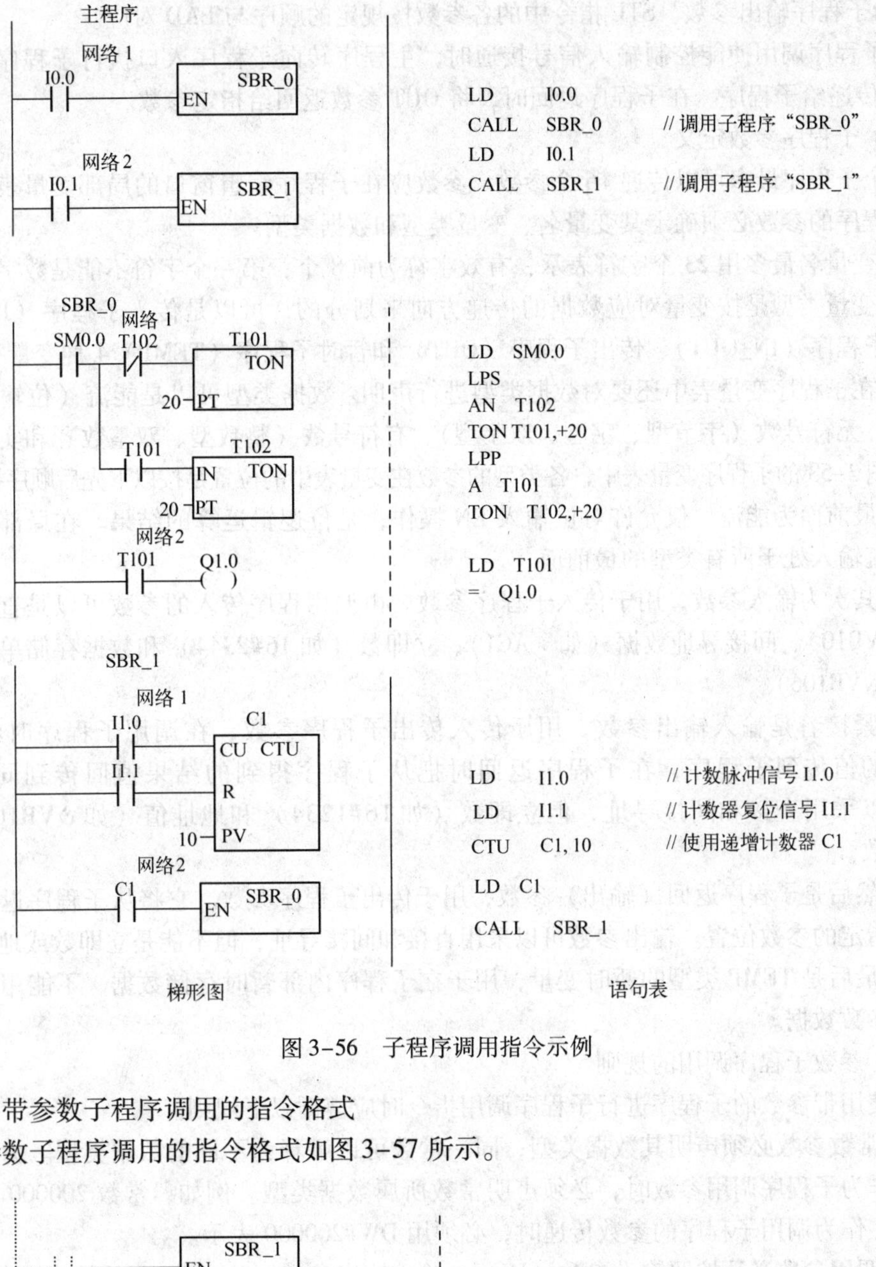

主程序
网络 1
I0.0
SBR_0
EN
网络 2
I0.1
SBR_1
EN
LD I0.0
CALL SBR_0 // 调用子程序“SBR_0”
LD I0.1
CALL SBR_1 // 调用子程序“SBR_1”
SBR_0
网络 1
SM0.0
T102
T101
TON
20 PT
T101
T102
IN
TON
20 PT
网络2
T101
Q1.0
LD SM0.0
LPS
AN T102
TON T101,+20
LPP
A T101
TON T102,+20
LD T101
= Q1.0
SBR_1
网络 1
I1.0
C1
CU CTU
I1.1
R
10 PV
网络2
C1
SBR_0
EN
LD I1.0 // 计数脉冲信号 I1.0
LD I1.1 // 计数器复位信号 I1.1
CTU C1, 10 // 使用递增计数器 C1
LD C1
CALL SBR_1
梯形图
语句表

图 3-56　子程序调用指令示例

(1) 带参数子程序调用的指令格式

带参数子程序调用的指令格式如图 3-57 所示。

SBR_1
EN
OUT1
IN1
IN2
IN3
IN_OUT1
CALL 子程序 , 参数 1, 参数 2, … 参数 n
梯形图
语句表

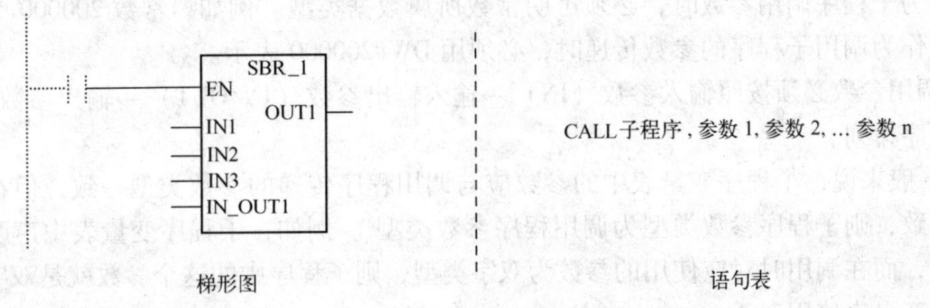

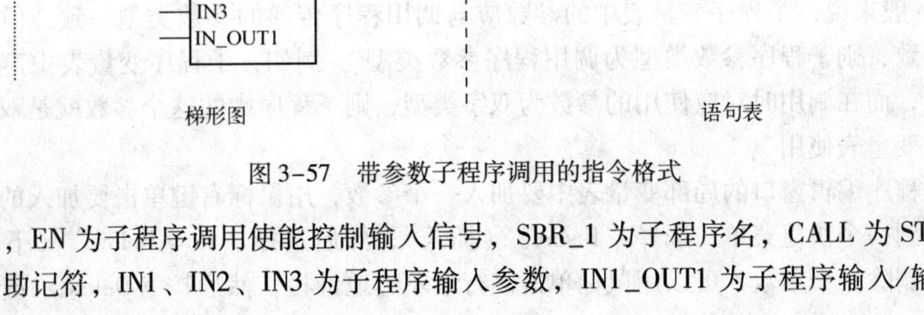

图 3-57　带参数子程序调用的指令格式

其中，EN 为子程序调用使能控制输入信号，SBR_1 为子程序名，CALL 为 STL 指令调用子程序助记符，IN1、IN2、IN3 为子程序输入参数，IN1_OUT1 为子程序输入/输出参数，

OUT1 为子程序输出参数。STL 指令中的各参数按规定的顺序与 LAD 对应。

在子程序调用使能控制输入信号接通时，主程序转向子程序入口执行子程序，同时将 IN 参数传递给子程序。在子程序返回时，将 OUT 参数返回给指定参数。

（2）子程序参数定义

一个子程序最多可以传递 16 个参数，参数应在子程序编辑窗口的局部变量表中加以定义。子程序的参数必须确定其变量名、变量类型和数据类型。

1）变量名最多用 23 个字符表示，有效字符为前 8 个，第一个字符不能是数字。

2）变量类型是按变量对应数据的传递方向来划分的，可以是传入子程序（IN）、传入和传出子程序（IN_OUT）、传出子程序（OUT）和暂时子程序（TEMP）4 种变量类型。

3）在子程序变量表中还要对数据类型进行声明。数据类型可以是能流（位输入操作）、布尔型、无符号数（字节型、字型、双字型）、有符号数（整数型、双整数）和实型。

在图 3-58 的子程序变量表中，各类型的参数在变量表中的位置是按以下先后顺序排列的。

1）最前面为能流，仅允许对位输入 EN 操作，是位逻辑运算的结果。在局部变量表中布尔能流输入处于所有类型的最前面。

2）其次为输入参数，用于传入子程序参数。由调用程序传入的参数可以是直接寻址数据（如 VB10）、间接寻址数据（如 * AC1）、立即数（如 16#2344）和数据存储单元的地址值（如 &VB106）。

3）紧接着是输入输出参数，用于传入传出子程序参数，在调用子程序时将指定参数位置的值传到子程序，在子程序返回时把从子程序得到的结果值回传到同一地址。参数可以采用直接和间接寻址，但立即数（如 16#1234）和地址值（如 &VB100）不能作为参数。

4）然后是子程序返回（输出）参数，用于传出子程序参数。它将从子程序返回的结果值送到指定的参数位置。输出参数可以采用直接和间接寻址，但不能是立即数或地址编号。

5）最后是 TEMP 类型的暂时变量，用于在子程序内部暂时存储数据，不能用来与主程序传递参数数据。

（3）参数子程序调用的规则

在使用带参数的子程序进行子程序调用指令时应遵循以下规则。

1）常数参数必须声明其数据类型；同一常数可以解释为不同的数据类型。为此，在使用常数作为子程序调用参数时，必须声明常数所属数据类型。例如，常数 200000 为无符号双字，在作为调用子程序的参数传递时，必须用 DW#200000 表示。

2）调用参数必须按照输入参数（IN）→输入输出参数（IN/OUT）→输出参数（OUT）这样的顺序排列。

3）一般来说，子程序变量表中的参数应与调用程序传递的参数类型一致，但在传递时如果不一致，则子程序参数类型为调用程序参数类型 。例如，子程序变量表中声明一个参数为实型，而在调用时对应使用的参数为双字类型，则子程序中的这个参数就是双字类型。

（4）变量表使用

在子程序编辑窗口的局部变量表中要加入一个参数，用鼠标右键单击要加入的变量类型区可以得到一个快捷菜单，选择“Insert”（插入），然后选择“Row Below”（下一行）即可。若要删除一个参数，可以用鼠标单击该行最左边地址栏，然后按〈Delete〉键即可。局部变量表的变量使用局部变量存储器，编程软件从起始地址 L0.0 开始自动给各参数分配局部变量存储空间。

【例 3-15】 在 S7-200 PLC 的编程软件中已设计好子程序（略）和变量表，子程序名为 SBR_0，其子程序变量表如图 3-58 中的表格所示。子程序调用指令如图 3-59 所示。

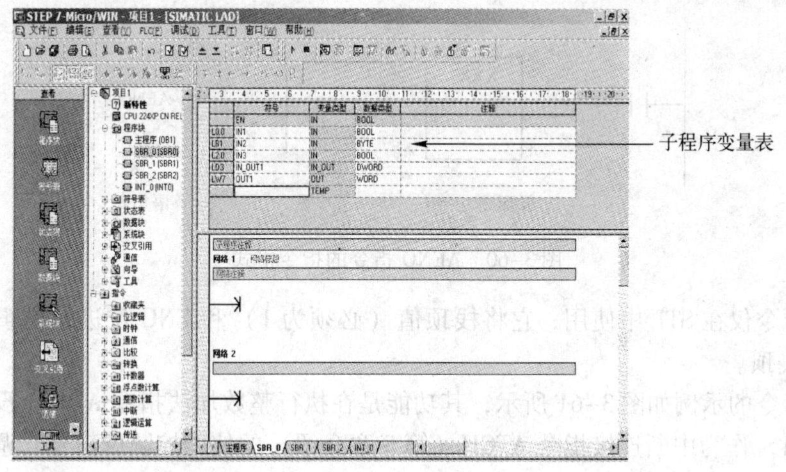

图 3-58 子程序变量表

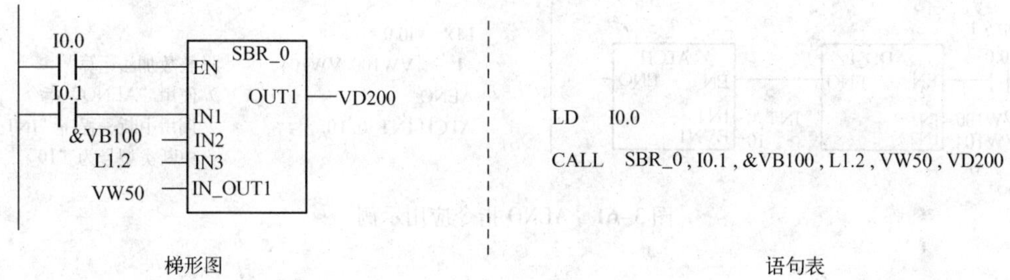

图 3-59 带参数子程序调用示例

本例中各类型参数的含义如下。

子程序名为 SBR_0；子程序输入局部变量参数 IN1、IN2、IN3 分别对应调用程序传递的实际参数 I0.1、&VB100、L1.2；子程序输入/输出参数为 VW50；子程序输出参数为 VD200。

本例的工作过程如下。

1）调用程序中 I0.0 接通时，EN 有效，程序转移至子程序 SBR_0 执行。同时将调用程序的参数 I0.1 的状态、存储器 VB100 单元的地址、局部存储器位数据 L1.2 及存储器 VW50 单元的字数据按顺序分别传递给子程序中的变量 IN1、IN2、IN3 及 IN_OUT1。

2）执行子程序。

3）子程序 SBR_0 返回时，将子程序中的局部变量 IN_OUT1 及 OUT1 的值分别传给调用程序的 VW50 和 VD200，然后继续执行原来的调用程序。

3.6.5 “与” ENO 指令

ENO 是 LAD 中指令盒的布尔能流位输出端。在指令盒的能流输入 EN 有效且执行指令盒操作没有出现错误时，ENO 置位，表示指令成功执行。由于 STL 指令没有相应的 EN 输入指令，可用“与”ENO（AENO）指令来产生和指令盒中的 ENO 位相同的功能。在应用程序中，可以将 ENO 作为允许位，作为后续使能控制的位信号，使能流向下传递执行。

AENO 指令的指令格式如图 3-60 所示。

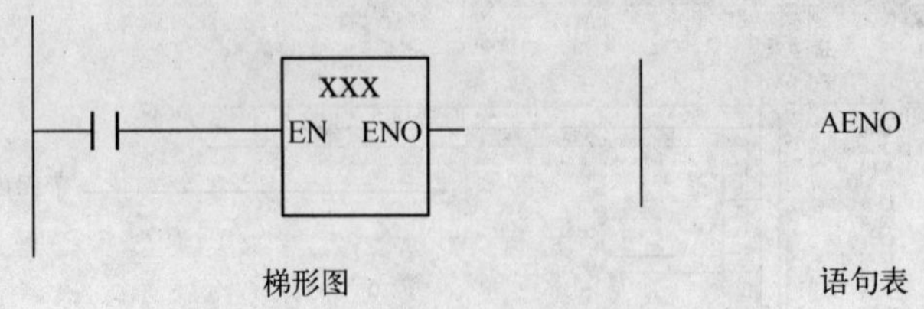

图 3-60　AENO 指令的指令格式

AENO 指令仅在 STL 中使用，它将栈顶值（必须为 1）和 ENO 位进行逻辑运算，运算结果保存到栈顶。

AENO 指令的示例如图 3-61 所示，其功能是在执行整数加法指令 ADD_I 没有发生错误时，ENO 置 1，作为中断连接指令 ATCH（第 5 章介绍）的使能控制位信号，调用中断子程序 INT_0。

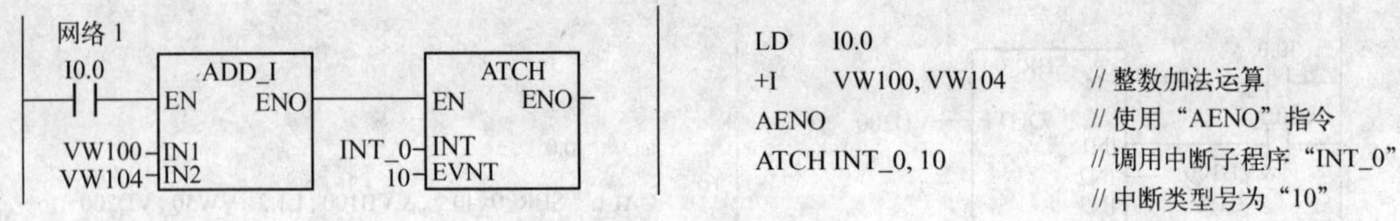

图 3-61　AENO 指令应用示例

3.7　实训　常用基本逻辑指令编程练习

1. 实训目的

1）进一步熟悉编程软件的使用方法及 I/O 端口连接方法。

2）验证并掌握基本逻辑指令、定时器、计数器的功能、编程格式。

3）掌握基本逻辑指令、定时器、计数器的使用方法及简单应用。

2. 实训内容

1）利用增减计数器编写 I0. 0 为增计数输入端、I0. 1 为减计数输入端、I0. 2 为复位脉冲输入的程序。要求计数器设定值为 10 时，点亮 Q1. 1。

提示：参照例 3-9 程序。

2）逻辑输入启动长延时定时控制器。

由“I0. 0 与 I0. 1 逻辑与”或“I0. 2 与 I0. 3 逻辑与”或“I0. 4 与 I0. 5 逻辑与”控制实现长延时定时功能，由 Q1. 0 延时输出，I0. 7 控制复位。

3）交通信号灯控制。交通信号灯动作如表 3-4 所示。根据题意编写交通灯控制系统梯形图，并确定编程元件。

表 3-4　交通信号灯动作

<table>
<tr><td>东西绿灯 20 s</td><td>东西绿灯闪 3 s</td><td>东西黄灯 2 s</td><td colspan="3">东西红灯亮 25 s</td></tr>
<tr><td colspan="3">南北红灯亮 25 s</td><td>南北绿灯 20 s</td><td>南北绿灯闪 3 s</td><td>南北黄灯 2 s</td></tr>
</table>

3. 实训设备及元器件

1）S7-200 PLC 实验工作台或 PLC 装置、可扩展模块若干个。

2）安装有 STEP7-Micro/WIN 编程软件的计算机。

3）PC/PPI＋通信电缆线。

4）常开、常闭开关若干个，红、绿、黄指示灯各 2 个，导线等必备器件。

4. 实训操作步骤

1）将 PC/PPI＋通信电缆线与计算机连接。

2）启动编程软件，编辑相应实训内容的梯形图程序。

3）编译、保存、下载梯形图程序到 S7-200 PLC 中。

4）启动 PLC，观察运行结果，发现运行错误或需要修改程序时重复上面的过程。

下面给出实训内容 2）的提示及参考程序。

使用计数器和定时器结合起来可实现较长延时定时。通过改变定时器设定值和计数器计数值可控制长延时时间。参考程序如图 3-62 所示。

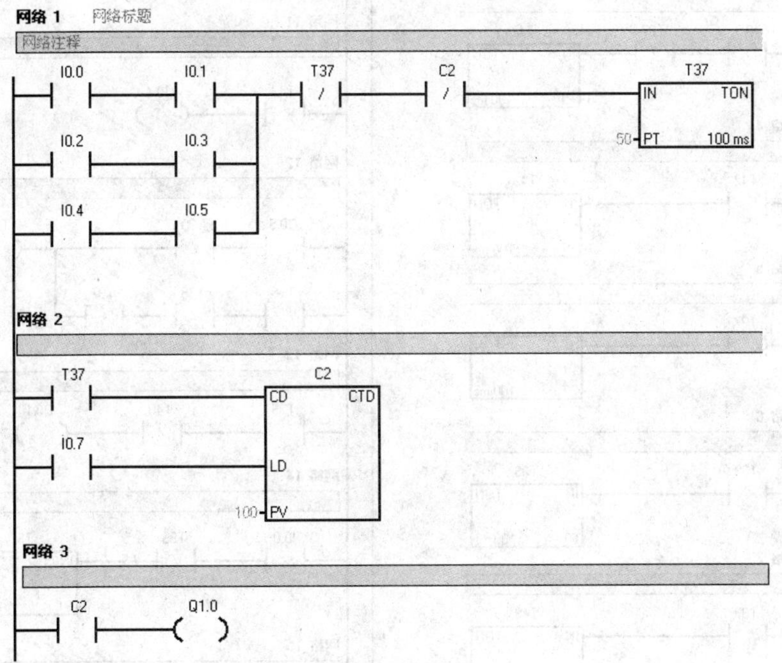

图 3-62　逻辑输入启动长延时定时控制梯形图程序

下面给出实训内容 3）的提示及参考程序。

1）交通信号灯控制系统元件分配可参考表 3-5。

2）根据表 3-5，连接 PLC 外部控制开关和东西南北信号灯。

3）交通信号灯控制系统梯形图程序如图 3-63 所示（仅供参考）。

表 3-5　交通信号灯控制系统元件分配

输入		定时器		输出	
I0.0	启动开关按钮	T37	25 s	Q0.0	东西绿灯
		T38	20 s	Q0.1	东西黄灯
		T39	3 s	Q0.2	东西红灯
		T40	2 s	Q0.3	南北绿灯
		T41	25 s	Q0.4	南北黄灯
		T42	20 s	Q0.5	南北红灯
		T43	3 s		
		T97	5 s		
		T98	5 s		

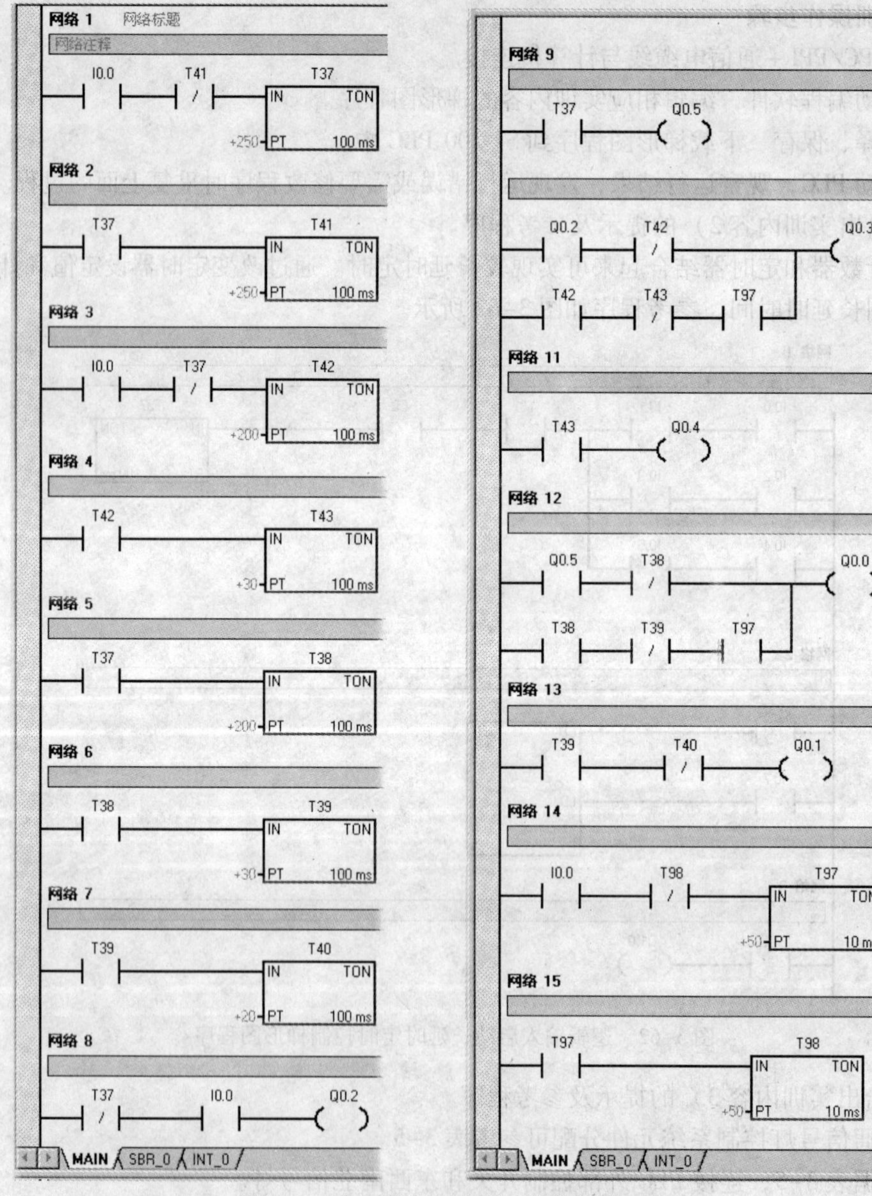

图 3-63　交通信号灯控制系统梯形图程序

思考

1）如果要求南北路上车辆的通行时间为45 s，东西路上的车辆通行时间为30 s，黄色信号灯被点亮的时间为5 s，则梯形图程序该如何修改？

2）如果要求可以用按钮强制使南北路上车辆通行或东西路上车辆通行，梯形图程序又该如何修改？

5. 注意事项

1）正确选用定时器的分辨率和设定值。

2）注意电源极性、电压值是否符合所使用PLC输入、输出电路及指示灯的要求。

6. 实训操作报告

1）整理出运行调试后的梯形图程序。

2）写出该程序的调试步骤和观察结果。

3.8 思考与练习

1. 说明S7-200 PLC语句表指令和梯形图指令的基本格式。

2. 说明操作数I0.1、Q0.1、VB 100、VD 100、VW100、SM0.1各表示什么含义。

3. PLC控制电路如图3-64所示，SB1为常开按钮、SB2为常闭按钮、KM1为中间继电器。

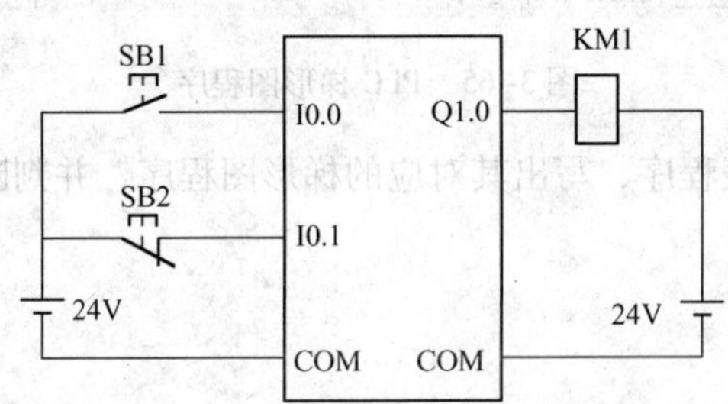

图3-64 PLC开关电路控制接线

1）电路中哪些是输入/输出点？哪些是输入/输出映像寄存器？它们之间是什么关系？

2）编程实现按下SB1，KM1得电。

3）编程实现按下SB2，KM1得电。

4）编程实现未按下SB2，KM1得电，按下SB2，KM1失电。

5）编程实现某电动机控制电路，要求按下SB1，Q1.0为ON，KM1通电且自锁；按下SB2，Q1.0为OFF，KM1失电。

6）若将SB2改为常开按钮，其他不变，要求按下SB1，Q1.0为ON，KM1通电且自锁；按下SB2仍使KM1失电，梯形图程序是否改变？如何改变？为什么？

4. 常用的逻辑指令有哪几类？都包含哪些指令？

5. 常用的程序控制指令有哪几类？简述它们的作用。

6. 解释定时器的位状态、当前值、分辨率的含义。S7-200 PLC定时器共有几种分辨率？它们的刷新方式有何不同？对它们执行复位操作后，它们的当前值和位的状态是什么？

7. 利用定时器编写实现通电延时 30 s 的梯形图程序（使用 I0.1 为输入控制、Q0.1 为延时输出）。

8. 利用定时器编写实现断电延时 30 s 的梯形图程序（使用 I0.1 为输入控制、Q0.1 为延时输出）。

9. 计数器有什么作用？在 S7-200 PLC 中有哪几类计数器？

10. 利用递增计数器编写对 I0.2 计数脉冲计数的程序。当计数器当前值等于 20 时，驱动定时器延时 1 s 后置 Q0.2 为 ON。

11. 根据图 3-65 中的梯形图程序，写出其对应的语句表程序，并判断其功能。

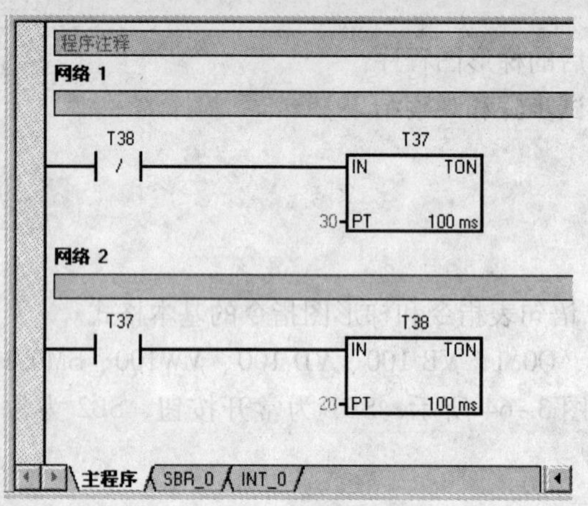

图 3-65 PLC 梯形图程序

12. 根据下面的语句表程序，写出其对应的梯形图程序，并判断其功能。

```
Network 1
LD      I0.0
LD      I0.1
LD      I0.2
CTUD    C1, 6
Network 2
LD      C1
=       Q0.0
```

13. 设计一子程序实现题 10 的功能，在 I0.1 的控制下，调用该子程序。

第4章　S7-200 PLC顺序控制指令及应用

利用前面介绍的S7-200 PLC的基本指令，可以设计一般的顺序、选择和循环程序，解决一般常用的电气控制问题。但对于一些较复杂的程序结构（如并发顺序、并行分支等），为了便于编程，S7-200 PLC提供了专用的顺序类型控制指令。本节主要介绍功能图概念及结构、顺序控制指令及功能图设计向梯形图程序的转换等方面的问题。

4.1　PLC功能图概述

4.1.1　功能图基本概念

功能图也称功能流程图，它是专用于工业顺序控制程序设计的一种方法，是一种功能描述语言。利用功能图可以向设计者提供描述方法的规律，能完整地描述控制系统的工作过程、功能和特性。功能图的基本元素为状态、转移、有向线段和动作说明。

1．状态

状态又称流程步或工作步，表示控制系统中的一个稳定状态。在功能图中，状态以矩形方框表示，框中用数字表示该状态的编号。编号可以是实际的控制步序号，也可以是PLC中的工作位编号，如图4-1a所示。

对于系统的初始状态，即系统运行的起点，也称为初始步，其图形符号用双线矩形框表示，如图4-1b所示。在实际使用时，为简单起见，初始状态也可用单矩形框或一条横线表示。每一个系统至少需要一个初始步。

2．转移与有向线段

转移就是从一个状态变化为另一个状态的切换条件。两个状态之间用一个有向线段表示，向下转移时有向线段的箭头可以省略；向上转移时有向线段必须以箭头表示方向。可以在有向线段上加一横线，在横线旁加上文字、图形符号或逻辑表达式来描述转移的条件。相邻状态之间的转移条件满足时，就从一个状态按照有向线段的方向向另一个状态转换，如图4-2所示。

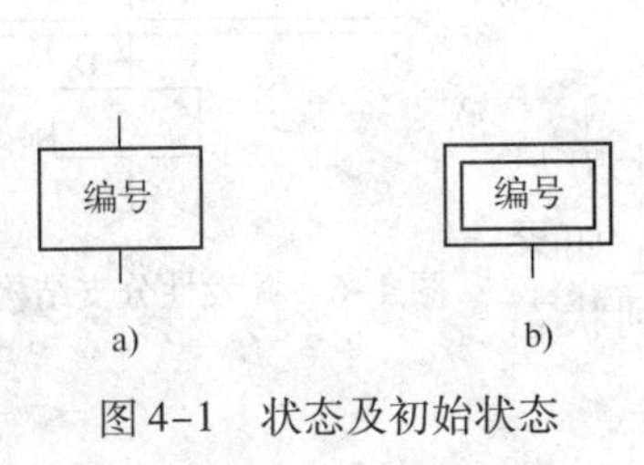

图4-1　状态及初始状态

a）状态　b）初始状态

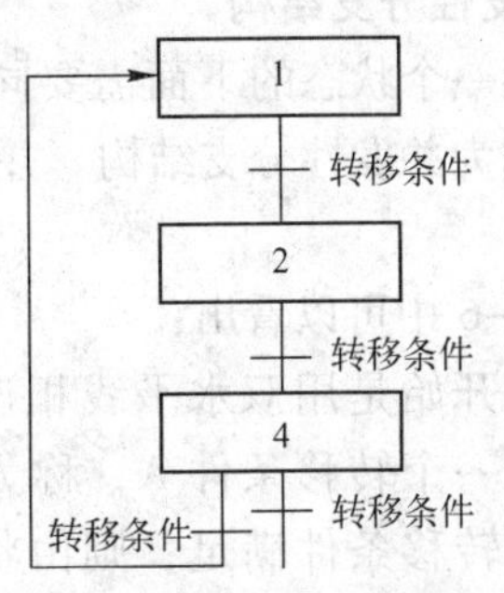

图4-2　转移及转移条件

3. 动作

动作是状态的属性，是描述每一个状态需要执行的功能操作。动作说明是在状态的右侧加一矩形框，并在框中加文字进行说明，如图 4-3 所示。

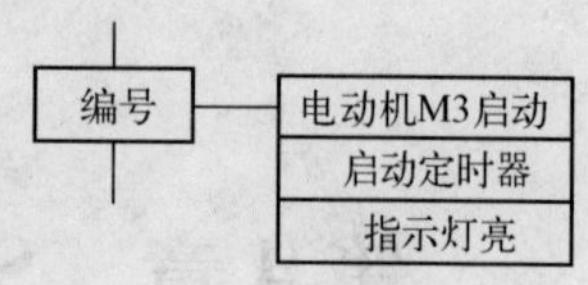

图 4-3　动作说明

4.1.2 功能图结构

1. 顺序结构

顺序结构也称为单流程，它是一种最简单的结构，其状态按顺序变化，每个状态与转移仅连接一个有向线段，功能图如图 4-4 所示。

2. 选择性分支结构

选择性分支结构是指下一个状态是多分支状态，但只能转入其中的某一个控制流状态。具体进入哪个状态，取决于控制流前面的转移条件。选择性分支结构如图 4-5 所示。

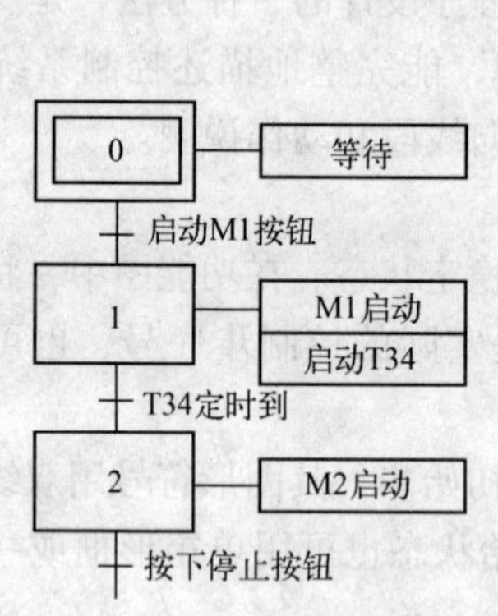

图 4-4　顺序结构的功能图

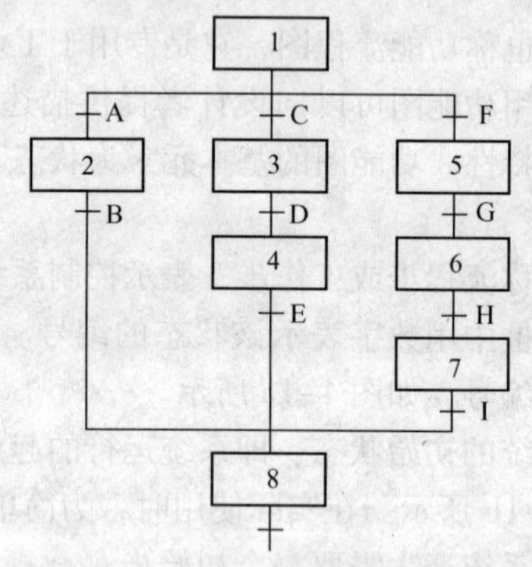

图 4-5　选择性分支结构的功能图

在图 4-5 中，状态 1 下面有 3 个分支，根据分支转移条件 A、C、F 来决定进入哪一个分支。如果某一个分支转移条件得到满足，则程序转入这一分支状态。一旦进入该分支状态，系统就不再执行其他分支。

3. 并发性分支结构

如果某一个状态的下面需要同时启动若干个状态流，这种结构称为并发性分支结构。并发性分支结构如图 4-6 所示。

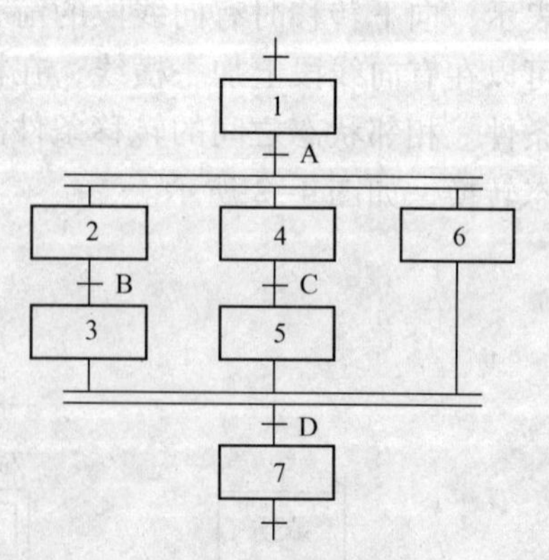

图 4-6　并发性分支结构的功能图

在图 4-6 中可以看出：

- 分支开始是用双水平线相连的，双水平线上方只需要一个转移条件 A，称为公共转移条件。如果公共转移条件满足，则由状态 1 并行转移到状态 2、状态 4 和状态 6。
- 公共转移条件满足时，同时执行多个分支状态。但由于各个分支状态完成的时间不同，所以每个分支状态的最后一步通常设置一个等待步，以求同步结束。

- 分支结束用双水平线将各个分支汇合，水平线上方一般没有转移，下方有一个公共转移，转移条件为 D。

4. 循环结构

循环结构用于一个顺序过程的多次重复执行，如图 4-7 所示。

在图 4-7 中，在满足转移循环条件 E 时，由状态 4 转移到状态 2 循环执行。

5. 复合结构

复合结构就是一个集顺序、选择性分支、并发性分支和循环结构于一体的结构，这里不再详述。

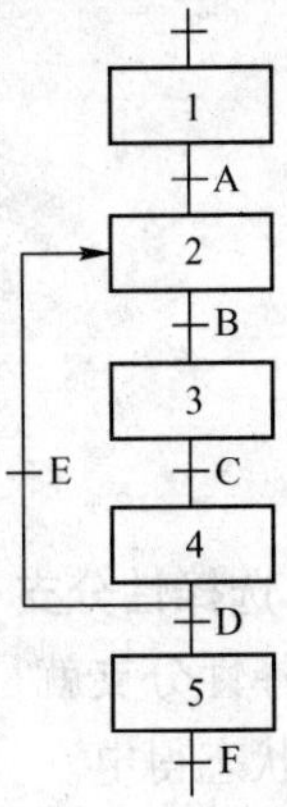

图 4-7 循环结构的功能图

4.1.3 功能图转换成梯形图

功能图只能作为系统的说明工具，一般不能被 PLC 软件直接接受。只有将功能图转换成梯形图后才能被 PLC 软件所识别。

一般情况下，使用功能图设计 PLC 程序时，首先根据控制要求设计出功能图，然后利用 PLC 的顺序控制指令将其转换为梯形图程序。在功能图向梯形图转换时应采用以下方法。

1. 进入有效工作状态

如果需要启动功能图中的某个工作状态，在梯形图中，就在该工作状态执行条件上连接或并联一个得电条件。

PLC 上电后，有的程序需要 PLC 马上进入有效工作状态。如果要利用按钮使程序进入有效工作状态，应注意启动条件是否允许。

2. 停止有效工作状态

如果需要停止正在运行的工作状态，在梯形图中，就需要在工作状态的执行条件上串联停止条件。一般需要在每一个工作状态的执行条件上都串联一个失电条件。

若是需要在程序运行过程中重新启动程序，也需要先停止执行所有的工作状态，再启动程序。

3. 最后一个工作状态

最后一个工作状态执行完后，一般需要转移到初始工作状态循环执行程序。在梯形图中，应将最后一个工作状态在满足转移条件时转移到初始工作状态。

4. 工作状态的转移条件

转移条件可以是来自 PLC 外部的按钮、行程开关、传感器的输出等，也可以是来自 PLC 内部的定时器、计数器和功能块的输出等。

5. 工作状态的得电和失电

工作状态的得电条件是该状态的上一工作状态是有效工作状态，而该状态的下一状态没有被激活。这时若转移条件为真，则该工作状态就会得电被激活。

工作状态的失电条件是该状态的下一工作状态得电条件。

一般情况下，工作状态都需要自锁。工作状态的梯形图如图 4-8 所示。

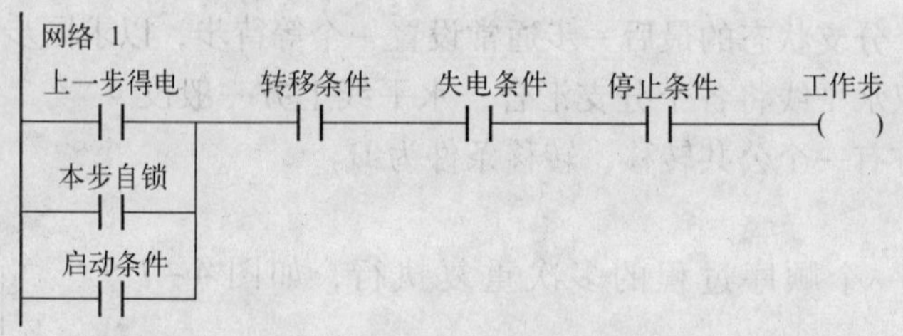

图 4-8　工作状态的梯形图

6. **选择性分支**

选择性分支就是在工作状态得电的条件中增加一个选择条件。选择条件如果得到满足，则工作状态得电。

如果在启动程序时出现选择性分支，则工作状态的得电条件应该为启动条件与选择条件同时满足。如果在工作状态转移时出现选择性分支，则工作状态的得电条件应该为转移条件与选择条件同时满足。

7. **并发性分支**

并发工作状态是同一个得电条件下所有并发分支都得电，其得电条件是一样的。

由于所有并发工作状态全部结束后才能进行工作状态转移，所以在梯形图中，对所有并发分支的转移条件应进行逻辑“与”。

8. **第 0 工作状态**

一般情况下，第 0 工作状态是 PLC 上电后的状态。第 0 工作状态的一个得电条件是除 0 状态以外的其他工作状态都无效。

当停止条件出现后，程序应该回到第 0 工作状态。

9. **动作输出**

在有些简单系统中，工作状态就是动作输出。在梯形图中，工作状态的继电器就是 PLC 的输出继电器。而在有些系统中，动作输出是工作状态的逻辑组合。

动作开始时刻就是工作状态的得电时刻，动作结束时刻就是工作状态的失电时刻。

4.2　顺序控制指令

4.2.1　顺序控制指令的格式与功能

为了便于实现功能图描述的程序设计，S7-200 PLC 编程环境提供了 3 条顺序控制指令，其指令的格式、功能及操作数形式请参见表 4-1。

表 4-1　顺序控制指令的格式及功能

STL 指令	LAD 指令	功　能	操作对象位
LSCR　bit	bit SCR	顺序状态开始	顺序控制继电器 S（位） （S0.0～S31.7）

（续）

STL 指令	LAD 指令	功　能	操作对象位
SCRT　bit	bit —(SCRT)	顺序状态转移	顺序控制继电器 S（位） （S0. 0 ~ S31. 7）
SCRE	├—(SCRE)	顺序状态结束	无

1）顺序状态开始/结束指令（LSCR/SCRE）。LSCR 指令（在前）为功能图中一个状态的开始，SCRE 指令（在后）为这个状态的结束，其中间部分为顺序段（SCR 段），该段对应功能图中状态的动作指令。LSCR 指令操作对象为顺序控制继电器 S 中的某个位（范围为 S0. 0 ~ S31. 7），当某个位有效时，激活所在的 SCR 段。S 中各位的状态用来表示功能图中的一种状态。

2）顺序状态转移指令 SCRT。在输入控制端有效时，该指令操作数激活下一个 SCR 段的状态（下一个 SCR 段的开始指令 LSCR 的 bit 必须与本指令的 bit 相同），使下一个 SCR 段开始工作，同时使该指令所在段停止工作，状态器复位。

3）在每一个 SCR 段中，需要设计满足什么条件后使状态发生转移。这个条件可作为执行 SCRT 指令的输入控制逻辑信号。

【例 4-1】　将顺序控制指令转换为梯形图、语句表程序。其示例如图 4-9 所示。

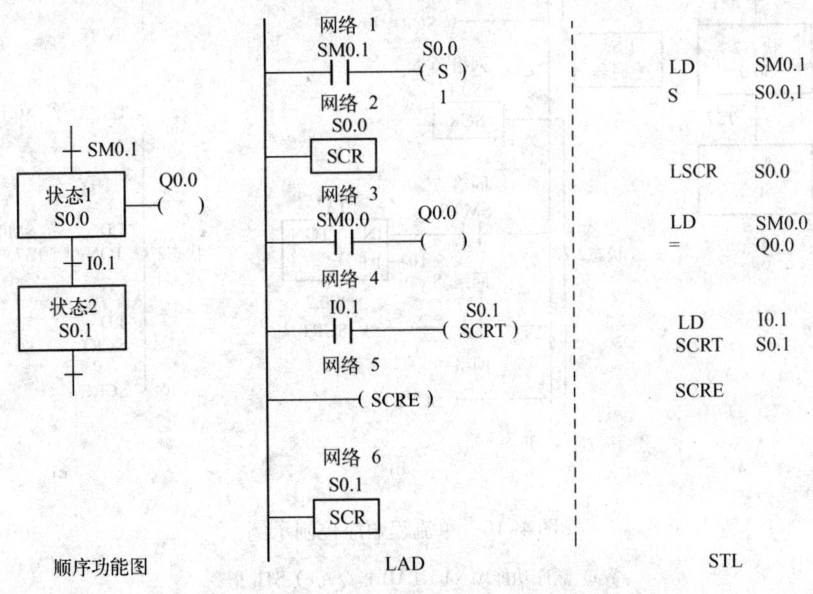

图 4-9　顺序控制指令转换示例

程序中顺序控制指令的结构和功能如下。

1）LSCR（SCR）表示状态 1 的开始，SCRE 表示状态 1 的结束。

2）状态 1 的激活条件是 SM0.1 有效，驱动置位指令置 S0.0 =1。

3）在状态 1 中实现驱动 Q0.0。

4）状态 1 转移到状态 2（S0.1）的条件是 I0.1 有效。执行 SCRT 指令，同时状态 1 复位。

4.2.2 顺序控制指令示例

1. 简单单流程

单流程功能图的每个状态仅连接一个转移，每个转移仅连接一个状态。

【例 4-2】 某控制系统功能图如图 4-10a 所示。使用顺序控制指令将功能图转换为梯形图，如图 4-10b 所示。相应的 STL 指令如图 4-10c 所示。

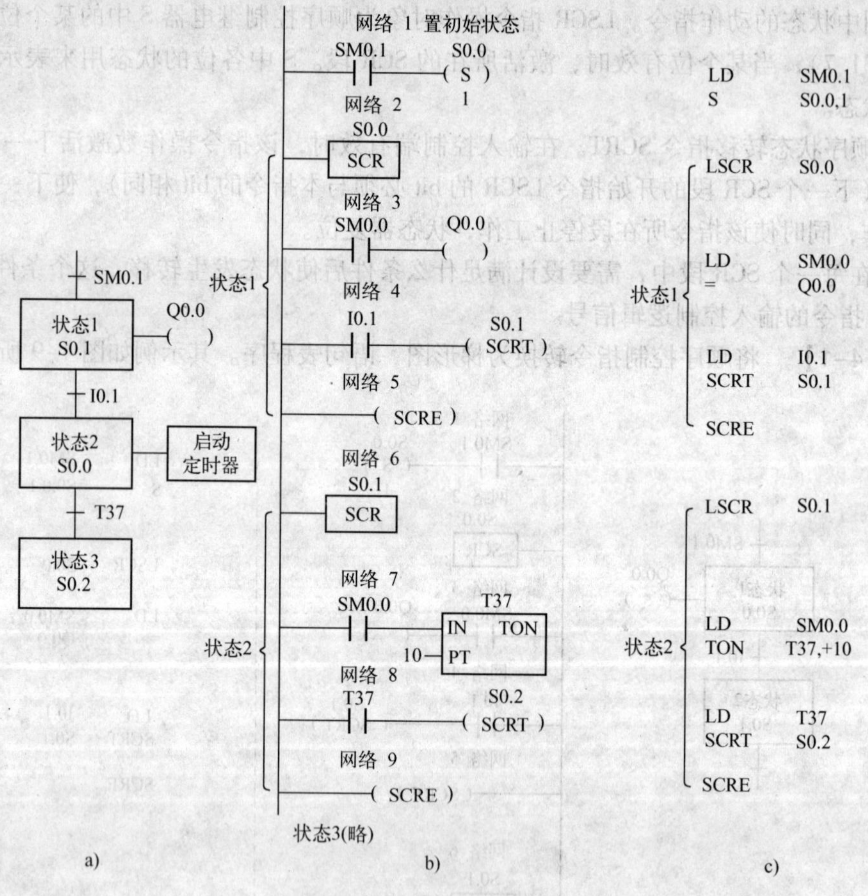

图 4-10 单流程顺序控制示例

a）顺序功能图 b）LAD 指令 c）STL 指令

本例中功能图与梯形图的转换及工作过程如下。

1）由功能图看出，初始化脉冲 SM0.1 用来置位 S0.0，状态 1 激活；该功能在梯形图中转换为由 SM0.1 控制置位指令 S，实现 S0.0 =1。

2）在状态 1 的 SCR 段要做的工作（动作）是置 Q0.0 为 ON，梯形图中使用 SM0.0 控制 Q0.0。这是因为，线圈不能直接和母线相连，所以常用特殊中间继电器 SM0.0 位来完成动作任务。

3）由功能图看出，状态 1 向状态 2 的转移条件是 I0.1 有效，在梯形图中转换为由输入触点 I0.1 控制状态转移指令 SCRT，其操作数 bit 为 S0.1，它是状态 2 的激活控制位。一旦状态 2 被激活，则本状态 1 的 SCR 段停止工作，状态 1 自动复位。

4）状态 2 的动作是启动定时器，梯形图中使用 SM0.0 控制定时器 T37，定时器分辨率为 100 ms，设定值为 10，定时时间为 1 s。

5）由功能图看出，状态 2 向状态 3 的转移条件是定时器 T37（定时时间 1 s）。梯形图中，通过 T37 的常开触点闭合控制状态 2 的 SCRT 指令，其操作数据位为状态 3 的激活位。一旦状态 3 被激活，则状态 2 的 SCR 段停止工作，状态 2 自动复位。

2. 并发性分支和汇集

在控制系统中，常常需要一个顺序控制状态流并发产生两个或两个以上不同分支控制状态流，在这种情况下，所有的并发产生的分支控制状态流必须同时激活。多个分支控制流完成其动作任务后，也可以把这些控制流合并成一个控制流，即并发性分支的汇集，在转移条件满足时才能转移到下一个状态。

【例 4-3】 并发性分支控制系统功能图、梯形图及指令表的转换如图 4-11 所示。

程序中，并发性分支的公共转移条件是 I0.0 有效，程序由状态 S0.0 并发进入 S0.1 和 S0.3。

需要特别说明的是，并发性分支汇集时要同时使状态转移到新的状态，完成新状态的启动。另外在状态 S0.2 和 S0.4 的 SCR 程序段中，由于没有使用 SCRT 指令，所以 S0.2 和 S0.4 的复位不能自动进行，最后要用复位指令对其进行复位。这种处理方法在并发性分支的汇集合并时会经常用到，而且在并发性分支汇集合并前的最后一个状态往往是“等待”过度状态。它们要等待所有并发性分支都为“真”后一起转移到新的状态。这时的转移条件永远为“真”，而这些“等待”状态不能自动复位，它们的复位需要使用复位指令来完成。

4.2.3 顺序控制指令使用说明

顺序控制指令由于自身的特殊性及其操作数据的有限范围，在使用时应注意以下方面。

1）顺序控制控指令仅对顺序控制继电器元件 S 的位有效。由于 S 具有一般继电器的功能，所以，也可以使用其他逻辑指令对 S 进行操作。

2）SCR 段程序能否执行取决于该状态器（S 位）是否被置位，SCRE 与下一个 LSCR 之间可以安排其他指令，但它们不影响下一个 SCR 段程序的执行。

3）同一个 S 位不能用于不同程序。

4）不允许跳入或跳出 SCR 段，在 SCR 段也不能使用 JMP 和 LBL 指令（不允许内部跳转，但可以在 SCR 段附近使用跳转和标号指令。

5）在 SCR 段中不允许使用 FOR、NEXT 和 END 指令。

6）在状态发生转移后，所有的 SCR 段的元器件一般也要复位。如果希望继续输出，可使用置位/复位指令。

7）在使用功能图时，状态器的编号可以不按顺序编排。

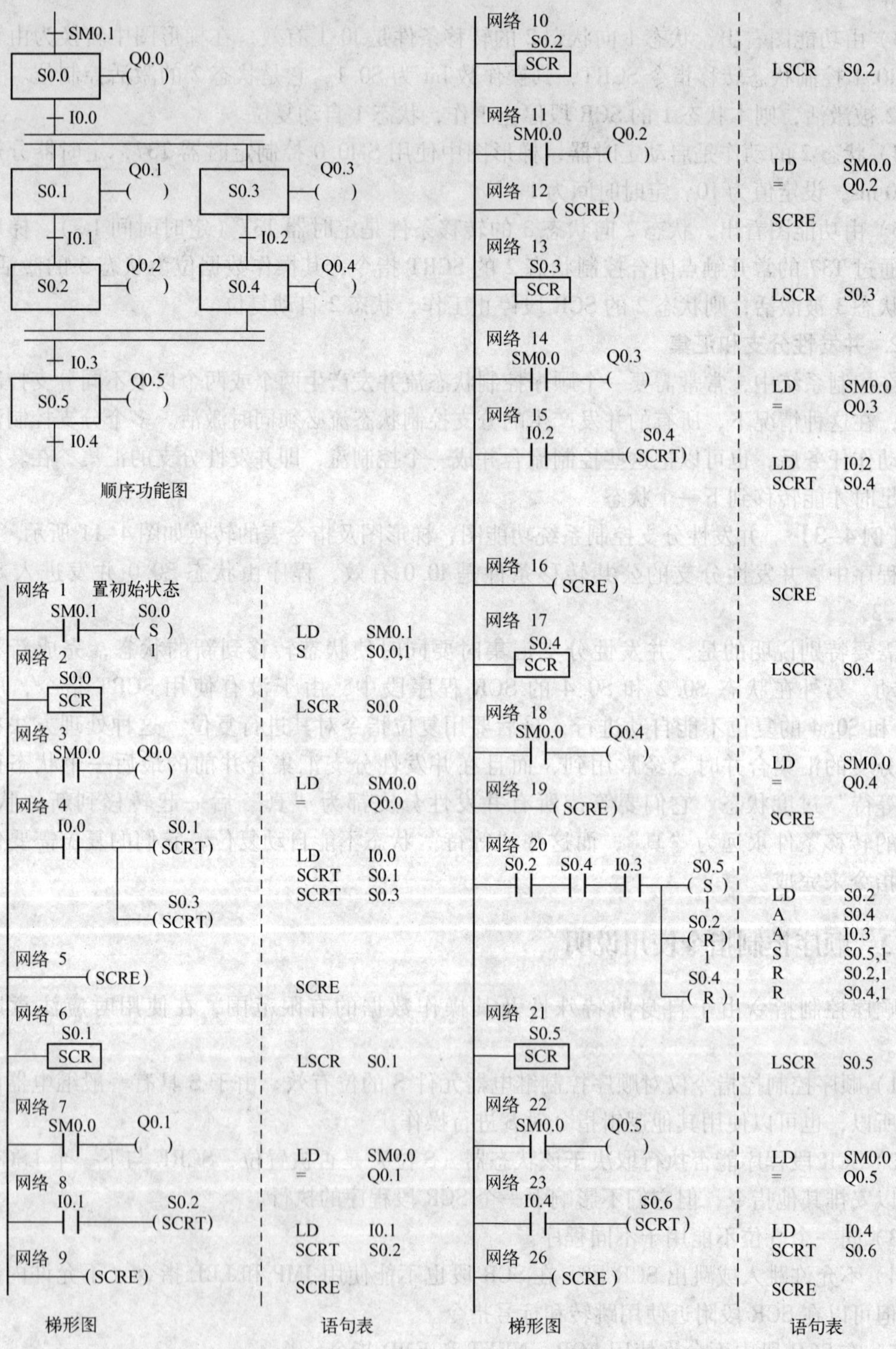

图 4-11 并发性分支和联接功能图举例

4.3 实训 顺序控制指令编程练习

1. 实训目的

1）熟悉利用功能流程图编程的方法。

2）掌握顺序控制指令功能及编程方法。

2. 实训内容

利用功能流程图通过顺序控制指令编写简单顺序控制程序。

1）第 1 步（状态 1）的功能是使 Q0.0 置 1，5 s 后结束第 1 步，转入第 2 步（状态 2）。

2）状态 2 的功能是使 Q0.1 置 1，5 s 后结束状态 2，转入第 3 步（状态 3）。

3）状态 3 的功能是使 Q0.0、Q0.1 复位，并延时 10 s 后结束状态 3，转入状态 1 继续下一顺序过程。

3. 实训设备及元器件

1）S7-200 PLC 实验工作台或 PLC 装置。

2）安装有 STEP7-Micro/WIN 编程软件的计算机。

3）PC/PPI + 通信电缆线。

4）开关、导线等必备器件。

4. 实训操作步骤

1）将 PC/PPI + 通讯电缆线与计算机连接。

2）设计功能图如图 4-12 所示（仅供参考）。

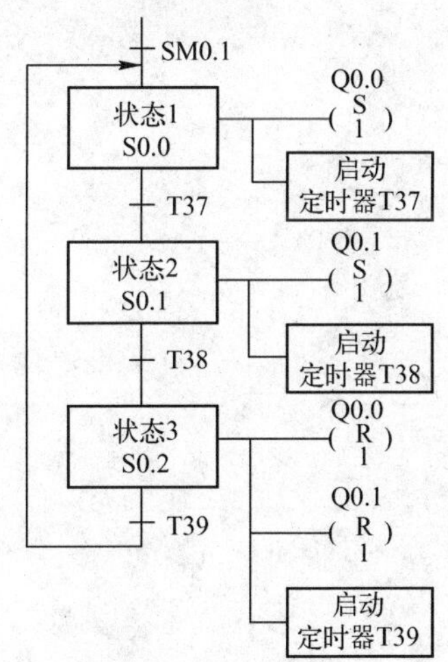

图 4-12 顺序控制功能图

3）运行编程软件，使用顺序控制指令将功能图转换为梯形图程序直至编译成功。

提示：可参考例 4-1、例 4-2 转换方法进行。

4）下载梯形图程序到 S7-200 PLC 中。

5）启动 PLC，观察运行结果，发现运行错误或需要修改程序时重复上面的过程。

6）注意状态开始、任务、状态转移、状态结束及顺序控制继电器 S（位）的正确应用。

5. 实训操作报告

1）整理出运行调试后的梯形图程序。

2）写出该程序的调试步骤和观察结果。

4.4 思考与练习

1. 什么是功能图？它由哪些元素组成？

2. 说明顺序控制指令的作用和特点。

3. 在利用 PLC 的顺序控制指令将功能图转换为梯形图程序时，常用哪些方法？

4. 将图 4-4 所示的功能图转换为梯形图程序。

5. 在图 4-11 所示的并发性分支和联接程序中，如何实现并发性分支汇合后转移到下一状态？转移条件是什么？

第 5 章　S7-200 PLC 功能指令及应用

PLC 作为一个计算机控制系统，不仅可以用来实现继电器接触系统的位控功能，而且也能够应用于多位数据的处理、过程控制等领域。几乎所有的 PLC 生产厂家都开发增设了用于特殊控制要求的指令，这些指令称为功能指令。

本章介绍的功能指令主要包括数据处理指令、算术逻辑指令、表功能指令、转换指令、中断指令、高速计数器、高速脉冲输出及 PID 运算指令等。

S7-200 PLC 中绝大多数功能指令的操作数类型及寻址范围如下所示。

- 字节型操作数：VB、IB、QB、MB、SB、SMB、LB、AC、＊VD、＊LD、＊AC 和常数。
- 字型操作数：VW、IW、QW、MW、SW、SMW、LW、AC、T、C、＊VD、＊LD、＊AC 和常数。
- 双字型操作数：VD、ID、QD、MD、SD、SMD、LD、AC、＊VD、＊LD、＊AC 和常数。

本章对于以上数据类型和寻址方式不再重复。对于个别稍有变化的指令仅作补充说明，读者也可参阅 S7-200 PLC 编程手册。

5.1　数据传送指令

数据传送指令主要用于各个编程元件之间的数据传送，主要包括单个数据传送、数据块传送、交换、循环填充指令。

5.1.1　单个数据传送指令

单个数据传送指令每次传送一个数据，传送数据的类型包括字节（B）传送、字（W）传送、双字（D）传送和实数（R）传送。不同的数据类型应采用不同的传送指令。

1. 字节传送指令

字节传送指令以字节作为数据传送单元，包括字节传送指令 MOVB 和立即读/写字节传送指令。

(1) 字节传送指令 MOVB

字节传送指令的指令格式如图 5-1 所示。

其中，MOV_B 为字节传送梯形图指令盒标识符（也称功能符号，B 表示字节数据类型，下同），MOVB 为语句表指令操作码助记符，EN 为使能控制输入端（I、Q、M、T、C、SM、V、S、L 中的位），IN 为传送数据输入端，OUT 为数据输出端，ENO 为指令和能流输出端（即传送状态位）。本章后续指令的 EN、IN、

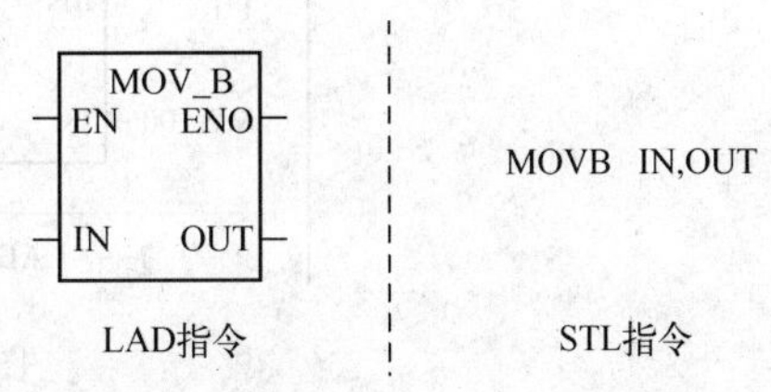

图 5-1　MOVB 指令的指令格式

OUT、ENO 功能同上，只是 IN 和 OUT 的数据类型不同，不再赘述。

MOVB 指令的功能是在使能输入端 EN 有效时，将由 IN 指定的一个 8 位字节数据传送到由 OUT 指定的字节单元中。

（2）立即读字节传送指令 BIR

立即读字节传送指令的指令格式如图 5-2 所示。

其中，MOV_BIR 为立即读字节传送梯形图指令盒标识符，BIR 为语句表指令操作码助记符。

当使能输入端 EN 有效时，BIR 指令立即（不考虑扫描周期）读取当前输入继电器中由 IN 指定的字节（IB），并送入 OUT 字节单元（并未立即输出到负载）。

注意 IN 只能为 IB。

（3）立即写字节传送指令 BIW

立即写字节传送指令的指令格式如图 5-3 所示。

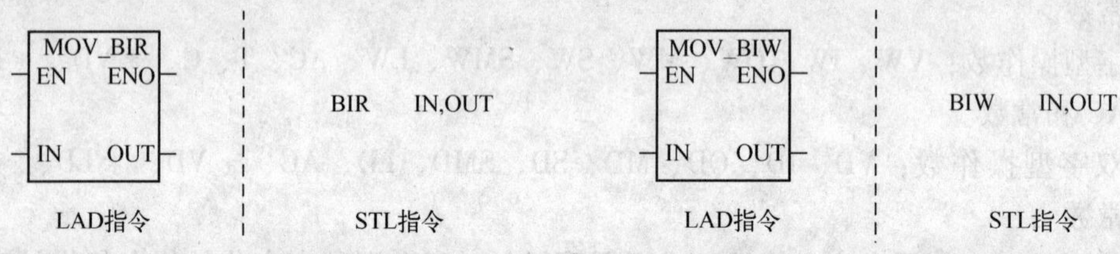

图 5-2 BIR 指令的指令格式　　图 5-3 BIW 指令的指令格式

其中，MOV_BIW 为立即写字节传送梯形图指令盒标识符，BIW 为语句表指令操作码助记符。

当使能输入端 EN 有效时，BIW 指令立即（不考虑扫描周期）将由 IN 指定的字节数据写入到输出继电器中由 OUT 指定的 QB，即立即输出到负载。

注意 OUT 只能是 QB。

2. 字/双字传送指令

字/双字传送指令以字/双字作为数据传送单元。

字/双字指令格式与字节传送指令类同，只是指令中功能符号（标识符或助计符，下同）的数据类型符号不同而已。具体来说，MOV_W/MOV_DW 为字/双字梯形图指令盒标识符，MOVW/MOVD 为字/双字语句表指令操作码助记符。

【例 5-1】 在 I0.1 控制开关导通时，将 VW100 中的字数据传送到 VW200 中，程序如图 5-4 所示。

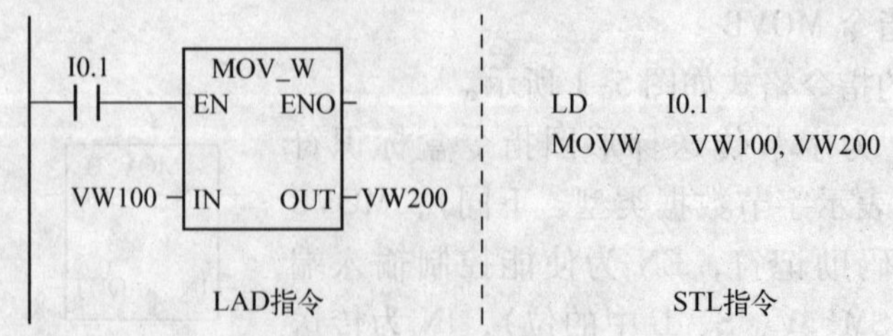

图 5-4 字传送指令应用示例

【例 5-2】 在 I0.1 控制开关导通时，将 VD100 中的双字数据传送到 VD200 中，程序如图 5-5 所示。

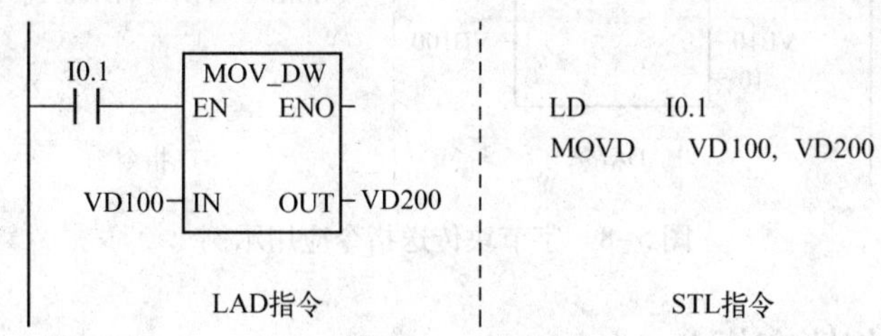

图 5-5 双字传送指令应用示例

3. 实数传送指令 MOVR

实数传送指令以 32 位实数双字作为数据传送单元。其功能符号 MOV_R 为实数传送梯形图指令盒标识符，MOVR 为实数传送语句表指令操作码助记符。

【例 5-3】 在 I0.1 控制开关导通时，将常数 3.14 传送到双字单元 VD200 中，程序如图 5-6 所示。

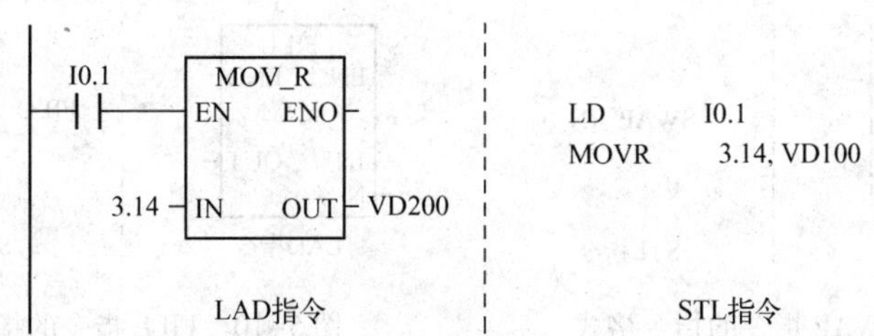

图 5-6 实数传送指令应用示例

5.1.2 块传送指令

块传送指令可用来一次传送多个同一类型的数据。最多可将 255 个数据组成一个数据块，数据块的类型可以是字节块、字块和双字块。下面仅介绍字节块传送指令 BMB。

字节块传送指令的指令格式如图 5-7 所示。

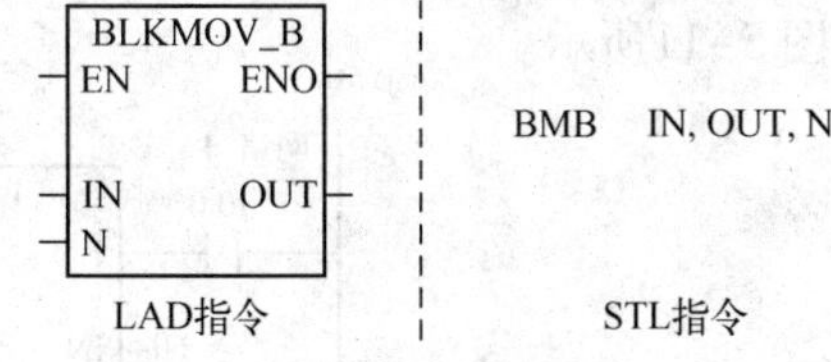

图 5-7 BMB 指令的指令格式

其中，BLKMOV_B 为字节块传送梯形图指令标识符，BMB 为语句表指令操作码助记符，N 为字节型数据，表示块的长度（下同）。

BMB 指令的功能是当使能输入端 EN 有效时，把以 IN 为字节起始地址的 N 个字节型数据传送到以 OUT 为起始地址的 N 个字节存储单元。

字块传送指令为 BMW（梯形图标识符为 BLKMOV_W），双字块传送指令为 BMD（梯形图标识符为 BLKMOV_D），其指令格式与字节块传送指令类似，此处不再赘述。

【例 5-4】 在 I0.1 控制开关导通时，将 VB10 开始的 10 个字节单元数据传送到 VB100 开始的数据块中，程序如图 5-8 所示。

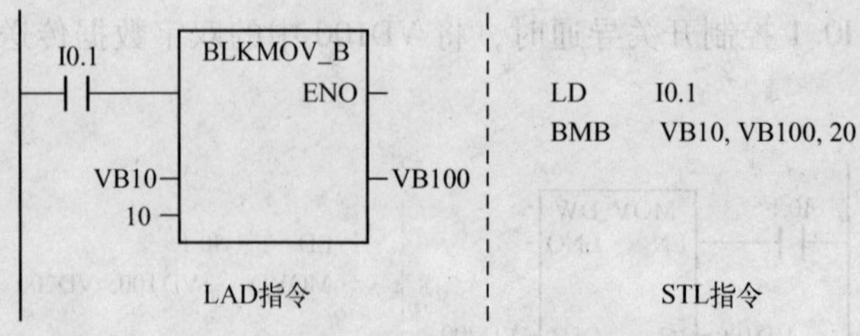

图 5-8　字节块传送指令应用示例

5.1.3　字节交换与填充指令

1. 字节交换指令 SWAP

SWAP 指令专用于对 1 个字长的字型数据进行处理。其指令格式如图 5-9 所示。

其中，SWAP 为字节交换梯形图指令标识符、语句表助计符。

SWAP 指令的功能是当 EN 有效时，将 IN 中字型数据的高位字节和低位字节进行交换。

2. 填充指令 FILL

填充指令 FILL 用于处理字型数据，其指令格式如图 5-10 所示。

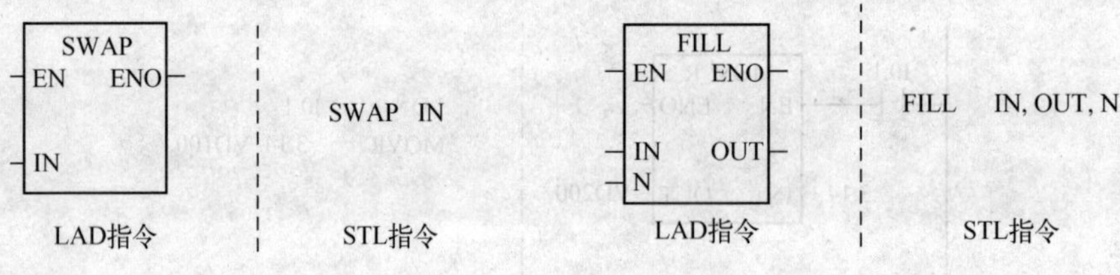

图 5-9　SWAP 指令的指令格式　　图 5-10　FILL 指令的指令格式

其中，FILL 为填充梯形图指令标识符、语句表指令操作码助记符，N 为字节型数据，表示填充字的单元个数。

FILL 指令的功能是当 EN 有效时，将字型输入数据 IN 填充到从 OUT 开始的 N 个字存储单元中。

【例 5-5】　在 I0.0 控制开关导通时，将 VW100 开始的 256 个字节全部清 0，程序如图 5-11所示。

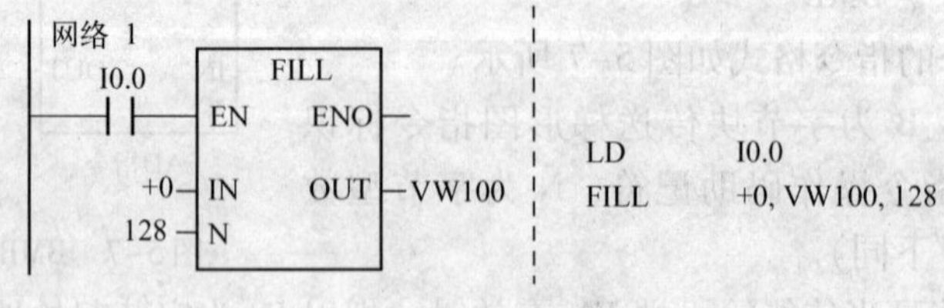

图 5-11　填充指令应用示例

注意　在使用本指令时，OUT 必须为字单元寻址。

5.2　算术和逻辑运算指令

算术运算指令包括加法、减法、乘法、除法及一些常用的数学函数指令，逻辑运算指令包括逻辑与、或、非、异或以及数据比较等指令。

5.2.1 算术运算指令

1. 加法指令

加法指令是对两个有符号数进行相加操作，包括整数加法指令、双整数加法指令和实数加法指令。

（1）整数加法指令 +I

整数加法指令的指令格式如图 5-12 所示。

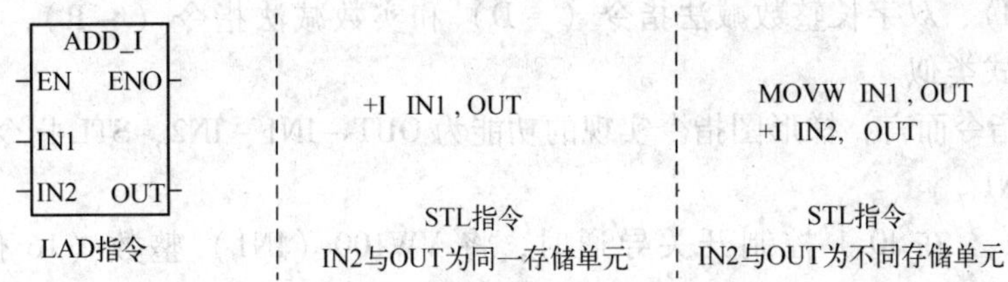

图 5-12 整数加法指令的指令格式

其中，ADD_I 为整数加法梯形图指令标识符，+I 为整数加法语句表指令操作码助记符，IN1 为输入操作数 1（下同），IN2 为输入操作数 2（下同），OUT 为输出运算结果（下同），操作数和运算结果均为单字长。

当 EN 有效时，加法指令将两个 16 位的有符号整数 IN1 与 IN2（或 OUT）相加，产生一个 16 位的整数，结果送到单字存储单元 OUT 中。

在使用整数加法指令时要注意，利用梯形图指令实现功能 OUT←IN1 + IN2 时，若 IN2 和 OUT 为同一存储单元，在转为 STL 指令时实现的功能为 OUT←OUT + IN1；若 IN2 和 OUT 不为同一存储单元，在转为 STL 指令时，先把 IN1 传送给 OUT，然后实现 OUT← IN2 + OUT。

（2）双字长整数加法指令 + D

双字长整数加法指令的操作数和运算结果均为双字（32 位），其指令格式与整数加法指令的格式类似。

双字长整数加法梯形图指令盒标识符为 ADD_DI，双字长整数加法语句表指令助计符为 + D。

【例 5-6】 在 I0.1 控制开关导通时，将 VD100 的双字数据与 VD110 的双字数据相加，结果送入 VD110 中。程序如图 5-13 所示。

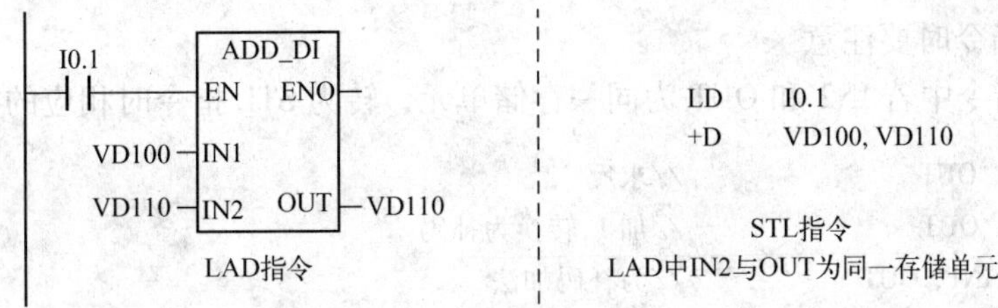

图 5-13 双字长加法指令应用示例

（3）实数加法指令 +R

实数加法指令用于两个双字长的实数相加，结果为一个32位的实数，其指令格式与整数加法指令的格式类似。

实数加法梯形图指令盒标识符为ADD_R，实数加法语句表指令操作码助记符为+R。

上述加法指令运算结果对特殊继电器的影响为SM1.0（结果为零）、SM1.1（结果溢出）、SM1.2（结果为负）。

2. 减法指令

减法指令用于对两个有符号数进行减操作。与加法指令类似，减法指令可分为整数减法指令（-I）、双字长整数减法指令（-D）和实数减法指令（-R），其指令格式与加法指令的格式类似。

对于减法指令而言，梯形图指令实现的功能为OUT←IN1-IN2，STL指令实现的功能为OUT←OUT-IN1。

【例5-7】 在I0.1控制开关导通时，将VW100（IN1）整数（16位）与VW110（IN2）整数（16位）相减，其差送入VW110（OUT）中。程序如图5-14所示。

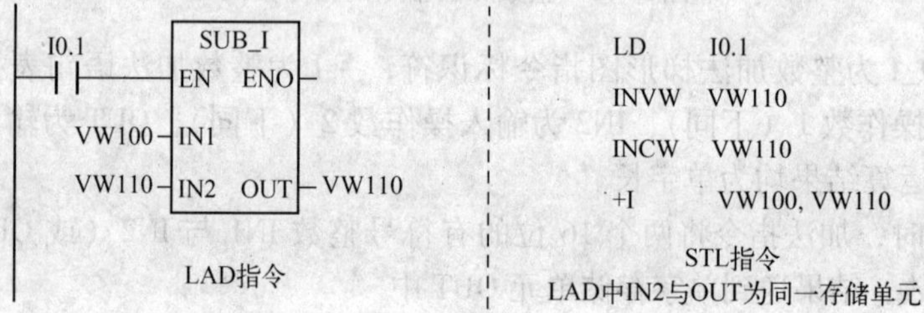

图5-14 整数减法指令应用示例

【例5-8】 在I0.1控制开关导通时，将VD100（IN1）整数（32位）与VD110（IN2）整数（32位）相减，其差送入VD200（OUT）中。程序如图5-15所示。

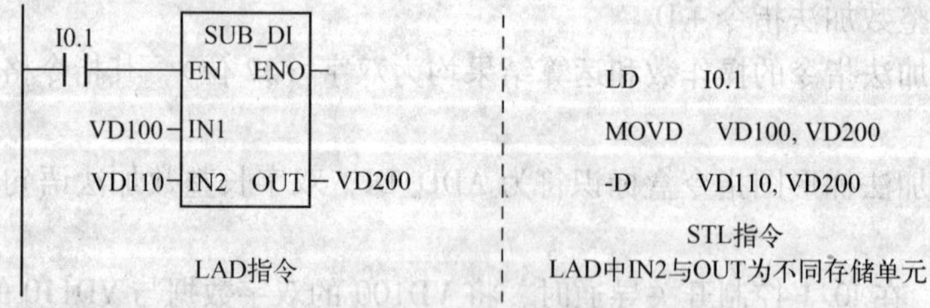

图5-15 双字长整数减法指令应用示例

使用减法指令时要注意

- 梯形图指令中若IN2和OUT为同一存储单元，转为STL指令时相应的指令如下所示。

```
INVW    OUT              //求反
INCW    OUT              //加1,转换为补码
 +I     IN1, OUT         //为补码加法
```

- 梯形图指令中若IN2和OUT不为同一存储单元，转为STL指令时相应的指令如下所示。

```
MOVW   IN1, OUT        //先把 IN1 传送给 OUT,
-I     IN2, OUT        //然后实现 OUT←OUT-IN2
```

减法指令对特殊继电器位的影响同加法指令。

3. 乘法指令

乘法指令用于对两个有符号数进行乘法操作。乘法指令可分为整数乘法指令（*I)、完全整数乘法指令（MUL)、双整数乘法指令（*D）和实数乘法指令（*R)，其指令格式类同加减法指令。

对于乘法指令而言，梯形图指令实现的功能为 OUT← IN1 * IN2，STL 指令实现的功能为 OUT← IN1 * OUT。

在梯形图指令中，IN2 和 OUT 可以为同一存储单元。

（1）整数乘法指令 *I

整数乘法指令的指令格式如图 5-16 所示。

当 EN 有效时，整数乘法指令将两个 16 位单字长有符号整数 IN1 与 IN2 相乘，运算结果仍为单字长整数，保存在 OUT 中。如果运算结果超出 16 位二进制数可表示的有符号数的范围，则产生溢出。

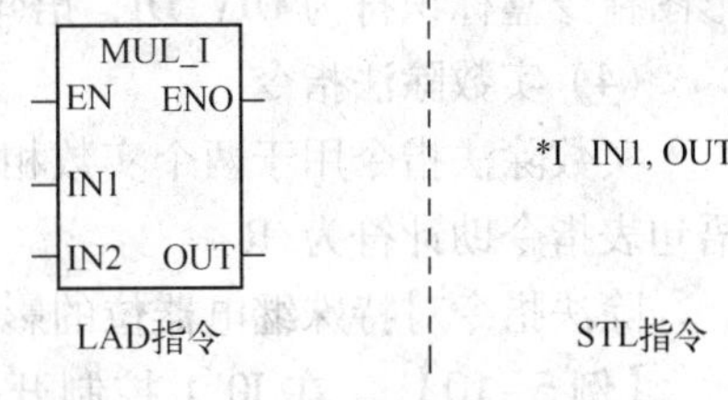

图 5-16 整数乘法指令的指令格式

（2）完全整数乘法指令 MUL

完全整数乘法指令将两个 16 位单字长的有符号整数 IN1 和 IN2 相乘，运算结果为 32 位的整数，保存在 OUT 中。其梯形图及语句表指令中的功能符号均为 MUL。

（3）双整数乘法指令 *D

双整数乘法指令将两个 32 位双字长的有符号整数 IN1 和 IN2 相乘，运算结果为 32 位的整数，保存在 OUT 中。其梯形图指令功能符号为 MUL_DI，语句表指令功能符号为 DI。

（4）实数乘法指令 *R

实数乘法指令将两个 32 位实数 IN1 和 IN2 相乘，结果为一个 32 位实数，保存在 OUT 中。其梯形图指令功能符号为 MUL_R，语句表指令功能符号为 *R。

上述乘法指令运算结果对特殊继电器位的影响为 SM1.0（结果为零）、SM1.1（结果溢出)、SM1.2（结果为负）。

【例 5-9】 在 I0.1 控制开关导通时，将 VW100（IN1）整数（16 位）与 VW110（IN2）整数（16 位）相乘，结果为 32 位数据，送入 VD200（OUT）中。程序如图 5-17 所示。

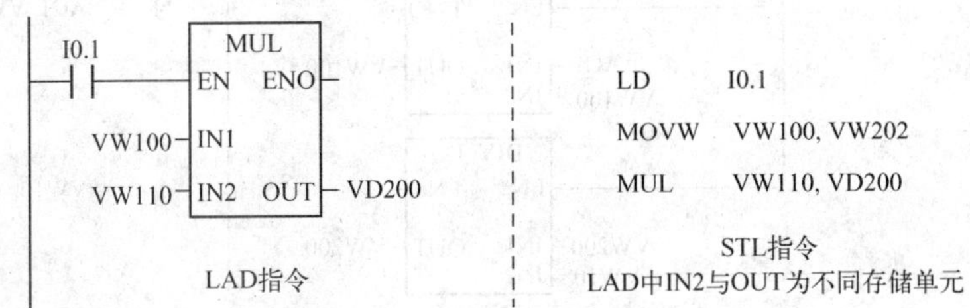

图 5-17 完全整数乘法指令应用示例

4. 除法指令

除法指令用于对两个有符号数进行除法操作，指令格式与乘法指令的格式类似。

（1）整数除法指令

整数除法指令能实现两个 16 位整数相除，结果只保留 16 位商，不保留余数。其梯形图指令盒标识符为 DIV_I，语句表指令助计符为/I 。

（2）完全整数除法指令

完全整数除法指令用于两个 16 位整数相除，产生一个 32 位的结果，其中低 16 位保存商，高 16 位保存余数。其梯形图指令盒标识符与语句表指令助计符均为 DIV。

（3）双整数除法指令

双整数除法指令用于两个 32 位整数相除，结果只保留 32 位整数商，不保留余数。其梯形图指令盒标识符为 DIV_DI，语句表指令助计符为/D。

（4）实数除法指令

实数除法指令用于两个实数相除，产生一个实数商。其梯形图指令盒标识符为 DIV_R，语句表指令助计符为/R。

除法指令对特殊继电器位的影响同乘法指令。

【例 5-10】 在 I0.1 控制开关导通时，将 VW100（IN1）整数除以 10（IN2）整数，结果为 16 位数据，送入 VW200（OUT）中。程序如图 5-18 所示。

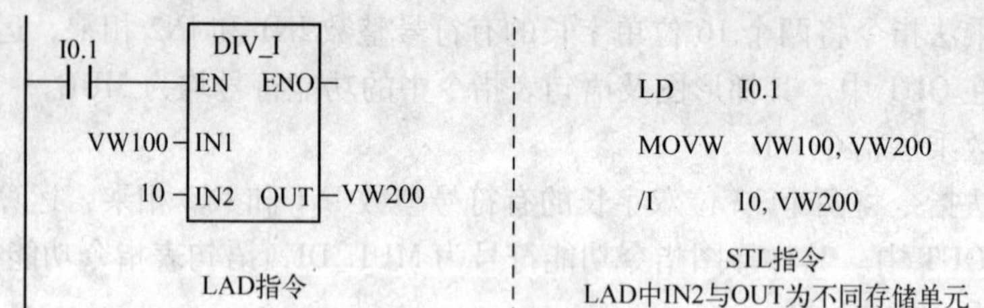

图 5-18 整数除法指令应用示例

【例 5-11】 乘除运算指令应用示例如图 5-19 所示。

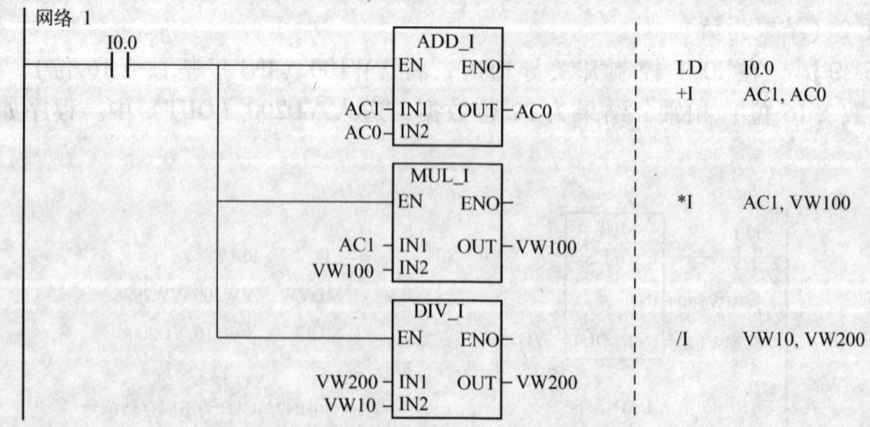

图 5-19 乘除运算指令应用示例

5.2.2 增减指令

增减指令又称为自动加 1 和自动减 1 指令，可分为字节增/减指令（INCB/DECB）、字增/减指令（INCW/DECW）和双字增减指令（INCD/DECD）。下面仅介绍常用的字节增/减指令。

字节增指令的指令格式如图 5-20 所示，字节减指令的指令格式如图 5-21 所示。

图 5-20 字节增指令的指令格式　　图 5-21 字节减指令的指令格式

字节增/减指令的指令功能是，当 EN 有效时，将一个 1 字节长的无符号数 IN 自动加（减）1，得到的 8 位结果保存在 OUT 中。

在梯形图中，若 IN 和 OUT 为同一存储单元，执行该指令后，IN 单元字节数据自动加（减）1。

5.2.3 数学函数指令

S7-200 PLC 中的数学函数指令包括指数运算，对数运算，求三角函数的正弦、余弦及正切值，其操作数均为双字长的 32 位实数。

1. 平方根函数指令

平方根函数 SQRT 的指令格式如图 5-22 所示。

当 EN 有效时，平方根函数将由 IN 输入的一个双字长的实数开平方，运算结果为 32 位的实数，保存在 OUT 中。

2. 自然对数函数指令

自然对数函数 LN 的指令格式如图 5-23 所示。

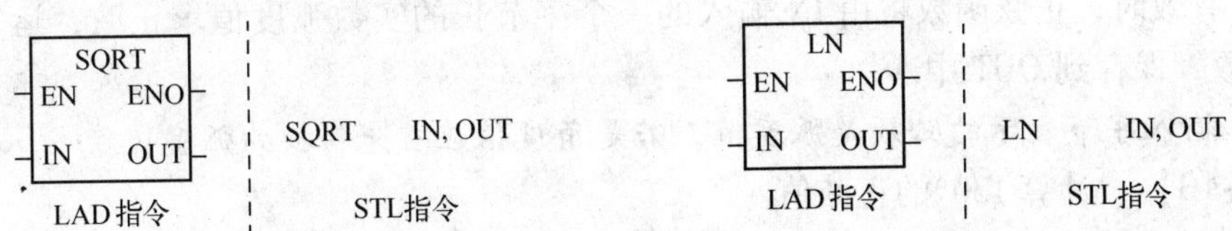

图 5-22 平方根函数的指令格式　　图 5-23 自然对数函数的指令格式

当 EN 有效时，自然对数函数将由 IN 输入的一个双字长的实数取自然对数，运算结果为 32 位的实数，保存在 OUT 中。

当求解以 10 为底 x 的常用对数时，可以分别求出 LNx 和 LN10（LN10 = 2.302585），然后用实数除法指令相除即可。

【例 5-12】　求 $\log_{10}{}^{100}$，其程序如图 5-24 所示。

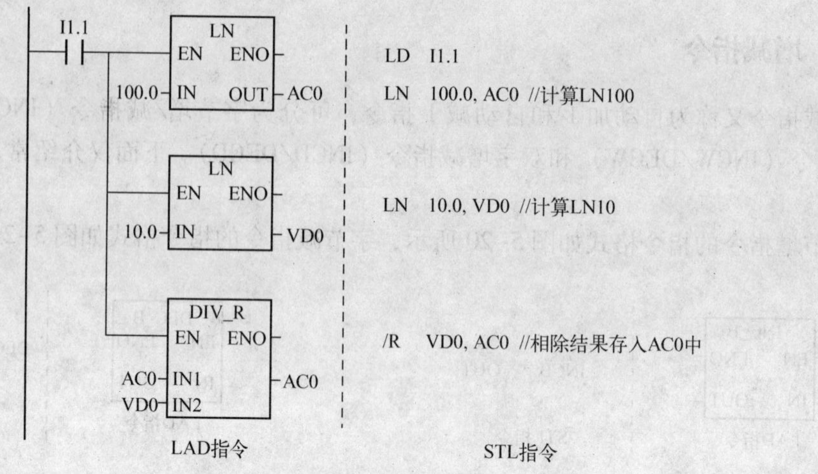

图 5-24 自然对数指令应用示例

3. 指数函数指令

指数函数 EXP 的指令格式如图 5-25 所示。

当 EN 有效时，指数函数将由 IN 输入的一个双字长的实数取以 e 为底的指数运算，其结果为 32 位的实数，保存在 OUT 中。

由于数学恒等式 $y^x = e^{x\ln y}$，故该指令可与自然对数指令相配合，完成以任意数 y 为底、以任意数 x 为指数的数学计算。

4. 正弦函数指令

正弦函数 SIN 的指令格式如图 5-26 所示。

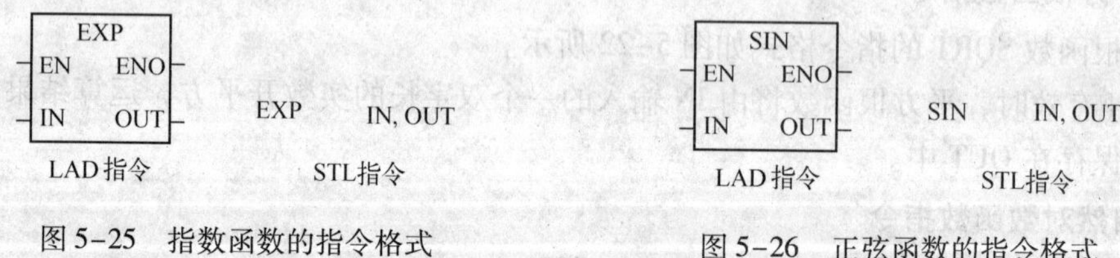

图 5-25 指数函数的指令格式

图 5-26 正弦函数的指令格式

当 EN 有效时，正弦函数将由 IN 输入的一个字节长的实数弧度值求正弦，运算结果为 32 位的实数，保存到 OUT 中。

注意 输入字节表示的必须是弧度值，若是角度值应首先转换为弧度值。

【例 5-13】 计算 130°的正弦值。

首先将 130°转换为弧度值，然后输入给函数，程序如图 5-27 所示。

5. 余弦函数指令

余弦函数 COS 的指令格式如图 5-28 所示。

当 EN 有效时，余弦函数将由 IN 输入的一个双字长的实数弧度值求余弦，结果为 32 位的实数，保存到 OUT 中。

6. 正切函数指令

正切函数 TAN 的指令格式如图 5-29 所示。

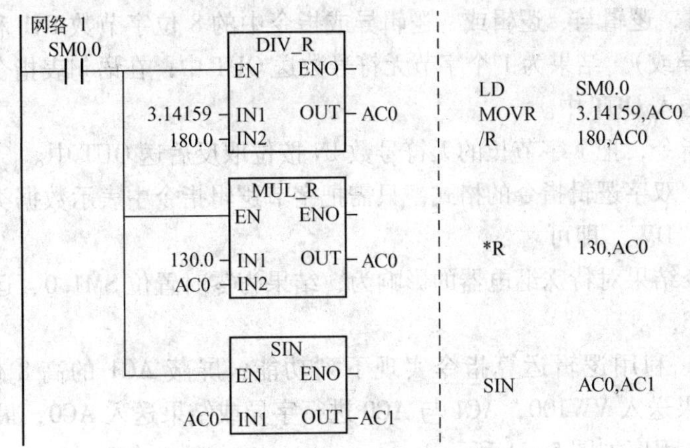

图 5-27　正弦指令应用示例

图 5-28　余弦函数的指令格式　　图 5-29　正切函数的指令格式

当 EN 有效时，正切函数将由 IN 输入的一个双字长的实数弧度值求正切，结果为 32 位的实数，保存到 OUT 中。

上述数学函数指令运算结果对特殊继电器位的影响为 SM1.0（结果为零）、SM1.1（结果溢出）、SM1.2（结果为负）、SM4.3（运行时刻出现不正常状态）。

当 SM1.1 =1（溢出）时，ENO 输出出错标志 0。

5.2.4　逻辑运算指令

逻辑运算指令是对要操作的数据按二进制位进行逻辑运算，主要包括逻辑与、逻辑或、逻辑非、逻辑异或等操作。逻辑运算指令可实现字节、字、双字运算。他们的指令格式类似，这里仅介绍字节逻辑运算指令。

字节逻辑指令包括字节逻辑与指令 ANDB、字节逻辑或指令 ORB、字节逻辑异或指令 XORB 和字节逻辑非指令 INVB。其指令格式如图 5-30 所示。

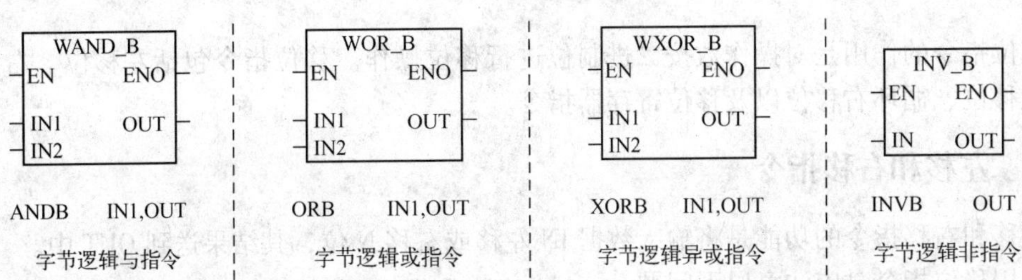

图 5-30　逻辑运算指令的指令格式

当 EN 有效时，逻辑与、逻辑或、逻辑异或指令中的 8 位字节数 IN1 和 8 位字节数 IN2 按位相与（或、异或），结果为 1 个字节无符号数送 OUT 中；在语句表指令中，IN1 和 OUT 按位与，其结果送入 OUT 中。

对于逻辑非指令，把 1 字节长的无符号数 IN 按位取反后送 OUT 中。

对于字逻辑、双字逻辑指令的格式，只需把字节逻辑指令中表示数据类型的“B”相应地改为“W”或“DW”即可。

逻辑运算指令结果对特殊继电器的影响为，结果为零时置位 SM1.0、运行时刻出现不正常状态置位 SM4.3。

【例 5-14】 利用逻辑运算指令实现下列功能：屏蔽 AC1 的高 8 位，然后 AC1 与 VW100 或运算结果送入 VW100，AC1 与 AC0 进行字异或结果送入 AC0，最后，AC0 字节取反后输出给 QB0。程序如图 5-31 所示。

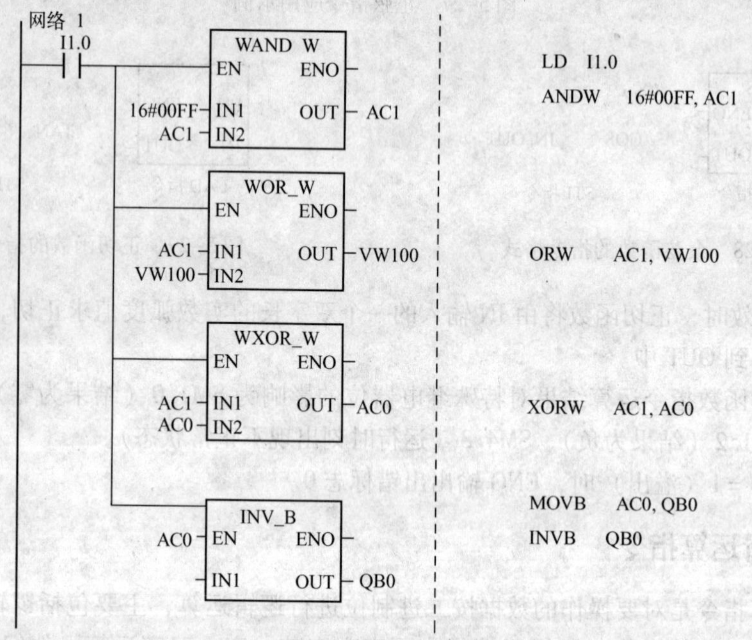

图 5-31 逻辑运算指令应用示例

5.3 移位指令

移位指令的作用是对操作数按二进制位进行移位操作。移位指令包括左移位、右移位、循环左移位、循环右移位以及移位寄存器指令。

5.3.1 左移和右移指令

左移和右移指令的功能是将输入数据 IN 左移或右移 N 位，其结果送到 OUT 中。

使用移位指令时应注意以下问题。

1）左移和右移指令中，字节操作是无符号的；对于字和双字操作，当使用有符号数据类型时，符号位也将被移动。

2）在移位时，存放被移位数据的编程元件的移出端与特殊继电器入 SM1.1 相连，移出位送入 SM1.1，另一端补 0。

3）移位次数 N 为字节型数据，它与移位数据的长度有关。如果 N 小于实际的数据长度，则执行 N 次移位；如果 N 大于数据长度，则执行移位的次数等于实际数据长度的位数。

4）左、右移位指令对特殊继电器的影响是，结果为零时置位 SM1.0、结果溢出时置位 SM1.1。

5）运行时出现不正常状态置位 SM4.3，ENO = 0。

移位指令包括字节、字、双字移位指令，其指令格式类似。这里仅介绍字节移位指令。字节移位指令包括字节左移指令 SLB 和字节右移指令 SRB，指令格式如图 5-32 所示，其中 N≤8。

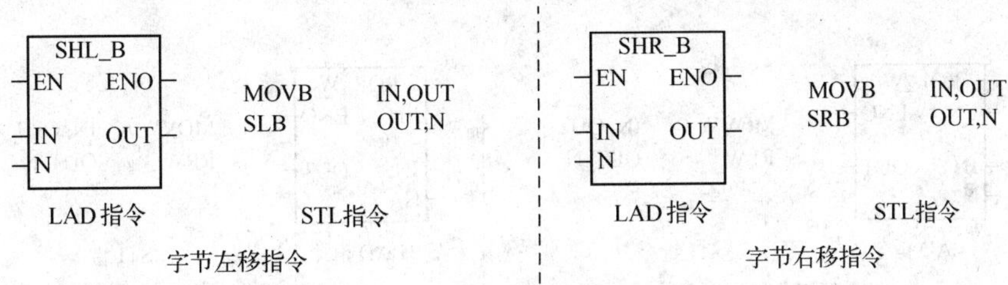

图 5-32　字节移位指令的指令格式

当 EN 有效时，字节移位指令将字节型数据 IN 左移或右移 N 位后，送到 OUT 中。在语句表中，OUT 和 IN 为同一存储单元。

对于字移位指令、双字移位指令，只是把字节移位指令中表示数据类型的“B”改为“W”或“DW（D）”，N 值取相应数据类型的长度即可。

【例 5-15】　利用移位指令将 AC0 字数据的高 8 位右移到低 8 位，输出给 QB0。程序如图 5-33 所示。

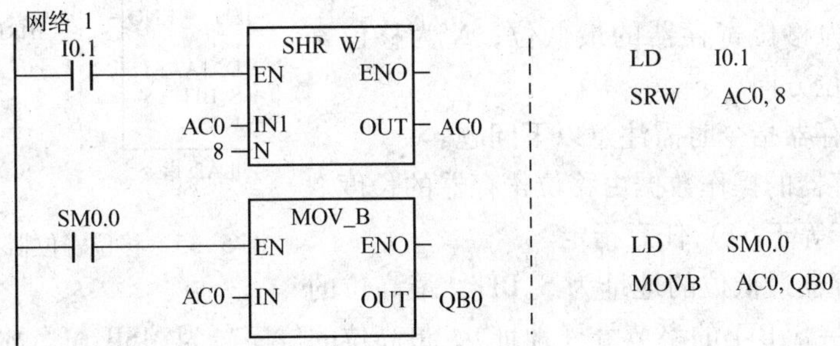

图 5-33　逻辑运算指令应用示例

5.3.2　循环左移和循环右移指令

循环左移和循环右移指令可以将输入数据 IN 循环左移或循环右移 N 位后，把结果送到 OUT 中。

循环左移和循环右移指令具有以下特点。

1）循环移位指令中，字节操作是无符号的；对于字和双字操作，当使用有符号数据类型时，符号位也将被移动。

2）在移位时，存放被移位数据的编程元件的最高位与最低位相连，又与特殊继电器SM1.1相连。循环左移时，低位依次移至高位，最高位移至最低位，同时进入SM1.1；循环右移时，高位依次移至低位，最低位移至最高位，同时进入SM1.1。

3）移位次数N为字节型数据，它与移位数据的长度有关。如果N小于实际的数据长度，则执行N次移位；如果N大于数据长度，则执行移位的次数为N除以实际数据长度的余数。

4）循环移位指令对特殊继电器的影响为，结果为零时置位SM1.0、结果溢出时置位SM1.1，运行时出现不正常状态置位SM4.3、ENO=0。

循环移位指令也分字节、字、双字移位指令，其指令格式类似。这里仅介绍字循环移位指令。字循环移位指令有字循环左移指令RLW和字循环右移指令RRW，其指令格式如图5-34所示。

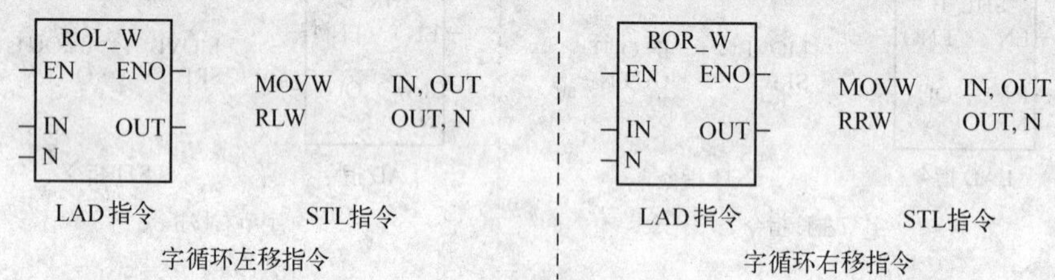

图5-34　字循环移位指令的指令格式

当EN有效时，字循环移位指令把字型数据IN循环左移/右移N位后，送到OUT指定的字单元中。

5.3.3　移位寄存器指令

移位寄存器指令又称自定义位移位指令，其指令格式如图5-35所示。

其中，DATA为移位寄存器数据输入端，即要移入的位；S_BIT为移位寄存器的最低位；N为移位寄存器的长度和移位方向。

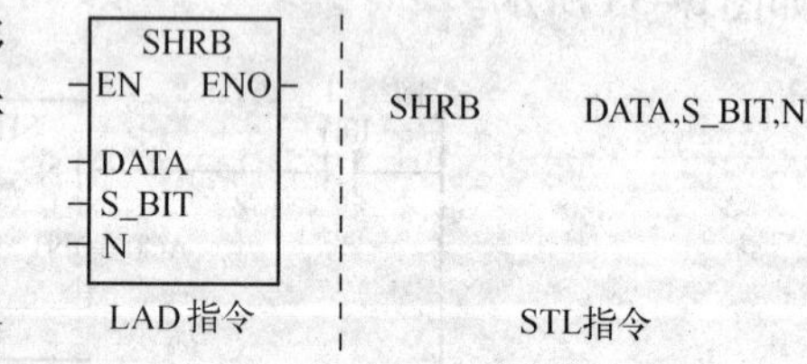

图5-35　移位寄位器指令的指令格式

使用移位寄存器指令时需注意以下问题。

1）移位寄存器的操作数据由移位寄存器的长度N（N的绝对值小于等于64）任意指定。

2）移位寄存器最低位的地址为S_BIT，最高位的字节地址为MSB+S_BIT的字节号（地址），最高位的位序号为MSB_M。MSB和MSB_M的计算方法如下所示。

MSB=(|N|-1+(S_BIT的(位序)号))/8　（商）

MSB_M =(|N|-1+(S_BIT的(位序)号))MOD 8　（余数）

例如，设S_BIT=V20.5（字节地址为20，位序号为5），N=16，商MSB=2，余数MSB_M=4。则移位寄存器最高位的字节地址为MSB +S_BIT的字节号（地址）=2+20=22，位序号为MSB_M=4，最高位为22.4，自定义移位寄存器为20.5~22.4，共16位，如图5-36所示。

3）N>0时正向移位，即从最低位依次向最高位移位，最高位移出；N<0时反向移位，

即从最高位依次向最低位移位，最低位移出。

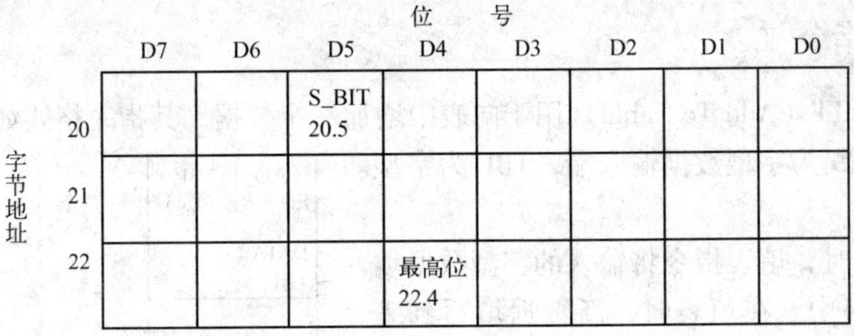

字节地址 \ 位号	D7	D6	D5	D4	D3	D2	D1	D0
20			S_BIT 20.5					
21								
22				最高位 22.4				

图 5-36　自定义位移位寄存器示意图

4）移位寄存器的移出端与 SM1.1 连接。

移位寄存器指令的功能是，当 EN 有效时，如果 N>0，则在每个 EN 的上升沿，将数据输入 DATA 的状态移入移位寄存器的最低位 S_BIT；如果 N<0，则在每个 EN 的上升沿，将数据输入 DATA 的状态移入移位寄存器的最高位，移位寄存器的其他位按照 N 指定的方向，依次串行移位。

【例 5-16】　在输入触点 I0.1 的上升沿，从 VB100 的低 4 位（自定义移位寄存器）由低向高移位，I0.2 移入最低位，其梯形图、时序图如图 5-37 所示。

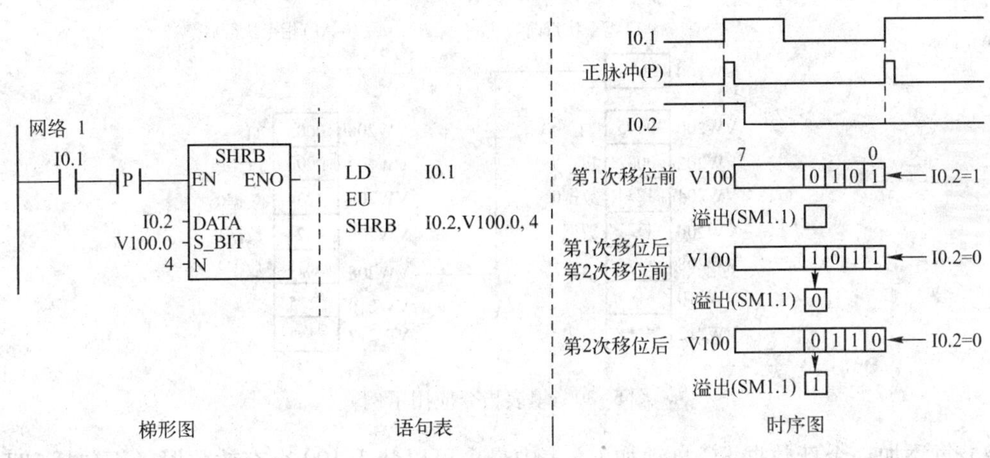

图 5-37　移位寄存器应用示例

本例的工作过程如下。

1）建立移位寄存器的位范围为 V100.0 ~ V100.3，长度 N=4。

2）在 I0.1 的上升沿，移位寄存器由低位向高位移位，最高位移至 SM1.1，最低位由 I0.2 移入。

移位寄存器指令对特殊继电器的影响为，结果为零时置位 SM1.0、溢出时置位 SM1.1；运行时出现不正常状态置位 SM4.3，ENO=0。

5.4　表功能指令

表是指一块连续存放数据的存储区，通过专设的表功能指令可以方便地实现对表中数据的各种操作，S7-200 PLC 表功能指令包括填表指令、查表指令、表中取数指令。

5.4.1 填表指令

填表指令 ATT（Add To Table）用于向表中增加一个数据，其指令格式如图 5-38 所示。

AD_T_TBL
EN ENO
DATA
TBL
LAD 指令

ATT DATA,TBL
STL指令

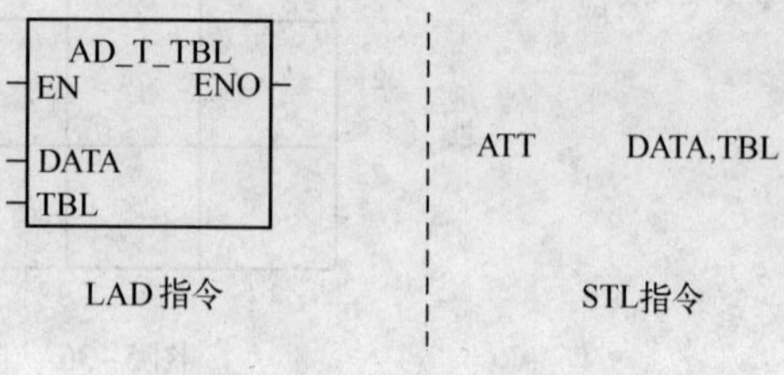

图 5-38 填表指令的指令格式

其中，DATA 为字型数据输入端，TBL 为字型表格首地址。

当 EN 有效时，填表指令将输入的字型数据填写到指定的表格中。在填表时，新数据填写到表格中最后一个数据的后面。

使用填表指令时需注意以下问题。

1）表中的第一个字存放表的最大长度（TL），第二个字存放表内实际的项数（EC），如图 5-39 所示。

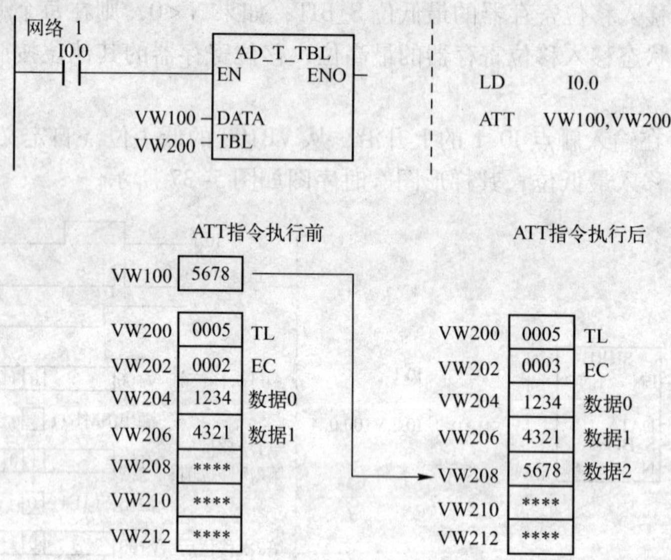

图 5-39 填表指令应用示例

2）每添加一个新数据 EC 自动加 1。表中最多可以装入 100 个有效数据（不包括 LTL 和 EC）。

3）该指令对特殊继电器的影响为，表溢出时置位 SM1.4、运行时出现不正常状态置位 SM4.3，同时 ENO = 0（以下同类指令略）。

【例 5-17】 将 VW100 中数据填入表中（首地址为 VW200），如图 5-39 所示。

本例的工作过程如下。

1）建立首地址为 VW200 的表存储区，表中数据在执行本指令前已经建立，表中第一字单元存放表的长度（5），第二字单元存放实际数据项（2 个），表中两个数据项为 1234 和 4321。

2）将 VW100 单元的字数据 5678 追加到表的下一个单元（VW208）中，且 EC 自动加 1。

5.4.2 查表指令

查表指令 FND（Table Find）用于查找表中符合条件的字型数据所在的位置编号，其指令格式如图 5-40 所示。

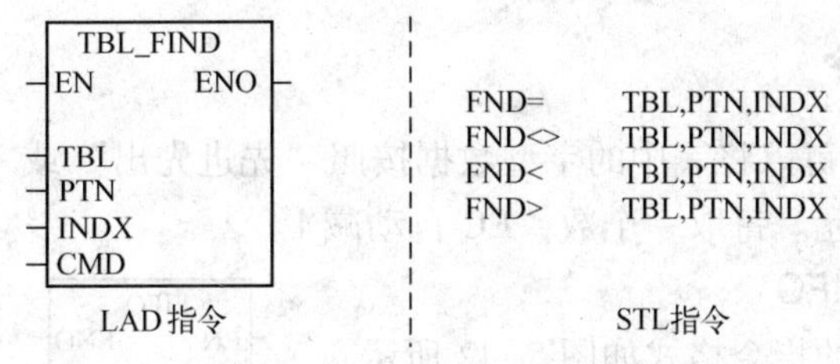

图 5-40 查表指令的指令格式

其中，TBL 为表的首地址，PTN 为需要查找的数据，INDX 用于存放表中符合查表条件的数据的地址；CMD 为比较运算符代码“1”、“2”、“3”、“4”，分别代表查找条件“ = ”、“ < > ”、“ < ”和“ > ”。

在执行查表指令前，首先对 INDX 清 0。当 EN 有效时，从 INDX 开始搜索 TBL，查找符合 PTN 且由 CMD 决定的数据。每搜索一个数据项，INDX 自动加 1。如果发现了一个符合条件的数据，那么 INDX 指向表中该数的位置。为了查找下一个符合条件的数据，在激活查表指令前，必须先对 INDX 加 1。如果没有发现符合条件的数据，那么 INDX 等于 EC。

注意 查表指令不需要 ATT 指令中的最大填表数 TL。因此，查表指令的 TBL 操作数比 ATT 指令的 TBL 操作数多两个字节。例如，ATT 指令创建的表的 TBL = VW200，对该表进行查找指令时的 TBL 应为 VW202。

【例 5-18】 查表找出 3130 数据的位置并将其存入 AC1 中（设表中数据均为十进制数），程序如图 5-41 所示。

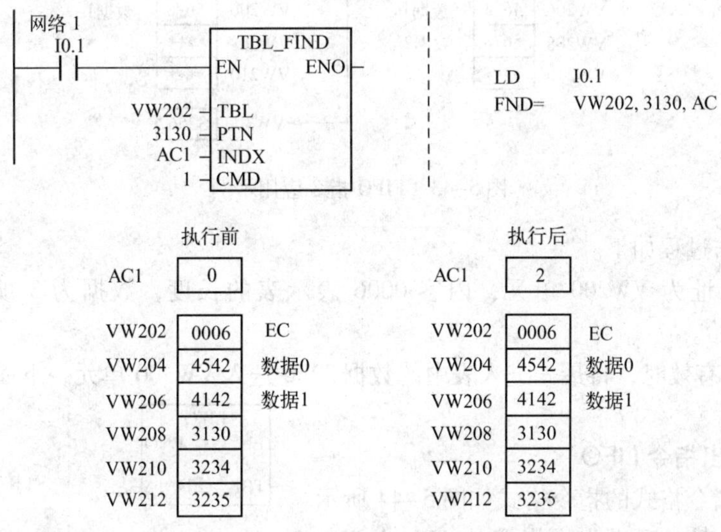

图 5-41 查表指令应用示例

本例的工作过程如下。

1）表首地址 VW202 单元，内容 0006 表示表的长度，表中数据从 VW204 单元开始。

2）若 AC1 =0，在 I0.1 有效时，从 VW204 单元开始查找。

3）搜索到 PTN 数据 3130 时，AC1 =2，其存储单元为 VW208。

5.4.3 表中取数指令

在 S7-200 PLC 中，可以将表中的字型数据按照"先进先出"或"后进先出"的方式取出，送到指定的存储单元。每取一个数，EC 自动减 1。

1. 先进先出指令 FIFO

先进先出指令格式的指令格式如图 5-42 所示。

当 EN 有效时，先进先出指令从 TBL 指定的表中，取出最先进入表中的第一个数据，送到 DATA 指定的字型存储单元，剩余数据依次上移。

FIFO 指令对特殊继电器的影响为，表空时置位 SM1.5。

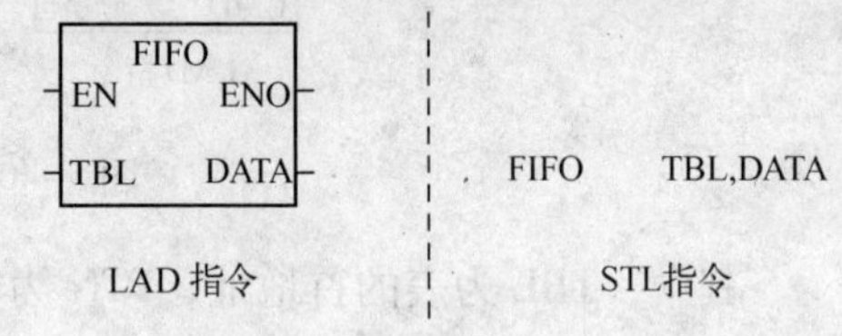

图 5-42 先进先出指令的指令格式

【例 5-19】 先进先出指令应用示例如图 5-43 所示。

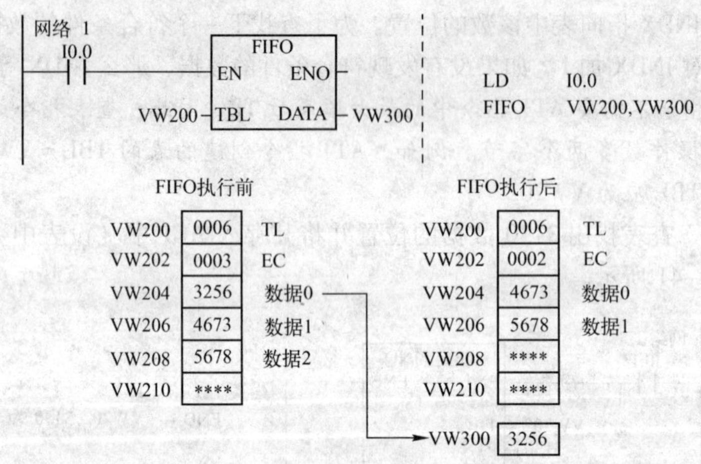

图 5-43 FIFO 指令应用示例

本例的工作过程如下。

1）表首地址为 VW200 单元，内容 0006 表示表的长度，数据为 3 项，表中数据从 VW204 单元开始。

2）在 I0.0 有效时，将最先进入表中的数据 3256 送入 VW300 单元，下面数据依次上移，EC 减 1。

2. 后进先出指令 LIFO

后进先出指令格式的指令格式如图 5-44 所示。

当 EN 有效时，后进先出指令从 TBL 指定的表中，取出最后进入表中的数据，送到 DATA 指定的字型存储单元，其余数据位置不变。

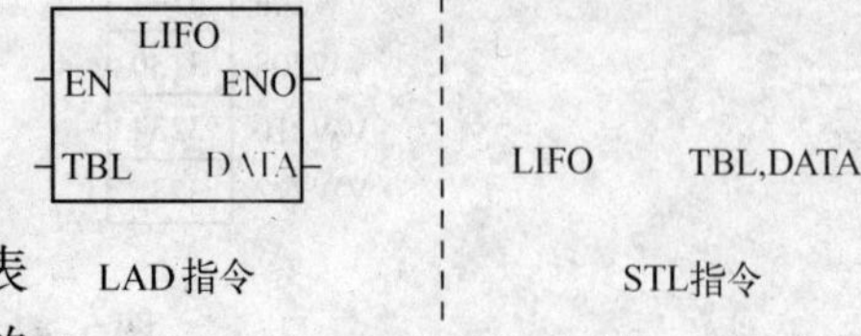

图 5-44 后进先出指令的指令格式

LIFO 指令对特殊继电器的影响为，表空时置位 SM1.5。

【例 5-20】 后进先出指令应用示例如图 5-45 所示。

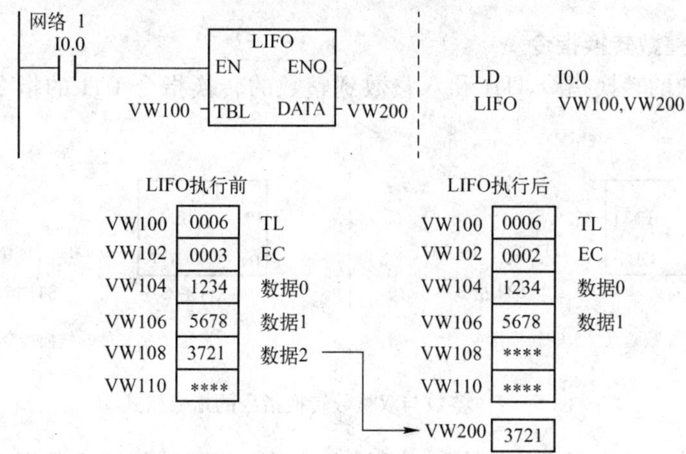

图 5-45 LIFO 指令应用示例

本例的工作过程如下。

1）表首地址为 VW100 单元，内容 0006 表示表的长度，数据为 3 项，表中数据从 VW104 单元开始。

2）在 I0.0 有效时，将最后进入表中的数据 3721 送入 VW200 单元，EC 减 1。

5.5 转换指令

在 S7-200 PLC 中，转换指令用于对操作数的不同类型及编码进行相互转换。

5.5.1 数据类型转换指令

在 PLC 中使用的数据类型主要包括字节数据、整数、双整数和实数，对数据的编码主要有 ASCII 码和 BCD 码。数据类型转换指令是在数据之间、码制之间或数据与码制之间进行转换，以满足程序设计的需要。

1. 字节与整数转换指令

字节到整数的转换指令 BIT 和整数到字节的转换指令 ITB 的指令格式如图 5-46 所示。

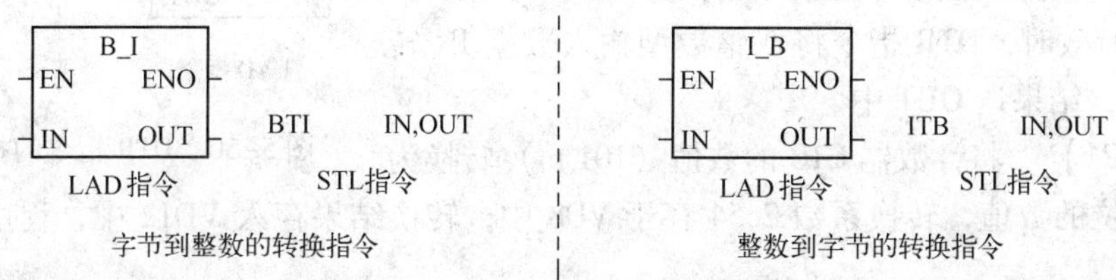

图 5-46 字节与整数转换指令的指令格式

字节到整数的转换指令功能为，当 EN 有效时，将字节型 IN 转换成整数型数据，结果送 OUT 中。整数到字节的转换指令功能为，当 EN 有效时，将整数型 IN 转换成字节型数据，结果送 OUT 中。

2. 整数与双整数转换指令

整数到双整数的转换指令 ITD 和双整数到整数的转换指令 DTI 的指令格式如图 5-47 所示。

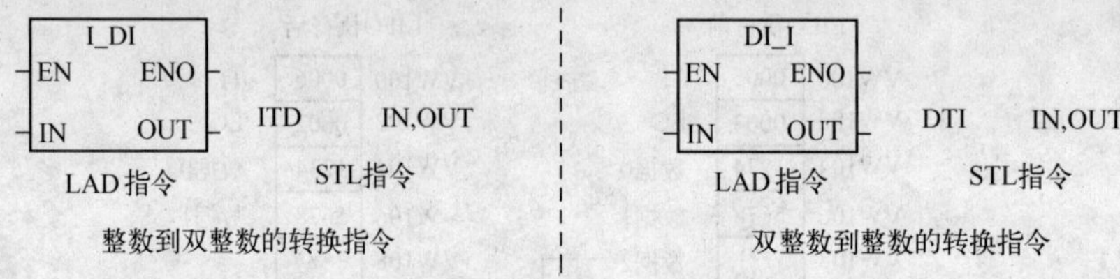

图 5-47 整数与双整数转换指令的指令格式

整数到双整数的转换指令功能为，当 EN 有效时，将整数型输入数据 IN 转换成双整数型数据，结果送 OUT 中。双整数到整数的转换指令功能为，当 EN 有效时，将双整数型输入数据 IN 转换成整数型数据，结果送 OUT 中。

3. 双整数与实数转换指令

(1) 实数到双整数转换

1) 实数到双整数转换指令 ROUND 的指令格式如图 5-48 所示。

当 EN 有效时，ROUND 指令将实数型输入 IN 转换成双整数型数据（对 IN 中的小数四舍五入），结果送 OUT 中。

2) 实数到双整数转换指令 TRUNC 的指令格式如图 5-49 所示。

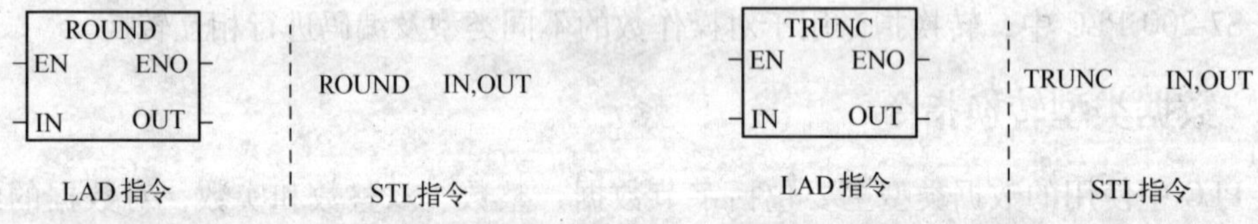

图 5-48 ROUND 指令的指令格式　　图 5-49 TRUNC 指令的指令格式

当 EN 有效时，TRUNC 指令将实数型输入数据 IN 转换成双整数型数据（舍去 IN 中的小数部分），结果送 OUT 中。

(2) 双整数到实数转换指令 DTR

双整数到实数转换指令的指令格式如图 5-50 所示。

当 EN 有效时，DTR 指令将双整数型输入数据 IN 转换成实数型，结果送 OUT 中。

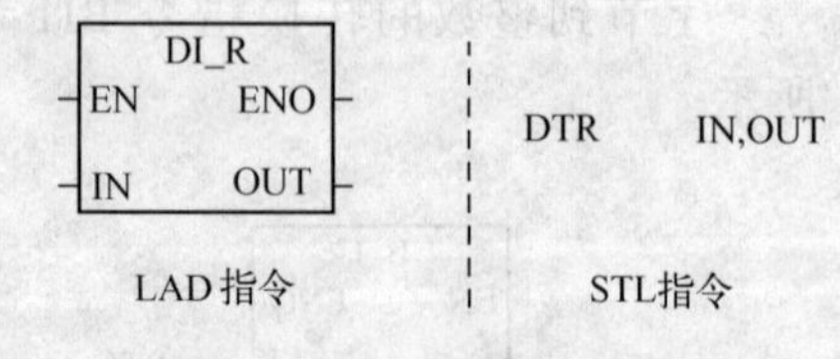

图 5-50 DTR 指令的指令格式

【例 5-21】 将计数器 C10 的数值（101 in）转换为以厘米为单位的数值，转换系数 2.54 存于 VD8 中，转换结果存入 VD12 中，程序如图 5-51 所示。

4. 整数与 BCD 码转换指令

(1) 整数到 BCD 码的转换指令 IBCD

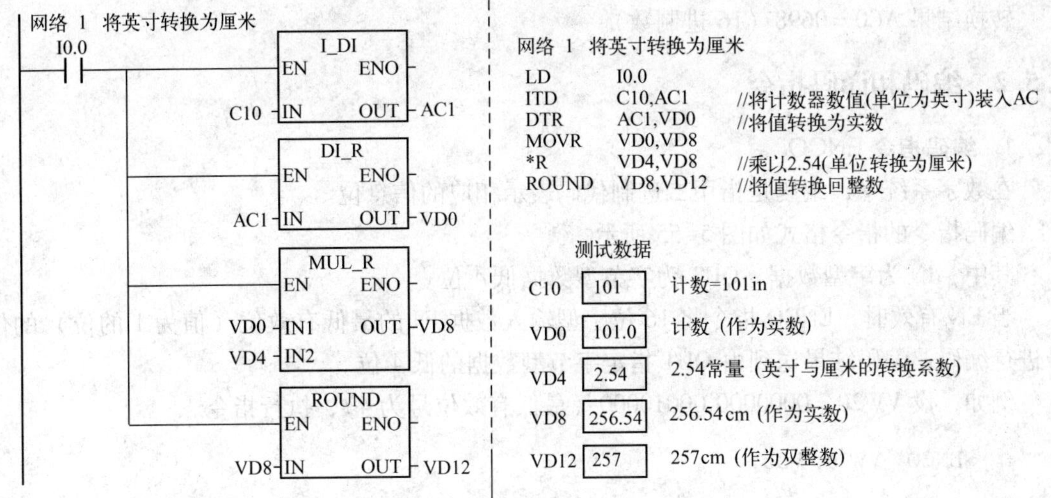

图 5-51 转换指令应用示例

整数到 BCD 码的转换指令的指令格式如图 5-52 所示。

当 EN 有效时，IBCD 指令将整数型输入数据 IN（0～9999）转换成 BCD 码数据，结果送到 OUT 中。

在语句表中，IN 和 OUT 可以为同一存储单元。

IBCD 指令对特殊继电器的影响为 BCD 码错误时，置位 SM1.6。

（2）BCD 码到整数的转换指令 BCDI

BCD 码到整数的转换指令的指令格式如图 5-53 所示。

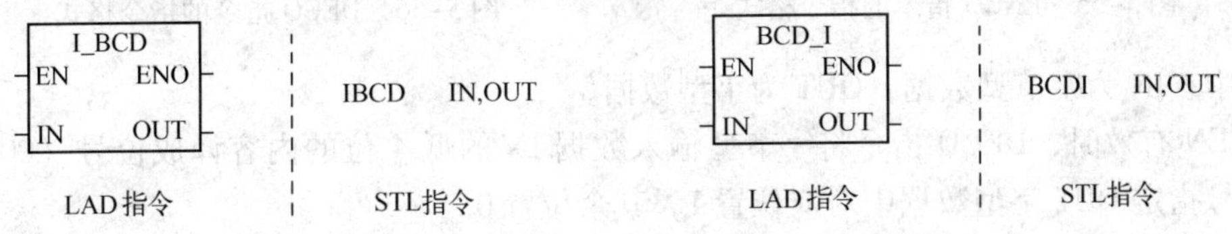

图 5-52 IBCD 指令的指令格式　　　图 5-53 BCDI 指令的指令格式

当 EN 有效时，BCDI 指令将 BCD 码输入数据 IN（0～9999）转换成整数型数据，结果送到 OUT 中。

在语句表中，IN 和 OUT 可以为同一存储单元。

BCDI 指令对特殊继电器的影响为 BCD 码错误时，置位 SM1.6。

【例 5-22】 将存放在 AC0 中的 BCD 码数 0001 0110 1000 1000（图中用 16 进制数表示为 1688）转换为整数，指令如图 5-54 所示。

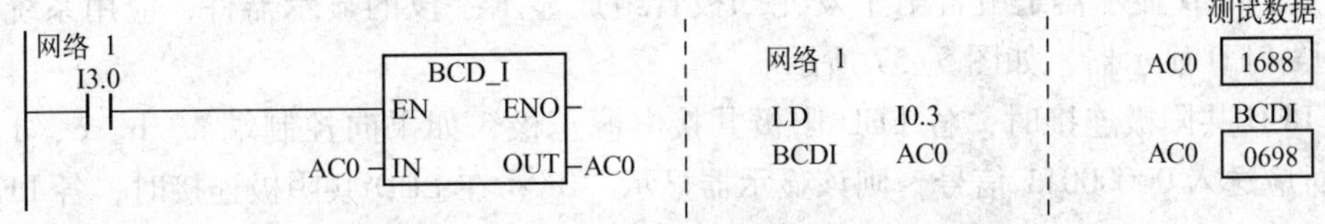

图 5-54 BCD 码到整数的转换指令应用示例

转换结果 AC0 = 0698（16 进制数）。

5.5.2 编码和译码指令

1. 编码指令 ENCO

在数字系统中，编码是指用二进制代码表示相应的信息位。

编码指令的指令格式如图 5-55 所示。

其中，IN 为字型数据，OUT 为字节型数据低 4 位。

当 EN 有效时，ENCO 指令将 16 位字型输入数据 IN 的最低有效位（值为 1 的位）的位号进行编码，编码结果送到由 OUT 指定字节型数据的低 4 位。

例如，设 VW20 = 0000000 00010000（最低有效位号为 4），执行指令

```
ENCO   VW20, VB1
```

结果为 VW20 的数据不变，VB1 = xxxx0100（VB1 高 4 位不变）。

2. 译码指令 DECO

译码是指将二进制代码用相应的信息位来表示。

译码指令的指令格式如图 5-56 所示。

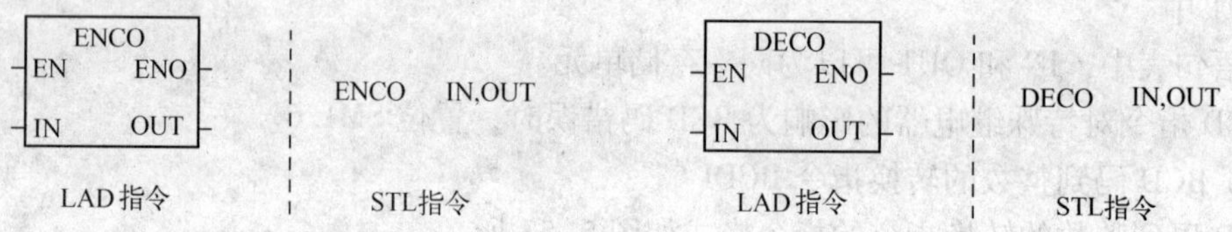

图 5-55 ENCO 指令的指令格式　　图 5-56 DECO 指令的指令格式

其中，IN 为字节型数据，OUT 为字型数据。

当 EN 有效时，DECO 指令将字节型输入数据 IN 的低 4 位的内容译成位号（00 ~ 15），由该位号指定 OUT 字型数据中对应位置 1，其余位置 0。

例如，设 VB1 = 00000100，执行指令

```
DECO   VB1, AC0
```

结果为 VB1 的数据不变，AC0 = 00000000 00010000（第 4 位置 1）。

5.5.3 七段显示码指令

1. 七段 LED 显示数码管

在一般控制系统中，用 LED 作状态指示器具有电路简单、功耗低、寿命长、响应速度快等特点。LED 显示器是由若干个发光二极管组成显示字段的显示器件，应用系统中通常使用七段 LED 显示器，如图 5-57 所示。

在 LED 共阳极连接时，各 LED 阳极共接电源正极，如果向控制端 a、b、c、d、e、f、g、dp 对应送入 00000011 信号，则该显示器显示“0”；在 LED 共阴极连接时，各 LED 阴极共接电源负极（地），如果向控制端 a、b、c、d、e、f、g、dp 对应送入 11111100 信号，则该显示器显示“0”字型。

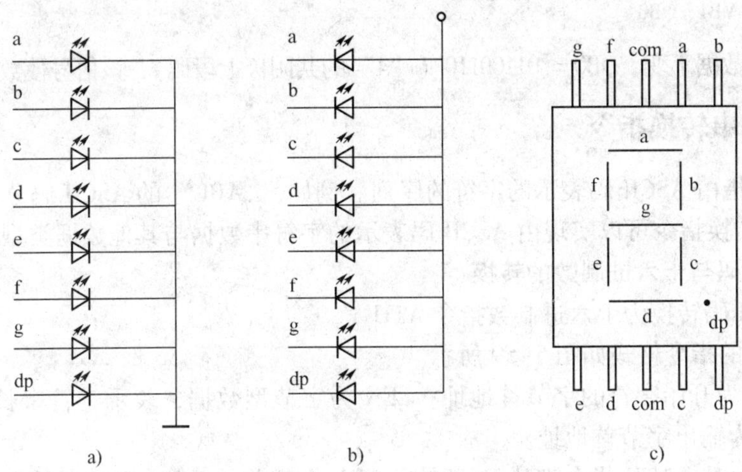

图 5-57　七段数码管

a）共阴型　b）共阳型　c）管脚分布

加在数码管上的二进制数据称为段码，显示各数码共阴和共阳七段 LED 数码管所对应的段码如表 5-1 所示。

表 5-1　七段 LED 数码管的段码

显示数码	共阴型段码	共阳型段码	显示数码	共阴型段码	共阳型段码
0	00111111	11000000	A	01110111	10001000
1	00000110	11111001	B	01111100	10000011
2	01011011	10100100	C	00111001	11000110
3	01001111	10110000	D	01011110	10100001
4	01100110	10011001	E	01111001	10000110
5	01101101	10010010	F	01110001	10001110
6	01111101	10000010			
7	00000111	11111000			
8	01111111	10000000			
9	01101111	10010000			

注：表中段码的顺序为“dp、g、f、e、d、c、b、a”

2. 七段显示码指令 SEG

七段显示码指令 SEG 专用于 PLC 输出端外接七段数码管的显示控制，其指令格式如图 5-58 所示。

当 EN 有效时，SEG 指令将字节型输入数据 IN 的低 4 位对应的七段共阴极显示码输出到 OUT 指定的字节单元。如果该字节单元是输出继电器字节 QB，则 QB 可直接驱动数码管。

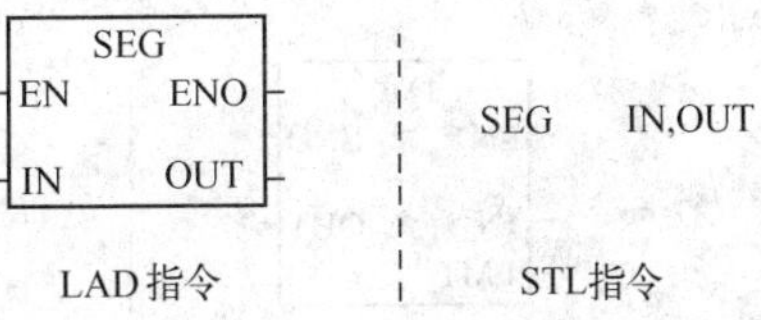

图 5-58　SEG 指令的指令格式

例如，设 QB0.0 ~ QB0.7 分别连接数码管的 a、b、c、d、e、f、g 及 dp（数码管共阴极连接），若 VB1 = 00000100，执行指令

SEG VB1, QB0

则 VB1 的数据不变，QB0 = 01100110（“4”的共阴极七段码)，该信号使数码管显示“4”。

5.5.4 字符串转换指令

字符串是指由 ASCII 码表示的字符的序列。例如，“ABC”的 ASCII 码分别为“65、66、67”。字符串转换指令可以实现由 ASCII 码表示的字符串数据与其他数据类型之间的转换。

1. ASCII 码与十六进制数的转换

(1) ASCII 码转换为十六进制数指令 ATH

ATH 指令的指令格式如图 5-59 所示。

其中，IN 为开始字符的字节首地址；LEN 为字节型数据，表示字符串长度，最大长度为 255；OUT 为输出字节首地址。

当 EN 有效时，ATH 指令把从 IN 开始的 LEN 个字节单元的 ASCII 码转换成十六进制数，依次送到 OUT 开始的 LEN 个字节存储单元中。

(2) 十六进制数转换为 ASCII 码指令 HTA

HTA 指令的指令格式如图 5-60 所示。

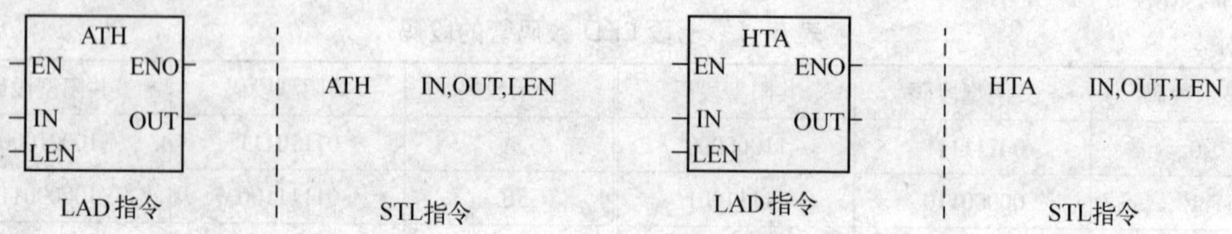

图 5-59 ATH 指令的指令格式　　图 5-60 HTA 指令的指令格式

其中，IN 为十六进制开始位的字节首地址；LEN 为字节型数据，表示转换位数，最大长度为 255；OUT 为输出字节首地址。

当 EN 有效时，HTA 指令把从 IN 开始的 LEN 个十六进制数的每一数位转换为相应的 ASCII 码，并将结果送到以 OUT 为首地址的字节存储单元。

2. 整数转换为 ASCII 码指令

整数转换为 ASCII 码指令 ITA 的指令格式如图 5-61 所示。

其中，IN 为整数数据输入；FMT 为转换精度和转换格式；OUT 为连续 8 个输出字节的首地址。

当 EN 有效时，ITA 指令把整数输入数据 IN，根据 FMT 指定的转换精度，转换成 8 个字符的 ASCII 码，并将结果送到以 OUT 为首地址的 8 个连续字节存储单元。

操作数 FMT 的定义如图 5-62 所示。

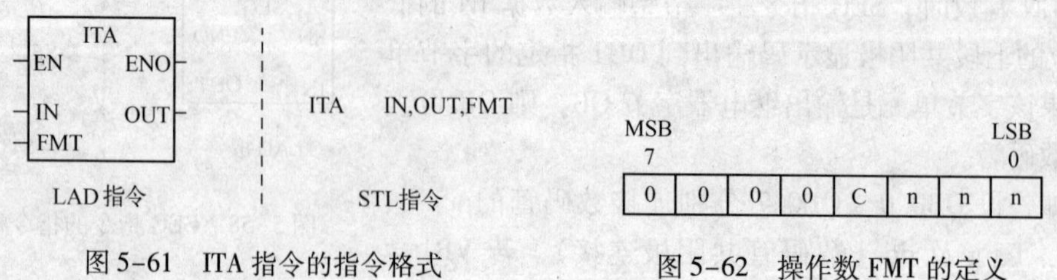

图 5-61 ITA 指令的指令格式　　图 5-62 操作数 FMT 的定义

在 FMT 中，高 4 位必须是 0。C 为小数点的表示方式，C = 0 时用小数点来分隔整数和小数，C = 1 时用逗号来分隔整数和小数。nnn 表示在首地址为 OUT 的 8 个连续字节中小数的位数，nnn 的范围为 000 ~ 101，分别对应 0 ~ 5 个小数位。小数部分的对齐方式为右对齐。

例如，在 C = 0、nnn = 011 时，其数据格式在 OUT 中的表示方式如表 5-2 所示。

表 5-2　经 FMT 格式化后的数据格式

IN	OUT	OUT + 1	OUT + 2	OUT + 3	OUT + 4	OUT + 5	OUT + 6	OUT + 7
12				0	.	0	1	2
- 123			—	0	.	1	2	3
1234				1	.	2	3	4
- 12345		—	1	2	.	3	4	5

【例 5-23】　ITA 指令应用示例如图 5-63 所示。

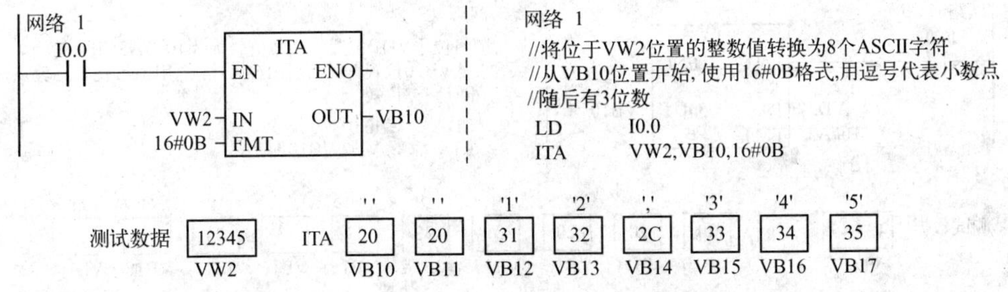

图 5-63　ITA 指令应用示例

注：1）图中 VB10 ~ VB17 单元存放的为十六进制表示的 ASCII 码。

2）FMT 操作数 16#0B 的二进制数为 00001011。

双整数转换为 ASCII 码指令 DTA 的指令格式与 ITA 指令的格式类似，读者可查阅 S7-200 PLC 编程手册。

3. 实数转换为 ASCII 码指令 RTA

实数转换为 ASCII 码指令 RTA 的指令格式如图 5-64 所示。

其中，IN 为实数数据输入；FMT 为转换精度或转换格式（小数位表示方式）；OUT 为连续 3 ~ 15 个输出字节的首地址。

当 EN 有效时，RTA 指令根据 FMT 指定的转换精度，把实数输入 IN 转换成始终是 8 个字符的 ASCII 码，并将结果送到首地址 OUT 的 3 ~ 15 个连续字节存储单元。

操作数 FMT 的定义如图 5-65 所示。

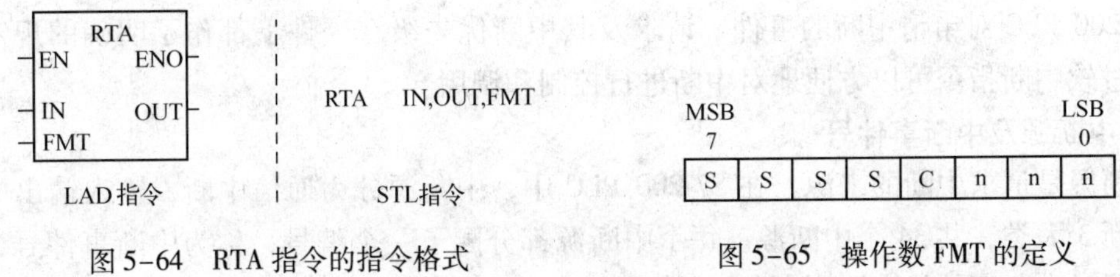

图 5-64　RTA 指令的指令格式　　图 5-65　操作数 FMT 的定义

在 FMT 中，高 4 位 SSSS 表示 OUT 为首地址的连续存储单元的字节数，SSSS 的取值范围是 3～15。C 及 nnn 与前面 FMT 相同。

例如，在 SSSS＝0110、C＝0、nnn＝001 时，用小数点进行格式化处理的数据格式，在 OUT 中的表示格式如表 5-3 所示。

表 5-3　经 FMT 后的数据格式

IN	OUT	OUT+1	OUT+2	OUT+3	OUT+4	OUT+5
1234.5	1	2	3	4	.	5
0.0004				0	.	0
1.96				2	.	0
-3.6571			—	3	.	7

【例 5-24】　RTA 指令应用示例如图 5-66 所示。

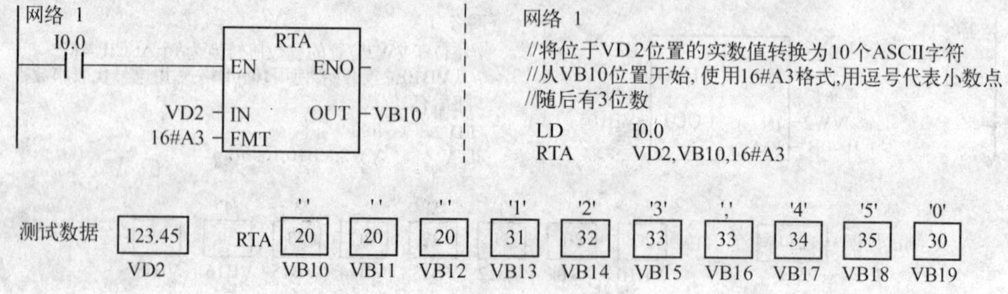

图 5-66　RTA 指令应用示例

其中 16#A3 的二进制数为 10100011，高 4 位 1010 表示以 OUT 为首地址连续 10 个字节存储单元存放转换结果。

5.6　中断指令

所谓中断，是指当 PLC 在执行正常程序时，由于系统中出现了某些急需处理的特殊情况或请求，使 PLC 暂时停止现行程序的执行，转去对这种特殊情况或请求进行处理（即执行中断服务程序），当处理完毕后自动返回到原来被中断的程序处继续执行。S7-200 PLC 中断系统包括中断源、中断事件号、中断优先级及中断控制指令。

5.6.1　中断源、中断事件号及中断优先级

S7-200 PLC 对申请中断的事件、请求及其中断优先级在硬件上都作了明确的规定和分配，通过软中断指令可以方便地对中断进行控制和调用。

1. 中断源及中断事件号

中断源是请求中断的来源。在 S7-200 PLC 中，中断源分为通信中断、输入输出中断和时基中断 3 大类，共 34 个中断源。每个中断源都分配了一个编号，称为中断事件号，中断指令是通过中断事件号来识别中断源的，如表 5-4 所示。

表 5-4　中断事件号及优先级顺序

中断事件号	中断源描述	优先级	组内优先级
8	端口 0：接收字符	通信中断（最高）	0
9	端口 0：发送完成		0
23	端口 0：接收信息完成		0
24	端口 1：接收信息完成		1
25	端口 1：接收字符		1
26	端口 1：发送完成		1
19	PTO　0 完成中断	I/O 中断（中等）	0
20	PTO　1 完成中断		1
0	上升沿　I0.0		2
2	上升沿　I0.1		3
4	上升沿　I0.2		4
6	上升沿　I0.3		5
1	下降沿　I0.0		6
3	下降沿　I0.1		7
5	下降沿　I0.2		8
7	下降沿　I0.3		9
12	HSC0　CV = PV（当前值 = 预置值）		10
27	HSC0 输入方向改变		11
28	HSC0　外部复位		12
13	HSC1　CV = PV（当前值 = 预置值）		13
14	HSC1 输入方向改变		14
15	HSC1　外部复位		15
16	HSC2　CV = PV（当前值 = 预置值）		16
17	HSC2 输入方向改变		17
18	HSC2　外部复位		18
32	HSC3　CV = PV（当前值 = 预置值）		19
29	HSC4　CV = PV（当前值 = 预置值）		20
30	HSC4 输入方向改变		21
31	HSC4　外部复位		22
33	HSC5　CV = PV（当前值 = 预置值）		23
10	定时中断 0　SMB34	定时中断（最低）	0
11	定时中断 1　SMB35		1
21	定时器 T32　CT = PT　中断		2
22	定时器 T96　CT = PT　中断		3

（1）通信中断

PLC 与外部设备或上位机进行信息交换时可以采用通信中断，它包括 6 个中断源，中断事件号为 8、9、23、24、25、26。通信中断源在 PLC 的自由通信模式下，通信口的状态可由程序来控制。用户可以通过编程来设置协议、波特率和奇偶校验等参数。

(2) I/O 中断

I/O 中断是指由外部输入信号控制引起的中断。

- 外部输入中断。利用 I0.0 ~ I0.3 的上升沿和下降沿可以各产生 4 个外部中断请求。
- 脉冲输入中断。利用高速脉冲输出 PTO0、PTO1 的串输出完成（见 5.7 节）可以产生两个中断请求。
- 高速计数器中断。利用高速计数器 HSCn 的计数当前值等于设定值、输入计数方向的改变、计数器外部复位等事件，可以产生 14 个中断请求（见 5.7 节）。

(3) 时基中断

通过定时和定时器的时间到达设定值引起的中断为时基中断。

- 定时中断。定时时间以 ms 为单位（范围为 1 ~ 255 ms）。当时间到达设定值时，对应的定时器溢出产生中断，在执行中断处理程序的同时，继续下一个定时操作，周而复始，因此，该定时时间称为周期时间。定时中断有定时中断 0 和定时中断 1 两个中断源，设置定时中断 0 需要把周期时间值写入 SMB34，设置定时中断 1 需要把周期时间写入 SMB35。
- 定时器中断是利用定时器定时时间到达设定值时产生的中断。定时器只能使用分辨率为 1 ms 的 TON/TOF 定时器 T32 和 T96。当定时器的当前值等于设定值时，在主机正常的定时刷新中，执行中断程序。

2. 中断优先级

在 PLC 应用系统中通常有多个中断源，给各个中断源指定处理的优先次序称为中断优先级。这样，当多个中断源同时向 CPU 申请中断时，CPU 将优先处理优先级高的中断源的中断请求。S7-200 CPU 规定的中断优先级由高到低依次是通信中断、输入/输出中断、定时中断，而每类中断的中断源又有不同的优先权，见表 5-4。

经过中断优先级判断后，PLC 将优先级最高的中断请求送给 CPU，CPU 响应中断后首先自动保护现场数据（如逻辑堆栈、累加器和某些特殊标志寄存器位），然后暂停正在执行的程序（断点），转去执行中断处理程序。中断处理完成后，CPU 又自动恢复现场数据，最后返回断点继续执行原来的程序。在相同的优先级内，CPU 是按先来先服务的原则以串行方式处理中断，因此，任何时间内只能执行一个中断程序。对于 S7-200 PLC 系统，一旦中断程序开始执行，它不会被其他中断程序及更高优先级的中断程序打断，而是一直执行到中断程序结束。当 CPU 正在处理一个中断时，新出现的中断需要排队等待处理。

5.6.2 中断指令的格式与功能

中断功能及操作通过中断指令来实现。S7-200 PLC 提供的中断指令有中断允许指令、中断禁止指令、中断连接指令、中断分离指令及中断返回指令 5 条。中断指令的指令格式及功能见表 5-5。

表 5-5 中断类指令的指令格式及功能

LAD	STL	功能描述
—(ENI)	ENI	中断允许指令 开中断指令，输入控制有效时，全局地允许所有中断事件中断

（续）

LAD	STL	功 能 描 述
—(DISI)	DISI	中断禁止指令 关中断指令，输入控制有效时，全局地关闭所有被连接的中断事件
ATCH：EN ENO；INT；EVNT	ATCH INT，EVENT	中断连接指令 又称中断调用指令，使能输入有效时，把一个中断源的中断事件号EVENT和相应的中断处理程序 INT 联系起来，并允许这一中断事件
DTCH：EN ENO；EVNT	DTCH EVENT	中断分离指令 使能输入有效时，切断一个中断事件号 EVENT 和所有中断程序的联系，并禁止该中断事件
—(RETI)	CRETI	有条件中断返回指令 输入控制信号（条件）有效时，中断程序返回

使用中断指令时需要注意以下问题。

1）操作数 INT 用于输入中断服务程序号 INT n （n =0 ~127），该程序为中断要实现的功能操作，其建立过程与子程序的建立过程相同。

2）操作数 EVENT 用于输入中断源对应的中断事件号（字节型常数 0 ~33）。

3）当 PLC 进入正常运行 RUN 模式时，系统初始状态为禁止所有中断；在执行中断允许指令 ENI 后，允许所有中断，即开中断。

4）中断分离指令 DTCH 禁止该中断事件 EVENT 和中断程序之间的联系，即用于关闭该事件中断；全局中断禁止指令 DISI 用于禁止所有中断。

5）RETI 为有条件中断返回指令，需要用户编程实现；Setp - Micro/WIN 自动为每个中断处理程序的结尾设置无条件返回指令，不需要用户书写。

6）多个中断事件可以调用同一个中断程序，但一个中断事件不能同时连续调用多个中断程序。

5.6.3 中断设计步骤

为实现中断功能操作、执行相应的中断程序（也称中断服务程序或中断处理程序），在 S7-200 PLC 中设计中断的步骤如下所示。

1）确定中断源（中断事件号）申请中断所需要执行的中断处理程序，并建立中断处理程序 INT n。其建立方法与子程序建立方法类似，唯一不同的是在子程序建立窗口中的 Program Block 中选择 INT n 即可。

2）在上面所建立的编辑环境中编辑中断处理程序。中断服务程序由中断程序号 INT n 开始，以无条件返回指令结束。在中断程序中，用户也可根据前面的逻辑条件使用条件返回指令，返回主程序。注意，PLC 系统中的中断指令与一般计算机中的中断有所不同，它不允许嵌套。

中断服务程序中禁止使用以下指令：DISI、ENI、CALL、HDEF、FOR/NEXT、LSCR、

SCRE、SCRT、END。

3）在主程序或控制程序中，编写中断连接（调用）指令（ATCH），操作数 INT 和 EVENT由步骤 1）确定。

4）设定中断允许指令（开中断 ENI）。

5）在必要的情况下设置中断分离指令（DTCH）。

【例 5-25】　编写实现中断事件 0 的控制程序。

中断事件 0 是中断源 I0.0 上升沿产生的中断事件。

当 I0.0 有效且开中断时，系统可以对中断 0 进行响应，执行中断服务程序 INT0。中断服务程序的功能为若是使 I1.0 接通，则 Q1.0 为 ON；若 I0.0 发生错误（自动 SM5.0 接通有效），则立即禁止其中断。

主程序及中断子程序如图 5-67 所示。

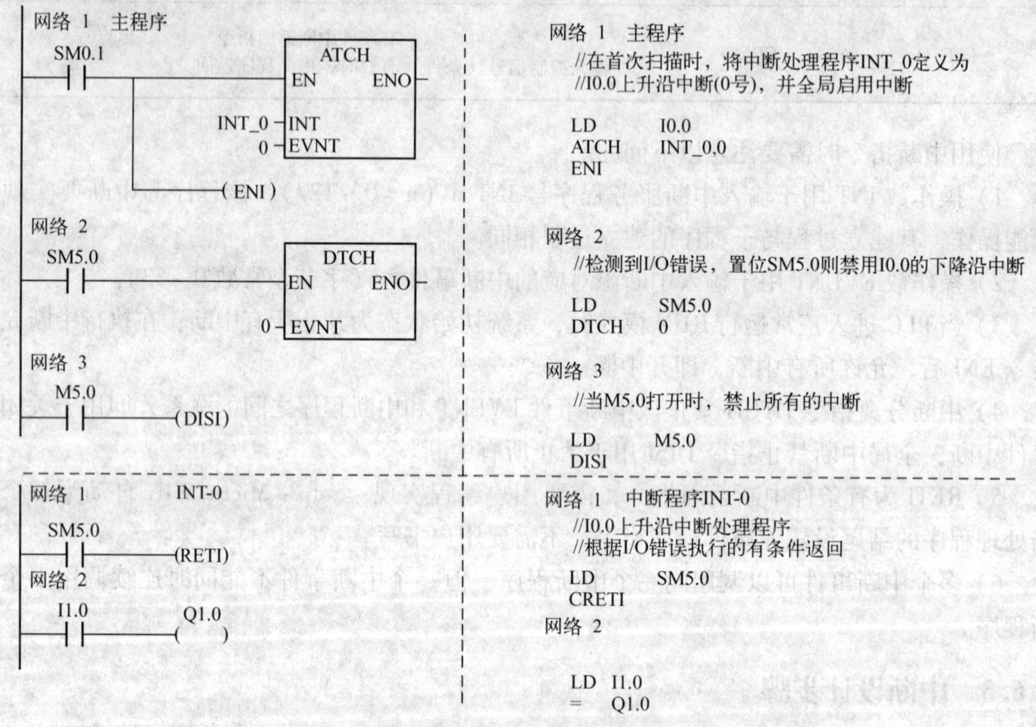

图 5-67　中断程序示例

【例 5-26】　编写定时中断周期性（每隔 100 ms）采样模拟输入信号的控制程序。

1）由主程序调用子程序 SBR_0。

2）在子程序中设定定时中断 0（中断事件 10 号），时间间隔为 100 ms（即将 100 送入 SMB34）；通过 ATCH 指令把 10 号中断事件和中断处理程序 INT_0 连接起来；允许全局中断，从而实现子程序每隔 100 ms 调用一次中断程序 INT_0。

3）中断程序中，读取模拟通道输入寄存器的值送入 VW4 字单元。

控制程序如图 5-68 所示。

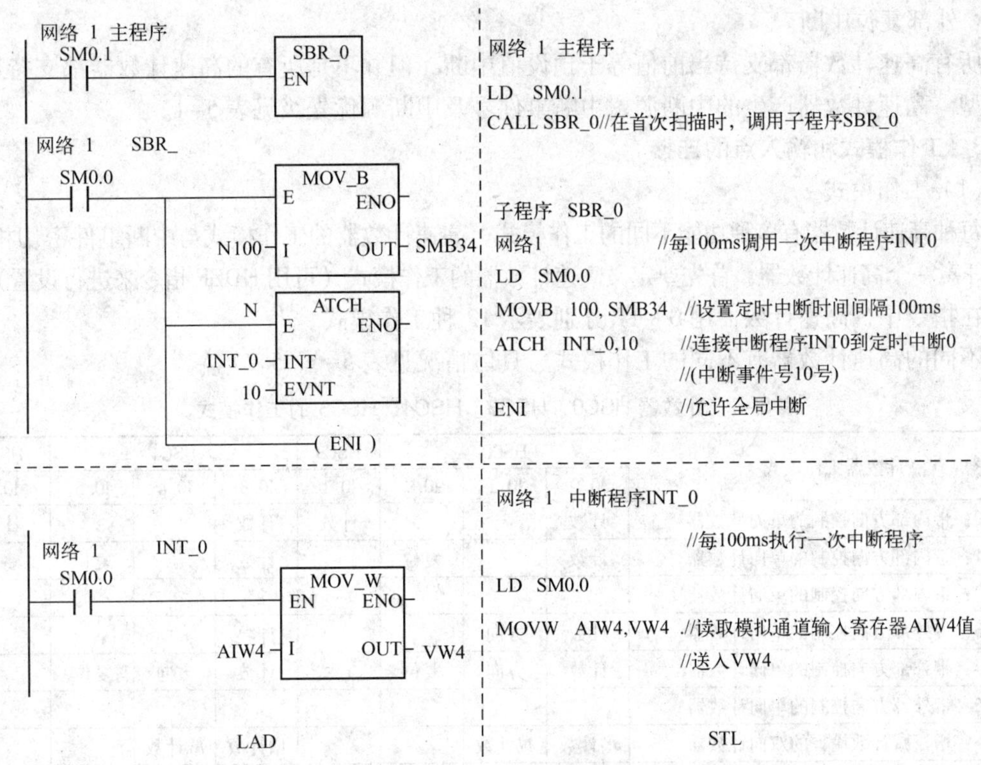

图 5-68　定时中断周期性读取模拟输入信号示例

5.7　高速处理指令

高速处理指令有高速计数指令和高速脉冲输出指令两类。

5.7.1　高速计数指令

高速计数器 HSC（High Speed Counter）用来累计比 PLC 扫描频率高得多的脉冲输入(30 kHz)，适用于自动控制系统的精确定位等领域。高速计数器通过在一定条件下产生的中断事件完成预定的操作。

1. S7-200 PLC 的高速计数器

不同型号的 PLC 主机，其高速计数器的数量不同，使用时每个高速计数器都有地址编号 HCn，其中 HC（或 HSC）表示该编程元件是高速计数器，n 为地址编号。S7-200 PLC 系列中 CPU221 和 CPU222 支持 4 个高速计数器，它们是 HC0、HC3、HC4 和 HC5；CPU224 和 CPU226 支持 6 个高速计数器，它们是 HC0 ~ HC5。每个高速计数器都包含计数器位和计数器当前值两方面的信息。高速计数器的当前值为双字长的有符号整数，且为只读值。

2. 中断事件类型

高速计数器的计数和动作可采用中断方式进行控制。不同型号的 PLC 采用高速计数器的中断事件有 14 个，大致可分为以下三种类型。

- 计数器当前值等于预设值中断。
- 计数输入方向改变中断。

● 外部复位中断。

所有高速计数器都支持当前值等于预设值中断，但并不是所有的高速计数器都支持这三种类型。高速计数器产生的中断源、中断事件号及中断源优先级见表5-4。

3. 工作模式和输入点的连接

（1）工作模式

每种高速计数器有多种功能不同的工作模式，高速计数器的工作模式与中断事件密切相关。使用任意一个高速计数器，首先要定义高速计数器的工作模式（可用 HDEF 指令来进行设置）。

在指令中，高速计数器用0～11 分别表示 12 种工作模式。

不同的高速计数器有不同的工作模式，具体情况见表5-6、5-7。

表5-6　计数器 HSC0、HSC3、HSC4、HSC5 的工作模式

计数器工作模式	HSC0			HSC3	HSC4			HSC5
	I0.0	I0.1	I0.2	I0.1	I0.3	I0.4	I0.5	I0.4
0：带内部方向控制的单向计数器	计数			计数	计数			计数
1：带内部方向控制的单向计数器	计数		复位		计数		复位	
2：带内部方向控制的单向计数器								
3：带外部方向控制的单向计数器	计数	方向			计数	方向		
4：带外部方向控制的单向计数器	计数	方向	复位		计数	方向	复位	
5：带外部方向控制的单向计数器								
6：增、减计数输入的双向计数器	增计数	减计数			增计数	减计数		
7：增、减计数输入的双向计数器	增计数	减计数	复位		增计数	减计数	复位	
8：增、减计数输入的双向计数器								
9：A/B 相正交计数器（双计数输入）	A 相	B 相			A 相	B 相		
10：A/B 相正交计数器（双计数输入）	A 相	B 相	复位		A 相	B 相	复位	
11：A/B 相正交计数器（双计数输入）								

表5-7　计数器 HSC1、HSC2 的工作模式

计数器工作模式	HSC1				HSC2			
	I0.6	I0.7	I1.0	I1.1	I1.2	I1.3	I1.4	I1.5
0：带内部方向控制的单向计数器	计数				计数			
1：带内部方向控制的单向计数器	计数		复位		计数		复位	
2：带内部方向控制的单向计数器	计数		复位	启动	计数		复位	启动
3：带外部方向控制的单向计数器	计数	方向			计数	方向		
4：带外部方向控制的单向计数器	计数	方向	复位		计数	方向	复位	
5：带外部方向控制的单向计数器	计数	方向	复位	启动	计数	方向	复位	启动
6：增、减计数输入的双向计数器	增计数	减计数			增计数	减计数		
7：增、减计数输入的双向计数器	增计数	减计数	复位		增计数	减计数	复位	
8：增、减计数输入的双向计数器	增计数	减计数	复位	启动	增计数	减计数	复位	启动
9：A/B 相正交计数器（双计数输入）	A 相	B 相			A 相	B 相		
10：A/B 相正交计数器（双计数输入）	A 相	B 相	复位		A 相	B 相	复位	
11：A/B 相正交计数器（双计数输入）	A 相	B 相	复位	启动	A 相	B 相	复位	启动

例如，模式 0（单相计数器）有一个计数输入端，计数器 HSC0、HSC1、HSC2、HSC3、HSC4、HSC5 可以工作在该模式。HSC0～HSC5 计数输入端分别对应为 I0.0、I0.6、I1.2、

I0.1、I0.3、I0.4。

再例如，模式 11（正交计数器）有两个计数输入端，只有计数器 HSC1、HSC2 可以工作在该模式，HSC1 计数输入端为 I0.6（A 相）和 I0.7（B 相）。所谓正交是指当 A 相计数脉冲超前于 B 相计数脉冲时，计数器执行增计数；当 A 相计数脉冲滞后于 B 相计数脉冲时，计数器执行减计数。

（2）输入点的连接

在使用一个高速计数器时，除了要定义它的工作模式外，还必须注意系统定义的固定输入点的连接。例如，HSC0 的输入连接点有 I0.0（计数）、I0.1（方向）、I0.2（复位），HSC1 的输入连接点有 I0.6（计数）、I0.7（方向）、I1.0（复位）、I1.1（启动）。

使用时必须注意，高速计数器输入点、输入输出中断的输入点都在一般逻辑量输入点的编号范围内。一个输入点只能作为一种功能使用，即一个输入点可以作为逻辑量输入、高速计数输入或外部中断输入，但不能重叠使用。

4. 高速计数器控制字、状态字、当前值及设定值

（1）控制字

在设置高速计数器的工作模式后，可通过编程控制计数器的操作要求，如启动和复位计数器、计数器计数方向等参数。

S7-200 PLC 为每一个计数器提供一个控制字节存储单元，并对单元的相应位进行参数控制定义，这一定义称为控制字。编程时，只需要将控制字写入相应计数器的存储单元即可。控制字定义格式及各计数器使用的控制字存储单元见表 5-8。

表 5-8 高速计数器控制字格式

位地址	控制字各位功能	HSC0	HSC1	HSC2	HSC3	HSC4	HSC5
0	复位电平控制：0 为高电平，1 为低电平	SM37.0	SM47.0	SM57.0		SM147.0	
1	启动控制：1 为高电平启动，0 为低电平启动	SM37.1	SM47.1	SM57.1		SM147.1	
2	正交速率：1 为 1 倍速率，0 为 4 倍速率	SM37.2	SM47.2	SM57.2		SM147.2	
3	计数方向：0 为减计数，1 为增计数	SM37.3	SM47.3	SM57.3	SM137.3	SM147.3	SM157.3
4	计数方向改变：0 为不能改变，1 为可以改变	SM37.4	SM47.4	SM57.4	SM137.4	SM147.4	SM157.4
5	写入预设值允许：0 为不允许，1 为允许	SM37.5	SM47.5	SM57.5	SM137.5	SM147.5	SM157.5
6	写入当前值允许：0 为不允许，1 为允许	SM37.6	SM47.6	SM57.6	SM137.6	SM147.6	SM157.6
7	HSC 指令允许：0 为禁止 HSC，1 为允许 HSC	SM37.7	SM47.7	SM57.7	SM137.7	SM147.7	SM157.7

例如，选用计数器 HSC0 工作在模式 3，要求复位和启动信号为高电平有效、1 倍计数速率、减方向不变、允许写入新值、允许 HSC 指令，则其控制字节为 SM37 = 2#11100100。

（2）状态字

每个高速计数器都配置一个 8 位字节单元，每一位用来表示这个计数器的某种状态，在程序运行时自动使某些位置位或清 0，这个 8 位字节称为状态字。HSC0 ~ HSC5 配备的状态字节单元为特殊存储器 SM36、SM46、SM56、SM136、SM146、SM156。

各字节的 0 ~ 4 位未使用，第 5 位表示当前计数方向（1 为增计数），第 6 位表示当前值是否等于预设值（0 为不等于，1 为等于），第 7 位表示当前值是否大于预设值（0 为小于等于，1 为大于）。在设计条件判断程序结构时，可以读取状态字判断相关位的状态，从而决定程序应该执行的操作。具体可参看 S7-200 用户手册中关于特殊存储器的内容。

（3）当前值

各高速计数器均设 32 位特殊存储器字单元为计数器当前值（有符号数），计数器 HSC0 ~ HSC5 当前值对应的存储器为 SMD38、SMD48、SMD58、SMD138、SMD148、SMD158。

（4）预设值

高速计数器均设 32 位特殊存储器字单元为计数器预设值（有符号数），计数器 HSC0 ~ HSC5 预设值对应的存储器为 SMD42、SMD52、SMD62、SMD142、SMD152、SMD162。

5. 高速计数指令

高速计数指令包括 HDEF 和 HSC，其指令格式和功能见表 5-9。

使用高速计数指令时需注意以下问题。

1）每个高速计数器都有固定的特殊功能存储器与之配合完成高速计数功能。这些特殊功能寄存器包括 8 位状态字节、8 位控制字节、32 位当前值、32 位预设值。

2）不同的计数器工作模式是不同的。

3）HSC 的 EN 是使能控制，不是计数脉冲，外部计数输入端见表 5-6、表 5-7。

表 5-9　高速计数指令的格式、功能

LAD	STL	功能及参数
HDEF EN　ENO HSC MODE	HDEF　HSC，MODE	高速计数器定义指令 当使能输入有效时，为指定的高速计数器分配一种工作模式 HSC 用于输入高速计数器编号（0 ~ 5） MODE 用于输入工作模式（0 ~ 11）
HSC EN　ENO N	HSC　N	高速计数器指令 当使能输入有效时，根据高速计数器特殊存储器的状态，并按照 HDEF 指令指定的模式，设置高速计数器并控制其工作 N 为高速计数器编号（0 ~ 5）

6. 高速计数器初始化程序

使用高速计数器必须编写初始化程序，其编写步骤如下。

（1）人工选择高速计数器并确定工作模式

根据计数的功能要求选择 PLC 主机型号。例如 S7-200 PLC 中 CPU222 有 4 个高速计数器（HC0、HC3、HC4 和 HC5），CPU224 有 6 个高速计数器（HC0 ~ HC5）。由于不同的计数器工作模式是不同的，故主机型号和工作模式应统筹考虑。

（2）编程写入设置的控制字

根据控制字（8 位）的格式设置计数器，并根据选用的计数器号将其通过编程指令写入相应的 SMBxx 中。

（3）执行高速计数器定义指令 HDEF

在该指令中，输入参数为所选计数器的号值（0 ~ 5）及工作模式（0 ~ 11）。

（4）编程写入计数器当前值和预设值

将 32 位的计数器当前值和 32 位的计数器预设值写入与计数器相应的 SMDxx 中，初始化设置当前值是指计数器开始计数的初值。

（5）执行中断连接指令 ATCH

在该指令中，输入参数为中断事件号 EVENT 和中断处理程序 INTn，建立 EVENT 与 INTn 的联系。一般情况下可根据计数器当前值与预设值的比较条件是否满足来产生中断。

(6) 执行全局开中断指令 ENI

(7) 执行 HSC 指令

在该指令中输入计数器编号，在 EN 信号的控制下，开始对计数器对应的计数输入端脉冲计数。

【例 5-27】 设置带外部方向控制的单向计数器，要求增计数、外部低电平复位、外部低电平启动、允许更新当前值、允许更新预设值、初始计数值为 0、预设值为 50、1 倍计数速率，当计数器当前值（CV）等于预设值（PV）时，响应中断事件（中断事件号为 13），连接（执行）中断处理程序 INT_0。

编程步骤如下。

1）根据题中要求，选用高速计数器 HSC1，定义为工作模式 5。

2）控制字（节）为 16#FC，写入 SMB47。

3）用 HDEF 指令定义计数器，HSC = 1，MODE = 5。

4）将当前值（初始计数值为 0）写入 SMD48，将预设值 50 写入 SMD52。

5）执行中断连接指令 ATCH，INT = INT_0，EVENT = 13。

6）执行 ENI 指令。

7）执行 HSC 指令，N = 1。

中断处理程序 INT_0 的设计略，初始化程序如图 5-69 所示。

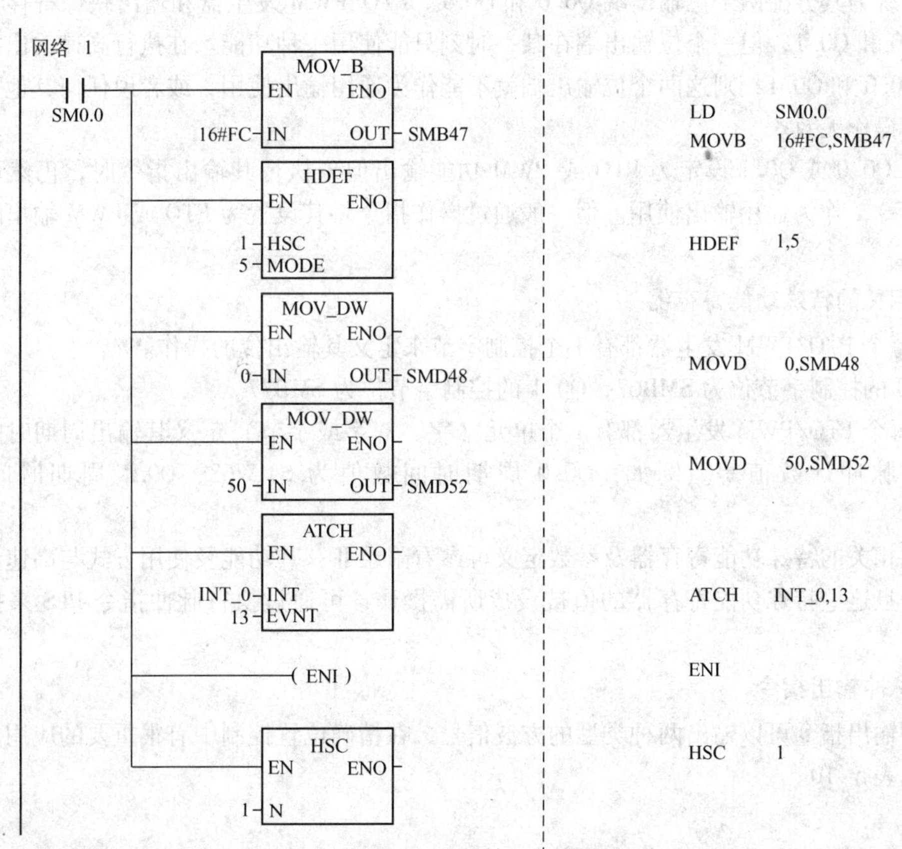

图 5-69 高速计数器初始化程序

5.7.2 高速脉冲输出

高速脉冲输出功能是在PLC的某些输出端产生高速脉冲，用来驱动负载实现高速输出和精确控制。

1. 高速脉冲的输出方式和输出端子的连接

（1）高速脉冲的输出方式

高速脉冲输出可分为高速脉冲串输出PTO和宽度可调脉冲输出PWM两种方式。

1）高速脉冲串输出PTO主要是用来输出指定数量的方波。用户可以控制方波的周期和脉冲数。其占空比为50%，周期变化范围以μs或ms为单位，一般为50～65 535 μs或2～65 535 ms（16位无符号数据）。编程时周期值一般设置为偶数。脉冲串的范围为1～4 294 967 295（双字长无符号数）。

2）宽度可调脉冲输出PWM主要用来输出占空比可调的高速脉冲串。用户可以控制脉冲的周期和脉冲宽度。PWM的周期或脉冲宽度以μs或ms为单位，周期变化范围同高速脉冲串PTO。

（2）输出端子的连接

每个S7-200 PLC有两个PTO/PWM发生器来产生高速脉冲串或脉冲宽度可调的波形，为此，系统为其分配两个位输出端Q0.0和Q0.1。PTO/PWM发生器和输出映像寄存器共同使用Q0.0和Q0.1，但一个位输出端在某一时刻只能使用一种功能。在执行高速输出指令中使用了Q0.0和Q0.1，则这两个位输出端就不能作为通用输出使用，或者说任何其他操作及指令对其操作无效。

如果Q0.0或Q0.1设定为PTO或PWM功能输出但未执行其输出指令时，仍然可以将Q0.0和Q0.1作为通用输出使用。但一般通过操作指令将其设置为PTO或PWM输出时的起始电位0。

2. 相关的特殊功能寄存器

1）每个PTO/PWM发生器都有1个控制字节来定义其输出位的操作。

Q0.0的控制字节位为SMB67，Q0.1的控制字节位为SMB77。

2）每个PTO/PWM发生器都有1个单元（字、双字或字节）定义其输出周期时间、脉冲宽度、脉冲计数值等。例如，Q0.0周期时间数值为SMW68，Q0.1周期时间数值为SMW78。

其他相关的特殊功能寄存器及参数定义可参看附录Ⅱ，其功能及使用方式与高速计数器类似。一旦这些特殊功能寄存器的值被设成所需操作，可通过执行脉冲指令PLS来执行这些功能。

3. 脉冲输出指令

脉冲输出指令可以输出两种类型的方波信号，在精确位置控制中有很重要的应用。其指令格式见表5-10。

说明

1）脉冲串输出PTO和宽度可调脉冲输出都由PLC指令来激活输出。

2）输入数据Q必须为字型常数0或1。

表 5-10　脉冲输出指令的格式

LAD	STL	功　能
PLS EN　ENO Q0.X	PLS　Q	脉冲输出指令。当使能端输入有效时，检测用程序设置的特殊功能寄存器位，激活由控制位定义的脉冲操作；从 Q0.0 或 Q0.1 输出高速脉冲

3）脉冲串输出 PTO 可采用中断方式进行控制，而宽度可调脉冲输出 PWM 只能由指令 PLS 来激活。

【例 5-28】　编写实现脉冲宽度调制 PWM 的程序。根据要求控制字节 SMB77 为 16#DB，设定周期为 10000 ms，通过 Q0.1 输出。设计程序如图 5-70 所示。

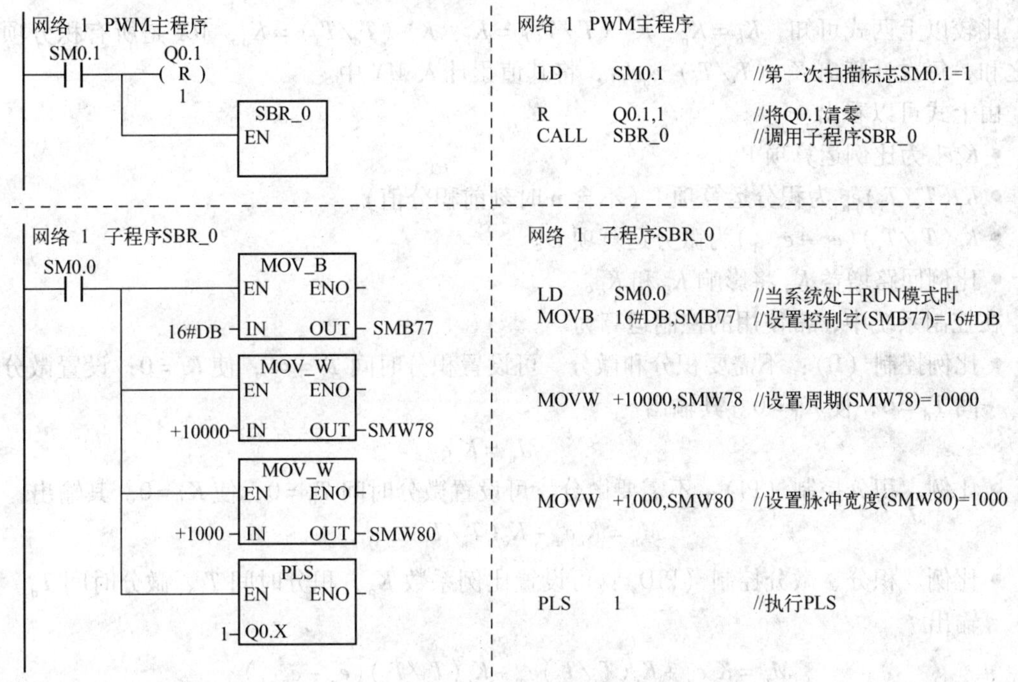

图 5-70　PWM 控制程序

5.8　PID 操作指令

在模拟量作为被控参数的控制系统中，为了使被控参数按照一定的规律变化，需要在控制回路中设置比例（P）、积分（I）、微分（D）运算及其运算组和。S7-200 PLC 设置了专用于 PID 运算的回路表参数和 PID 回路指令，可以方便地实现 PID 运算操作。

5.8.1　PID 算法

在一般情况下，控制系统主要针对被控参数 PV（又称过程变量）与期望值 SP（又称给定值）之间产生的偏差 e 进行 PID 运算。其数学函数表达式为：

$$M(t) = K_p e + K_i \int e dt + K_d de/dt$$

式中，$M(t)$ 为 PID 运算的输出，它是时间 t 的函数；e 为控制回路偏差，是 PID 运算的输入参数；K_p 为比例运算系数；K_i 为积分运算系数；K_d 为微分运算系数。

使用计算机处理该表达式时，必须通过周期性地采样将由模拟量控制的函数离散化。为了方便算法实现，离散化后的 PID 表达式可整理为

$$M_n = K_c e_n + K_c (T_s/T_i) e_n + MX + K_c (T_d/T_s)(e_n - e_{n-1})$$

式中，M_n 为时间 $t = n$ 时的回路输出；e_n 为时间 $t = n$ 时采样的回路偏差，即 SP_n 与 PV_n 之差；e_{n-1} 为时间 $t = n-1$ 时采样的回路偏差，即 SP_{n-1} 与 PV_{n-1} 之差；K_c 为回路总增益，即比例运算参数；T_s 为采样时间；T_i 为积分时间，即积分运算参数；T_d 为微分时间，即微分运算参数。

比较以上两式可知，$K_c = K_p$，$K_c(T_s/T_i) = K_i$，$K_c(T_d/T_s) = K_d$，MX 是所有积分项前值之和，每次计算出 $K_c(T_s/T_i)e_n$ 后，将其值累计入 MX 中。

由上式可以看出

- $K_c e_n$ 为比例运算项 P。
- $K_c(T_s/T_i)e_n$ 为积分运算项 I（不含 n 时刻前积分值）。
- $K_c(T_d/T_s)(e_n - e_{n-1})$ 为微分运算项 D。
- 比例回路增益 K_p 将影响 K_i 和 K_d。

在控制系统中，常使用的控制运算为

- 比例控制（P）：不需要积分和微分。可设置积分时间 $T_i = \infty$，使 $K_i = 0$；设置微分时间 $T_d = 0$，使 $K_d = 0$。其输出

$$M_n = K_c e_n。$$

- 比例、积分控制（PI）：不需要微分。可设置微分时间 $T_d = 0$，使 $K_d = 0$。其输出

$$M_n = K_c e_n + K_c(T_s/T_i)e_n;$$

- 比例、积分、微分控制（PID）：可设置比例系数 K_p、积分时间 T_i、微分时间 T_d。其输出

$$M_n = K_c e_n + K_c(T_s/T_i)e_n + K_c(T_d/T_s)(e_n - e_{n-1})$$

5.8.2 PID 回路输入转换及标准化数据

1. PID 回路

S7-200 PLC 为用户提供了 8 条 PID 控制回路，回路号为 0～7，即可以使用 8 条 PID 指令实现 8 个回路的 PID 运算。

2. 回路输入转换及标准化数据

每个 PID 回路有两个输入量，即给定值（SP）和过程变量（PV）。一般控制系统中，给定值通常是一个固定的值。由于给定值和过程变量都是现实世界的某一物理量值，其大小、范围和工程单位都可能有差别。所以，在 PID 指令对这些物理量进行运算之前必须对它们及其他输入量进行标准化处理，即通过程序将它们转换成标准的浮点型表达形式。其过程如下。

1）将 PLC 读取的输入参数（16 位整数值）转成浮点型实数值，其实现方法可通过下列指令序列实现。

```
ITD AIW0,AC0   //将输入值转换为双整数
DTR AC0, AC0   //将32位双整数转换为实数
```

2）将实数值表达形式转换成 0.0～1.0 之间的标准化值，可采用下列公式实现。

$$R_{Norm} = (R_{Raw}/S_{pan}) + Offset$$

式中，R_{Norm}为标准化处理后对应的实数值；R_{Raw}为没有标准化的实数值或原值；R_{Norm}变化范围在 0.0～1.0 时 *Offset* 为 0.0（单极性）；R_{Norm}在 0.5 上下变化时 *Offset* 为 0.5（双极性）；S_{pan}为值域大小，即可能的最大值减去可能的最小值，单极性时典型值为 32000，双极性时典型值为 64000。

把双极性实数标准化为 0.0～1.0 之间的实数可通过下列指令序列实现。

```
/R 64000.0, AC0        //累加器中的标准化值
+R 0.5, AC0            //加上偏置,使其在0.0～1.0之间
MOVR AC0, VD100        //标准化的值存入回路表
```

上述指令/R、+R 功能参看附录 B。

5.8.3 回路输出值转换成标定数据

PID 回路输出值一般用来控制系统的外部执行部件（如电炉丝加热、电动机转速等）。由于 PID 回路输出的是 0.0～1.0 之间标准化的实数值，在驱动模拟执行部件之前，必须将标准化的实数值转换成一个 16 位的标定整数值。这一转换是上述标准化处理的逆过程。转换过程如下。

1）将回路输出转换成一个标定的实数值，公式为

$$R_{scal} = (M_n - Offset)\ S_{pan}$$

式中，R_{scal}为回路输出按工程标定的实数值；M_n 为回路输出的标准化实数值；*Offset* 为 0.0（单极性）或 0.5（双极性）；S_{pan}为值域大小，单极性典型值为 32000，双极性典型值为 64000。

实现这一过程的指令序列如下。

```
MOVR VD108, AC0        //把回路输出值移入累加器(PID回路表首地址为VB100)
-R  0.5,  AC0          //仅双极性有此句
*R  64000.0, AC0       //在累加器中得到标定值
```

上述指令/R、*R 功能参看附录 B。

2）把回路输出标定实数值转换成 16 位整数，可通过下面的指令序列来完成。

```
ROUND AC0,AC0          //把AC0中的实数转换为32位整数
DTI  AC0, LW0          //把32位整数转换为16位整数
MOVW  LW0,AQW0         //把16位整数写入模拟输出寄存器
```

5.8.4 正作用和反作用回路

在控制系统中，PID 回路只是整个控制系统中的一个（调节）环节。在确定系统其他环

节的正反作用（如执行部件为调节阀时，根据需要可为有信号开阀或关阀）后，为了保证整个系统为一个负反馈的闭合系统，必须正确选择 PID 回路的正反作用。

如果 PID 回路增益为正，则该回路为正作用回路；如果 PID 回路增益为负，则该回路为反作用回路。对于增益值为 0 的 I 或 D 控制，如果设定积分时间、微分时间为正，就是正作用回路；如果设定其为负值，就是反作用回路。

5.8.5 回路输出变量范围、控制方式及特殊操作

1. 过程变量及范围

过程变量和给定值是 PID 运算的输入值，因此回路表中的这些变量只能被 PID 指令读而不能被改写。而输出变量是由 PID 运算产生的，所以在每一次 PID 运算完成之后，需更新回路表中的输出值，输出值被限定在 0.0 ~ 1.0 之间。当输出由手动转变为自动控制时，回路表中的输出值可以用来初始化输出值。

如果使用积分控制，积分前项值要根据 PID 运算结果更新，这个更新了的值用作下一次 PID 运算的输入。当计算输出值超过范围时（大于 1.0 或小于 0.0），积分前项值必须根据下列公式进行调整。

当输出 $M_n > 1.0$ 时，

$$MX = 1.0 - (MP_n + MD_n)$$

当输出 $M_n < 0.0$ 时，

$$MX = -(MP_n + MD_n)$$

式中，MX 为积分前项值，MP_n 为第 n 个采样时刻的比例项值，MD_n 为第 n 个采样时刻的微分项值，M_n 为第 n 个采样时刻的输出值。

这样调整积分前项值后，一旦输出回到范围，可以提高系统的响应性能。而且积分前项值限制在 0.0 ~ 0.1 之间，在每次 PID 运算结束时，把积分前项值写入回路表，以备在下次 PID 运算中使用。

在实际运用中，用户可以在执行 PID 指令以前修改回路表中的积分前项值，以求对控制系统的扰动影响最小。手工调整积分前项值时，应保证写入的值在 0.0 ~ 1.0 之间。

回路表中的给定值与过程变量的差值 e 主要用于 PID 的差分运算，用户最好不要去修改此值。

2. 控制方式

S7-200 PLC 的 PID 回路没有设置控制方式，只有当 PID 盒接通时，才执行 PID 运算。从这种意义来说，PID 运算存在一种“自动”运行方式。当 PID 运算不被执行时，称之为“手动”模式。

同计数器指令相似，PID 指令有一个使能位。当该使能位检测到一个信号的正跳变（从 0 到 1），PID 指令执行一系列的动作，使 PID 指令从手动方式无扰动地切换到自动方式。为了达到无扰动切换，在转变到自动控制前必须把手动方式下的输出值填入回路表的输出栏中。PID 指令对回路表中的值进行下列动作，以保证使能位出现正跳变时，从手动方式可以无扰动地切换到自动方式。

- 把过程变量（PV_n）赋给给定值（SP_n）。
- 把过程变量现值（PV_{n-1}）赋给过程变量前值（PV_{n-1}）。
- 把输出值（M_n）赋给积分项前值（MX）。

3. 特殊操作

特殊操作是指故障报警、回路变量的特殊计算、跟踪检测等操作。虽然 PID 运算指令简单、方便且功能强大，但对于一些特殊操作则须使用 S7-200 PLC 支持的基本指令来实现。

5.8.6 PID 回路表

回路表用来存放控制和监视 PID 运算的参数。每个 PID 控制回路都有一个确定起始地址（TBL）的回路表。每个回路表长度为 80 字节，0～35 字节用于填写 PID 运算公式的 9 个参数，包括过程变量当前值（PV_n）、过程变量前值（PV_{n-1}）、给定值（SP_n）、输出值（M_n）、增益（K_c）、采样时间（T_s）、积分时间（T_i）、微分时间（T_d）和积分项前值（MX）。36～79 字节保留给自整定变量。其回路表格式见表 5-11。

表 5-11　PID 回路表

地　址	参数（域）	数据格式	类　型	数据说明
表起始地址 +0	过程变量（PV_n）	实数	IN	在 0.0～0.1 之间
表起始地址 +4	设定值（SP_n）	实数	IN	在 0.0～0.1 之间
表起始地址 +8	输出（M_n）	实数	IN/OUT	在 0.0～0.1 之间
表起始地址 +12	增益（K_c）	实数	IN	比例常数可大于 0 或小于 0
表起始地址 +16	采样时间（T_s）	实数	IN	单位为秒（正数）
表起始地址 +20	积分时间（T_i）	实数	IN	单位为分钟（正数）
表起始地址 +24	微分时间（T_d）	实数	IN	单位为分钟（正数）
表起始地址 +28	积分前项（MX）	实数	IN/OUT	在 0.0～0.1 之间
表起始地址 +32	过程变量前值（PV_{n-1}）	实数	IN/OUT	上一次执行 PID 指令时的过程变量

注：表中偏移地址是指相对于回路表起始地址的偏移量

注意　PID 的 8 个回路都有相应的回路表，可通过数据传送指令来完成对回路表的操作。

5.8.7 PID 回路指令

PID 运算通过 PID 回路指令来实现，其指令格式如图 5-71 所示。

其中，EN 为 PID 指令输入信号，TBL 为 PID 回路表的起始地址（由变量存储器 VB 指定），LOOP 为 PID 控制回路号（0～7）。

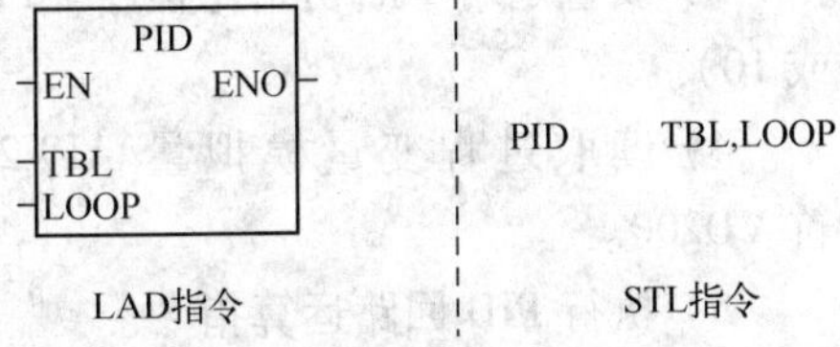

图 5-71　PID 回路指令的指令格式

在输入有效时，PID 回路指令根据回路表（TBL）中的输入配置信息，对相应的 LOOP 回路执行 PID 回路计算，其结果经回路表指定的输出域输出。

注意

1）在使用该指令前必须建立回路表，因为该指令是以回路表 TBL 提供的过程变量、设定值、增益、积分时间、微分时间、输出等参数进行运算的。

2）PID 指令不检查回路表中的一些输入值，必须保证过程变量和设定值在 0.0 到 1.0 之间。

3）该指令必须使用在以定时产生的中断程序中。

4）如果指令指定的回路表起始地址或 PID 回路号操作数超出范围，则在编译期间 CPU 将产生编译错误（范围错误），从而编译失败。如果 PID 算术运算发生错误，则特殊存储器标志位 SM1.1 置 1，并且中止 PID 指令的执行。在下一次执行 PID 运算之前，应改变引起算术运算错误的输入值。

5.8.8 PID 编程步骤及应用

根据前面几节的内容，下面结合某水箱的水位控制来说明 PID 控制程序的编写步骤。

水箱控制的要求如下。

1）被控参数（过程变量）为水箱的水位，可以通过液位变送器产生与水位线性对应的单极性模拟量输入信号。

2）设定值为满水箱液位的 60%，可记为 0.6。

3）通过控制水箱进水调节阀的开度来调节水位，回路输出单极性模拟量来控制调节阀开度（0% ~100%）。

4）要求水位维持在设定值附近。水位发生变化时，快速消除余差。

根据以上要求，控制系统宜采用 PI 或 PID 控制回路。利用正回路构成控制系统，依据工程设备特点及经验参数，初步设置 PID 回路参数为

$$K_c=0.5,\ T_i=35\ \text{min},\ T_d=20\ \text{min},\ T_s=0.2\ \text{s}$$

其中，T_s 可以利用定时中断周期为 200 ms 实现。

在实际工程中，系统的输入信号（如量程、零点迁移、A/D 转换等）、输出信号（如 D/A 转换、负载所需物理量等）及 PID 参数整定等工程问题都要综和考虑及处理。

下面仅给出 PID 控制回路的编程步骤及程序。

1）首先指定内存变量区回路表的首地址（设为 VB200）。

2）根据表 5-11 的格式及地址，把设定值 SP_n 写入 VD204（双字，下同）、增益 K_c 写入 VD212、采样时间 T_s 写入 VD216、积分时间 T_i 写入 VD220、微分时间 T_d 写入 VD224、PID 输出值由 VD208 输出。

3）设置定时中断初始化程序。PID 指令必须使用在定时中断程序中（中断事件号为 9 或 10）。

4）读取过程变量模拟量 AIW2，进行回路输入转换及标准化处理后写入回路表首 VD200。

5）执行 PID 回路运算指令。

6）对 PID 回路运算的输出结果 VD208 进行数据转换，然后送入模拟量输出 AQW21 作

为控制调节阀的信号。

在实际工程中，还要设置参数报警、手动方式与自动方式的无扰动切换等。

PID 控制回路的程序如图 5-72（PID 回路表和定时 0 中断初始化程序）、图 5-73（PID 运算中断处理程序）所示。

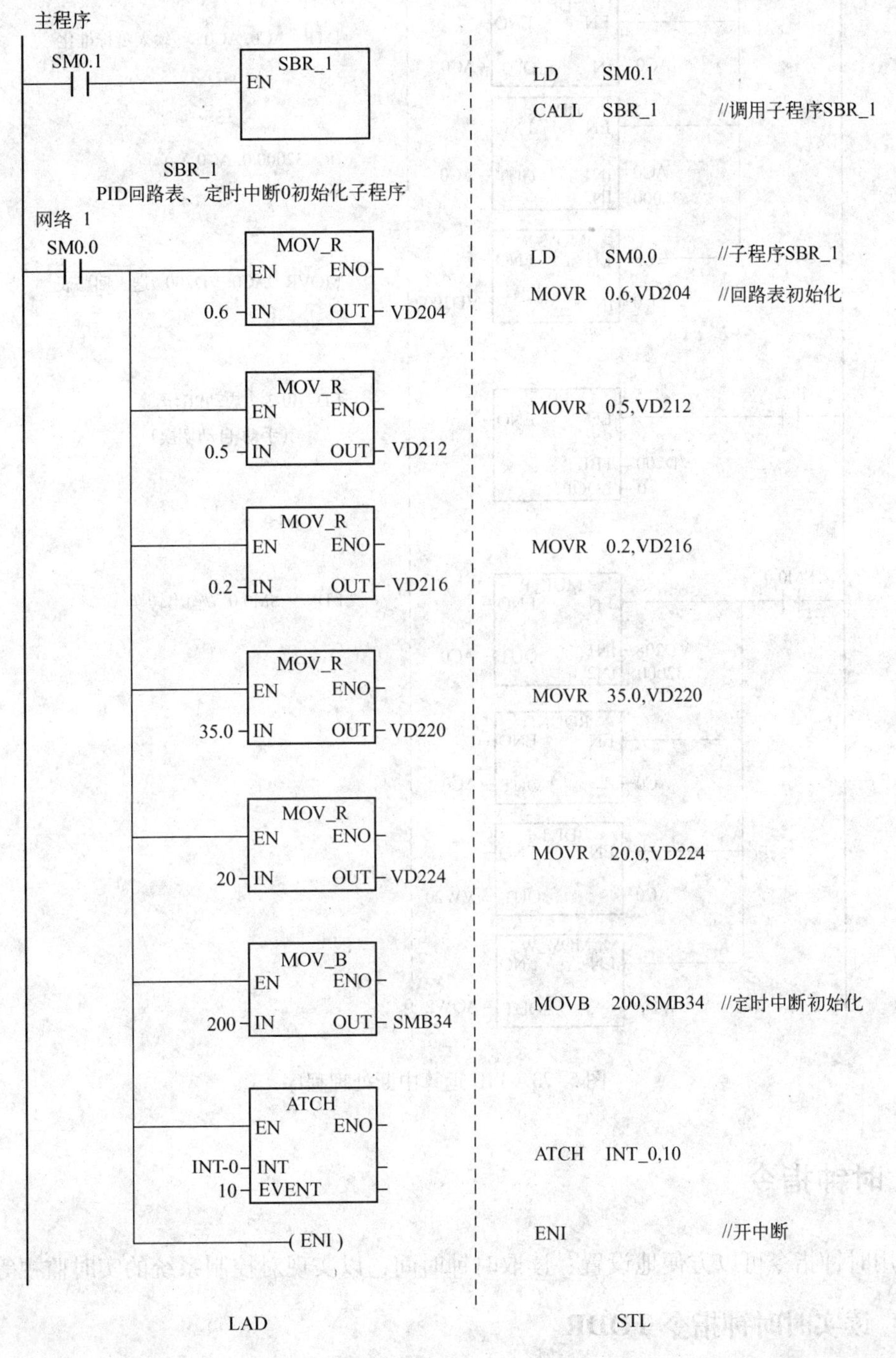

图 5-72　PID 回路表及定时 0 中断初始化程序

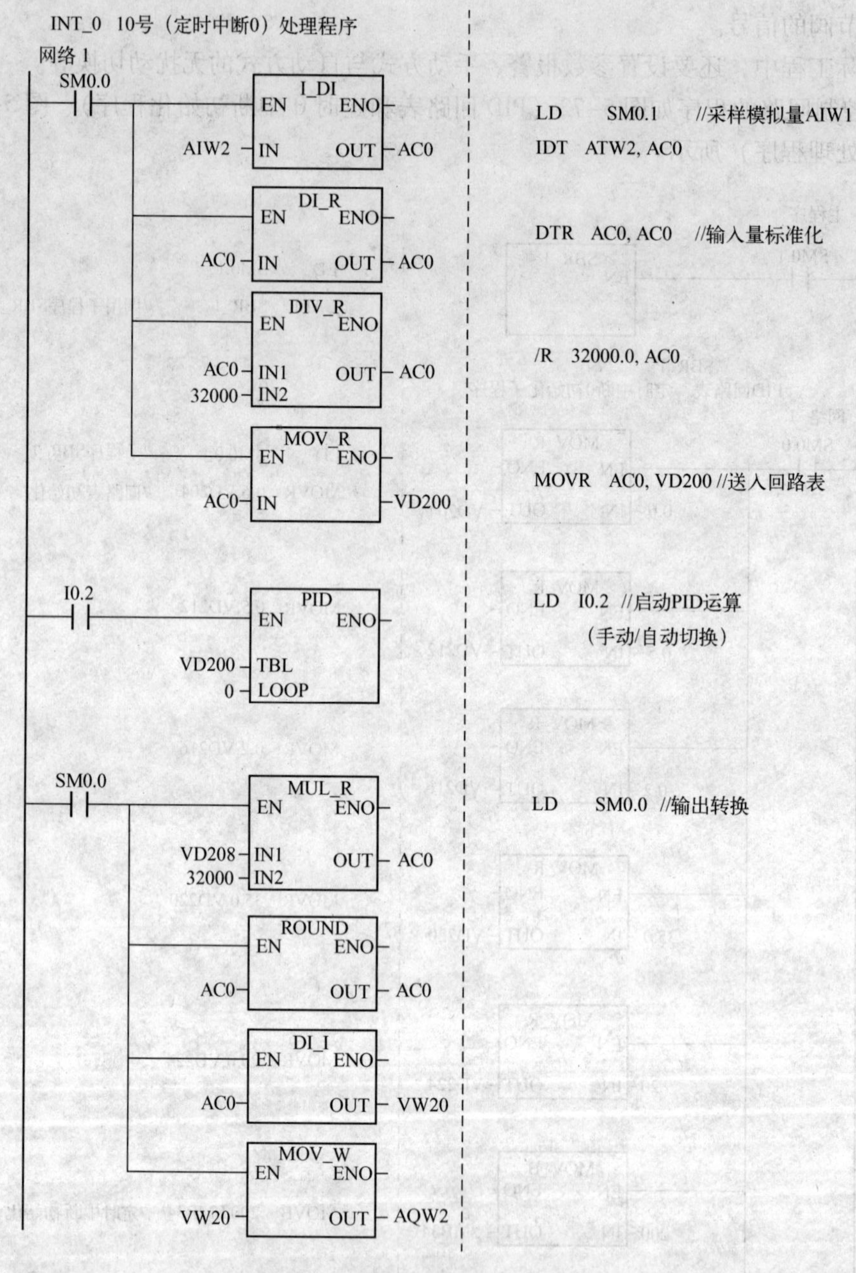

图 5-73 PID 运算中断处理程序

5.9 时钟指令

利用时钟指令可以方便地设置、读取时钟时间，以实现对控制系统的实时监视等操作。

5.9.1 读实时时钟指令 TODR

TODR 指令的指令格式如图 5-74 所示。

其中操作数 T 用于指定 8 个字节缓冲区的首地址。T 存放“年”、T+1 存放“月”、T+2 存放“日”、T+3 存放“小时”、T+4“分钟”、T+5 存放“秒”、T+6 存放 0、T+7 存放“星期”。

EN 有效时，TODR 指令可以读取当前时间和日期并存放在以 T 开始的 8 个字节的缓冲区中。

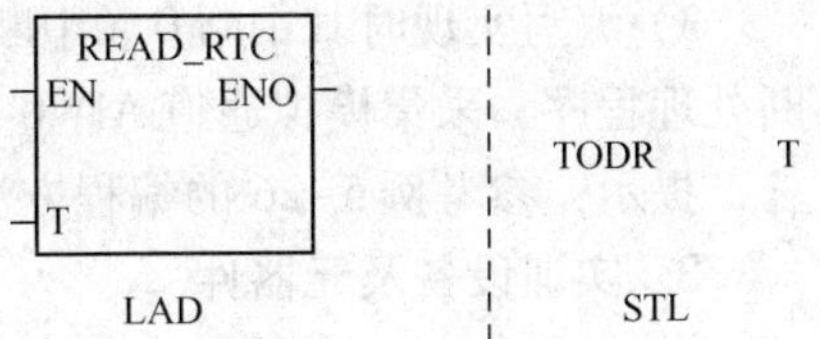

图 5-74　TODR 指令的指令格式

注意

1）S7-200 PLC 的 CPU 不检查和核实日期与星期是否合理。例如，无效日期 February 30（2 月 30 日）可能被接受，因此必须确保输入的数据是正确的。

2）不要同时在主程序和中断程序中使用时钟指令，否则，中断程序中的时钟指令不会被执行。

3）S7-200 PLC 只使用年信息的后两位。

4）日期和时间数据表示均为 BCD 码。例如，用 16#09 可以表示 2009 年。

5.9.2　写实时时钟指令 TODW

TODW 指令的指令格式如图 5-75 所示。

其中操作数 T 的含义与 TODR 中的操作数相同。

EN 有效时，TODW 指令可以将以地址 T 开始的 8 bit 的缓冲区中设定的当前时间和日期写入硬件时钟。

注意事项同 TODR。

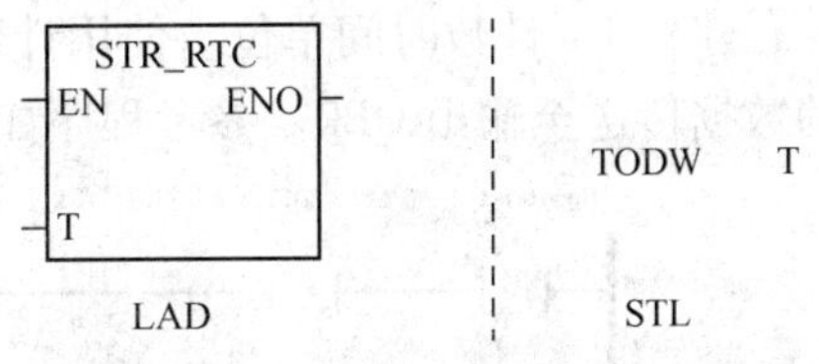

图 5-75　TODW 指令的指令格式

5.10　实训　中断等功能指令编程练习

1. 实训目的

1）掌握常用功能指令的作用和使用方法。

2）掌握如何利用中断指令和中断处理程序完成其功能操作。

2. 实训内容

根据教学进度，分别完成下列 3 个实训内容。

1）将 4 只彩灯或广告灯分别连接于 Q0.0 ~ Q0.3，I0.0 为 ON 时开始工作。Q0.0 先亮，然后 Q0.1、Q0.2、Q0.3 相继每隔 1 s 点亮。全部点亮后，再逆序每隔 1 s 熄灭 1 只，直至全部熄灭 1 s 后，重新循环。

2）编写实现中断事件 0 的控制程序。当 I0.0 有效（上升沿）且开中断时，系统可以对中断事件 0 进行响应，执行中断服务程序 INT_0。中断处理程序功能包括以下几项。

- 从 VW200 开始的 256 个字节全部清 0。
- 将 VB20 开始的 10 个字节数据传送到 VB100 开始的存储区。
- 报警信号使 QB0.0 ~ QB0.7 全部点亮，将当前时间和日期存放在 VB300 开始的缓冲区。
- 按下控制 I0.7 的按钮，系统返回主程序，QB0 复位。

3）编写实现时基中断0（中断事件号为10）的控制程序，要求每250 ms周期性执行中断处理程序，采集模拟通道AIW0数据，并送入处理单元VW200。

提示：参考例5-26的编程方法。

3. 实训设备及元器件

1）S7-200 PLC实验工作台或PLC装置（含模拟输入通道）。

2）安装有STEP7-Micro/WIN编程软件的计算机。

3）PC/PPI+通信电缆线。

4）常闭、常开按钮若干个，信号灯8个（QB0），导线等必备器件。

4. 实训操作步骤

1）将PC/PPI+通信电缆线与计算机连接。

2）运行STEP7-Micro/WIN编程软件，分别编辑主程序、中断处理程序直至编译成功。

3）编译、保存、下载梯形图程序到S7-200 PLC中。

4）启动PLC，观察运行结果，发现运行错误或需要修改程序时重复上面的过程。

下面给出实训内容1）的提示及参考程序。

利用特殊功能位SM0.5产生周期为1 s、占空比为0.5的时基脉冲作为计数器的计数脉冲，建立1 s计数时间单位。使用计数器计数值作为控制数据传送的信号，将控制点亮彩灯的数据传送至输出QB0。参考程序如图5-76所示。

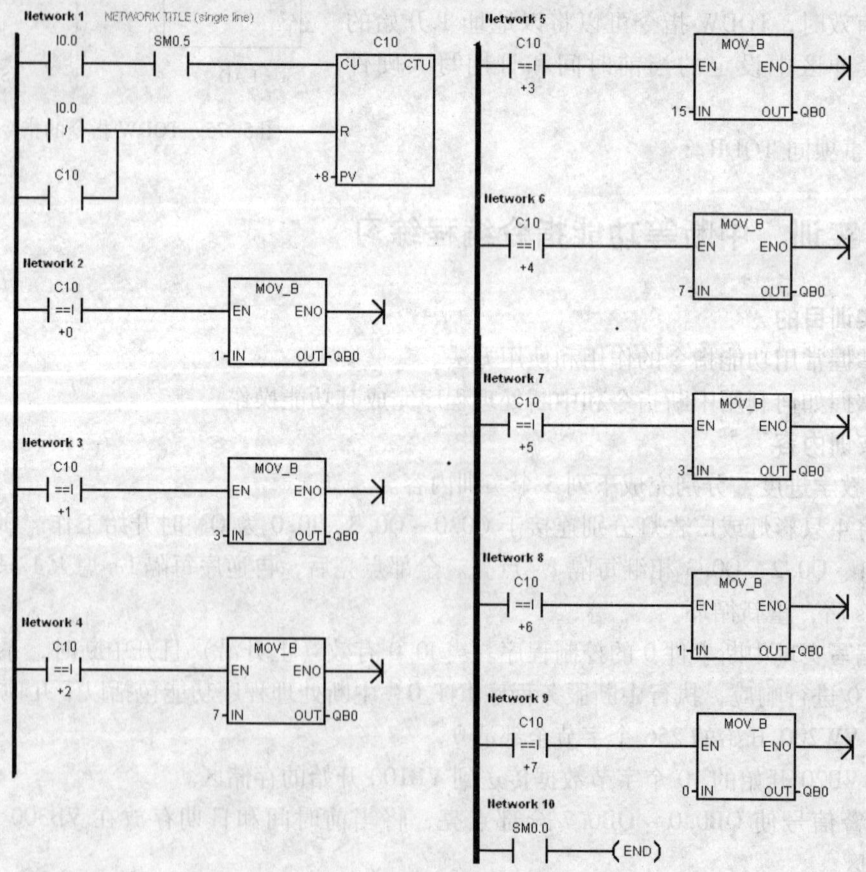

图5-76　彩灯控制器梯形图

下面给出实训内容2）的主程序、中断处理程序 INT_0，如图 5-77 所示。

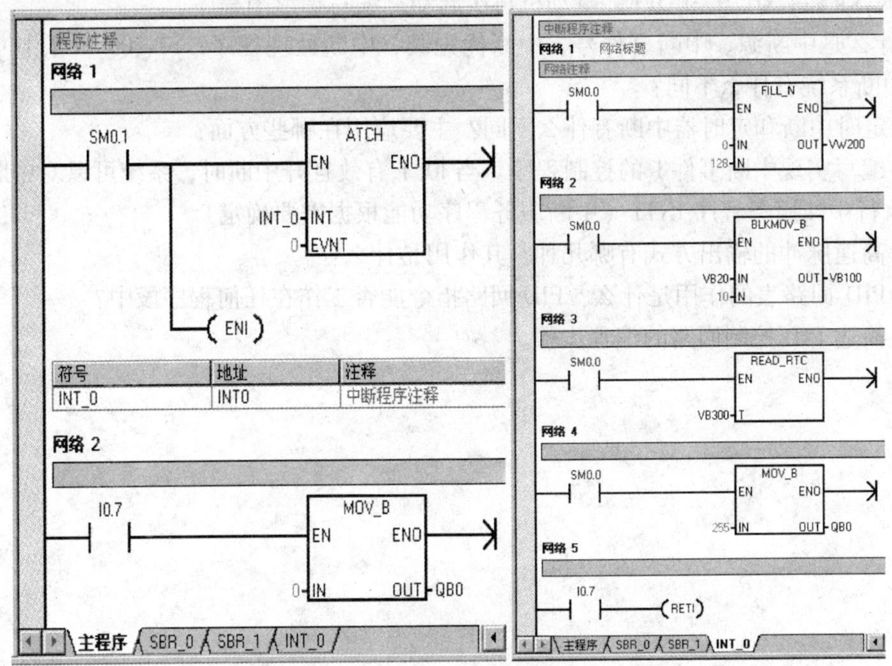

图 5-77　主程序及中断处理程序

思考：若实训内容2）的中断事件号改为1，其他不变，程序如何改动？如何产生中断？

5. 实训操作报告

1）整理出运行调试后的梯形图程序。

2）写出该程序的调试步骤和观察结果。

5.11　思考与练习

1. 什么是 PLC 的功能指令？常见的功能指令有哪些？

2. 简述左、右移位指令和循环左、右移位指令的异同。

3. 字节传送、字传送、双字传送、实数传送指令的功能和指令格式有什么异同？

4. 编程分别实现以下功能。

1）从 VW200 开始的 256 个字节的数据全部清 0。

2）将 VB20 开始的 100 个字节的数据传送到 VB200 开始的存储区。

3）当 I0.1 接通时，记录当前的时间，时间值送入 QB0。

5. 使用 ATT 指令创建表，表格首地址为 VW100，使用表指令找出数据 2000 的位置，存入 AC1 中。

6. 当 I1.1 =1 时，将 VB10 的数值（0 ~9）转换为 7 段显示器码送入 QB0 中。

7. 在输入触点 I0.0 脉冲作用下，读取 4 次 I0.1 的串行输入信号，移位存放在 VB0 的低 4 位。QB0 外接 7 段数码管用于显示串行输入的数据，编写梯形图程序。

8. 设 4 个行程开关（I0.0、I0.1、I0.2、I0.3）分别位于 1 ~4 层。开始 Q1.1 控制电动

机起动。当某一行程开关闭合时，数码管显示相应层号，到达 4 层时电动机停止，Q1.0 为 ON。延时 5 s 后，Q1.0 为 OFF，电动机再次起动。编写梯形图程序。

9. 什么是中断源、中断事件号、中断优先级、中断处理程序？S7-200 PLC 中断与其他计算机中断系统有什么不同？

10. 定时中断和定时器中断有什么不同？主要应用在哪些方面？

11. 编写实现中断事件 1 的控制程序。当 I0.1 有效且开中断时，系统可以对中断 1 进行响应，执行中断服务程序 INT1（中断服务程序功能根据需要确定）。

12. 高速脉冲的输出方式有哪几种？其作用是什么？

13. PID 回路表的作用是什么？PID 回路指令能否工作在任何程序段中？

14. 简述 PID 控制回路的编程步骤。

第 6 章 STEP7-Micro/WIN 编程软件及应用

STEP7-Micro/WIN 是西门子公司专门为 S7-200 PLC 设计的能在 Windows 操作系统下运行的编程软件。该软件可以在线（联机）或离线（脱机）方式下开发用户程序，并可以在线实时监控用户程序的执行状态。它功能强大、使用方便、简单易学，多种编程语言能满足不同用户要求。本章主要从软件安装、功能简介、程序设计、编辑编译、调试监控、下载运行几个方面介绍 STEP7-Micro/WIN 编程软件的功能和使用方法。

6.1 STEP7-Micro/WIN V4.0 安装

STEP7-Micro/WIN 是在 Windows 平台上运行的 S7-200 PLC 编程软件，该软件为用户开发、编辑和监控自己的应用程序提供了良好的编程环境，简单易学。由 STEP7-Micro/WIN 设计的用户程序结构简单清晰，能比较方便地解决复杂的自动控制任务。STEP7-Micro/WIN 目前最新版本为 V4.0，可适用于所有 S7-200 PLC 机型，并能兼容老版本 V3.1 和 V3.2。

6.1.1 计算机配置要求

STEP7-Micro/WIN V4.0 既可以在计算机上运行，也可以在西门子公司的编程器上运行。计算机或编程器的最低配置如下。

- 操作系统：Windows 2000、Windows XP 或 Windows Vista。
- 计算机硬件配置：586 以上兼容机，内存 64 MB 以上，VGA 显示器，至少 350 MB 以上硬盘空间，Windows 支持的鼠标。
- 通信电缆：PC/PPI 电缆（或使用一个通信处理器卡），用于计算机与 PLC 连接。

6.1.2 硬件连接

目前 S7-200 PLC 的 CPU 大多采用 PC/PPI 电缆直接与计算机相连。典型的单 S7-200 PLC 的 CPU 与计算机连接如图 6-1 所示。该连接中，PC/PPI 电缆一端与计算机的 RS-232 通信端口（一般为 COM1 口）相连，另一端与 PLC 的 RS-485 通信端口相连。

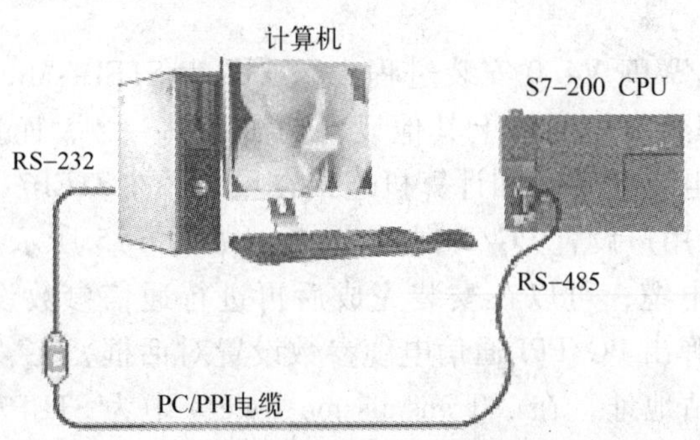

图 6-1 S7-200 PLC 的 CPU 与计算机连接图

6.1.3 软件安装

将 STEP7-Micro/WIN V4.0 的安装光盘插入计算机的光驱中，安装向导程序将自动启动并引导用户完成整个安装过程。用户还可以在安装目录中双击 setup. exe 图标，进入安装向导，按照安装向导完成软件的安装。

1）选择安装程序界面的语言。STEP7-Micro/WIN V4.0 提供有德语、法语、西班牙语、意大利语和英语 5 个选项，系统默认使用英语，如图 6-2 所示。

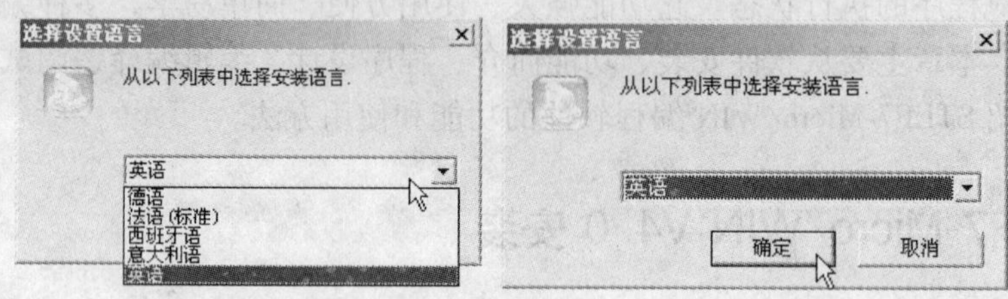

图 6-2 选择安装语言对话框

2）在图 6-2 中单击“确定”按钮，安装向导进入 STEP7-Micro/WIN V4.0 的安装界面，如图 6-3 所示。然后按照向导提示，接受 License 条款，单击“Next”按钮继续。

3）图 6-4 为 STEP7-Micro/WIN V4.0 安装路径选择对话框，单击“Browse…”按钮可以更改安装的目标文件夹，然后单击“Next”按钮继续。

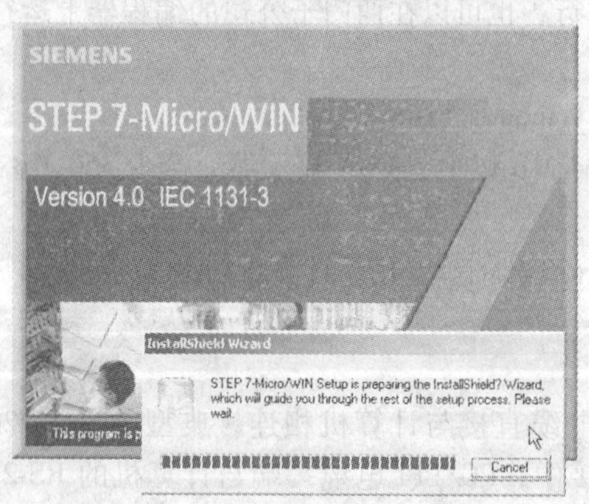

图 6-3 程序安装向导窗口

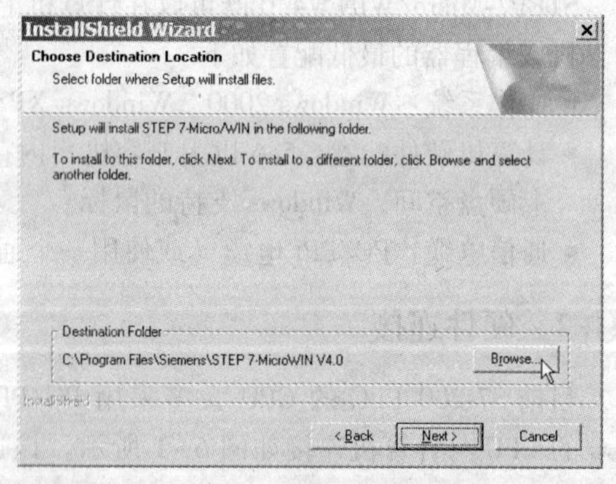

图 6-4 程序安装路径选择对话框

4）在 STEP7-Micro/WIN V4.0 安装过程中，必须为 STEP7-Micro/WIN V4.0 配置波特率和站地址，其波特率必须与网络上其他设备的波特率一致，而且站地址必须唯一。由于之前已经用 PC/PPI 电缆将 PLC 和计算机连接在一起，在 STEP7-Micro/WIN V4.0 SP3 安装过程中，系统会提示用户设置 PG/PC 接口参数，如图 6-5 所示。如果用户在安装软件时，没有连接 PC/PPI 电缆，可以在安装完成后再进行通信参数设置。在图 6-5 中单击“Properties…”按钮，弹出 PC/PPI 通信电缆参数设置对话框，在“Address”中为 STEP7-Micro/WIN V4.0 选择站地址，在“Transmission Rate”中为 STEP7-Micro/WIN V4.0 设置波特率，如图 6-6 所示。PC/PPI 电缆的通信地址默认值为 0（通常情况，不需要改变

STEP7-Micro/WIN V4.0 的默认站地址），通信波特率默认值为 9.6 kbit/s。如果需要修改某些参数，可以直接进行相关修改，再单击“OK”按钮，保存设置后退出接口设置对话框，继续程序安装。

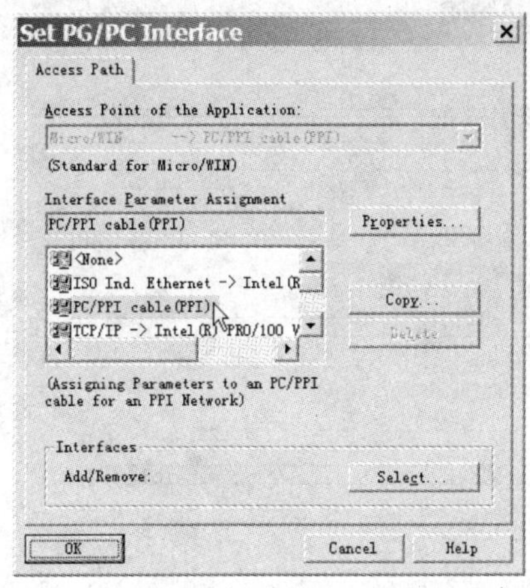

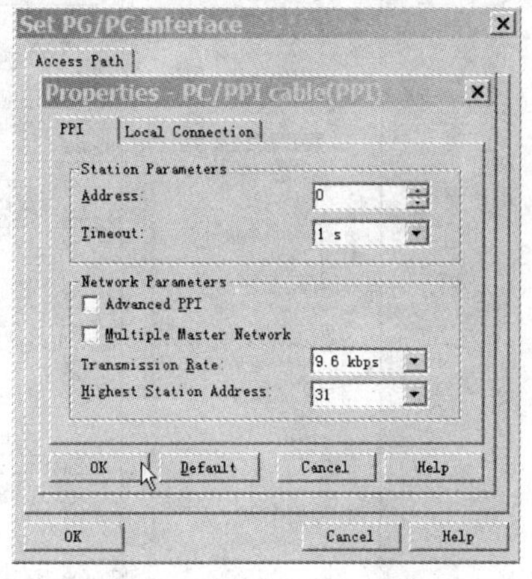

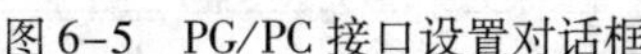
图 6-5　PG/PC 接口设置对话框

图 6-6　接口属性对话框

5）STEP7-Micro/WIN V4.0 SP3 安装完成窗口如图 6-7 所示，同时提示用户在使用该软件之前，必须重新启动计算机，单击“Finish”按钮完成软件的安装。需要注意的是，在 Windows 2000、Windows XP 或 Windows Vista 操作系统上安装 STEP7-Micro/WIN 后，计算机必须以管理员权限登录。

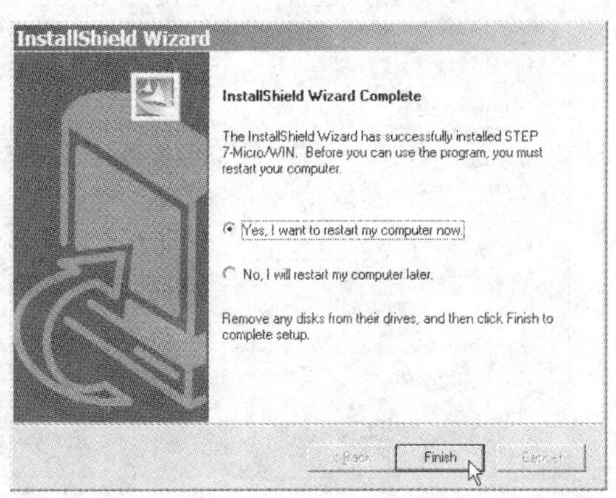

图 6-7　程序安装完成对话框

6）重启计算机后，STEP7-Micro/WIN V4.0 图标会显示在 Windows 桌面上，此时运行 STEP7-Micro/WIN V4.0 为英文界面。如果用户想使用中文界面，必须进行设置。如图 6-8 所示，在主菜单中选择“Tools”中的“Options”选项，在弹出的 Options 选项对话框中，选择“General”（常规），对话框右半部分会显示“Language”选项，选择“Chinese”，如图 6-9 所示。单击“OK”按钮，保存退出，重新启动 STEP7-Micro/WIN V4.0 后即为中文操作界面，如图 6-10 所示。

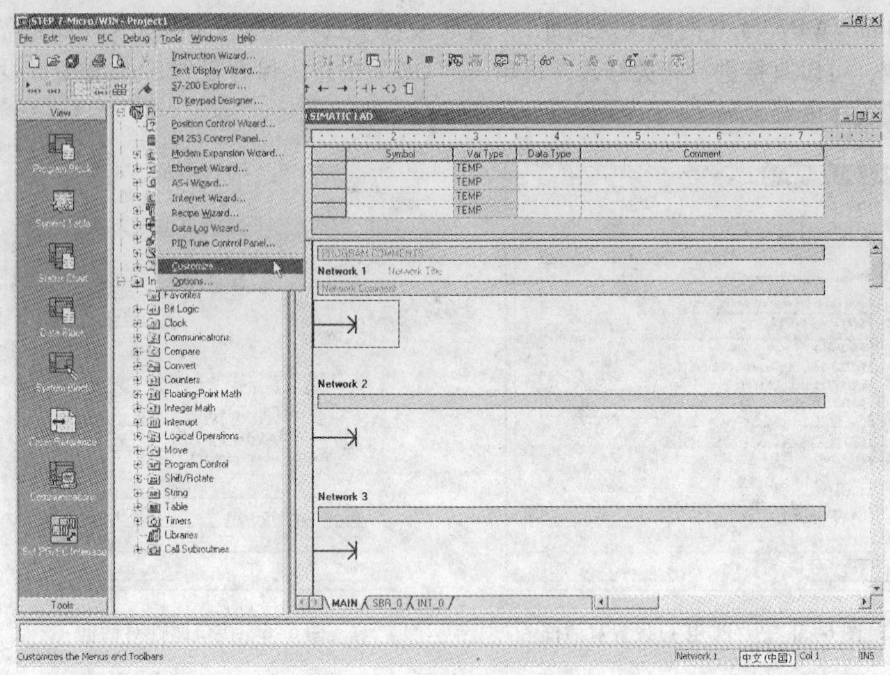

图 6-8　Tools 菜单

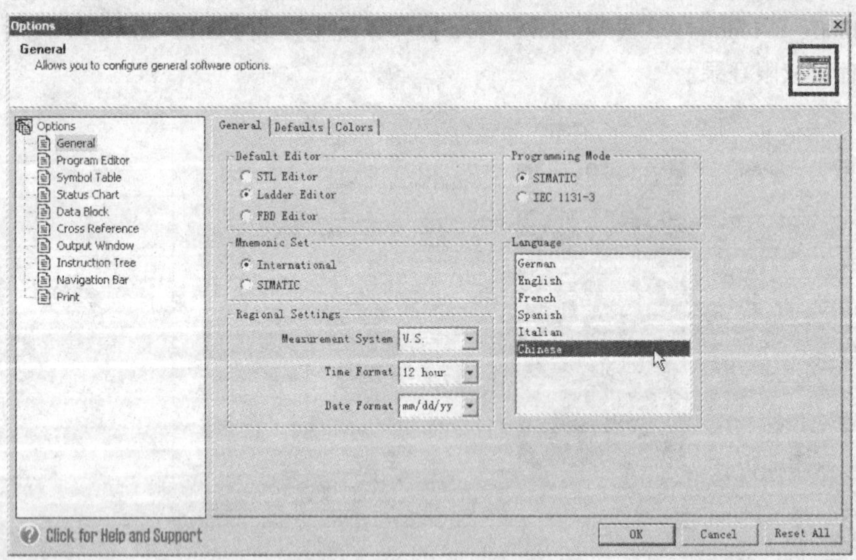

图 6-9　Options 对话框

6.1.4　在线连接

顺利完成硬件连接和软件安装后，就可建立计算机与 S7-200 PLC 的在线联系了。其步骤如下。

1）在 STEP7-Micro/WIN V4.0 主操作界面下，单击操作栏中的“通信”图标或在主菜

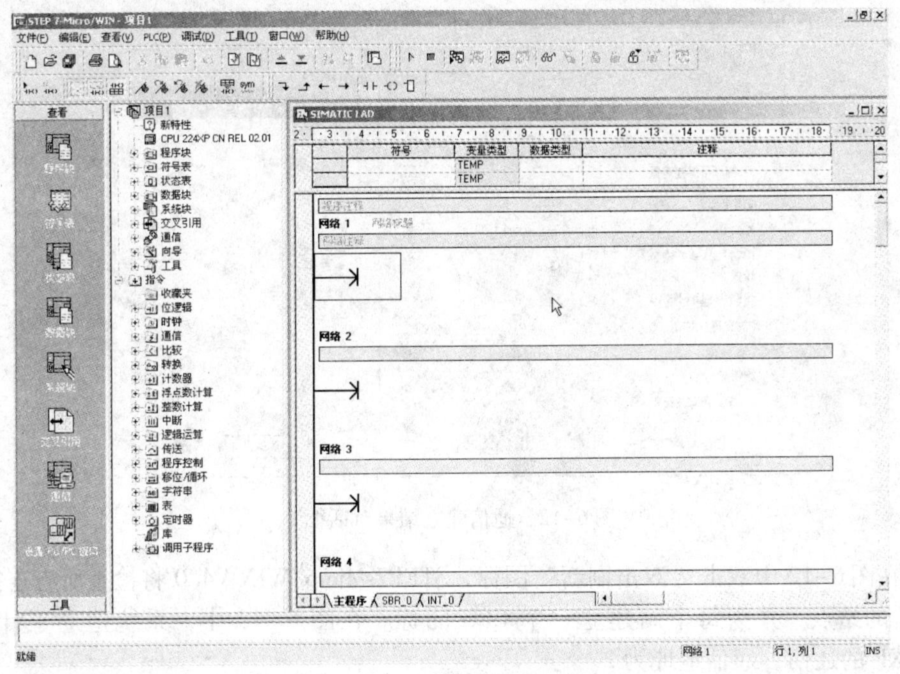

图 6-10　STEP7-Micro/WIN V4.0 中文操作界面

单中选择“查看”→“组件”→“通信”选项，如图 6-11 所示，会出现一个通信建立结果对话框，显示是否连接了 CPU 主机，如图 6-12 所示。

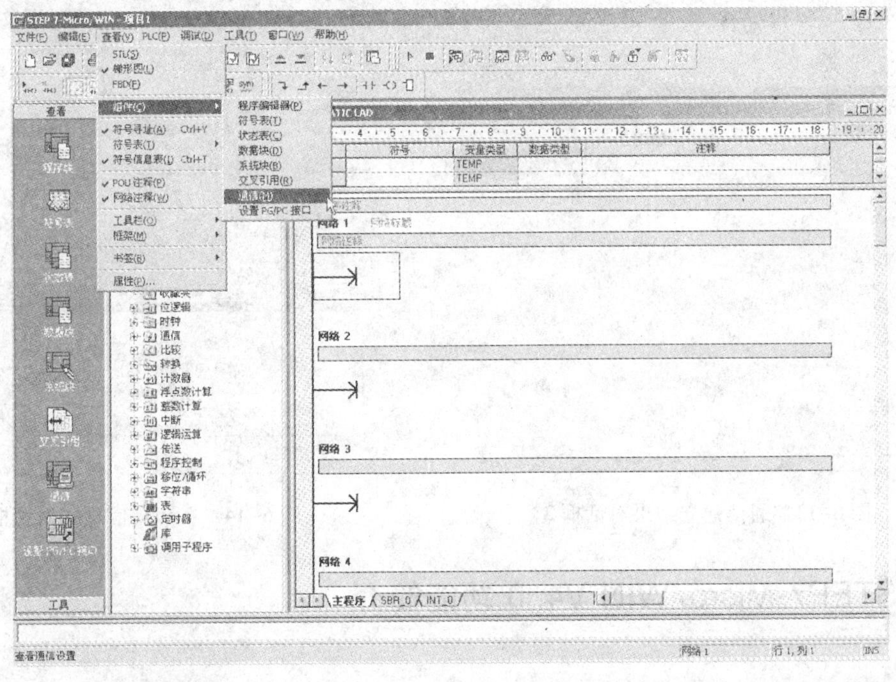

图 6-11　通信选项窗口

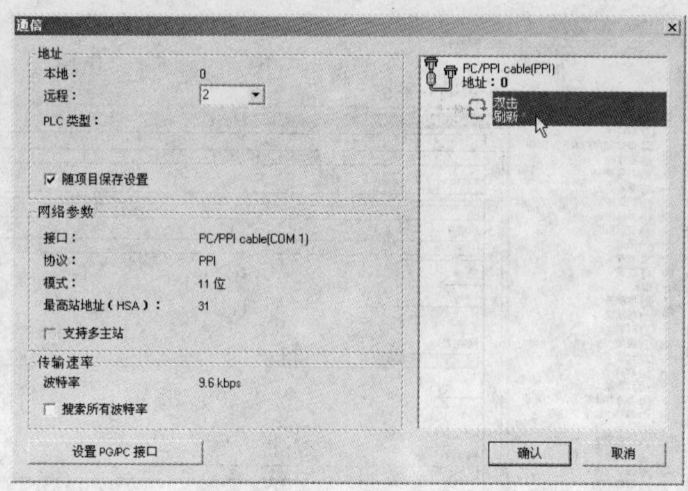

图 6-12　通信建立结果对话框 1

2）在图 6-12 中双击“双击刷新”图标，STEP7-Micro/WIN V4. 0 将检查所有连接到 S7-200 CPU 的站点，并为每个站建立一个 CPU 图标。在图 6-13 中，系统建立了计算机与 CPU224XP 的通信，通信地址为 2。

3）双击要进行通信的站，在通信建立对话框中可以显示所选站的通信参数，如图 6-14 所示。此时，可以建立与 S7-200 PLC 的 CPU 的在线联系，如进行主机组态、上传和下载用户程序等操作。

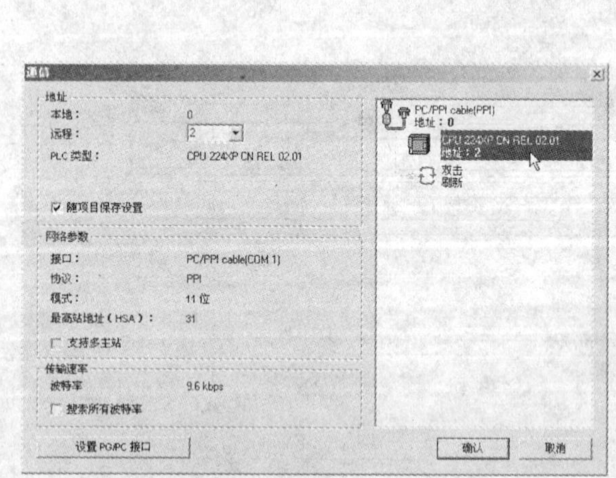

图 6-13　通信建立结果对话框 2

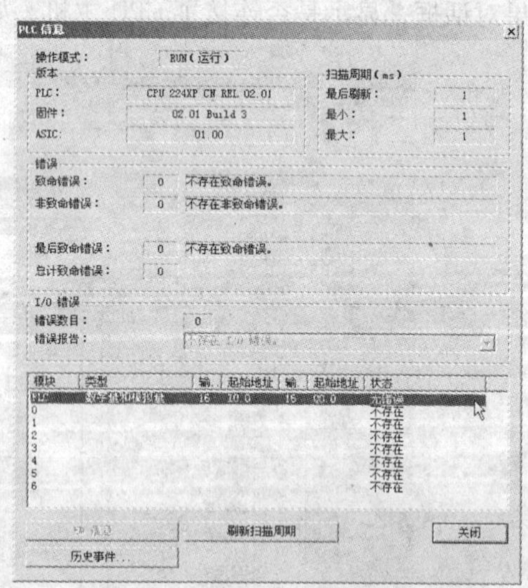

图 6-14　”PLC 信息“对话框

6. 2　STEP7-Micro/WIN V4. 0 功能简介

6. 2. 1　编程软件基本功能

STEP7-Micro/WIN V4. 0 是在 Windows 平台上运行的 S7-200 PLC 编程工具，具有强大的功能。

1）在离线（脱机）方式下可以实现对程序的编辑、编译、调试和系统组态。

2）在线方式下通过联机通信可以上传和下载程序及组态数据，编辑和修改用户程序。

3）支持STL、LAD、FBD 3种编程语言，并且可以在三者之间任意切换。

4）在编辑过程中具有简单的语法检查功能，能够在程序错误处加上红色曲线标注。

5）具有文档管理和密码保护等功能。

6）提供软件工具，能帮助用户调试和监控程序。

7）提供设计复杂程序的向导功能，如指令向导功能、PID自整定界面、配方向导等。

8）支持TD 200和TD 200C文本显示界面。

6.2.2 窗口组件及功能

启动STEP7-Micro/WIN V4.0编程软件，其主界面如图6-15所示。它采用了标准的Windows界面，熟悉Windows的用户可以轻松掌握。

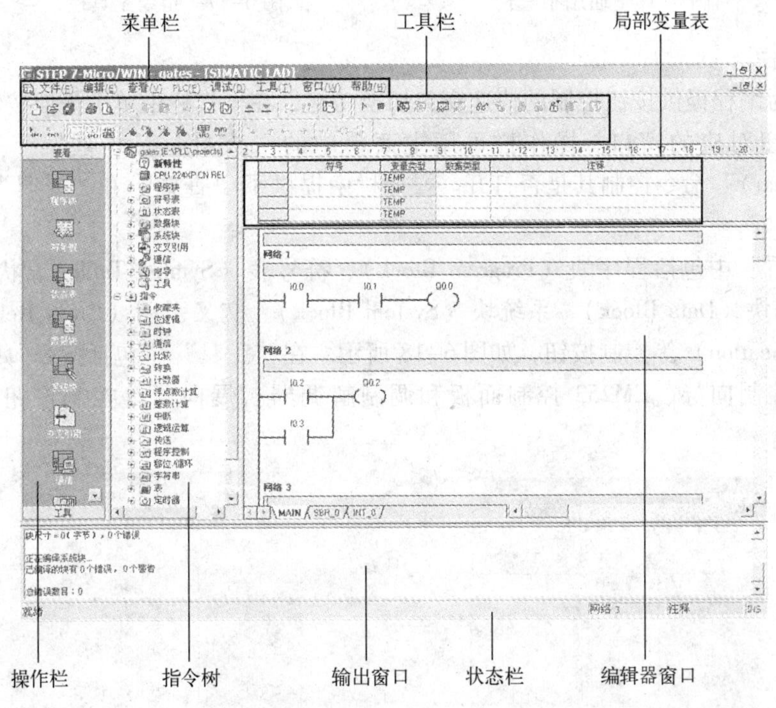

图6-15　STEP7-Micro/WIN V4.0窗口组件

1. 菜单栏

与基于Windows的其他应用软件一样，位于主界面最上方的是STEP7-Micro/WIN V4.0的菜单栏。它包括“文件”、“编辑”、“查看”、“PLC”、“调试”、“工具”、“窗口”及“帮助”8个主菜单选项，这些菜单包含了通常情况下控制编程软件运行的命令，可以通过鼠标或热键执行操作。

2. 工具栏

工具栏中包括最常用的STEP7-Micro/WIN V4.0命令快捷操作图标。用户可以定制工具栏的内容和外观，将最常用的操作以按钮的形式设定到工具栏中。工具栏可以用鼠标进行拖动，放到用户认为合适的位置。图 6-16 是通用的工具栏，图 6-17 是编辑梯形图程序时常用的指令工具栏。

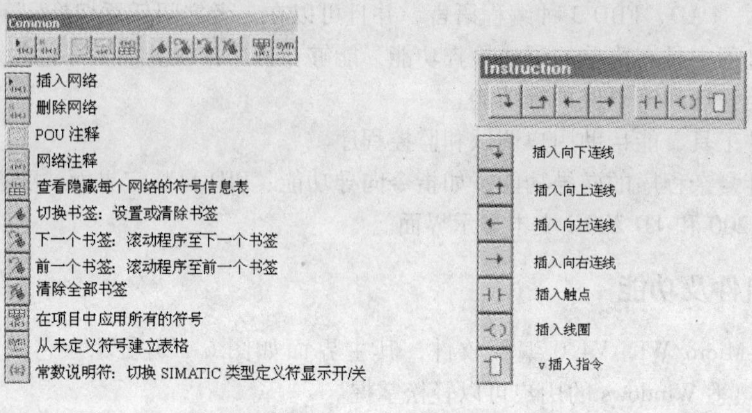

图 6-16　通用工具栏　　　　图 6-17　指令工具栏

3. **操作栏**

操作栏为编程提供按钮控制的快速窗口切换功能，在操作栏中单击任何按钮，主窗口就切换成此按钮对应的窗口。操作栏可用主菜单中的“查看”→“框架”→“导航条”(Navigation Bar)”命令控制其是否打开。操作栏中提供了“查看”和“工具”两种编程按钮控制群组。

在“查看”中包括程序块（Program Block)、符号表（Symbol Table)、状态表（Status Chart)、数据块（Data Block)、系统块（System Block)、交叉引用（Cross Reference）及通信（Communication）等控制按钮，如图 6-18 所示。在“工具”中包括指令向导、文本显示向导、位置控制向导、EM253 控制面板和调制解调器扩展向导等控制按钮，如图 6-19 所示。

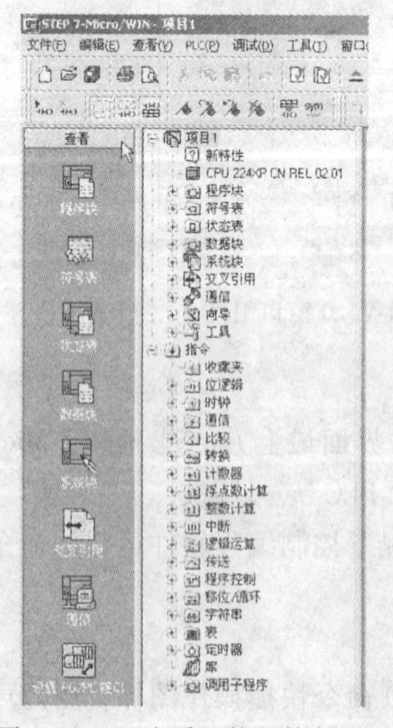

图 6-18　“查看”按钮控制群组

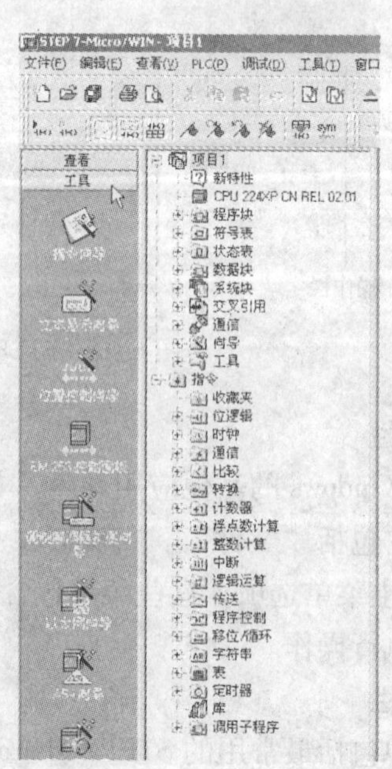

图 6-19　“工具”按钮控制群组

4. **指令树**

指令树是提供所有项目对象和为当前程序编辑器（LAD 或 STL）提供所有指令的树形视图。指令树可用主菜单中的“查看”→“框架”→“指令树”命令控制其是否打开。

5. **输出窗口**

输出窗口用来显示程序编译的结果信息，如各程序块（主程序、子程序数量及子程序号、中断程序数量及中断程序号等）及各块大小、编译结果有无错误以及错误编码及其位置。输出窗口可用主菜单中的“查看”→“框架”→“输出窗口”命令控制其是否打开。

6. **状态栏**

状态栏提供在 STEP7-Micro/WIN V4.0 中操作时的操作状态信息。如在编辑模式中工作时，它会显示简要的状态说明、当前网络号码光标位置等编辑信息。

7. **程序编译器**

程序编辑器包含局部变量表和程序视图窗口，如图 6-20 所示。如果需要，用户可以拖动分割条，扩展程序视图，并覆盖局部变量表。当用户在主程序之外建立子程序或中断程序时，标记出现在程序编辑器窗口的底部。这时可单击该标记，在子程序、中断和主程序之间移动。

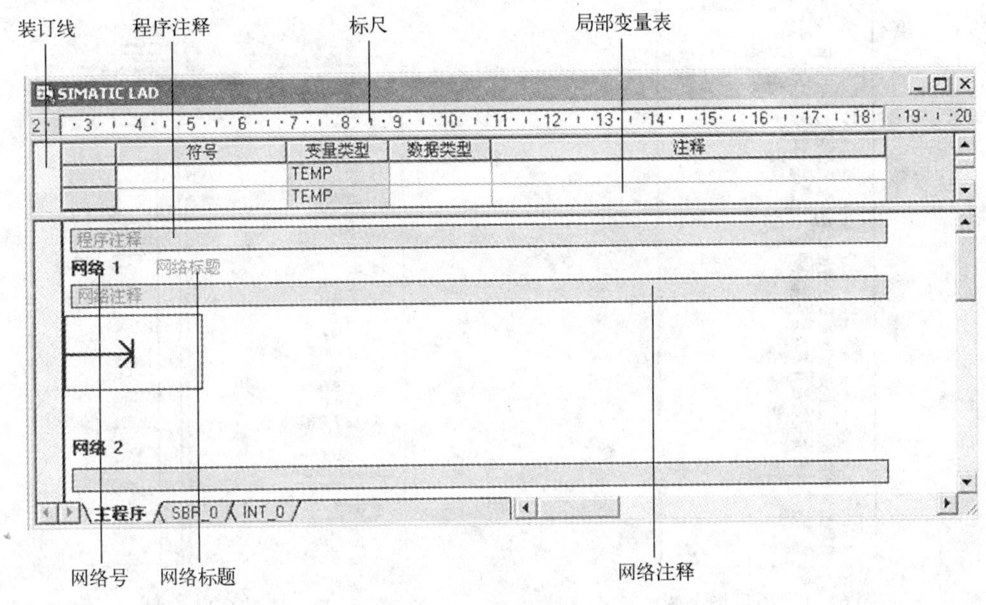

图 6-20　程序编辑器窗口

8. **局部变量表**

每个程序块都对应一个局部变量。在带有参数的子程序调用中，参数的传递是通过局部变量表进行的。局部变量表包含对局部变量的赋值（即子程序和中断程序中使用的变量）。

6.3　程序编辑

利用 STEP7-Micro/WIN V4.0 编程软件进行程序编辑，是学习掌握 STEP7-Micro/WIN V4.0 编程软件的重要目的。本节以如何实现一个具有自启动功能的定时器为例，重点介绍梯形图编辑器下的编辑过程和基本操作。

6.3.1 建立项目

1. 新建项目

双击 STEP7-Micro/WIN V4.0 图标，或在菜单中选择“开始”→“SIMATIC”→“STEP7”-“Micro/WIN V4.0”启动应用程序，同时会打开一个新项目。单击工具条中的“新建”按钮或者选择主菜单中“文件”→“新建”命令也能新建一个项目，如图 6-21 所示。一个新建项目程序的指令树，包含程序块、符号表、状态表、数据块、系统块、交叉引用、通信、向导以及工具等 9 个相关的块，其中程序块中有一个主程序 OB1，一个子程序 SBR_0 和一个中断程序 INT_0。

用户可以根据实际需要对新建项目进行以下修改。

（1）选择 CPU 主机型号

用鼠标右键单击“CPU 221 REL 01.10”图标，在弹出的菜单中选择“类型”命令，如图 6-22 所示，会弹出“PLC 类型”对话框，从中可以选择合适的 PLC 类型。这里选择 CPU 224XP CN0201，如图 6-23 所示。

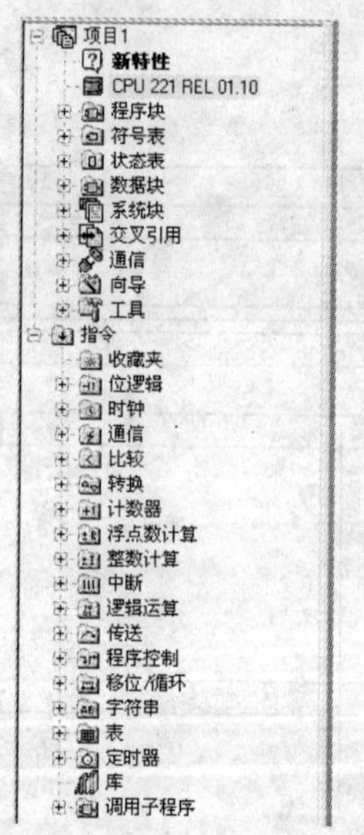

图 6-21 项目指令树

图 6-22 选择 CPU 型号

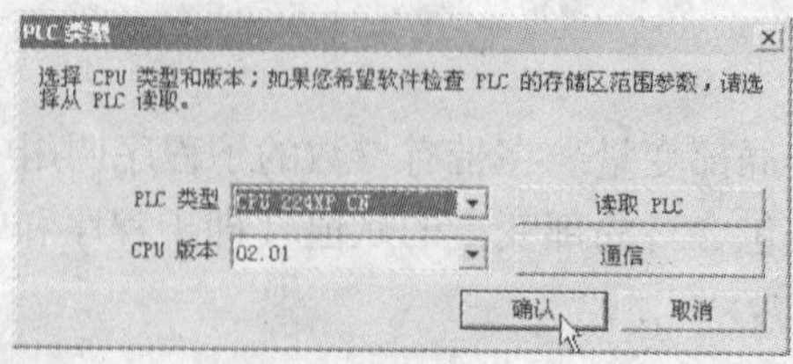

图 6-23 “PLC 类型”对话框

（2）添加子程序或中断程序

用鼠标右键单击程序块图标，选择“插入”→“子程序”或“插入”→“中断程序”即可添加一个新的子程序或中断程序，如图 6-24 所示。

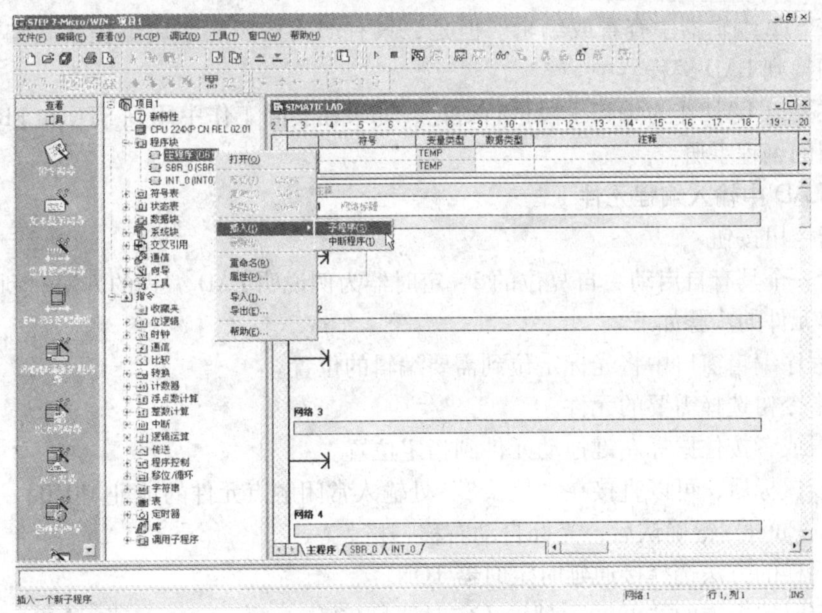

图 6-24　插入子程序对话框

(3) 程序更名

在项目中所有的程序都可以修改名称。用鼠标右键单击各个程序图标，在弹出的对话中选择“重命名”，即可修改程序名称。

(4) 项目更名

在主菜单中选择“文件”→“另存为…”命令，在弹出的对话框中，可以更改项目名称，还可以选择用户保存项目的位置，如图 6-25 所示。

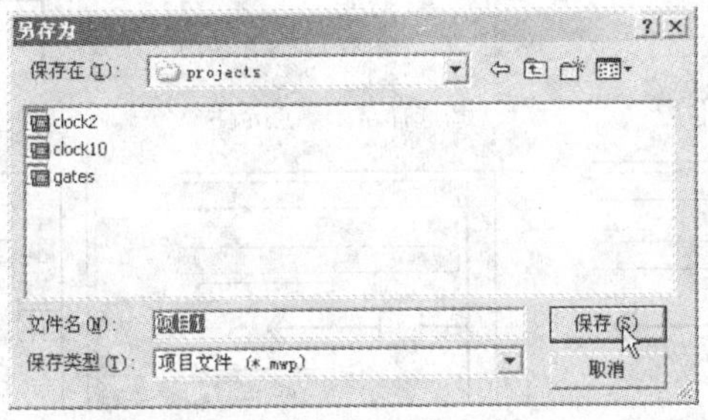

图 6-25　“另存为”对话框

2. **打开现有的项目**

在 STEP7-Micro/WIN V4.0 编程软件主界面中，单击工具栏中的“打开”按钮，允许用户浏览一个现有项目，并且打开该项目。如果用户最近在某一项目中工作过，该项目会在“文件”菜单下列出，可直接选择并打开。

6.3.2　编辑程序

STEP7-Micro/WIN V4.0 编程软件有很强的编辑功能，可以让用户创建梯形图（LAD）程序、语句表（STL）程序与功能块图（FBD）程序，而且用任何一种编程器编写的程序都可以用另外一种编辑器来浏览和编辑。通常情况下，用 LAD 编辑器或 FBD 编辑器编写的程序都可以在 STL 编辑器中查看或编辑。但是，只有严格按照网络块编程格式编写的 STL 程序才可以切换到 LAD 编程器中。

本节主要以 LAD 作为编程手段进行讨论，如果在实际工作中用到 STL 和 FBD 可以参考西门子公司的编程手册。

1. 在 LAD 中输入编程元件

(1) 指令树按钮

以设计一个具有自启动、自复位的 2 s 定时器为例说明 LAD 编程的方法。利用指令树按钮输入编程元件的步骤如下。

1）在程序编辑窗口中将光标定位到需要编辑的位置。

2）从指令树选择需要的元件。

3）双击或者按住鼠标左键拖动元件到指定位置。

4）释放鼠标后，可以直接在“??.?”处输入常闭触点元件的地址 M0.0。

5）按〈Enter〉键确认后，光标自动右移一格。

6）用同样的方法选择接通延时定时器 TON。

7）在定时器上方的“????”处输入定时器号 T37。

8）按〈Enter〉键确认后，光标自动移动到预置时间值输入处。输入 20 再按〈Enter〉键确认。

9）单击“网络注释”，输入注释信息“启动定时器”，按〈Enter〉键确认，完成设计。

图 6-26 为定时器程序段 1，用于实现定时器的启动功能。

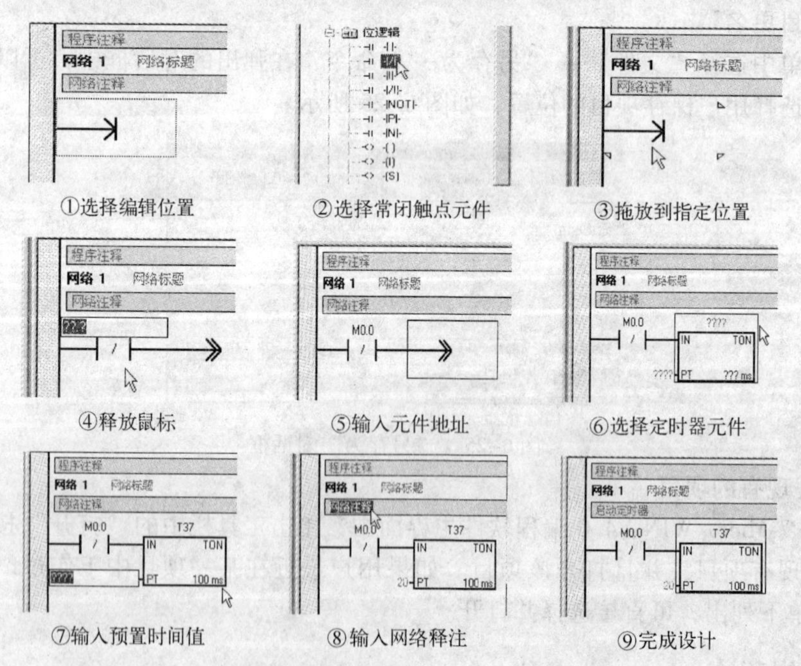

①选择编辑位置　②选择常闭触点元件　③拖放到指定位置

④释放鼠标　⑤输入元件地址　⑥选择定时器元件

⑦输入预置时间值　⑧输入网络释注　⑨完成设计

图 6-26　定时器程序段 1

(2) 工具条按钮

单击指令工具条上的触点、线圈或指令盒按钮，会出现一个下拉列表，如图 6-27 所示。滚动或键入开头的几个字母，查找所需的指令。双击该指令或使用〈Enter〉键插入该指令。也可以使用功能键（〈F4〉为触点、〈F6〉为线圈、〈F9〉为指令盒）插入一个类属指令。

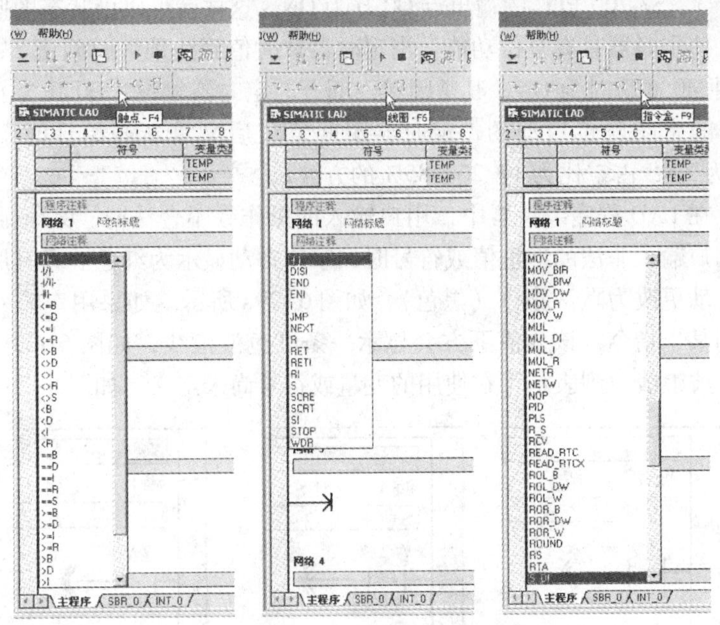

图 6-27 类属指令列表

下面用指令工具条的按钮完成 2 s 定时器自启动、自复位程序段。

1）在输入触点指令中，选择“ >= I”指令，拖放到网络 2 的合适位置。

2）单击触点上方的“????”，输入定时器号 T37，按〈Enter〉键确认后，光标会自动移动到比较指令下方的比较值参数。在该处输入比较值 3，再按〈Enter〉键确认。

3）选择线圈指令，拖放输出线圈到程序段 2 中，并输入地址 Q0.0，按〈Enter〉键确认。

4）在网络 3 中，输入常开触点 T37，输出线圈 M0.0，并按〈Enter〉键确认后，完成了具有自启动、自复位的 2 s 定时器的程序，如图 6-28 所示。

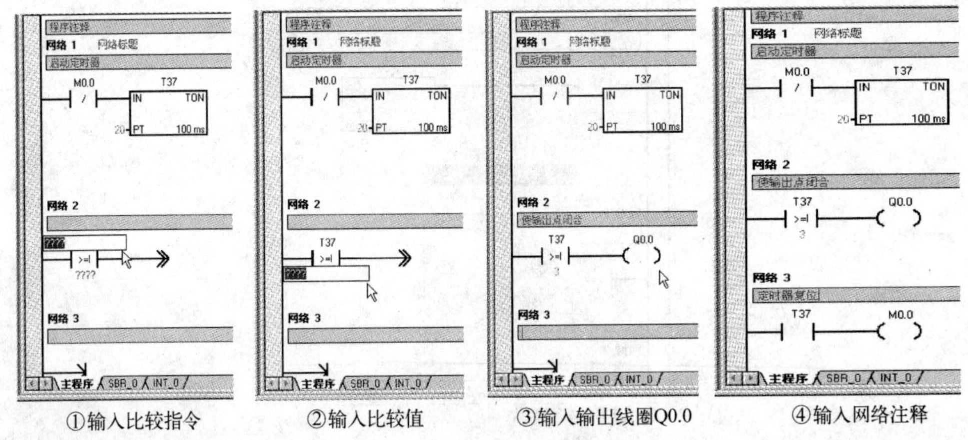

图 6-28 定时器 LAD 程序

在程序段 1 中，分辨率为 100 ms 的定时器 T37 在 2 s 后触点闭合，但是线圈 M0.0 处通过的脉冲太狭窄，不利于状态图监视。在程序段 2 中，利用比较指令，当定时器当前值大于等于 3（即 0.3 s），S7-200 PLC 的输出点 Q0.0 为 ON，这样就可以由状态图监视程序的工作情况。程序段 3 使定时器具有复位功能。当定时器计时值到达预置时间值 2 s 时，定时器触点闭合，使线圈 M0.0 瞬时为 ON，其常闭触点断开，定时器复位，Q0.0 为 OFF。由于定时器是利用 M0.0 的常闭触点启动的，定时器瞬间复位后又重新开始计时，周而复始，使 Q0.0 输出周期为 2 s，占空比为 17/20 = 85% 的方波。

需要注意，在 LAD 程序编辑器中，用户输入的操作数不合法时，系统能自动显示错误信息提示。当用户输入非法的地址值或符号时，字体自动显示为红色。只有用有效数值替换后系统才将其自动更改为默认颜色（黑色），如图 6-29a 所示。如果用户输入的数值超过了范围或者不适用某个指令，该数值下方会显示一条红色波浪线，如图 6-29b 所示。而数值下方的一条绿色波浪线，则表示正在使用的变量或符号尚未定义，如图 6-29c 所示。

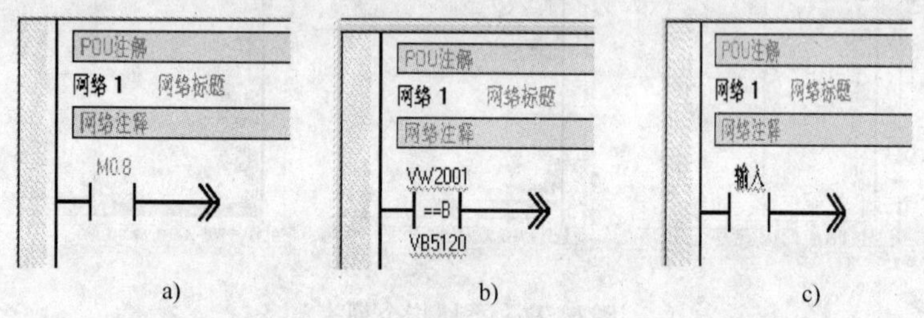

图 6-29 LAD 显示条目错误示例

a）红色文字示例 b）红色波浪线示例 c）绿色波浪线示例

2. 在 LAD 中编辑程序元素

在 STEP7-Micro/WIN V4.0 中程序元素可以是单元、指令、地址或网络，编辑方法与普通文字处理软件相似。当单击指令时，指令周围会出现一个方框，显示用户选择的指令。用户可以使用鼠标右键单击该方框，在该位置进行剪切、复制、粘贴，以及插入或删除行、列、垂直线或网络的操作，如图 6-30 所示。

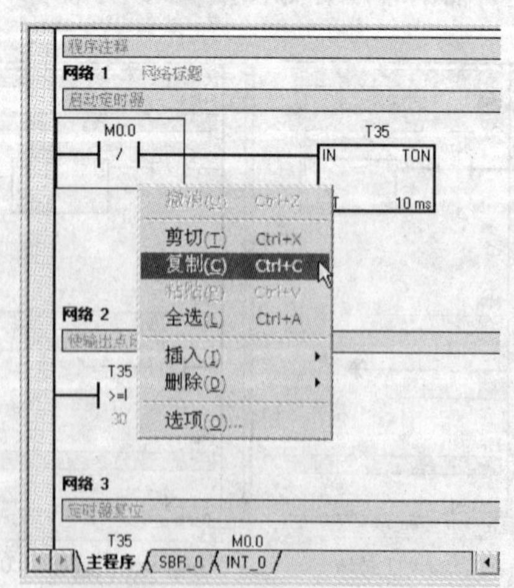

图 6-30 程序元素编辑

利用同样的方法，可以对指令参数、单元格、网络标题等进行编辑。用户也可以使用工具条按钮、标准窗口控制键和“编辑”菜单对程序元素进行剪切、复制或粘贴等操作。如果需要删除某个元件时，最快捷的方法是使用〈Delete〉键直接删除。

6.3.3 创建逻辑网络的规则

使用 LAD 进行编程时必须遵循一定的规则才能减少程序的错误。

1. 放置元件的规则

外部输入/输出继电器、内部继电器、定时器、计数器等器件的接点可多次重复使用，无需用复杂的程序结构来减少接点的使用次数。每个梯形图程序必须符合顺序执行的原则，即从左到右、从上到下地执行。如不符合顺序执行的电路就不能直接编程。

2. 放置触点的规则

每个网络必须以一个触点开始，但网络不能以触点终止。梯形图每一行都是从左母线开始，线圈接在右边，触点不能放在线圈的右边。另外，串联触点可无限次地使用。

3. 放置线圈的规则

线圈不能直接与左母线相连，线圈用于终止逻辑网络。一个网络可有若干个线圈，但要求线圈位于该特定网络的并行分支上，即两个或两个以上的线圈可以并联输出。此外，不能在网络上串联两个或两个以上线圈，即不能在一个网络的一条水平线上放置多个线圈。

4. 放置方框的规则

如果方框有使能输出端 ENO，使能位扩充至方框外，这意味着用户可以在方框后放置更多的指令。在网络的同级电路中，可以串联若干个带 ENO 的方框。如果方框没有 ENO，则不能在其后放置任何指令。

5. 网络尺寸限制

用户可以将程序编辑器窗口视作划分为单元格的网格（单元格是可放置指令、参数指定值或绘制线段的区域）。在网格中，一个单独的网络最多能垂直扩充 32 个单元格或水平扩充 32 个单元。可以用鼠标右键单击程序编辑器并选择“选项”菜单项改变网格大小（网格初始宽度为 100）。

6.4 编译下载

6.4.1 程序编译

程序编辑完成后，可以选择菜单“PLC”→“编译或全部编译”命令进行离线编译，或者单击工具栏的“编译或全部编译”按钮，如图 6-31 所示。在编译时，“输出窗口”列出了发生的所有错误，包括错误出现的具体位置（网络、行和列）以及错误类型识别，如图 6-32 所示。用户可以双击错误线，调出程序编辑器中包含错误的代码网络。编译程序错误代码可以查看 STEP7-Micro/WIN V4.0 的帮助与索引。

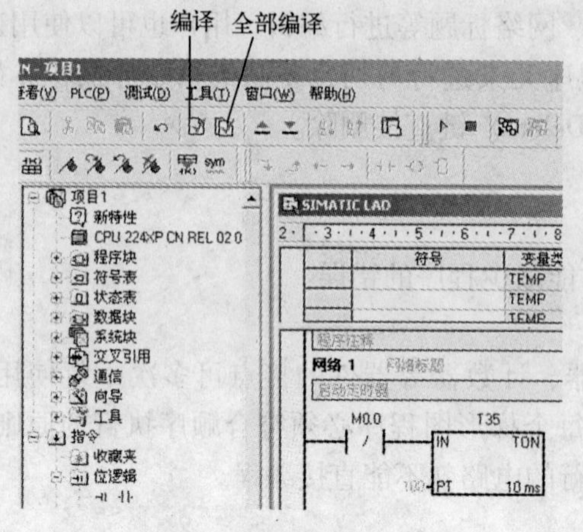

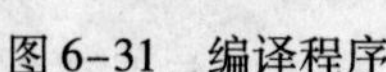
图 6-31　编译程序

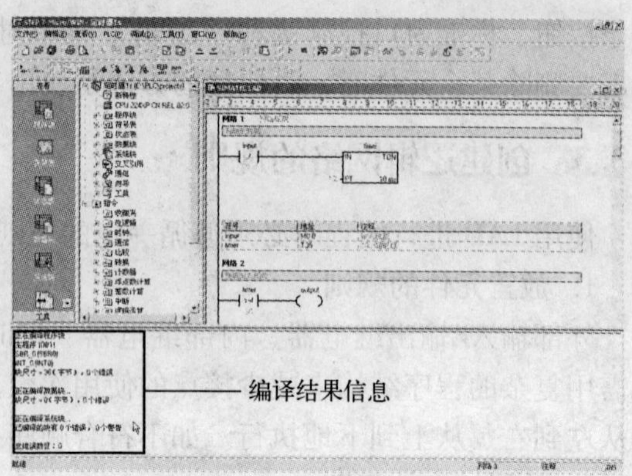

图 6-32　编译结果显示

6.4.2　程序下载

如果编译无误，用户就可以将程序下载到 PLC 中了。当下载程序到 PLC 中时，新的下载块内容将覆盖 PLC 块中的内容。因此，用户要按以下步骤进行操作。

1）下载程序之前，用户必须核实 PLC 是否处于“停止”模式。检查 PLC 上的模式指示灯，如果 PLC 未处于“停止”模式，单击工具条中的“停止”按钮，或选择菜单“PLC”→“停止”命令。

2）单击工具栏中的“下载”按钮，或选择菜单“文件”→“下载”命令，如图 6-33 所示，出现“下载”对话框。

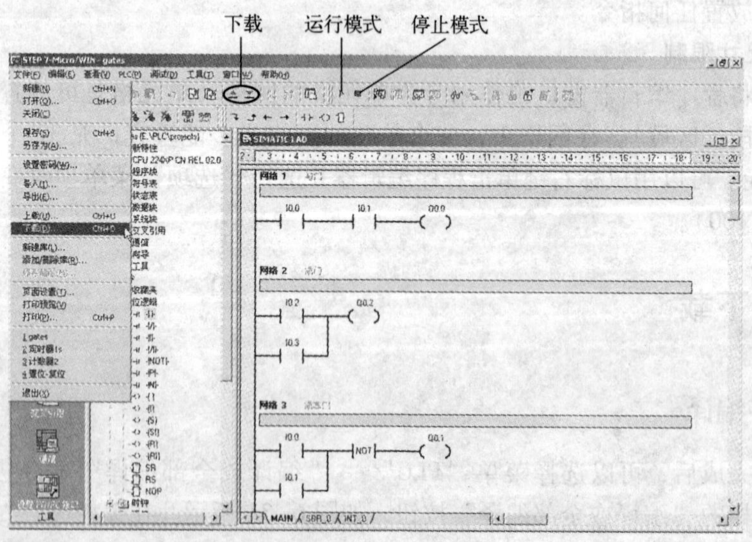

图 6-33　程序下载命令

3）用户在初次发出下载命令时，系统默认“程序块”、“数据块”和“系统块”复选框被选择。如果不需要下载某一特定的块，取消该复选框即可，如图 6-34 所示。出于安全考虑，用户在下载程序时，程序块、数据块和系统块将被存储在永久存储器中，而配方和数据记录配置将存储在存储卡中，并更新原有的配方和数据记录。单击“下载”按钮开始用户程序的下载。

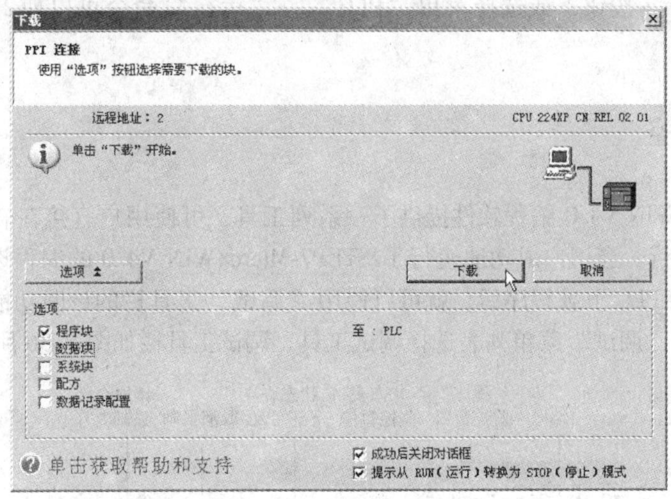

图 6-34　程序下载对话框

4）如果下载成功，用户可以看到“输出窗口”中程序下载情况的信息，如图 6-35 所示。

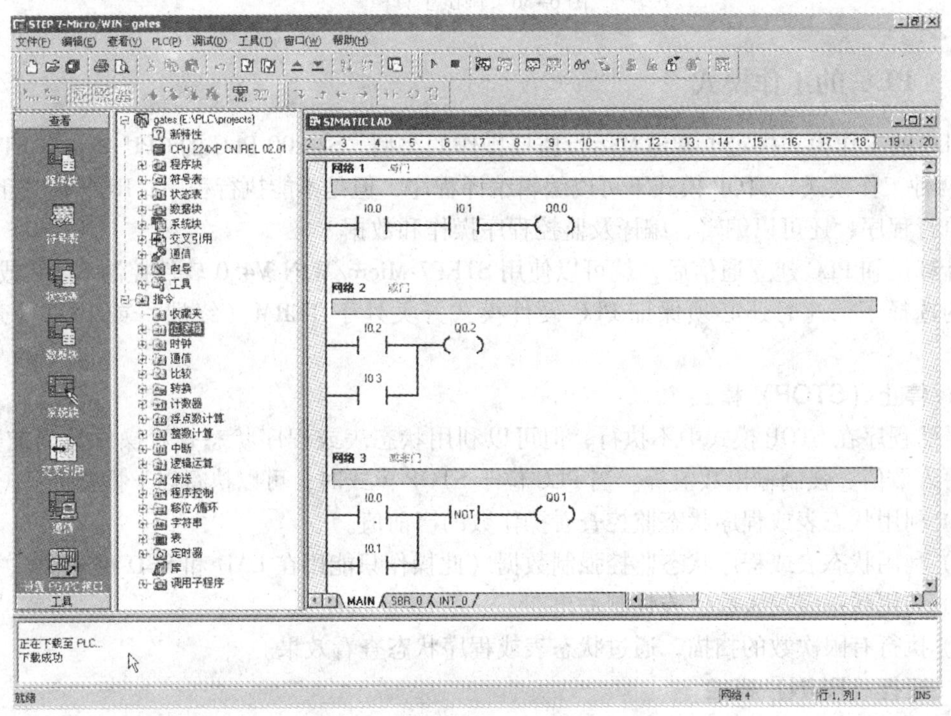

图 6-35　程序下载成功信息显示

5）如果 STEP7-Micro/WIN V4.0 中用于用户 PLC 类型的数值与用户实际使用的 PLC 不匹配，系统会显示警告信息“为项目所选的 PLC 类型与远程 PLC 类型不匹配。继续下载吗?”。此时用户可终止程序下载，纠正 PLC 类型后，再单击“下载”按钮，重新下载程序。

6）下载成功后，必须将 PLC 从“停止”模式转换为“运行”模式才能运行程序。单击工具栏中的“运行”按钮，或选择菜单“PLC”→“运行”命令可以使 PLC 处于“运行”模式。

6.5 调试监控

STEP7-Micro/WIN V4.0 编程软件提供了一系列工具，可使用户直接在软件环境下调试并监视用户程序的执行。当用户成功地运行了 STEP7-Micro/WIN V4.0 的编程设备，同时建立了和 PLC 的通信并向 PLC 下载程序后，就可以使用“调试”工具栏的诊断功能了。可以通过单击工具栏按钮或从“调试”菜单列表选择调试工具。调试工具栏如图 6-36 所示。

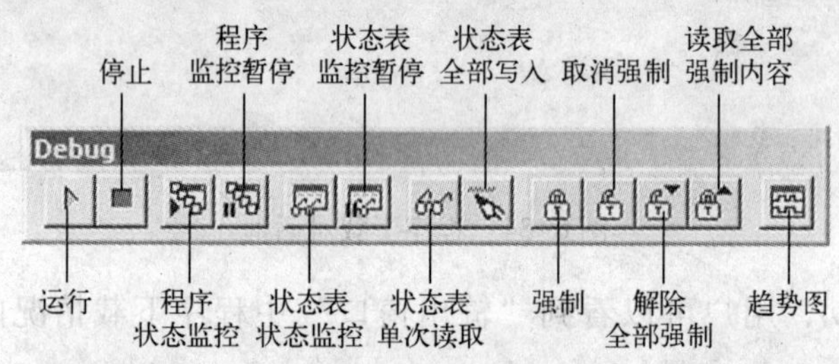

图 6-36 调试工具栏

6.5.1 PLC 的工作模式

PLC 的工作模式决定了调试及运行监控操作的类型。S7-200 PLC 的 CPU 主要有 STOP 和 RUN 两种工作模式，STOP 模式下可以编辑编译程序，但是不能执行程序；RUN 模式下不仅可以执行程序，还可以编辑、编译及监控程序操作和数据。

计算机和 PLC 建立通信后，就可以使用 STEP7-Micro/WIN V4.0 软件控制 STOP 或 RUN 模式的选择了，此时还必须保证 PLC 硬件模式开关处于 TERM（终端）或 RUN（运行）位置。

1. 停止（STOP）模式

虽然程序在 STOP 模式中不执行，但可以利用状态表或程序状态查看操作数当前数值、强制写入数值、强制输出数值等。当 PLC 位于 STOP 模式时，可以执行以下操作。

1）利用状态表或程序状态监控查看操作数的当前值。

2）利用状态表或程序状态监控强制数据（此操作只能用在 LAD 和 FBD 程序状态中）。

3）利用状态表写入数值或强制输出。

4）执行有限次数的扫描，通过状态表或程序状态查看效果。

2. 运行（RUN）模式

当 PLC 处于 RUN 模式时，不能使用“首次扫描”或“多次扫描”功能。但可以在状态表中写入强制数据，或者使用 LAD 程序编辑器强制数据，方法与在 STOP 模式中强制数据相同。此外还可以执行以下操作。

1）使用状态表采集 PLC 数据的连续更新信息。如果使用单次更新，必须先关闭状态表监控，才能使用“单次读取”命令。

2）使用程序状态监控采集 PLC 数据的连续更新信息。

3）使用“运行模式中的程序编辑”功能编辑程序，并将改动下载至 PLC。

6.5.2 选择扫描次数

将 PLC 置于 STOP 模式，在联机通信时选择单次或多次扫描来监视用户程序，可以有效地提高用户程序的调试效率。

1. 初次扫描

首先将 PLC 置于 STOP 模式，然后选择菜单“调试”（Debug）→“初次扫描”（First Scans）命令，如图 6-37 所示。第一次扫描时，SM0.1 数值为 1（打开）。

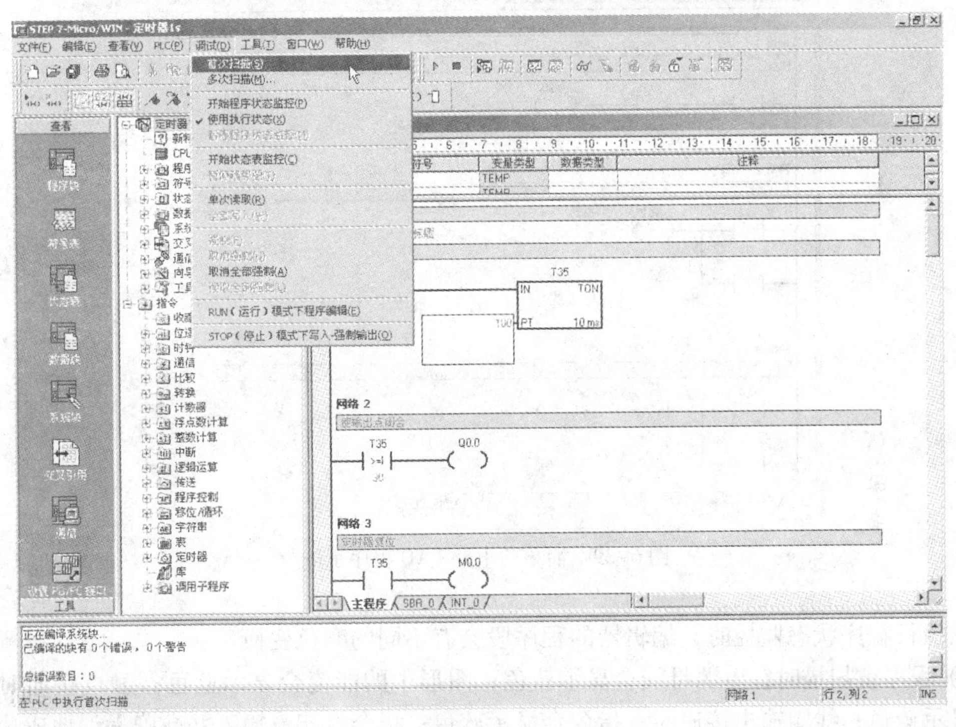

图 6-37 选择初次扫描命令

2. 多次扫描

首先将 PLC 置于 STOP 模式，然后选择菜单“调试”（Debug）→“多次扫描”（Multiple Scans）命令，弹出如图 6-38 所示的扫描次数设置对话框。扫描次数的范围是 1 ~ 65535，系统默认为 1 次。设置合适的扫描次数后，单击“确认”按钮进行监视。

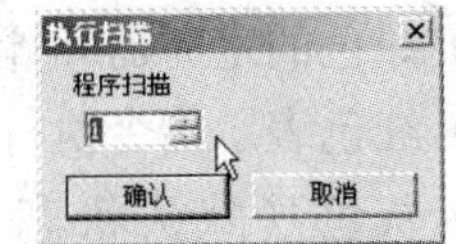

图 6-38 设置扫描次数

6.5.3 状态监控

所谓状态监控是指显示程序在 PLC 中执行时相关数据的当前值和能流状态的信息。可以使用状态表和程序状态监控窗口读取、写入和强制 PLC 数据值。在控制程序的执行过程中，PLC 数据的动态改变可用两种不同方式查看。

1. 程序状态监控

程序状态监控是指在程序编辑器窗口中显示状态数据。当前 PLC 数据值会显示在引用该数据的 LAD 图形或 STL 语句旁边。LAD 图形也显示能流，由此可看出哪个图形分支在活动中。单击工具条中的“程序状态监控”按钮，或选择菜单“调试”→“开始程序状态监控”命令，即可打开程序状态监控功能。

图 6-39 为门电路的 LAD 程序，该程序包含 3 个程序段。其中，I0.0、I0.1、I0.2 及 I0.3 为输入点，Q0.0、Q0.1 及 Q0.2 为输出点。网络 1 实现了与门功能，网络 2 实现了或门功能，网络 3 实现了或非门的功能。图 6-40 为该程序的 LAD 状态监控结果。

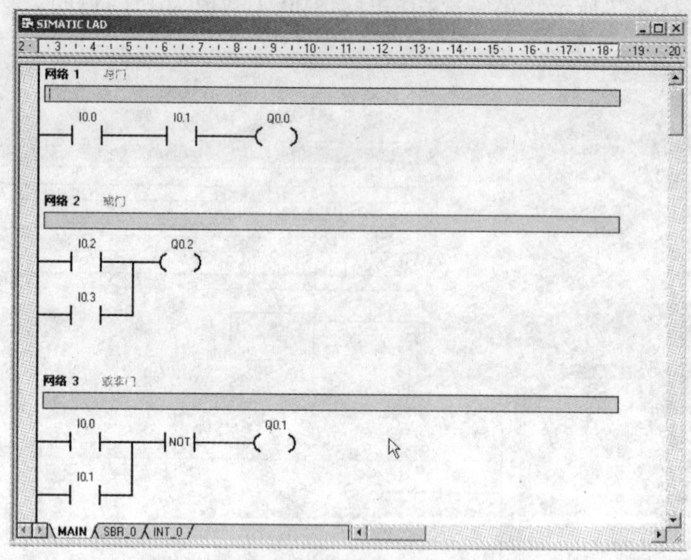

图 6-39 简单门电路 LAD 程序示例

在执行程序状态监控时，编辑器的程序段会有不同的颜色变换。

1）程序被扫描时，电源母线会显示蓝色；图形中的能流会显示蓝色；触点接通时，指令会显示蓝色；线圈输出接通时，指令会显示蓝色；指令有能流输入并准确无误地成功执行时，指令盒方框会显示蓝色。

2）绿色的定时器和计数器表示定时器和计数器包含有效数据。

3）红色表示指令执行时发生错误。

4）灰色（默认状态）表示无能流、指令未扫描（跳过或未调用）或 PLC 位于 STOP 模式。如跳转和标签指令激活时，以能流的颜色显示；如果为非激活状态，则显示为灰色。

2. 趋势图显示

趋势图显示是指用随时间而变的 PLC 数据绘图跟踪状态数据。用户可以将现有的状态表在表格视图和趋势视图之间切换，新的趋势数据也可在趋势视图中直接生成。

仍以门电路为例说明。图 6-41 为该程序的趋势图监视图，其中图 6-41a 是无强制值的情况。从趋势图中可以清晰地看到，当输入点 I0.0 和 I0.1 有一个为低电平时，输

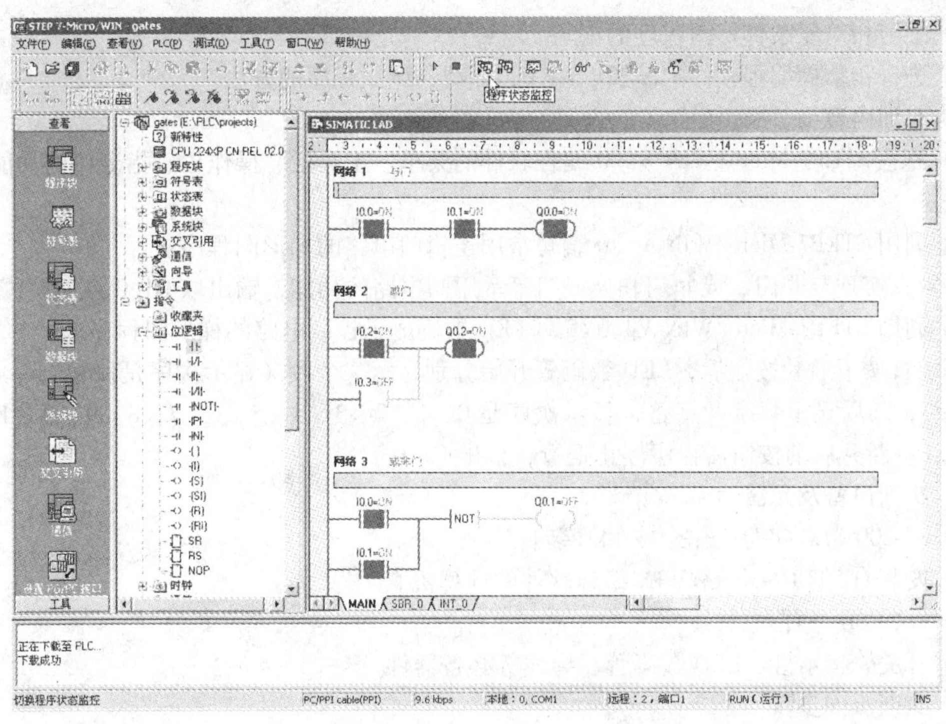

图 6-40　门电路 LAD 程序状态监视图

出点 Q0.0 就为低电平；只有它们同时为高电平时，Q0.0 点才为高电平，完全符合与门的功能。图 6-41b 对输入点 I0.1 做了强制处理，在趋势图中可以看到，该点始终保持强制值不变。

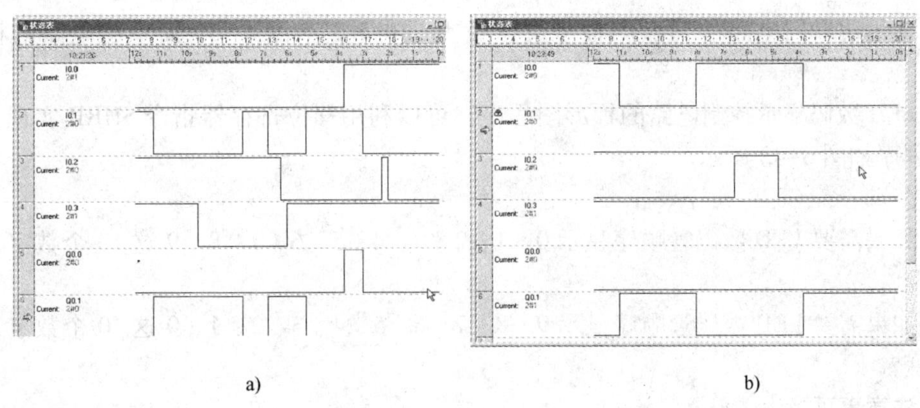

a)　　　　b)

图 6-41　趋势图监视示例

a）无强制数值的趋势　b）有强制数值的趋势

6.6　实训　STEP7-Micro/WIN 编程软件练习

1. 实训目的

1）熟练掌握 STEP7-Micro/WIN V4.0 编程软件的使用。

2）练习相对复杂梯形图程序的编写。

3）进一步掌握编程软件的编辑、编译、下载、调试程序的方法。

2. 实训内容

1）熟悉 STEP7-Micro/WIN V4.0 编程软件的菜单、工具栏、操作栏、指令树的功能和使用方法。

2）利用 STEP7-Micro/WIN V4.0 编写常用逻辑门电路的梯形图程序。

要求：实现与非门、或非门和异或门等常用门电路的功能，输出取 Q1.0 或 Q1.1。

3）利用 STEP7-Micro/WIN V4.0 编写 LED 数码显示控制电路的梯形图程序。

要求：按下启动按钮后，LED 数码管开始分别显示 7 个段（显示次序是段 a、b、c、d、e、f、g），随后显示数字及字符，显示次序是 0、1、2、3、4、5、6、7、8、9、A、B、C、D、E、F。断开启动按钮后程序停止运行，输出 QB0。

3. 实训设备及元器件

1）S7-200 PLC 实验工作台或 PLC 装置。

2）安装有 STEP7-Micro/WIN 编程软件的计算机。

3）PC/PPI + 通信电缆线。

4）开关、指示灯、LED 数码管、导线等必备器件。

4. 实训操作步骤

1）将 PC/PPI + 通信电缆线与计算机连接，Q0.0 ~ Q0.6 连接 LED 数码管。

2）运行 STEP7-Micro/WIN 编程软件，编辑梯形图程序。

3）编译、保存、下载梯形图程序到 S7-200 PLC 中。

4）启动 PLC，观察运行结果，发现运行错误或需要修改程序时重复上面的过程。

提示

1）常用逻辑门电路的梯形图程序可参考本章 6.5.3 节图 6-39 简单门电路的梯形图程序。

2）LED 数码显示控制电路的梯形图程序，可以利用移位寄存器指令 SHRB 实现，梯形图参考程序如图 6-42 所示。

思考

1）如果需要 LED 数码管顺序显示 0、1、2、3、4、5、6、7、8、9 这 10 个数字，程序如何改变？

2）如果需要 LED 数码管顺序显示 9、8、7、6、5、4、3、2、1、0 这 10 个数字，程序如何改变？

5. 注意事项

LED 数码管段 a、b、c、d、e、f、g 分别与 Q0.0 ~ Q0.6 对应连接，这里未使用数码管 dp 段。

6. 实训操作报告

1）整理出运行调试后的梯形图程序。

2）写出该程序的调试步骤和观察结果。

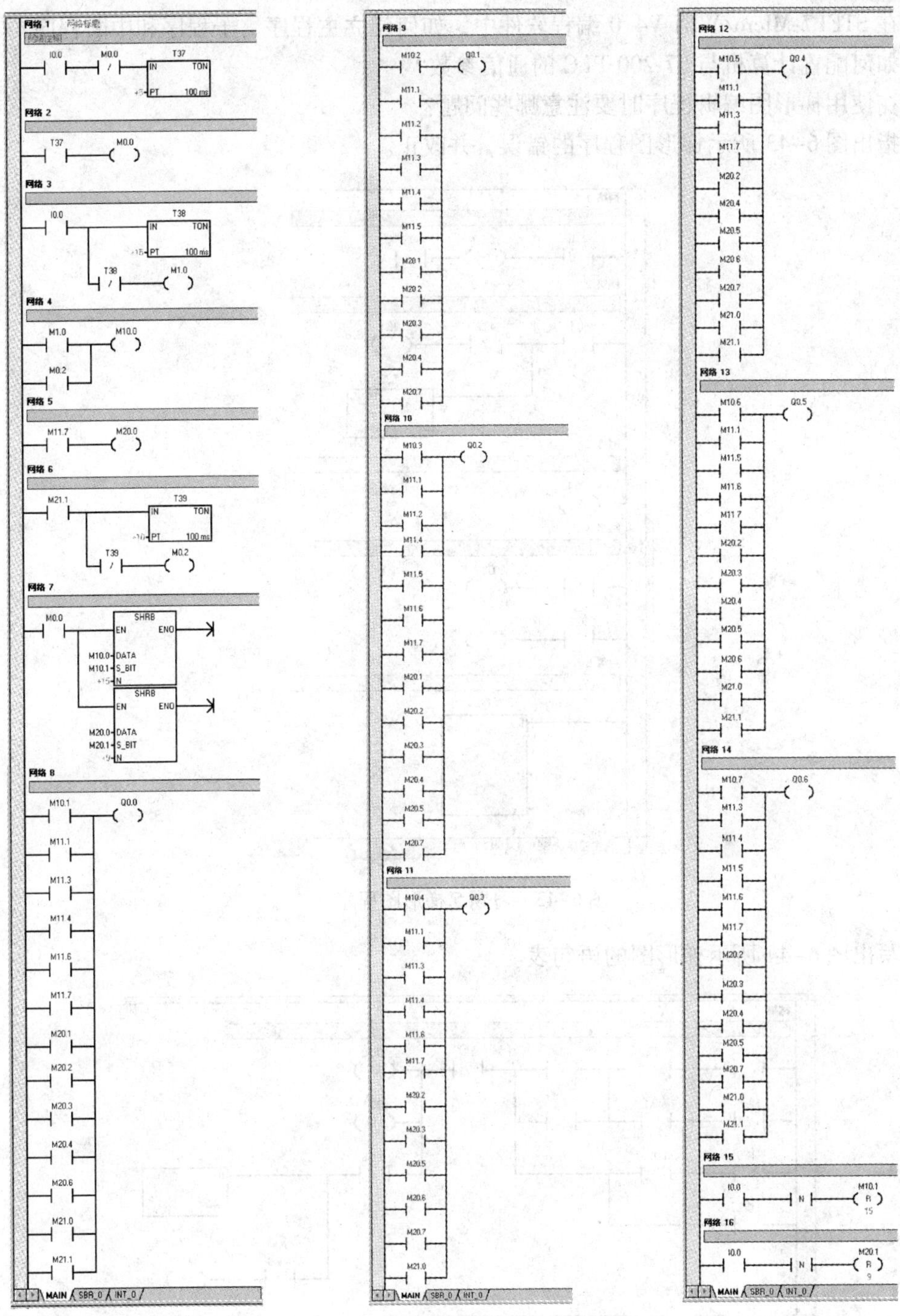

图 6-42　LED 数码管显示控制程序

6.7　思考与练习

1. 简述 STEP7-Micro/WIN V4.0 编程软件的主要功能。

2. 在 STEP7-Micro/WIN V4.0 编程软件中，如何建立主程序、子程序和中断程序？
3. 如何配置计算机与 S7-200 PLC 的通信参数？
4. 在使用梯形图编辑程序时要注意哪些问题？
5. 指出图 6-43 所示梯形图程序的错误，并改正。

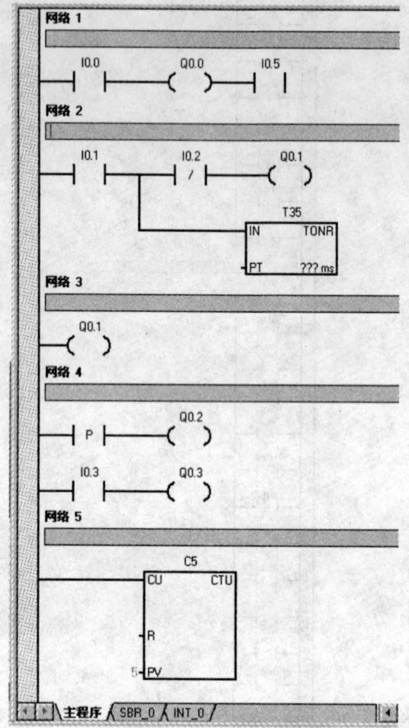

图 6-43　习题 5 梯形图程序

6. 写出图 6-44 所示梯形图的语句表。

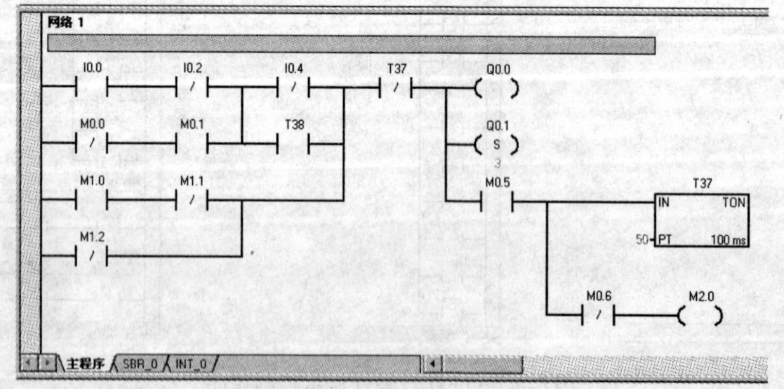

图 6-44　习题 6 梯形图程序

7. 根据本题中的语句表程序，写出其对应的梯形图程序，并判断其功能。

```
Network 1
LD      I0.0
EU
```

```
S       Q0.0, 1
Network 2
LD      M0.0
O       M0.1
AN      T37
=       M0.0
TON     T37, +20
Network 3
LD      T37
R       Q0.0, 1
```

8. 对于不同项目，如何直接复制程序块、数据块？

9. 在 PLC 的 Q0.0 ~ Q0.7 接一 LED 数码管，编写程序使该数码管显示以十六进制表示的输入信号 I0.0 ~ I0.3 的状态。

第 7 章　S7-200 PLC 网络通信及应用

随着自动化技术的提高和网络应用的迅猛发展，PLC 与 PLC、PLC 与计算机以及 PLC 与其他控制设备之间能迅速、准确地进行通信已成为自动控制领域的热门技术。将传统的单机集成自动控制系统发展为分级分布式控制系统，能降低系统成本、分散系统风险、提高系统速度、增强系统可靠性和灵活性。本章主要介绍 S7-200 PLC 的通信网络、通信组态、通信指令等内容，同时还详细阐述了如何利用 STEP7-Micro/WIN 建立和配置网络。

7.1　S7-200 PLC 网络通信实现

S7-200 PLC 提供了方便、简洁、开放的通信功能，能满足用户各种通信和网络的需求，利用 S7-200 PLC 可组成多种复杂的网络。

7.1.1　S7-200 PLC 网络通信概述

1. 通信接口

S7-200 PLC 支持多种类型的通信网络，能通过多主站 PPI 电缆、CP 通信卡或以太网通信卡访问这些通信网络。用户可在 STEP7-Micro/WIN 编程软件中为 PLC 选择通信接口，步骤如下所示。

1）首先在 STEP7-Micro/WIN 的操作栏中单击“通信”图标，然后在通信设置窗口中双击“PC/PPI cable（PPI）”图标或单击“设置 PG/PC 接口”按钮，如图 7-1 所示。

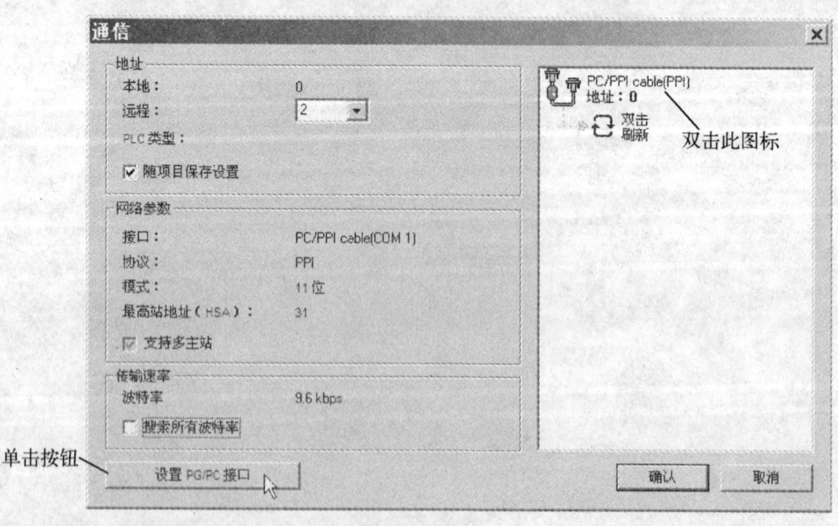

图 7-1　STEP7-Micro/WIN 通信对话框

2）在设置 PG/PC 接口的对话框中，可以看到 STEP7-Micro/WIN 提供了多种通信接口供用户选择，如 PC/PPI 电缆、TCP/IP 等，如图 7-2a 所示。其中，PC/PPI 电缆可以通过 COM

或 USB 端口与 S7-200 PLC 通信。在“Properties”对话框中单击“Local Connection”标签，用户可以选择 COM 端口或 USB 端口，如图 7-2b 所示。

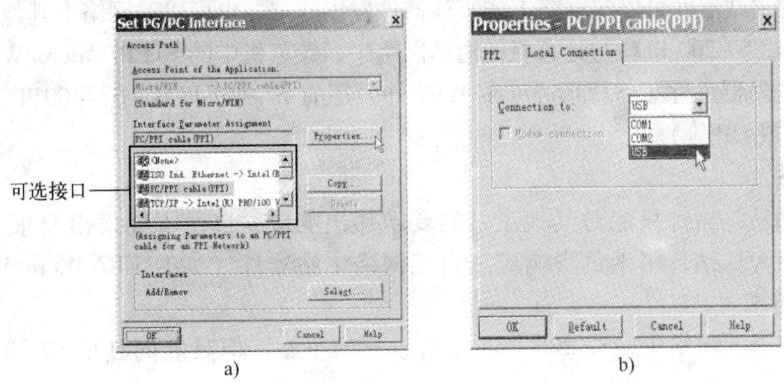

a)　　　　　　　　b)

图 7-2　多主站 PPI 电缆选择

a) 多种通信接口　b) 端口选择

3) 在设置 PG/PC 接口的对话框中，用户还可以安装或删除计算机上的通信接口。在图 7-3a 中单击“Select”按钮，弹出安装/删除接口对话框。选择框中列出了可以使用的接口，安装框“Installed”中显示了计算机上已经安装的接口。

4) 如果用户需要添加一个接口，可以在“Selection”栏中选择需要安装的通信硬件，单击“Install -- >”按钮安装，如图 7-3b 所示。关闭安装/删除接口对话框后，新安装的接口会在设置 PG/PC 接口对话框中的“Interface Parameter Assignment”框中显示。

5) 如果用户需要删除一个接口，可以在“Installed”栏中选择该通信硬件，单击“< -- Uninstall”按钮删除，如图 7-3c 所示。关闭安装/删除接口对话框后，设置 PG/PC 接口对话框中会在“Interface Parameter Assignment”框中删除该接口。

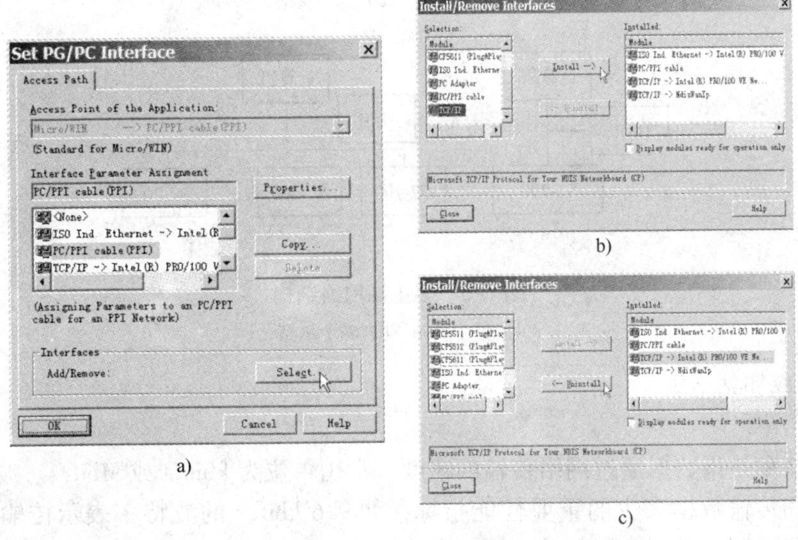

a)　　　　b)　　　　c)

图 7-3　安装/删除通信接口对话框

a) PG/PC 接口对话框　b) 安装通信接口　c) 删除通信接口

2. 主站和从站

(1) 主站

网络上的主站器件可以向网络上的其他器件发出要求，也可以对网络上其他主站的要求作出响应。例如，S7-200 PLC 与计算机的通信网络中，计算机中的 STEP7-Micro/WIN 是主站。

典型的主站器件除了 STEP7-Micro/WIN 外，还有 S7-300 PLC、S7-400PLC 和 HMI 产品（TD200、TP 或 OP 等）。

(2) 从站

网络上的从站器件只能对其他主站的要求作出响应，自己不能发出要求。一般 S7-200 PLC 都被配置为从站，用于负责响应来自某网络主站器件（如 STEP7-Micro/WIN 或人机界面 HMI）的请求。

在 PROFIBUS 网络中，S7-200 PLC 也可以充当主站，但只能向其他 S7-200 PLC 发出请求以获得信息。

(3) 主站与从站连接方式

主站和从站之间主要有单主站和多主站两种连接方式。单主站是指只有一个主站、一个或多个从站的网络结构，如图 7-4 所示。多主站是指有两个或两个以上主站、一个或多个从站的网络结构，如图 7-5 所示。

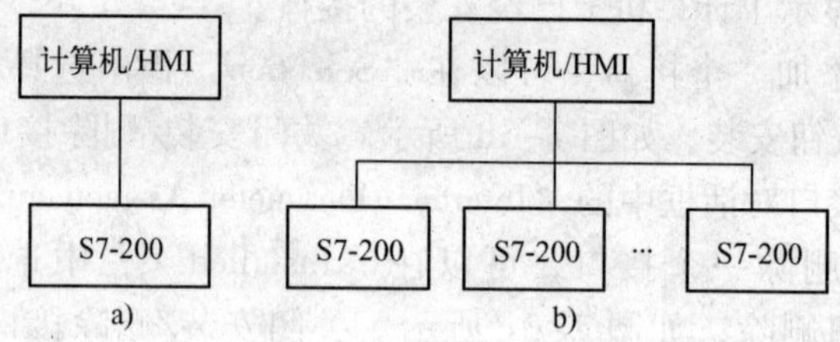

图 7-4　单主站网络结构
a) 单个从站　b) 多个从站

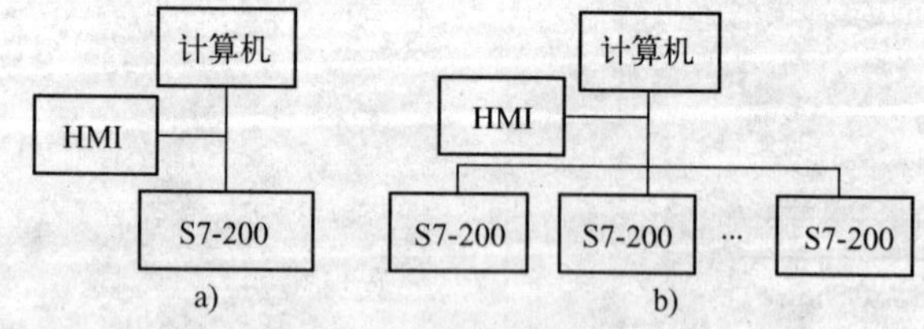

图 7-5　多主站网络结构
a) 单个从站　b) 多个从站

3. 波特率和站地址

(1) 波特率

所谓波特率是指数据通过网络传输的速度，常用单位为 kbit/s 或 Mbit/s。波特率是用于度量给定时间传输数据多少的重要性能指标，如 9.6 kbit/s 的波特率表示传输速率为每秒 9600 bit，即 9600 bit/s。

在同一个网络中通信的器件必须被配置成相同的波特率，而且网络的最高波特率取决于连接在该网络上波特率最低的设备。S7-200 PLC 不同的网络器件支持的波特率范围不同，如标准网络可支持的波特率范围为 9.6 ~ 187.5 kbit/s，而使用自由口模块的网络只能支持 1.2 ~ 115.2 kbit/s 的波特率范围。

（2）站地址

在网络中每个设备都要被指定唯一的站地址，这个唯一的站地址可以确保数据发送到正确的设备或来自正确的设备。S7-200 PLC 支持的网络地址范围为 0 ~ 126，如果某个 S7-200 PLC 带多个端口，那么每个端口都会有一个唯一的网络地址。在网络中，STEP7-Micro/WIN 系统默认的站地址为 0，HMI 系统默认的站地址为 1，S7-200 PLC 的 CPU 系统默认的站地址为 2。用户在使用到这些设备时，可以不必修改它们的站地址。

（3）配置波特率和站地址

在使用 S7-200 PLC 设备之前，必须正确配置设备的波特率和站地址。此处以如何设置 STEP7-Micro/WIN 和 S7-200 PLC 的 CPU 为例进行说明。

1）配置 STEP7-Micro/WIN 通信参数

在使用 STEP7-Micro/WIN 前，必须为其配置波特率和站地址。STEP7-Micro/WIN 的波特率必须与网络上其他设备的波特率一致，而且其站地址必须唯一。通常情况下，用户不需要改变 STEP7-Micro/WIN 的默认站地址 0。如果网络上还有其他的编程工具包，可改动 STEP7-Micro/WIN 的站地址。

配置 STEP7-Micro/WIN 通信参数的界面如图 7-6 所示。首先在操作栏中单击“通信”图标，打开“设置 PG/PC 接口”对话框。然后在设置 PG/PC 接口对话框中单击“Properties”按钮，如图 7-6a 所示；在 PC/PPI 属性对话框中为 STEP7-Micro/WIN 选择站地址和波特率，如图 7-6b 所示。

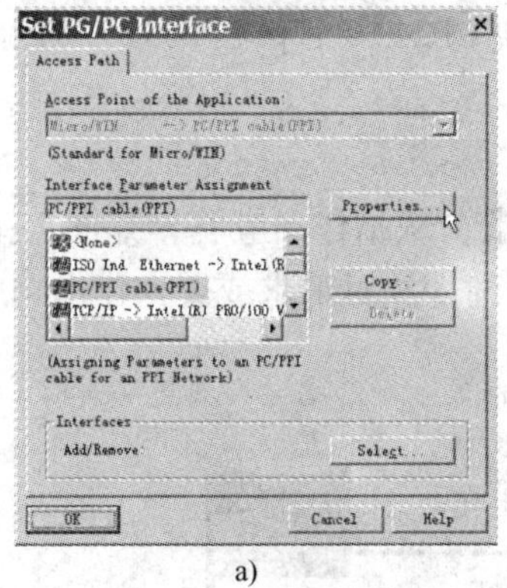

a)

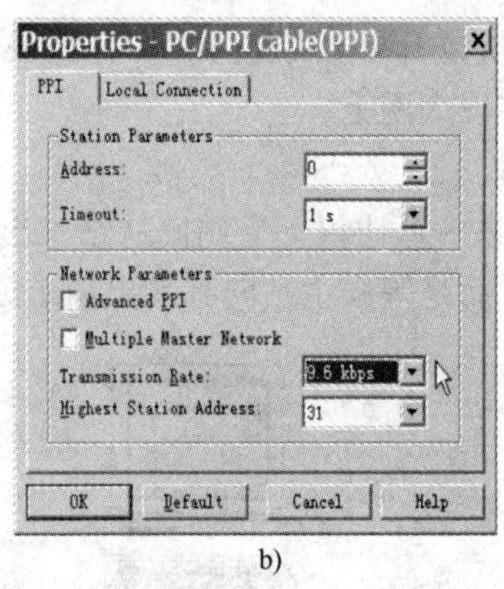

b)

图 7-6　配置 STEP7-Micro/WIN 通信参数

a）设置 PG/PC 接口对话框　b）PC/PPI 属性对话框

2）配置 S7-200 PLC 的 CPU 通信参数

在使用 S7-200 PLC 的 CPU 前，必须为其配置波特率和站地址。S7-200 PLC 的 CPU 的波特率和站地址存储在系统块中，S7-200 PLC 的 CPU 配置参数后，必须将系统块下载到 S7-200 PLC 的 CPU 中。每个 S7-200 PLC 的 CPU 通信口的波特率默认值为 9600 bit/s，站地址默认值为 2。

STEP7-Micro/WIN 编程工具使配置网络变得简便易行。用户可以在 STEP7-Micro/WIN 编程工具中为 S7-200 PLC 的 CPU 设置波特率和站地址。在操作栏中单击“系统块”图标，或者选择菜单“查看”→“组件”→“系统块”命令，然后为 S7-200 PLC 的 CPU 选择站地址和波特率，如图 7-7 所示。

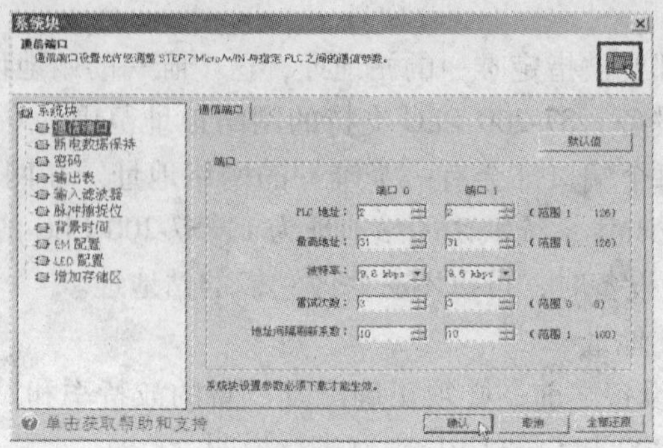

图 7-7　配置 S7-200 PLC 的 CPU 通信参数

用户可以改变 S7-200 PLC 的 CPU 通信口的波特率值，但是在下载系统块时，STEP7-Micro/WIN 会验证用户所选的波特率。如果该波特率妨碍了 STEP7-Micro/WIN 与其他 S7-200 PLC 的 CPU 的通信，下载将会被拒绝。

7.1.2　S7-200 PLC 网络通信协议

S7-200 PLC 支持的通信协议很多，如点对点接口协议 PPI、多点接口协议 MPI、PROFIBUS-DP 协议、自由口通信协议、AS-I 协议、USS 协议、MODBUS 协议以及以太网协议等。其中 PPI、MPI、PROFIBUS 是 S7-200 PLC 的 CPU 支持的通信协议，其他通信协议需要有专门的 CP 模块或 EM 模块支持。带有扩展模块 CP243-1 和 CP243-1 IT 的 S7-200 PLC 的 CPU 也能运行在以太网上。

1. PPI 协议

PPI 是一个主-从协议，主站向从站发出请求，从站作出应答，如图 7-8 所示。从站不主动发出信息，而是等候主站向其发出请求或查询，并对请求或查询作出响应。

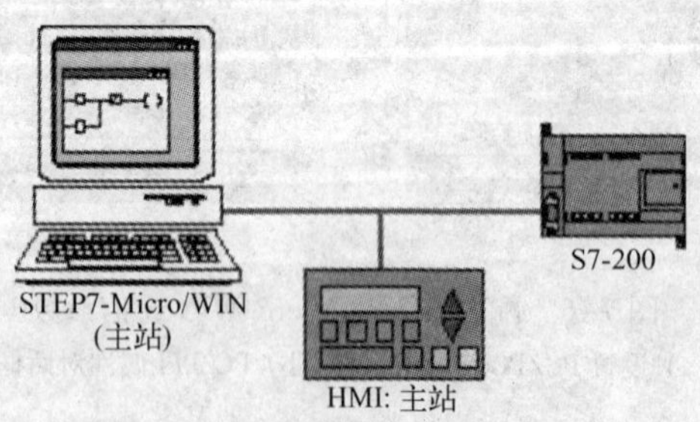

图 7-8　PPI 网络示意图

主站利用一个 PPI 协议管理的共享连接来与从站通信，PPI 不限制与任何一台从站通信的主站数目，但是一个网络中主站的个数不能超过 32 个。

用户可以在 STEP 7-Micro/WIN 编辑软件中配置 PPI 的参数，设置步骤如下。

1) 在 PC/PPI 电缆属性对话框中为 STEP7-Micro/WIN 配置站地址，系统默认值为 0。网络上的第一台 PLC 的默认站地址是 2，网络上的其他设备（计算机、PLC 等）都有一个唯一的站地址，相同的站地址不允许指定给多台设备。

2）在“Timeout”方框中选择一个数值。该数值代表用户希望通信驱动程序尝试建立连接花费的时间，默认值为 1 s，如图 7-9 所示。

3）如果用户希望将 STEP7-Micro/WIN 用在配备多台主站的网络上，需要选中“Multiple Master Network”的方框。在与 S7-200 PLC 的 CPU 通信时，STEP7-Micro/WIN 默认值是多台主站 PPI 协议，该协议允许 STEP7-Micro/WIN 与其他主站（文本显示和操作面板）同时在网络中存在。在使用单台主站协议时，STEP7-Micro/WIN 假设 PPI 协议是网络上的唯一主站，不与其他主站共享网络。用调制解调器或噪声很高的网络传输时，应当使用单台主站协议。取消“Multiple Master Network”复选框内的选中符号，可将通信模式改成单台主站模式。

4）设置 STEP7-Micro/WIN 的波特率。PPI 电缆支持 9.6 kbit/s、19.2 kbit/s 和 187.5 kbit/s。

5）单击“Local Connection”选项卡，选择 COM 端口连接方式。如果用户需要使用调制解调器，还需要选中“使用调制解调器”复选框，如图 7-10 所示。

6）单击“确定”按钮，退出设置 PG/PC 接口对话框。

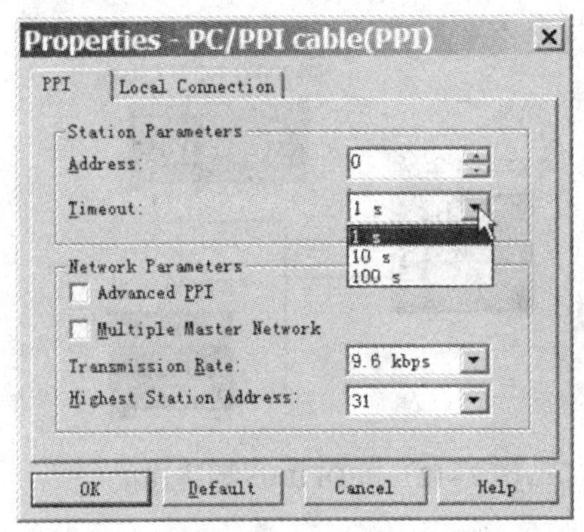

图 7-9 PPI 选项卡

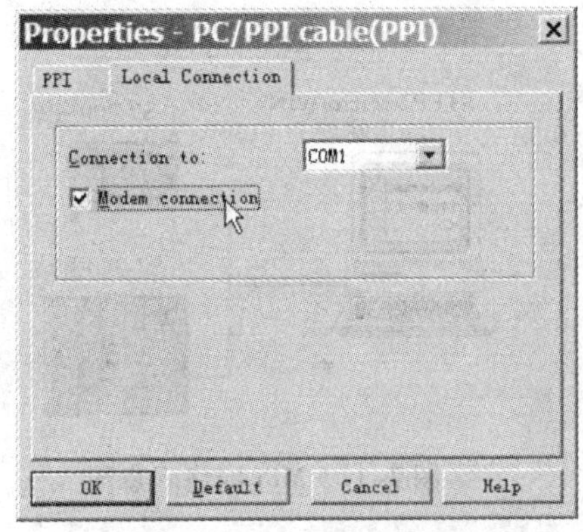

图 7-10 本地连接选项卡

如果选择“PPI 高级协议”，则允许网络设备在设备之间建立逻辑连接。但使用“PPI 高级协议”，每台设备可提供的连接数目有限，表 7-1 列出了由 S7-200 PLC 提供的连接数目。

表 7-1 S7-200 PLC 提供的连接数目

模 块	波 特 率	连 接	协 议
S7-200 CPU 0 号端口	9.6 kbit/s、19.2 kbit/s 或 187.5 kbit/s	4 个	PPI、PPI 高级协议、MPI 和 PROFIBUS
S7-200 CPU 1 号端口	9.6 kbit/s、19.2 kbit/s 或 187.5 kbit/s	4 个	PPI、PPI 高级协议、MPI 和 PROFIBUS
EM 277 模块	9.6 kbit/s ~ 12 Mbit/s	每个模块 6 个	PPI 高级协议、MPI 和 PROFIBUS
CP243-1 以太网模块	9.6 kbit/s ~ 12 Mbit/s	每个模块 8 个	TCP/IP 以太网

如果要在用户程序中启用 PPI 主站模式，S7-200 PLC 的 CPU 能在运行模式下作主站。启用 PPI 主站模式后，可以使用“网络读取”（NETR）或“网络写入”（NETW）从其他 S7-200 PLC 的 CPU 读取数据或向 S7-200 PLC 的 CPU 写入数据。当 S7-200 PLC 作 PPI 主站时，它仍然可以作为从站应答其他主站的请求。

2. MPI 协议

MPI 协议支持主-主通信和主-从通信。与 S7-200 PLC 的 CPU 通信时，STEP7-Micro/WIN 建立主-从连接，如图 7-11 所示。MPI 协议不能与作为主站的 S7-200 PLC 的 CPU 通信。

网络设备通过任意两台设备之间的连接进行通信，设备之间通信连接个数受 S7-200 PLC 的 CPU 所支持的连接数目的限制，具体可参阅表 7-1 中的 S7-200 PLC 支持的连接数目。

关于 MPI 通信参数的设置，用户可参阅 PPI 的参数的设置步骤。

对于 MPI 协议，S7-300 PLC 和 S7-400 PLC 使用 XGET 和 XPUT 指令（有关这些指令的信息，请参阅 S7-300 PLC 或 S7-400 PLC 编程手册）来读写 S7-200 PLC 的数据。

3. PROFIBUS 协议

PROFIBUS 协议用于实现与分布式 I/O（远程 I/O）设备进行高速通信。各类制造商提供多种 PROFIBUS 设备，如简单的输入/输出模块、电动机控制器等。

通常，在 S7-200 PLC 中 PROFIBUS 网络有一台主站和几台 I/O 从站，如图 7-12 所示。主站器件通过配置可获得连接的 I/O 从站的类型以及连接的地址，而且主站通过初始化网络使网络上的从站器件与配置相匹配。主站不断将输出数据写入从站，并从从站读取输入数据。

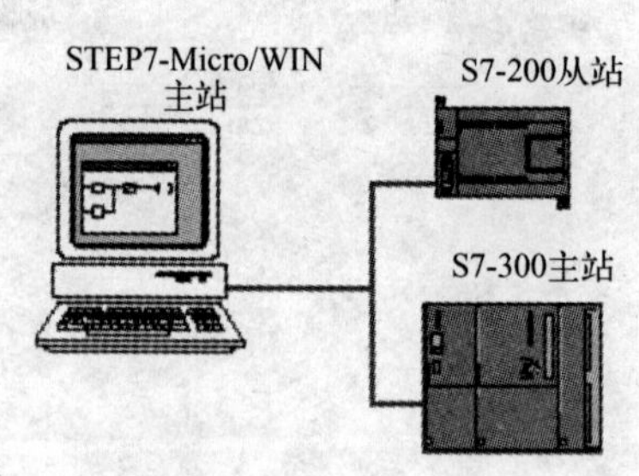

图 7-11 MPI 网络示意图

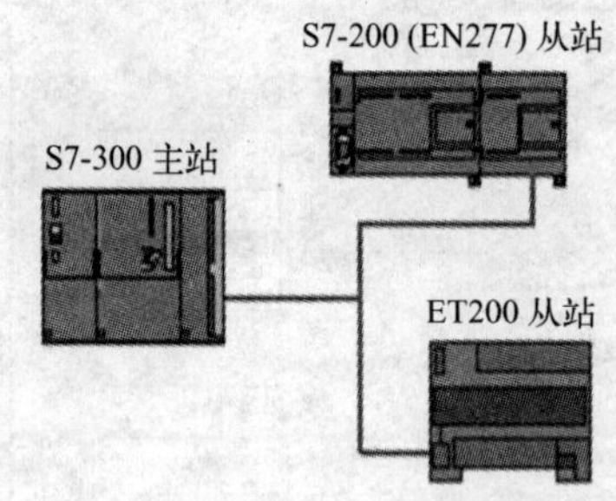

图 7-12 PROFIBUS 网络连接

当一台 DP（Decentralized Periphery）主站成功配置了一台 DP 从站后，该主站就拥有了这个从站器件。如果网络上还有第二台主站，那么它在访问第一台主站拥有的从站时会受到限制。

4. 用户自定义协议

S7-200 PLC 还允许用户在自由口模式下使用自定义的通信协议。用户自定义协议又称自由口通信模式，是指用户通过应用程序来控制 S7-200 CPU 的通信口，并且自定义通信协议（如 ASCII 协议和二进制协议）。用户自定义协议只能在 S7-200 PLC 处于 RUN 模式时才能被激活。如果将 S7-200 PLC 设置为 STOP 模式，所有的自由口通信都将中断，而且通信口会按照 S7-200 PLC 系统块中的配置转换到 PPI 协议。

PPI 通信协议是 S7-200 PLC 专用的一种通信协议，一般不对外开放。但是用户自定义协议则是对用户完全开放的，在自由口模式下通信协议是由用户自定义的。应用用户自定义协议，S7-200 PLC 可以与任何通信协议已知且具有串口的智能设备和控制器进行通信，当然也可以用于两个 CPU 之间简单的数据交换。

要使用自定义协议，用户需要使用特殊存储器 SMB30（端口 0）和 SMB130（端口 1）。在自定义协议通信模式下计算机与 PLC 之间是主从关系，计算机始终处于主导地位，通过串行口发送指令到 PLC 的通信端口，PLC 通过 RCV 指令接收信息，对指令译码后再调用相应的子程序，实现计算机发出的指令要求，然后再通过 XMT 指令返回指令执行的状态信息。

7.1.3 网络通信配置实例

本节主要以使用 PPI 通信协议的 S7-200 PLC 网络为例进行说明。PPI 通信协议是西门子公司专为 S7-200 PLC 开发的一个通信协议，既支持单主站网络，也支持多主站网络。

1. 单主站 PPI 网络

对于简单的单台主站网络，STEP7-Micro/WIN 和 S7-200 PLC 的 CPU 通过 PC/PPI 电缆或安装在 STEP7-Micro/WIN 中的通信处理器（CP 卡）连接。其中，STEP7-Micro/WIN 是网络中的主站。另外，人机接口（HMI）设备（例如 TD、TP 或 OP）也可以作为网络主站，如图 7-13 所示。S7-200 PLC 的 CPU 是从站，对来自主站的请求作出应答。

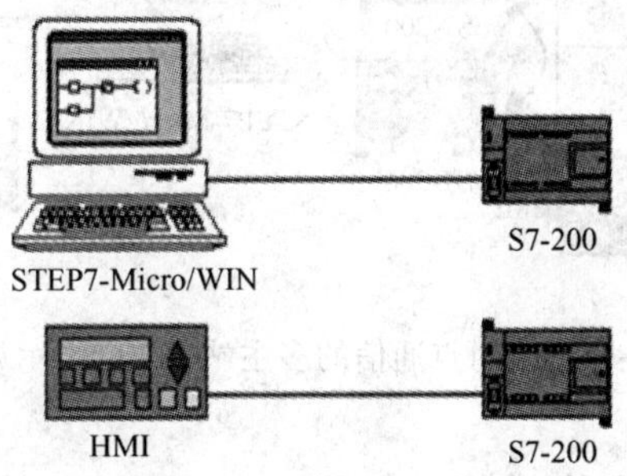

图 7-13　单主站 PPI 网络示意图

对于单台主站 PPI 网络，需要将 STEP7-Micro/WIN 配置为使用 PPI 协议，而且尽量不要选择多主站网络选框和 PPI 高级选框。

2. 多主站 PPI 网络

多主站 PPI 网络又可细分为单从站和多从站网络两种。图 7-14 为单从站多主站网络示意图。S7-200 PLC 的 CPU 是从站，STEP7-Micro/WIN 和 HMI 设备都是网络的主站，它们共享网络资源，但是它们必须有不同的网络地址。如果使用 PPI 多主站电缆，那么该电缆将作为主站，并使用 STEP7-Micro/WIN 提供给它的网络地址。

图 7-15 为多从站多主站网络示意图。STEP7-Micro/WIN 和 HMI 设备是主站，可以对任意 S7-200 PLC 的 CPU 从站读写数据，STEP7-Micro/WIN 和 HMI 共享网络资源。网络中的

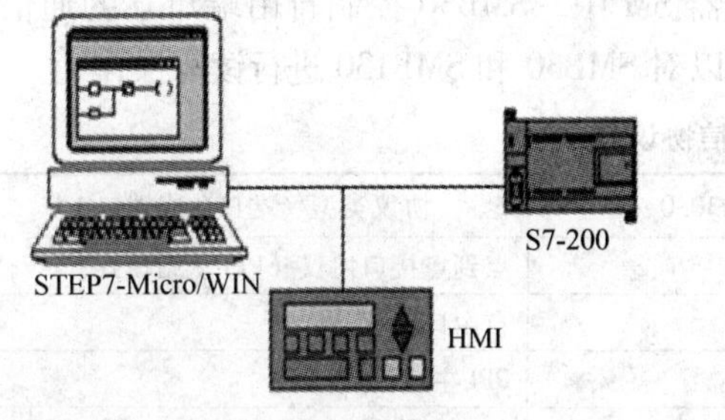

图 7-14　单从站多主站 PPI 网络示意图

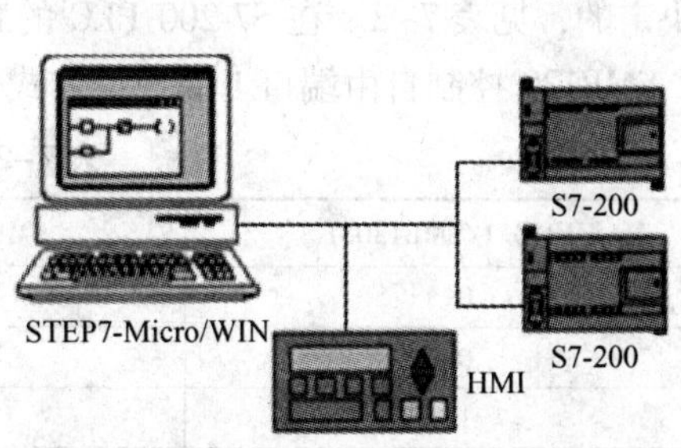

图 7-15　多从站多主站 PPI 网络示意图

主站和从站设备都有不同的网络地址。如果使用 PPI 多主站电缆，那么该电缆将作为主站，并且使用 STEP7-Micro/WIN 提供给它的网络地址。

对于单/多从站与多主站组成的网络，需要配置 STEP7-Micro/WIN 使用 PPI 协议，而且要尽量选中多主站网络选框和 PPI 高级选框。如果使用的电缆是 PPI 多主站电缆，电缆无须配置即会自动调整为适当的设置，因此多主站网络选框和 PPI 高级选框可以忽略。

3. 复杂 PPI 网络

图 7-16 为带点对点通信的多主站复杂 PPI 网络。图 7-16a 中 STEP7-Micro/WIN 和 HMI 通过网络读写 S7-200 PLC 的 CPU，同时 S7-200 PLC 的 CPU 之间使用网络读写指令相互读写数据，即点对点通信。图 7-16b 中每个 HMI 监控一个 S7-200 PLC 的 CPU，S7-200 PLC 的 CPU 之间使用网络读写指令相互读写数据。

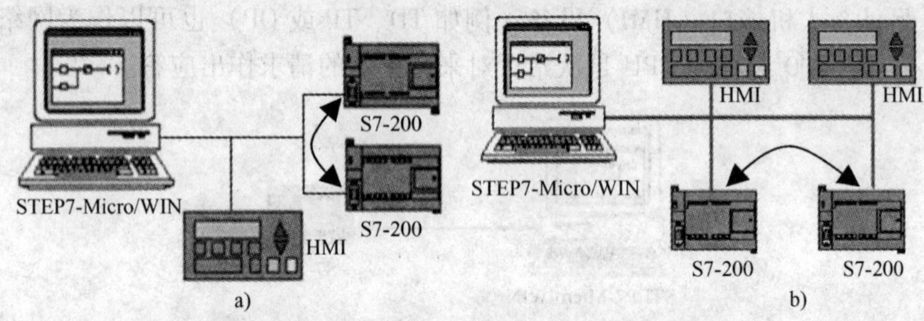

图 7-16　点对点通信的多主站 PPI 网络示意图

7.2　S7-200 PLC 通信指令和应用

在 PLC 通信网络中，PLC 通过专设的通信指令进行信息交换。S7-200 PLC 提供的通信指令有网络读指令与网络写指令、发送指令与接收指令、获取指令与设置通信口地址指令。

7.2.1　网络读与网络写指令

1. 网络读与网络写指令工作条件

在 S7-200 PLC 网络通信中，用户要使用网络读与网络写指令来读写其他 S7-200 CPU 的数据，就必须在用户程序中允许 PPI 主站模式，此外还需使 S7-200 PLC 的 CPU 作为 RUN 模式下的主站设备。

S7-200 PLC 网络通信的协议类型，是由 S7-200 PLC 的特殊继电器 SMB30 和 SMB130 的低 2 位决定的，见表 7-2。在 S7-200 PLC 的特殊继电器 SM 中，SMB30 控制自由端口 0 的通信方式，SMB130 控制自由端口 1 的通信方式，用户可以对 SMB30 和 SMB130 进行读写操作。

表 7-2　网络通信协议类型

SMB30.1/SMB130.1	SMB30.0/SMB130.0	协议类型（端口 0 或端口 1）
0	0	点到点接口协议（PPI 从站模式）
0	1	自由口协议
1	0	PPI 主站模式
1	1	保留（默认值为 PPI 从站模式）

从表 7-2 可知，只要将 SMB30/SMB130 的低 2 位设置为 $(10)_2$，就能允许该 PLC 的 CPU 为 PPI 主站模式，可以执行网络读与网络写指令。

2. 网络读与网络写指令格式

网络读与网络写指令（NETR/NETW）的指令格式如图 7-17 所示。

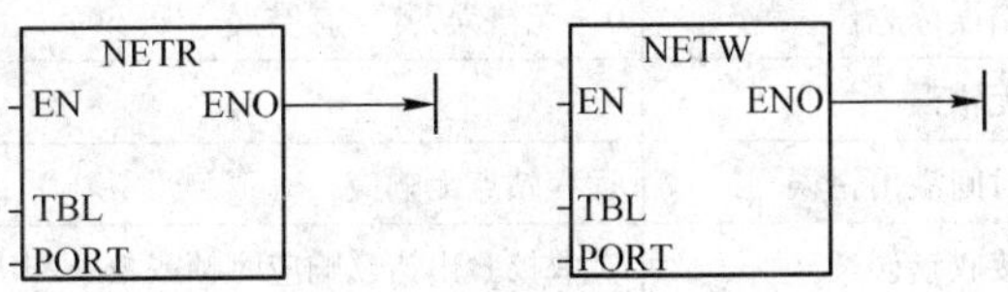

图 7-17　网络读与网络写指令格式

其中，TBL 是数据缓冲区首地址，操作数可以为 VB、MB、*VD 或*AC 等，数据类型为字节；PORT 是操作端口，0 用于 CPU 221/222/224 的 PLC，0 或 1 用于 CPU 226/226XM 的 PLC，数据类型为字节。

网络读（NETR）指令在梯形图中以指令盒形式表示。当允许输入 EN 有效时，初始化通信操作，通过指令指定的端口 PORT 从远程设备上接收数据，并将接收到的数据存储在指定的数据表（TBL）中。在语句表（STL）中，NETR 指令的指令格式为 NETR TBL，PORT。

网络写（NETW）指令在梯形图中以功能框形式表示。当允许输入 EN 有效时，初始化通信操作，通过指令指定的端口 PORT 将数据表（TBL）中的数据发送到远程设备。在语句表（STL）中，NETW 指令的指令格式为 NETW TBL，PORT。

NETR 指令可从远程站最多读取 16 个字节信息，NETW 指令可向远程站最多写入 16 个字节信息。在程序中，用户可以使用任意数目的 NETR/NETW 指令，但在同一时间最多只能有 8 条 NETR/NETW 指令被激活。例如，在用户选定的 S7-200 CPU 中，可以有 4 条 NETR 指令和 4 条 NETW 指令，或 2 条 NETR 指令和 6 条 NETW 指令在同一时间被激活。

3. 网络读与网络写指令的 TBL 参数

在执行网络读与网络写指令时，PPI 主站与从站间传送数据的数据表（TBL）参数见表 7-3，其中“字节 0”的各标志位及错误码（4 位）的含义见表 7-4。

表 7-3　数据表（TBL）的参数格式

<table>
<tr><th>地　址</th><th>字节名称</th><th colspan="8">功能描述</th></tr>
<tr><td rowspan="2">字节 0</td><td rowspan="2">状态字节</td><td colspan="8">反映网络通信指令的执行状态及错误码</td></tr>
<tr><td>D</td><td>A</td><td>E</td><td>0</td><td>E1</td><td>E2</td><td>E3</td><td>E4</td></tr>
<tr><td>字节 1</td><td>远程站地址</td><td colspan="8">远程站地址（被访问的 PLC 地址）</td></tr>
<tr><td>字节 2 ~ 字节 5</td><td>远程站的数据区指针</td><td colspan="8">被访问数据的间接指针，指针可以指向 I、Q、M 或 V 数据区</td></tr>
<tr><td>字节 6</td><td>数据长度</td><td colspan="8">数据长度 1 ~ 16（远程站点被访问数据的字节数）</td></tr>
<tr><td>字节 7 ~ 字节 22</td><td>数据字节 0 ~ 数据字节 15</td><td colspan="8">接收或发送数据区，1 ~ 16 个字节，其长度在字节 6 中定义。执行 NETR 后，从远程读到的数据放在这个数据区；执行 NETW 后，要发送到远程站的数据要放在这个数据区</td></tr>
</table>

表 7-4　TBL 首字节标志位含义

标 志 位		定　义	说　明
D		操作已完成标志位	0=未完成，1=功能完成
A		操作已排队标志位	0=无效，1=有效
E		错误标志位	0=无错误，1=有错误
错误码 E1，E2，E3，E4	0	无错误	
	1	时间溢出错误	远程站点无响应
	2	接收错误	奇偶校验出错，响应时帧或校验和出错
	3	离线错误	相同的站地址或无效的硬件引发冲突
	4	队列溢出错误	激活超过了 8 个 NETR/NETW 指令
	5	违反通信协议	没有在 SMB30 或 SMB130 中允许 PPI，就试图执行 NETR/NETW 指令
	6	非法参数	NETR/NETW 表中包含非法或无效的参数值
	7	没有资源	远程站点忙，如正在上传或下载程序处理中
	8	第 7 层错误	违反应用协议
	9	信息错误	错误的数据地址或不正确的数据长度
	A~F	未用	为将来的使用保留

4. 网络读写指令应用实例

某瓶装饮料生产线，其生产线主要包括瓶提升机、理瓶机、空气输送机、盖提升机、贴标机及装箱机等。其中，装箱工序是将成品的瓶装水饮料送给某台装箱机上进行打包。图 7-18 是某瓶装饮料装箱机生产线的示意图，主要由 3 台装箱机和 1 台分流机组成。装箱机把 24 瓶饮料包装在一个纸箱中，分流机控制着瓶装饮料流向各个装箱机。3 台装箱机分别由 3 台 CPU222 控制，分流机由 CPU224 控制，在 CPU224 上还安装了 TD200 操纵器接口。

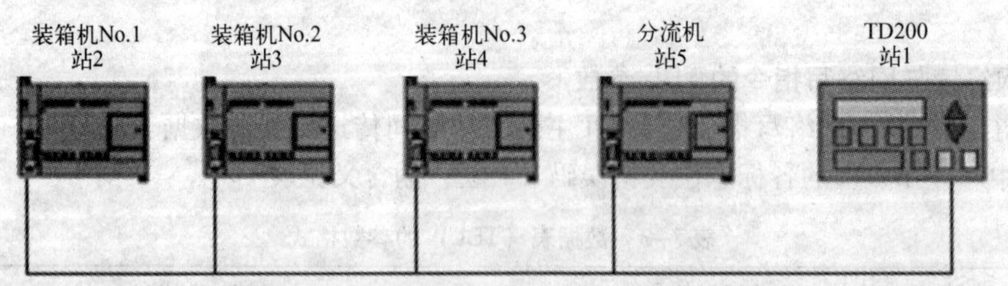

图 7-18　瓶装饮料装箱机网络配置示意图

分流机 CPU224（站 5）主要负责将瓶装饮料、黏结剂和纸箱分配给不同的装箱机，用 NETR 指令连续地读取各个装箱机的控制字节和包装数量。每当某个装箱机包装完 24 瓶（每箱 24 瓶饮料）时，分流机用 NETW 指令发送一条信息，复位该装箱机的计数器。

在每台装箱机的 CPU222（站 2、站 3、站 4）中，VB100 存放控制字节，如图 7-19 所示。VW101（VB101 和 VB102）存放包装完的纸箱数（计数器的当前值）。

在分流机的 CPU224（站 5）中，为了能在 PPI 主站模式下接收和发送数据，设置了接收缓冲区和发送缓冲区。站 2 的接收缓冲区首地址为 VB200，发送缓冲区首地址为 VB300；

站 3 的接收缓冲区首地址为 VB210，发送缓冲区首地址为 VB310；站 4 的接收缓冲区首地址为 VB220，发送缓冲区首地址为 VB320。

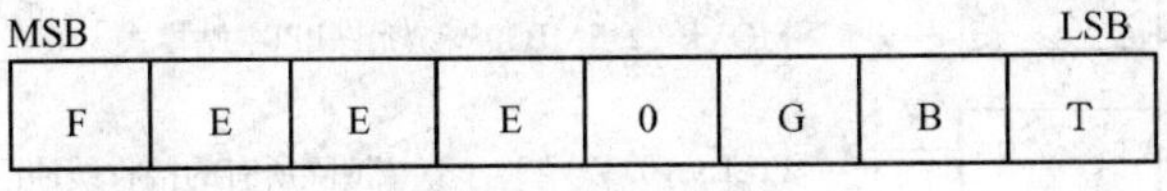

F错误指示：F=1，装箱机检测到错误

EEE错误码：识别出现的错误类型的错误代码

G黏结剂供应慢：G=1，30min 内必须增加黏结剂

B纸箱供应慢：B=1，30min 内必须增加纸箱

T没有可打包的瓶装饮料：T=1，无产品

图 7-19　VB100 中控制字节位

本实例中，分流机的程序应包括控制程序、与 TD200 的通信程序以及与其他站的通信程序，而各个装箱机只有控制程序。此处仅以分流机（站 5）与装箱机 No. 1（站 2）间的通信程序为例说明，其他程序可以根据控制要求编写。

图 7-20 是分流机和装箱机 No. 1 网络通信的 TBL 数据表格式。对于另外两个装箱机，分流机的网络通信的 TBL 数据表格式，只是首地址与装箱机 No. 1 不同，偏移地址与装箱机 No. 1 完全相同。

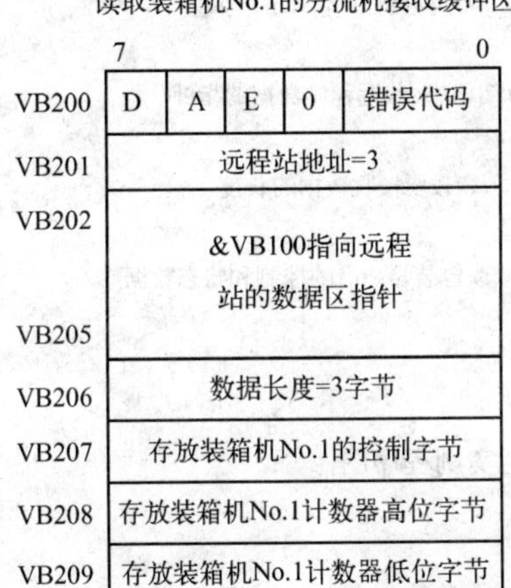

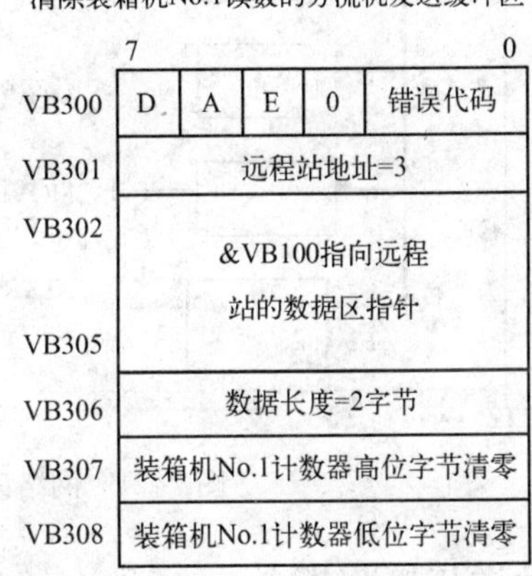

图 7-20　装箱机 No. 1 的 TBL 数据

分流机网络读写装箱机 No. 1（站 2）的梯形图和语句表程序清单如图 7-21 所示。

分流机（站 5）与装箱机 No. 1（站 2）间的通信程序的工作过程如下。

1）网络 1 完成通信初始化设置。在第一个扫描周期，允许 PPI 主站模式，并且对所有接收缓冲区和发送缓冲区进行清零。

2）网络 2 实现对远程站 2 的网络写操作。装箱机 No. 1 完成包装 24 瓶任务时，复位包装箱数存储器。

3）网络 3 实现对远程站 2 的网络读操作。如果不是第一个扫描周期并且没有错误发生时，读取装箱机 No. 1 的状况和完成箱数。

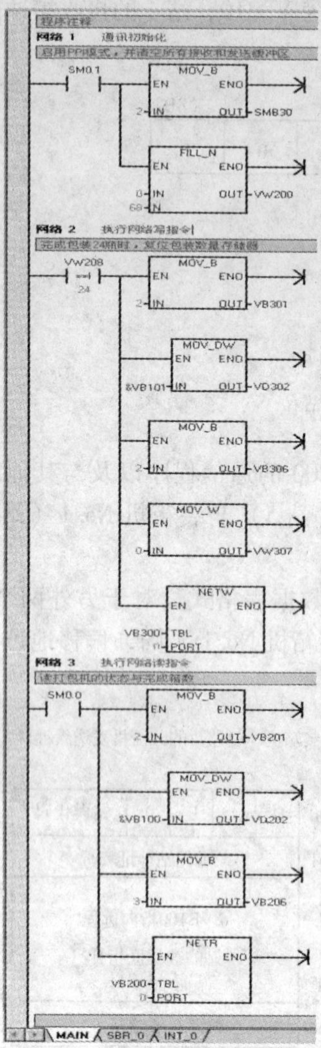

```
Network 1              //通信初始化
LD    SM0.1
MOVB  2, SMB30         //允许PPI主站模式
FILL  +0, VW200, 68    //清除所有的接收缓冲区和发送缓冲区
Network 2              //完成包装24瓶时，复位包装箱数计数器
LDW=  VW208, 24
MOVB  2, VB301         //装载包装箱No.1的站地址
MOVD  &VB101, VD302    //装载指向远程站数据的指针
MOVB  2, VB306         //装载发送数据的长度
MOVW  0, VW307         //装载需要发送的数据
NETW  VB300, 0         //复位包装箱No.1包装的箱数
Network 3              //读打包机的状态与完成箱数
LD    SM0.0
MOVB  2, VB201         //装载包装箱No.1的站地址
MOVD  &VB100, VD202    //装载远程站数据的指针
MOVB  3, VB206         //装载要接收数据的长度
NETR  VB200, 0         //读包装箱No.1的控制和状态数据
```

图 7-21　网络读写指令应用实例程序图

7.2.2　发送与接收指令

1. 发送与接收指令格式

发送与接收指令（XMT/RCV）的指令格式如图 7-22 所示。发送与接收指令只有在 S7-200 PLC 被定义为自由口通信模式时，才能发送或接收数据。

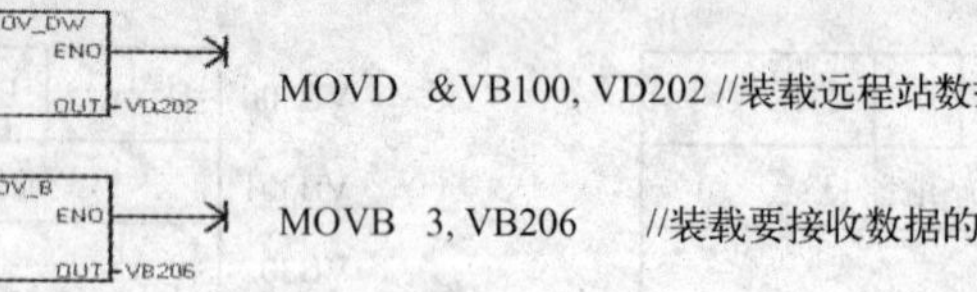

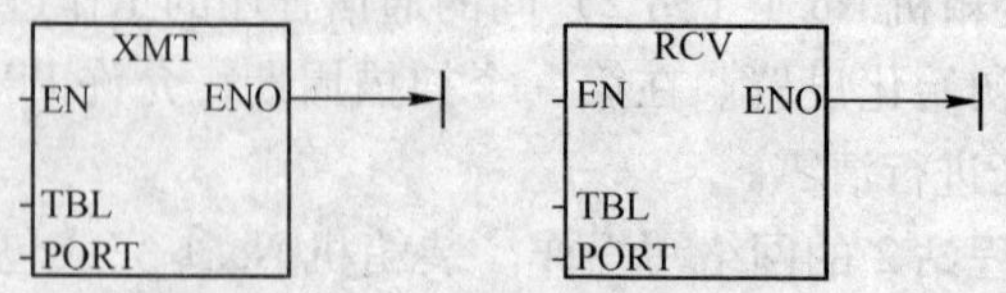

图 7-22　发送与接收指令

其中，TBL 是数据缓冲区首地址，操作数可以为 VB、MB、SMB、＊VD、＊LD 或＊AC

等，数据类型为字节；PORT 是操作端口，0 用于 CPU 221/222/224，0 或 1 用于 CPU 226/226XM，数据类型为字节。

发送（XMT）指令在梯形图中以指令盒形式表示。当允许输入 EN 有效时，初始化通信操作，通过通信端口 PORT 将数据表首地址 TBL 中的数据发送到远程设备。在语句表 STL 中，XMT 指令的指令格式为 XMT TBL，PORT。

接收（RCV）指令在梯形图中以指令盒形式表示。当允许输入 EN 有效时，初始化通信操作，通过通信端口 PORT 接收远程设备的数据，并将其存放在首地址为 TBL 的数据接收缓冲区。在语句表中，RCV 指令的指令格式为 RCV TBL，PORT。

XMT 指令可以传送一个或多个字节的缓冲区，最多可达 255 个字节。XMT 指令发送数据的缓冲区格式如图 7-23 所示。如果有一个中断服务程序连接到发送结束事件上，在发送完缓冲区的最后一个字符时，端口 0 会产生中断事件 9，端口 1 会产生中断事件 26。通过监视 SM4.5 或 SM4.6 信号，也可以判断发送是否完成。当端口 0 和端口 1 发送空闲时，SM4.5 或 SM4.6 置 1。

RCV 指令可以接收一个或多个字符的缓冲区，最多可达 255 个字节。RCV 指令接收数据的缓冲区格式如图 7-24 所示。如果有一个中断服务程序连接到接收信息完成事件上，在接收完缓冲区的最后一个字符时，S7-200 PLC 的端口 0 会产生中断事件 23，端口 1 会产生中断事件 24。也可以不使用中断，通过监视 SMB86 或 SMB186（端口 0 或端口 1）来接收信息。当接收指令未被激活或已经被中止时，SMB86 或 SMB186 为 1；当接收正在进行时，SMB86 或 SMB186 为 0。

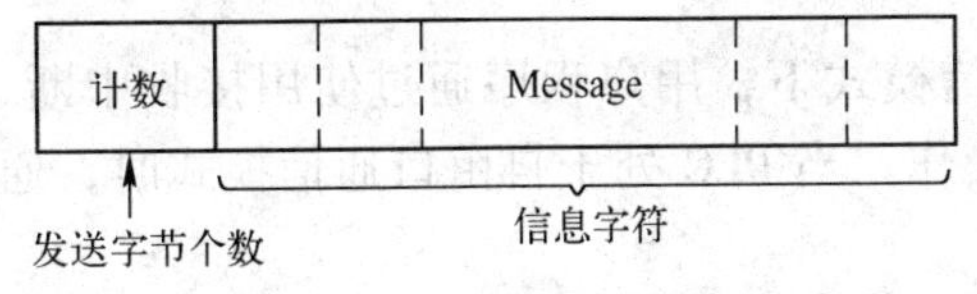

图 7-23　发送缓冲区格式

计数　起始字符　Message　结束字符
发送字节个数　信息字符

图 7-24　接收缓冲区格式

需要注意，在使用 RCV 指令时，用户必须指定一个起始条件和一个结束条件。设置起始和结束条件，是为了在自由口通信模式下实现接收同步，保证信息接收的安全可靠。RCV 指令允许用户选择接收信息的起始和结束条件，见表 7-5。使用 SMB86 ~ SMB94 对端口 0 进行设置，SMB186 ~ SMB194 对端口 1 进行设置。如果出现超限或有校验错误时，接收信息功能会自动终止。

表 7-5　接收缓冲区字节（SMB86 ~ SMB94 和 SMB186 ~ SMB194）

端口 0	端口 1	中断描述
SMB86	SMB186	接收信息状态字节 MSB　　LSB N R E 0 0 T C P N 为 1 表示用户通过发送禁止命令终止接收信息功能 R 为 1 表示因输入参数错误或无起始和结束条件终止接收信息功能 E 为 1 表示收到结束字符 T 为 1 表示因超时终止接收信息功能 C 为 1 表示因超出最大字符数终止接收信息功能 P 为 1 表示因奇偶校验错误终止接收信息功能

（续）

端口 0	端口 1	中 断 描 述
SMB87	SMB187	接收信息控制字节 MSB（EN | SC | EC | IL | C/M | TMR | BK | 0）LSB EN 用于设定每次执行 RCV 指令时检查禁止/允许接收信息位。0 表示禁止接收信息，1 表示允许接收信息 SC 用于设定是否用 SMB88 或 SMB188 的值检测起始信息，0 表示忽略，1 表示使用 EC 用于设定是否用 SMB89 或 SMB189 的值检测结束信息，0 表示忽略，1 表示使用 IL 用于设定是否用 SMW90 或 SMW190 的值检测空闲状态，0 表示忽略，1 表示使用 C/M 为 0 表示定时器是内部字符定时器，为 1 表示定时器是信息定时器 TMR 用于设定是否用 SMW92 或 SMW192 的值终止接收。0 表示忽略，1 表示终止接收 BK 用于设定是否用中断条件作为信息检测的开始，0 表示忽略，1 表示使用
SMB88	SMB188	信息字符的开始
SMB89	SMB189	信息字符的结束
SMW90	SMW190	空闲线时间段按 ms 设定。空闲线时间溢出后接收的第一个字符是新信息的开始字符。SMB90/SMB190 是最高有效字节，SMB91/SMB191 是最低有效字节
SMW92	SMW192	中间字符/信息定时器溢出值按 ms 设定。如果超过这个时间段则终止接收信息。SMB92/SMB192 是最高有效字节，SMB93/SMB193 是最低有效字节
SMB94	SMB194	要接收的最大字符数（1～255 字节）。注意，这个范围必须设置为所希望的最大缓冲区大小，（即使信息的字符数始终达不到）

2. 自由口通信模式

S7-200 PLC 支持自由口通信模式，在这种通信模式下，用户程序通过使用接收中断、发送中断、发送指令和接收指令来控制通信口的操作。当 PLC 处于自由口通信模式时，通信协议完全由用户程序控制。

只有当 S7-200 PLC 处于 RUN 模式时（此时特殊继电器 SM0.7 为“1”），才能进行自由口通信。如果选用自由口通信模式，PPI 通信协议被禁止，此时 S7-200 PLC 不能与编程设备通信。当 S7-200 PLC 处于 STOP 模式时，自由口模式被禁止，通信口自动切换为 PPI 协议通信模式，重新建立与编程设备的正常通信。

要将 PPI 通信转变为自由口通信模式，必须使 SMB30/SMB130 的低 2 位设置为 2#01。SMB30 和 SMB130 分别用于配置端口 0 和端口 1，用于为自由口操作提供波特率、校验和数据位数的选择，每一个配置都产生一个停止位。图 7-25 是用于自由口模式的 SM 控制字节功能描述。

3. 发送与接收指令应用实例

本节以一个计算机和 PLC 之间的通信为例进行说明。PLC 接收计算机发送的一串字符，直到接收到换行字符为止，PLC 又将接收到的信息发送回计算机。要求：波特率为 9600 bit/s，8 位字符，无校验，接收和发送使用同一个数据缓冲区，首地址为 VB100。

该程序主要由 1 个主程序和 3 个中断程序组成，如图 7-26 所示。主程序用于自由口初始化、RCV 信息控制字节初始化、调用中断程序等；中断程序 0 用于接收中断，如果接收状态显示接收到换行字符，连接一个 10 ms 的定时器，触发发送后返回；中断程序 1 为 10 ms 定时器中断；中断程序 2 用于发送中断。

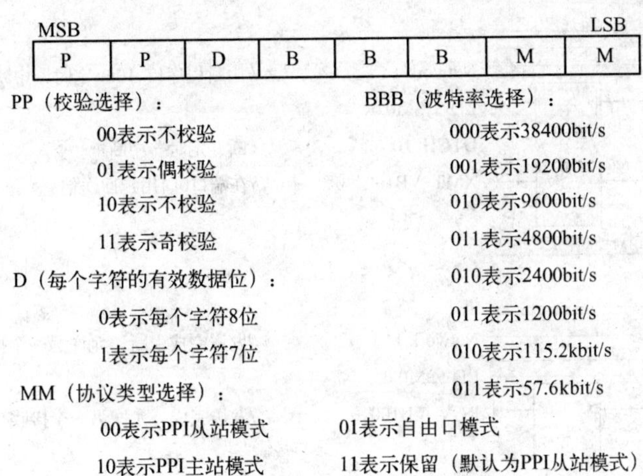

图 7-25　用于自由口模式的 SM 控制字节

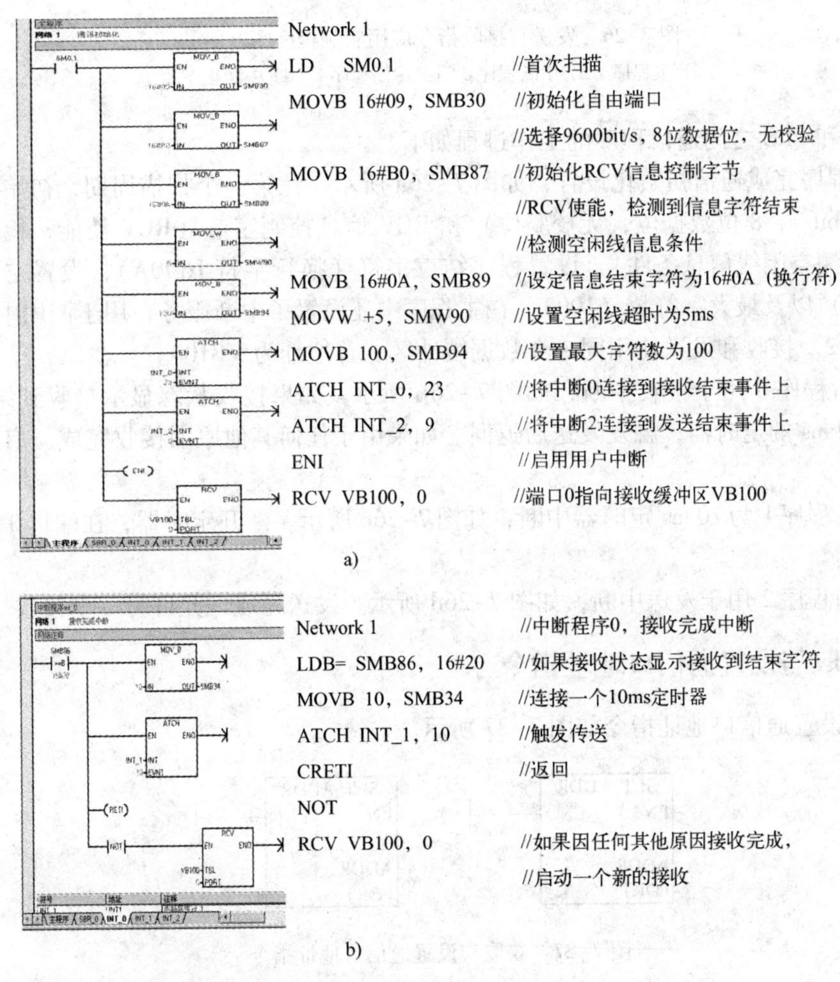

图 7-26　发送与接收指令应用实例程序图

a）主程序　b）中断程序 0　c）中断程序 1　d）中断程序 2

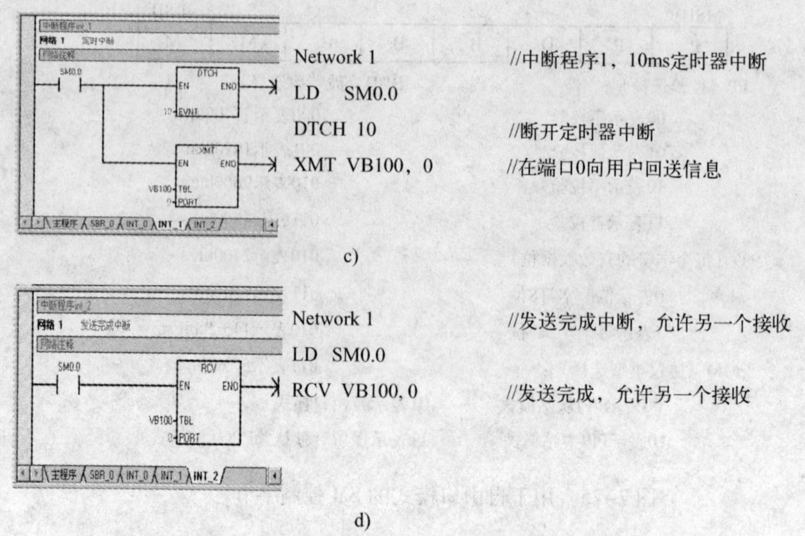

图 7-26 发送与接收指令应用实例程序图（续）

a）主程序 b）中断程序 0 c）中断程序 1 d）中断程序 2

计算机和 PLC 之间通信程序的工作过程如下。

1）主程序完成通信初始化设置，如图 7-26a 所示。在第一个扫描周期，初始化自由口（设置 9600 bit/s，8 位数据位，无校验位）和 RCV 信息控制字节（RCV 使能，检测信息结束字符，检测空闲线信息条件），设置程序结束字符（换行字符 16#0A），设置空闲线超时时间（5 ms）以及最大字符数（100）。在主程序中还设置了中断服务，用于调用中断程序 0 和中断程序 2。接收和发送使用同一个数据缓冲区，首地址为 VB100。

2）中断程序 0 用于接收中断，如图 7-26b 所示。如果接收状态显示接收到结束字符，连接一个 10 ms 的定时器，触发发送后返回。如果由于任何其他原因接收完成，启动一个新的接收。

3）中断程序 1 为 10 ms 定时器中断，如图 7-26c 所示。断开定时器，在端口 0 向用户回送信息。

4）中断程序 2 用于发送中断，如图 7-26d 所示。发送完成，允许另一个接收。

7.2.3 获取与设置通信口地址指令

获取与设置通信口地址指令如图 7-27 所示。

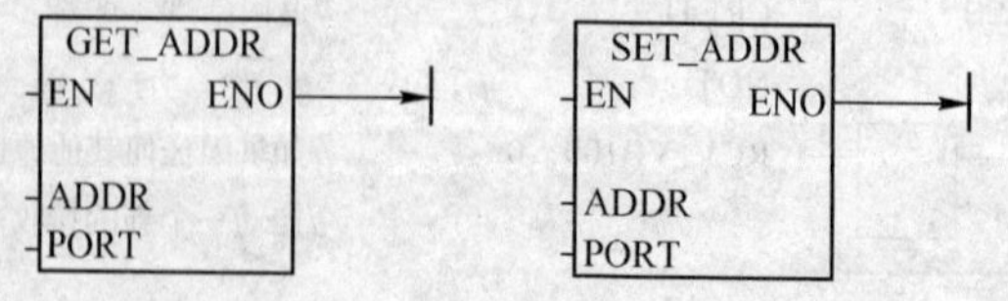

图 7-27 获取与设置通信口地址指令

其中，ADDR 是通信口地址，操作数可以为 VB、MB、SB、SMB、LB、AC、常数、*VD、*LD 或*AC 等，数据类型为字节；PORT 是操作端口，0 用于 CPU 221/222/224 的

PLC，0 或 1 用于 CPU 226/226XM 的 PLC，数据类型为字节。

获取通信口地址（GPA）指令在梯形图中以指令盒形式表示。当允许输入 EN 有效时，用来读取 PORT 指定的 CPU 通信口的站地址，并将数值放入 ADDR 指定的地址中。在语句表中，GPA 指令的指令格式为 GPA　ADDR，PORT。

设定通信口地址（SPA）指令在梯形图中以指令盒形式表示。当允许输入 EN 有效时，用来将通信口站地址 PORT 设置为 ADDR 指定的数值。新地址不能永远保存，重新上电后口地址仍恢复为上次的地址值。在语句表中，SPA 指令的指令格式为 SPA　ADDR，PORT。

7.3 实训　S7-200 PLC 网络通信实验

1. 实训目的

1）熟悉 S7-200 PLC 通信协议类型。

2）学会利用 STEP7-Micro/WIN 建立 S7-200 PLC 与计算机的通信。

3）掌握 S7-200 PLC 通信指令的编程方法。

2. 实训内容

1）配置 STEP7-Micro/WIN 和 S7-200 PLC 的 CPU 的通信参数。

2）本地 PLC 与远程 PLC 之间的自由口通信。

要求：本地 S7-200 PLC 接收来自远程 PLC 的 10 个字符，接收完成后，又将信息发送回远程 PLC；本地 PLC 通过一个外部信号（I0.1）的脉冲控制接收任务的开始，当发送完成后用本地指示灯（Q0.1）显示；通信参数为 9600 bit/s，偶校验，8 位字符；不设立超时时间，接收和发送使用同一个数据缓冲区，首地址为 VB200。

3. 实训设备及元器件

1）本地 S7-200 PLC 装置和远程 S7-200 PLC 装置。

2）安装有 STEP7-Micro/WIN 编程软件的计算机。

3）PC/PPI + 通信电缆线。

4. 实训操作步骤

1）用 PC/PPI + 通信电缆线连接计算机、本地 S7-200 PLC 和远程 S7-200 PLC，要求电源及硬件端口连接正确。

2）启动计算机，运行 STEP7-Micro/WIN，配置 STEP7-Micro/WIN 和本地 S7-200 PLC 的通信端口和通信波特率等通信参数（在操作栏中单击“通信”图标，在弹出的设置 PG/PC 接口对话框中，选择 PC/PPI 协议，单击“Properties”按钮，配置 STEP7-Micro/WIN 和本地 S7-200 CPU 的通信参数）。

3）将本地 S7-200PLC 设置为 RUN 工作方式（此时特殊继电器 SM0.7 为 1，运行自由口通信）。

4）在 STEP7-Micro/WIN 编程软件中输入本地 PLC 和远程 PLC 之间自由口通信的相关梯形图程序。

5）编译、保存、下载梯形图程序到 S7-200 PLC 中。

6）启动 PLC，观察运行结果，发现运行错误或需要修改程序时重复上面的过程。

提示：本地 PLC 的通信控制程序如图 7-28 所示。

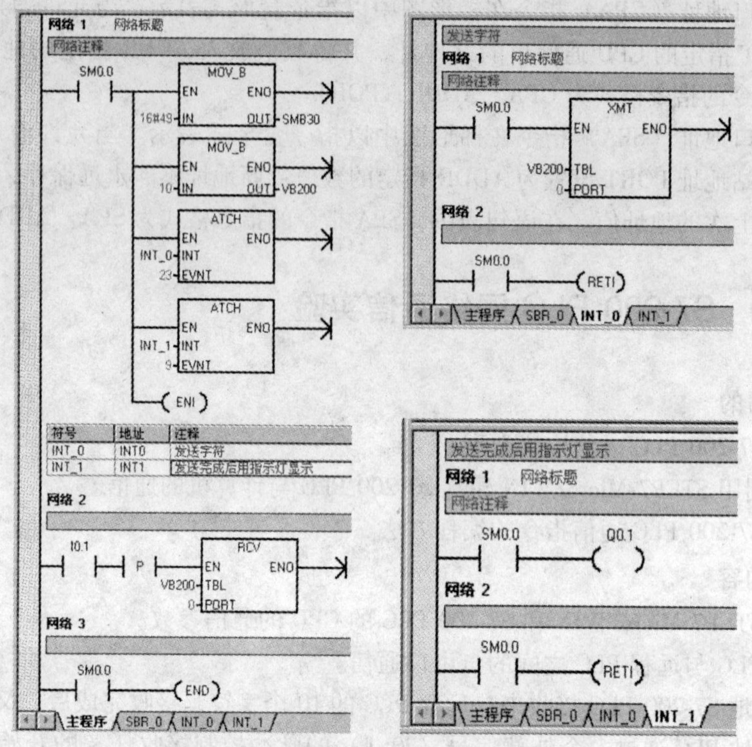

图 7-28 本地 PLC 的通信控制程序

主程序中网络 1 用于实现本地 PLC 的以下设置。①通信参数（9600 bit/s，偶校验，8 位字符）；②送10 个字符到首地址为 VB200 的数据缓冲区；③多个字符接收结束后，产生中断事件 23；④发送字符完成后，产生中断事件 9。

主程序中网络 2 在触点 I0.1 有效时控制本地 PLC 开始接收远程 PLC 发送来的字符。

中断程序 INT_0 控制本地 PLC 通过通信端口 0 将数据表首地址为 VB200 中的 10 个字符数据发送回远程 PLC。

中断程序 INT_1 用指示灯（Q0.1）显示，表示本地 PLC 将10 个字符数据发送完成。

5. 实训操作报告

1）整理出运行调试后的梯形图程序。

2）写出该程序的调试步骤和观察结果。

7.4 思考与练习

1. S7-200 PLC 网络通信类型有哪些？各有什么特点？

2. 在 STEP7-Micro/WIN 中进行通信参数设置，要求 PPI 主站站地址为 0，PPI 从站站地址为 2，用 PC/PPI 电缆连接到主站计算机的串行通信口 COM1，传送速率为 9600 bit/s，传送字符为默认值。

3. 某控制网络如图 7-29 所示，其中 TD200 为主站，在 RUN 模式下，允许站 1

（CPU224）为 PPI 主站模式。要求：站 1 对站 2 的状态字节（存放在 VB100）和计数器当前值（存放在 VW101）进行读写操作；如果站 2 的计数值达到 100，站 1 对站 2 的计数器清零，重新计数，并使站 1 的指示灯亮 5s；站 1 的数据接收缓冲区首地址为 VB300，数据发送缓冲区首地址为 VB320；用网络读写指令完成通信操作。

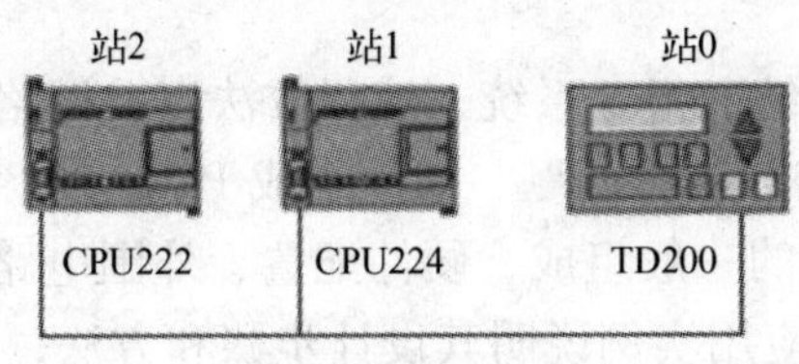

图 7-29　习题 3 图

4. 编程实现两台 S7-200 PLC 的单向主从式自由口通信，要求主机只有发送功能，将 IB0 送到由指针 &VB100 指定的发送数据缓冲区，且不断执行自由口数据发送指令 XMT；从机只有接收功能，通过单字符接收中断事件 8 连接到一个中断服务程序，将接收到的 IB0 通过 SMB2 传送到 QB0，使 QB0 随 IB0 同步变化；通信参数为 9600 bit/s，8 位字符，无校验。

第8章 PLC控制系统简介

在学习了PLC的硬件系统、指令系统、编程方法以及网络通信后，用户面临的问题是如何利用所学的知识解决实际工程问题、如何组成PLC控制系统及设计中应注意的问题。本章首先介绍PLC控制系统的一般组成、硬件配置、外围电路、软件设计及注意事项，然后结合一个简单的控制系统应用实例说明其设计步骤和方法，使读者加深对PLC控制系统设计过程的认识、理解和实践。

8.1 PLC控制系统的结构类型

PLC构成的控制系统主要有单机控制系统、集中控制系统、远程I/O控制系统、分布式控制系统四种。

8.1.1 单机控制系统

单机控制系统是由一台PLC控制一台设备或一条简易生产线，如电梯、机床、无塔供水、原料皮带运输机以及灌装流水线等，如图8-1所示。

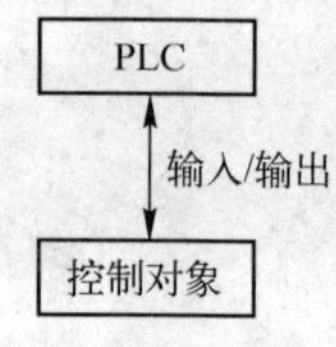

图8-1 单机控制系统

单机控制系统结构简单、控制对象确定，因而对I/O点要求相对较少，存储器容量小，而且对PLC型号的要求不高，常应用在单台固定设备控制系统中。

8.1.2 集中控制系统

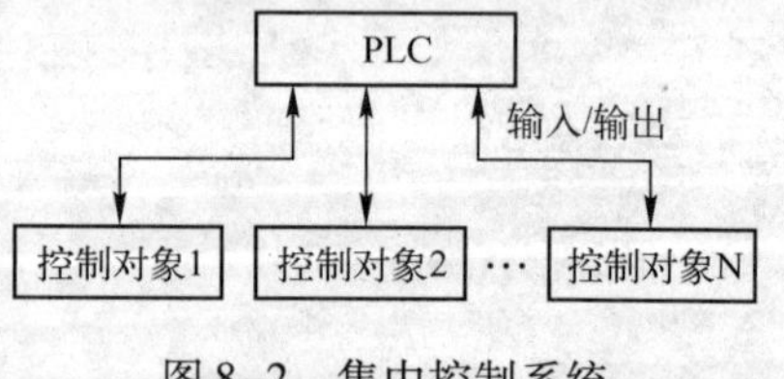

图8-2 集中控制系统

集中控制系统是由一台PLC控制多台设备或几条简易生产线，如图8-2所示。这种控制系统的特点是多个被控对象的地理位置比较接近，相互之间的动作有一定的联系。由于多个被控对象由同一台PLC控制，因此各个被控对象之间的数据、状态的变化不需要另设专门的通信线路。

集中控制系统比单机控制系统要经济，在中、小型控制系统中得到广泛应用。但在集中控制系统中，一旦PLC出现故障，整个系统就会瘫痪，因此其对PLC的可靠性要求较高。一般对于大型的集中控制系统，往往增加投资采取热备用和冗余设计（PLC的I/O点数和存储器容量都要有较大余量）等措施。

8.1.3 远程I/O控制系统

远程I/O控制系统是集中控制系统的特殊情况，是由一台PLC控制多个被控对象，适用于部分被控对象远离集中控制室的场合，如图8-3所示。

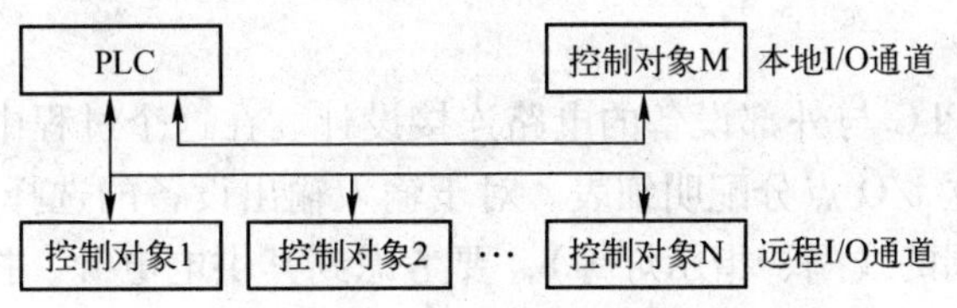

图 8-3 远程 I/O 控制系统

远程 I/O 模块与 PLC 主机通过同轴电缆传递信息。但需要注意的是，不同型号 PLC 能够驱动的同轴电缆长度不尽相同，所能驱动的远程 I/O 通道的数量也不同。选择 PLC 型号时要重点考察驱动同轴电缆的长度和远程 I/O 通道的数量。

8.1.4 分布式控制系统

分布式控制系统有多个被控对象，每个被控对象由一台具有通信功能的 PLC 控制，上位机通过数据总线与多台 PLC 进行通信，各个 PLC 之间也可进行数据交换，如图 8-4 所示。

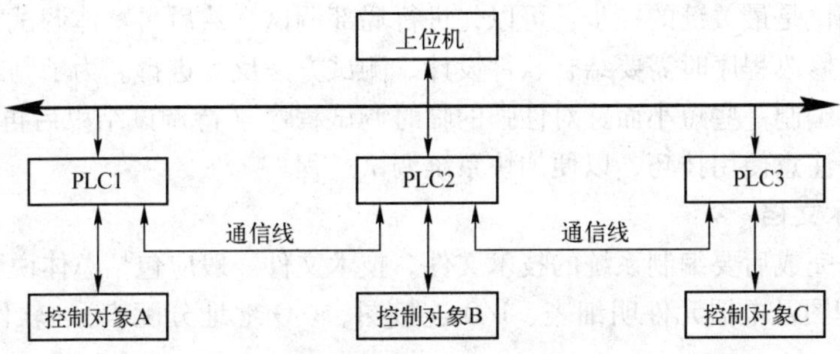

图 8-4 分布式控制系统

分布式控制系统适用于多个被控对象分布的区域较大、相互之间的距离较远，同时相互之间又经常交换信息的场合。分布式控制系统的优点是某个被控对象或 PLC 出现故障时不会影响其他 PLC 的正常运行。相比集中控制系统来说，分布式控制系统成本较高，但灵活性好、可靠性更高。

8.2 PLC 控制系统的设计步骤

PLC 控制系统应用开发主要分为总体规划、PLC 选型、硬件设计、软件设计和联机调试等几个步骤。

1. 总体规划

总体规划主要包括了解工艺过程、明确设计任务、确定系统控制结构和选择用户 I/O 设备等。同时，还需要拟定出设计任务书，明确各项设计要求、约束条件及控制方式。

2. 选择 PLC 机型

目前 PLC 种类繁多，特性各异，价格悬殊。在设计 PLC 控制系统时，需要根据系统功能和所选 I/O 设备的输入输出点数、性能、特殊通道来选择 PLC 机型。选型原则是一方面要满足设计需要，另一方面不浪费存储器容量和 I/O 点等系统资源。例如，若输出控制负载为电动机，则可选 PLC 输出端为继电器输出。

3. 硬件设计

硬件设计是指对 PLC 与外部设备的电路连接设计。在这个过程中要结合 PLC 选型，确定 I/O 点的分配，建立 I/O 点分配明细表。对于输入输出设备的选择（如操作按钮、开关、接触器的线圈、电磁阀的线圈、指示灯等），要考虑到其供电电源、控制方式、控制线路连接及安全保护等措施。

4. 软件设计

软件设计主要包括绘制控制系统模块图、各模块算法流程图、编写梯形图或语句表程序等。软件设计必须经过反复调试、修改、优化，以提高编程效率，直到满足控制系统要求为止。

5. 软件测试

为了避免软件设计中的疏漏，必须进行软件测试。在测试过程中，只有建立合适的测试数据，才能发现程序中的漏洞。

6. 系统联机调试

系统联机调试是最关键的一步，可以先进行局部调试，然后再整体调试，直至系统运行满足功能要求。修改程序时需要结合软件设计、测试方法反复进行。为了判断系统各部件工作的情况，可以编制一些短小而针对性强的临时调试程序（待调试结束后再删除）。在系统联机调试中，要注意使用技巧，以便加快系统调试过程。

7. 编制技术文档

在设计任务完成后要编制系统的技术文件。技术文件一般应包括总体说明书、硬件技术文档（电气原理图及电器元件明细表、I/O 连接图、I/O 地址分配表）、软件编程文档以及系统使用说明等。

8.3 PLC 硬件配置选择与外围电路

8.3.1 PLC 硬件配置

PLC 硬件选择主要包括机型选择、容量选择、I/O 模块选择和供电系统选择几个方面。

1. PLC 机型选择

PLC 是工业自动控制系统的核心部件，PLC 的选择应在满足系统控制要求的前提下，选用性价比高、使用维护方便、抗干扰能力强的产品。

例如，单台机械的自动控制、泵的顺序控制、少量模拟信号控制等中、小型系统，它们对控制速度要求不高，选择西门子 S7-200 系列 PLC 即能满足控制任务的要求；对附有模拟量控制的集中应用系统，则应选用带 A/D 和 D/A 转换的西门子 S7-300 系列 PLC 机型，再配接相应的传感器、变送器和驱动装置；对包含 PID 调节、闭环控制、网络通信等比较复杂的大中型控制系统，可选用西门子 S7-400 系列 PLC 等。

目前，一般 PLC 还应具有处理速度满足实时要求、离线/在线编程选择、系统可扩展等功能。

2. PLC 容量选择

PLC 容量选择主要是指存储器容量和 I/O 点数多少的选择。在控制系统设计时，存储器容量的大小和I/O点数的多少是由控制要求决定的。另外，在满足控制要求的提前下，还应留有适当的备用量，以便系统调整和升级时使用。

3. I/O模块扩展选择

在PLC的CPU资源不能满足系统控制要求时，可扩展I/O模块。

PLC与被控制对象的联系是通过I/O模块实现的。通过I/O模块可以检测被控制对象的各种参数，并以这些参数作为控制器控制被控制对象的依据。同时，控制器又通过I/O模块将控制器的处理结果送给被控制的设备，驱动各种执行机构来实现控制。不同的I/O模块电路和性能各不相同，要根据实际需要进行选择。尤其要注意的是，模块的工作方式（如输出模块有继电器输出、双向可控硅输出和晶闸管输出）及输出电压、额定输出电流（单点和总电流）均应满足负载的要求。

4. PLC供电系统选择

在PLC控制系统中，供电系统占有极其重要的地位。PLC一般由220 V、50 Hz交流电供电。电网的冲击和频率的波动将直接影响到实时控制系统的精度和可靠性。由于电网干扰可以通过PLC系统的供电电源（如CPU电源、I/O电源等）耦合进入，在干扰较强或对可靠性要求很高的场合，可选择采取交流稳压器、隔离变压器、UPS电源等供电系统。

8.3.2 PLC外围电路

PLC外围电路是用于实现外部I/O设备与PLC连接的一种电路，根据功能的不同可分为输入外围电路和输出外围电路两类。由于I/O设备的多少直接决定了PLC控制系统的价格，因此进行PLC外围电路设计时，要合理配置、适度简化。

1. 输入外围电路

根据功能的不同，输入外围电路可分为操作指令电路、参数设置电路、反馈电路及手动电路等。在实现同样控制功能的情况下，对不同的输入外围电路，可以采取如下方式进行简化。

1）对实现相同操控功能的输入点进行合并。如果外部输入信号总是以某种串/并联组合方式整体出现在梯形图中，可以将它们对应的触点串/并联后，再作为一个输入点接到PLC中。

例如，某工业控制系统有两个设置在不同位置的启动开关，用于控制同一设备运行。根据逻辑化简原理，可以将两处的启动开关并联后再输入给PLC，这样仅需要一个输入点就能实现控制要求。

2）分时分组处理输入点。例如，自动程序和手动程序不会在同一时间执行指令，则可以将这两种工作方式使用的输入信号分成两组，两种工作方式分时使用相同的输入点。另外，为了操作的便利，最好增加一个自动/手动指令信号，用于两种工作方式的切换。

3）减少多余信号的输入。如果通过PLC软件能断定输入信号的状态，则可以减少多余信号的输入。例如，某系统设有全自动、半自动和手动3种工作方式，通过转换开关进行切换，常用的方式是将转换开关的三路信号全部输入到PLC。如果转换开关既没有选择全自动方式也没有选择半自动方式，根据系统约束条件可知，转换开关只能选择手动方式。因此，可以用全自动与半自动的“非”来表示手动，从而节省一个输入点。

2. 输出外围电路

根据功能的不同，输出外围电路可分为显示电路、负载电路、主电路及安全保护电路等。与输入点简化相同，在进行 PLC 输出外围电路设计时，也可以采取如下方式进行简化。

1）负载并联处理。在负载电压一致，且总负荷容量不超过输出模块允许的负载容量时，可以将这些负载并联在一起，用一个输出点来驱动。

2）使用接触器辅助触点。PLC 输出驱动大功率负载时，常要通过接触器进行电压或功率的转换。一般接触器除完成主控功能外，还提供了多对辅助触点来对有关设备进行联锁控制。设计 PLC 输出外围电路时可充分利用这类辅助触点，使 PLC 的一个输出点可以同时控制两个或多个有不同要求的负载。通过外部开关的转换，一个输出点就能控制两个或多个不同时工作的负载，节省了 PLC 的输出点数。

3）用数字显示器替代指示灯。如果系统的状态指示灯或程序工作步很多，用数字显示器的状态来替代指示灯也可以节省输出点数。

4）多位数字显示器的动态扫描驱动。对于多位数字显示器，如果直接用数字量输出点来控制，所需要的输出点会很多。使用动态扫描技术，可以大幅度地减少输出点数。

5）在输出回路中设计安全保护措施。例如，增加熔断器以实现限流保护，为电感性直流负载并联保护二极管等。

8.4 PLC 软件设计

PLC 软件设计和任何软件设计的过程一样，要经历需求分析、软件设计、编码实现、现场调试和运行维护等几个环节。

8.4.1 PLC 软件设计的基本原则

PLC 软件设计类似于微型计算机中的接口程序设计，是以系统要实现的功能要求、硬件组成和操作方式等条件为依据来进行的。但由于 PLC 本身的特点，其程序设计相对于一般计算机程序也有特殊性。在进行 PLC 程序设计时应注意以下几个方面。

1）对 I/O 信号进行统一操作，确定各个信号在 PLC 一个扫描周期内的唯一状态，避免同一信号不同状态引起的逻辑混乱。

2）由于 CPU 在每个周期内都固定进行某些窗口服务，占用一定机器时间。因此，要确保周期时间不能无限制缩短。

3）定时器的时间设定值不能小于 PLC 的扫描周期时间。在对定时时间的精度要求较高时，要保证定时器时间设定值是平均扫描周期时间的整倍数，否则会带来定时误差。

4）用户程序中如果多次对同一参数赋值，只有最后一次赋值操作结果有效，前几次赋值操作结果不影响实际输出状态。

5）指令盒类指令在使能端有效执行后，即使使能端变为无效，其传送结果仍旧可以保留；线圈输出在控制端有效时为 ON，在控制端无效时恢复 OFF。

6）同一程序中一个线圈只能使用一次“ = ”输出指令。

8.4.2 PLC 软件设计内容和步骤

1. PLC 软件设计的内容

PLC 程序设计的基本内容一般包括参数表的定义（需要时）、程序框图绘制、程序编制、程序测试和程序说明书编写 5 项内容。

2. PLC 软件设计的步骤

编写 PLC 程序和编写其他计算机程序一样，其基本步骤如下。

1）对系统任务模块化。模块化就是把一个复杂的工程分解成多个比较简单的小任务（模块），并建立其逻辑关系（程序框图）。用户可以对各个模块分别编程，然后通过控制程序将其组合在一起。

2）根据外围设备与 PLC 输入输出端口连接表建立程序流程图。

3）根据流程图编程，需要时进行参数表定义。

4）现场联机程序调试。如果控制程序由几个部分组成，应先进行局部调试，然后再进行整体调试，直至满足控制系统要求。

5）编写程序说明等技术文件。

8.5 PLC 控制系统运行方式及可靠性

8.5.1 PLC 控制系统的运行方式

PLC 系统的运行方式主要是指系统工作方式和停止方式。正确合理地设计系统的运行方式，不但方便用户使用，而且便于工程技术人员的调试和维护。

1. PLC 工作方式

基于 PLC 的控制系统，其工作方式有全自动、半自动和手动 3 种。

（1）全自动工作方式

全自动工作方式是 PLC 控制系统的主要运行方式。只要运行条件具备，控制器自动启动或者由人工启动后，就能自动运行整个控制过程。

（2）半自动工作方式

半自动工作方式是指 PLC 控制系统的启动或运行中的某些步骤，需要人工干预才可继续运行的一种工作方式。半自动工作方式多用于检测手段不完善、需要人工判断，或某些设备不具备自动控制条件、需要人工干涉的场合。

（3）手动工作方式

手动工作方式是指完全需要人工干预的一种工作方式，多用于设备调试、系统调整或紧急情况下的控制方式。由于手动工作方式缺少系统联锁信号，不符合系统安全运行规程，只能作为自动工作方式的辅助或后备方式。

2. PLC 停止方式

PLC 控制系统主要有正常停止、暂时停止和紧急停止 3 种。

（1）正常停止方式

正常停止方式是指由系统程序控制执行的停止方式。当运行步骤执行完毕，或系统接收到操作人员发出的停止指令后，按系统程序设计的停止步骤停止工作。

（2）暂时停止方式

暂时停止方式是指暂时停止执行当前程序的一种操作方式。暂时停止时系统所有的输出被置为停止状态，待暂停解除时继续执行被暂停的程序。

（3）紧急停止方式

紧急停止方式是指系统出现异常情况或故障时强制停止系统运行的一种操作方式。当控制系统中的设备出现异常或故障时，必须立即停止所有的设备运行，否则将导致重大事故或损坏设备。PLC 控制系统紧急停止时，所有设备停止运行，所有程序的执行被解除，系统复位到初始状态。为了安全可靠，设计紧急停止方式时，要既没有联锁条件，也没有延时时间，并且不受 PLC 运行状态的限制。

8.5.2 PLC 控制系统的可靠性

PLC 是专门为工业环境设计的控制装置，在生产制造 PLC 时，从设计到元器件选择都严格按照标准进行。因此，PLC 的 CPU 和 I/O 等硬件模块都具有很高的可靠性，可以直接在工业环境中使用。但是，如果环境过于恶劣、电磁干扰过于强烈或安装使用不当，都可能使系统无法正常运行。在实际使用 PLC 时，要尽可能从工程设计、安装施工和使用维护等方面进一步提高 PLC 的可靠性。

1. 适宜工作环境的选择

尽管 PLC 可以在比较恶劣的环境中工作，但良好的工作环境，对提高系统可靠性、保障系统稳定性、增强控制精度和延长使用寿命等都是有益的。

（1）温度

不合适的温度会导致 PLC 精度下降、故障率上升、使用寿命缩短。例如，使用 S7-200 PLC 时要保证工作的环境温度在 0～55℃，最适合的温度应在 18℃以下。不能把发热量大的元件放在 PLC 下面，PLC 四周通风散热的空间应足够大。

（2）湿度

如果 PLC 的工作环境过于潮湿会导致其内部线路短路或元器件击穿。潮湿的环境还会降低 PLC 的绝缘性能，导致静电集结，从而损坏器件。解决的方法包括使用空调控制室、采用密封机柜和防潮剂等。为了保证 PLC 良好的绝缘性能，空气的相对湿度一般应小于85%。

（3）振动和冲击

振动和冲击会导致 PLC 内部继电器等器件错误运行，还会导致 PLC 控制系统机械结构的松动。可以将 PLC 控制系统远离强烈的振动源，还可以使用减振橡胶来减轻柜内和柜外产生的振动。

（4）周围空气

如果周围空气中有较浓的粉尘、烟雾、腐蚀性气体或可燃性气体，会导致电路短路、电路板腐蚀、器件损坏、线路接触不良、系统火灾或爆炸等。解决的方法是将 PLC 封闭，或者把 PLC 安装在密闭性较好的控制室内，并安装空气净化装置。

2. 完善的抗干扰设计

PLC 是可以用在工业现场的计算机，具有很强的抗干扰能力，但是在实际应用场合仍易受到各种干扰信号的影响。在 PLC 控制系统设计时必须考虑一些抗干扰的措施，以保证系统能工作在更稳定、更可靠的状态。

(1) 对空间电磁场的抗干扰措施

若 PLC 系统置于由电力网络、无线电广播、高频感应设备等产生的空间电磁场内，就会受到空间电磁场的干扰。一般可以通过设置屏蔽电缆、PLC 局部屏蔽及高压泄放元件进行保护。

(2) 对供电系统的抗干扰措施

对于 PLC 的供电系统，电磁干扰产生的感应电压和感应电流、交直流传动装置引起的谐波、开关操作浪涌、大型电力设备起停、电网短路暂态冲击等，都会直接影响控制系统的可靠性。一般可以串接滤波电路或使用浪涌吸收器进行保护，还可使用带屏蔽的隔离变压器、不间断 UPS 电源或开关电源。

(3) 对 I/O 信号的抗干扰措施

PLC 的各类信号传输线也易受到空间电磁场的干扰。由信号线引入的干扰会导致 I/O 信号工作异常，严重时将引起元器件损伤。而且，对于隔离性能差的系统，还将导致信号间互相干扰，造成逻辑数据变化、误动和死机。要抵抗这种干扰，用户可使用抗干扰性能强的 I/O 模块，或者对信号屏蔽接地，或者对感性输入增加保护措施。

3. 安全的软件设计

PLC 的可靠性不仅与硬件有关，和软件也有密切的关系，特别是用户应用程序的可靠性。在软件设计时，要采用标准化和模块化的设计方法，要充分考虑控制上和操作上可能出现的因果关系和转换条件。在对程序进行测试时，要完善测试数据参数，减少程序漏洞，最大可能地保证应用程序的可靠性。

8.6 PLC 控制系统安装调试

8.6.1 PLC 控制系统的安装

一般来说，工业现场的环境都比较恶劣。为了确保 PLC 控制系统安全可靠地运行，在安装 PLC 控制系统时，要严格按照设计的要求和符合产品的设计要求进行。

PLC 控制系统安装时要根据设计布局和系统硬件配置图，严格按照产品的安装规范进行安装。在安装时要注意以下问题。

1) PLC 应远离强干扰源，如大功率晶闸管装置、变频器、高频焊机和大型动力设备等。

2) PLC 不能与高压电器安装在同一个开关柜内；在柜内 PLC 应远离动力线，二者之间的距离应大于 2 m。

3) 与 PLC 装在同一个开关柜内的电感性元件（如继电器、接触器的线圈），应并联 RC 消弧电路。

4) 插拔模块时不得用手或工具直接触摸电子线路板，严禁用容易产生静电的刷子或化纤等清洗各类模块和设备。操作者应采取防静电措施，如佩戴防静电手套或手链等。

5) 要对模块做好保护措施，避免小杂物进入模块内。保管好体积小的配件和材料，并保持安装环境的整洁卫生。

8.6.2 PLC 控制系统的调试

联机调试是 PLC 控制系统的最后一个设计步骤。PLC 控制系统的调试可以分为模拟调试和现场调试两个阶段。

(1) 模拟调试

用户程序在联机调试前需进行模拟调试。在实验室进行模拟调试时，实际的输入信号可以用开关和按钮来模拟，各输出量的通断状态用 PLC 上的发光二极管来显示。在模拟调试时，一般不接电磁阀、接触器等实际负载。

在模拟调试时应充分考虑各种可能的情况，对系统各种不同的工作方式应逐一检查。发现问题后及时修改用户程序，直到在各种可能的情况下输入量与输出量之间的关系完全符合设计要求。

如果程序中某些定时器或计数器的设定值过大，为了缩短调试时间，可以在调试时将它们减小，模拟调试结束后再写入它们的实际设定值。

检查程序无误后，便可以把 PLC 接到控制系统中进行现场调试。

(2) 现场调试

完成模拟调试工作后，就可以将 PLC 安装在控制现场进行现场联机调试，具体过程如下。

1) 查接线、核对地址，要逐点进行，确保正确无误。

2) 检查 I/O 模块是否正确，工作是否正常。必要时，还可用标准仪器检查 I/O 的精度。

3) 检查、测试指示灯。控制面板上如果有指示灯，应先对对应指示灯进行检查，并以此来查看系统逻辑关系是否正确。

4) 检查手动动作及手动控制逻辑关系。查看各个手动控制的输出点，验证是否有相应的输出及与输出对应的动作，之后再看各个手动控制是否能够实现。如果有问题需要立即解决。

5) 系统试运行检查。如果系统可以自动运行，要先进行半自动调试。调试时一步步推进，直至完成整个控制周期。在完成半自动调试后，可进行全自动调试。要多观察几个工作周期，以确保系统能正确无误地连续工作。

6) 异常条件检查。完成上述调试后，最好再进行一些异常条件检查。如果系统出现异常情况或一些难以避免的非法操作时，检查是否会停机保护或提示报警。

在联机调试时，对可能出现的传感器、执行器和硬件接线等方面的问题，或 PLC 梯形图程序设计中的问题，要及时解决。如果调试达不到相关指标要求，则对相应硬件和软件部分作适当调整（通常修改程序可达到调整的目的）。全部调试通过后，还要经过一段时间的试运行，系统方可投入到实际运营中。

8.7 PLC 控制系统应用实例

本节以交流异步电动机星 - 三角（Y-△）减压起动控制为例，说明 PLC 控制系统的设计步骤和设计方法。

8.7.1 原理介绍

交流异步电动机是一种将电能转换成机械能的动力机械。它具有结构简单、运行可靠、价格便宜、易于维修的优点，广泛应用于各个领域。交流异步电动机的起动方式一般分为直接起动和减压起动两类。其中，减压起动方式又分为星-三角减压起动和自耦变压器减压起动等方式。

交流异步电动机星-三角减压起动的工作过程是：电动机在起动过程中，首先将三相绕组的尾端连在一起，首端则接在三相电源上，此时形成星形连接；经过一段时间，再将三相绕组的首尾依次相连，在三个连接点处，加上三相交流电源，实现三角形连接。

交流异步电动机星-三角减压起动的优点如下。

1）减少了对电网的冲击。

2）降低了由于电动机频繁起动而出现的过热现象。

3）起到节约能源的作用。

8.7.2 系统控制要求

对交流异步电动机星-三角减压起动控制系统的要求如下。

1）实现交流异步电动机的起动、停止控制。

2）交流异步电动机起动 1 ~2 s 后，进入星形运行控制。

3）交流异步电动机起动 5 ~7 s 后，进入三角形运行控制。

8.7.3 控制系统 I/O 资源分配

在设计 PLC 系统时，资源分配非常重要。资源规划的好坏将直接影响到系统软件的设计质量。根据系统控制要求，设计使用 3 个继电器分别控制电动机的起停、星形与三角形运行，资源分配表如表 8-1 所示。

表 8-1 系统 I/O 资源分配表

名称	代码	I/O 映象寄存器地址	功能说明
启动按钮	SB1	I0.0	电动机起动
停止按钮	SB2	I0.2	电动机停止
控制继电器 1	KM1	Q0.0	控制电动机的起停
控制继电器 2	KM2	Q0.2	控制电动机三角形运转
控制继电器 3	KM3	Q0.3	控制电动机星形运转

8.7.4 选定 PLC 型号

根据 I/O 资源的配置可知，系统共有 2 个开关量输入点，3 个开关量输出点，无模拟量输入/输出点，故可以选择 CPU22X 系列 PLC。又考虑到 I/O 点的利用率和 PLC 的价格，选用了西门子公司的 S7-200 PLC CPU221。

8.7.5 控制系统原理图

图 8-5a 为交流异步电动机星－三角减压起动主电路，M 为电动机，三相绕组的每相绕组均首尾接头；继电器 KM1、KM2、KM3 分别控制电动机的起停、三角形运行、星形运行。

继电器 KM1 控制着电动机三相绕组的首端与 ABC 三相电源相连。在电动机起动过程中，继电器 KM2 控制着电动机三相绕组的首尾相连成为三角形，继电器 KM3 控制着电动机三相绕组的尾端连接在一起成为星形。

图 8-5b 为交流异步电动机星－三角减压起动外围控制电路接线图。PLC 的输入开关量 I0.0 和 I0.2 能检测来自按钮 SB1 和 SB2 输入信号，PLC 的输出开关量 Q0.0、Q0.2 和 Q0.3 用于驱动外部控制继电器，以实现相应的控制动作。

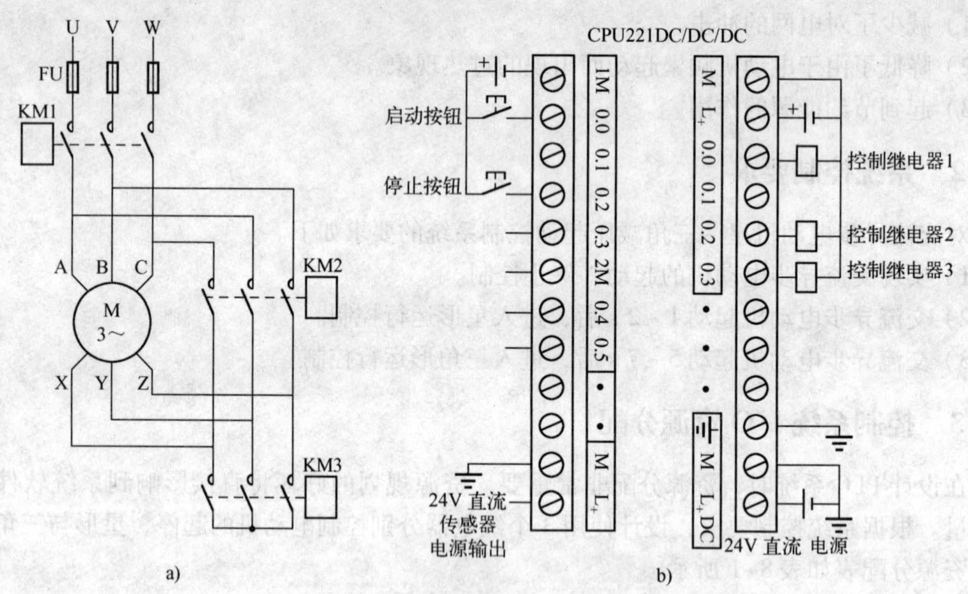

图 8-5 电动机星－三角减压起动控制原理图

a）电动机主电路工作原理图 b）电动机 PLC 控制接线图

8.7.6 控制系统软件设计

交流异步电动机星－三角减压起动的控制程序如图 8-6 所示。其工作流程如下。

1）按下起动按钮 SB1，常开触点 I0.0 闭合，M0.0 线圈得电，常开触点 M0.0 闭合，同时 Q0.0 线圈得电，即继电器 KM1 的线圈得电，电动机三相绕组首端与三相电源相连。

2）1 s 后 Q0.3 线圈得电，即继电器 KM3 的线圈得电，电动机三相绕组的尾端连在一起，电动机做星形连接起动。

3）6 s 后 Q0.3 线圈失电，即继电器 KM3 的线圈失电。

4）0.5 s 后 Q0.2 线圈得电，即继电器 KM2 的线圈得电，电动机三相绕组的头尾依次相连。在三个连接点处，加上三相交流电源，电动机做三角形连接运行。

5）按下停止按钮 SB2，电动机停止运行。

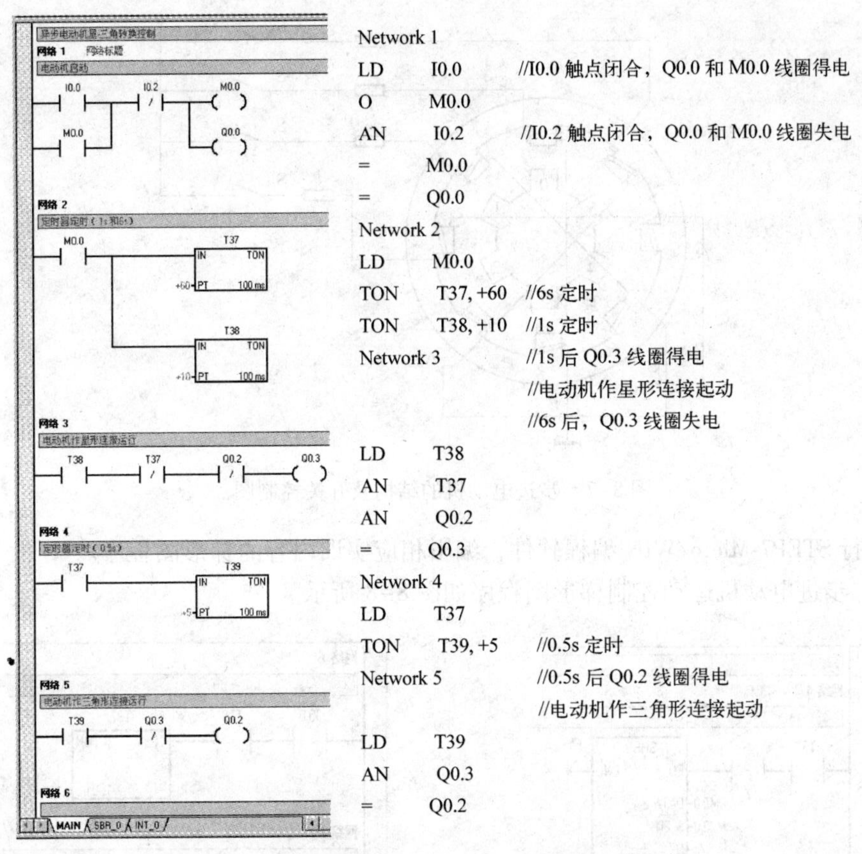

图 8-6　电动机星 - 三角减压起动的控制程序

8.8 实训　步进电动机运动控制

1. 实训目的

1）了解步进电动机的工作原理，学习步进电动机运动控制的方法。

2）进一步掌握 S7-200 PLC 的编程方法。

3）掌握 PLC 控制系统的应设计方法。

2. 实训内容

利用 STEP7-Micro/WIN V4.0 编写步进电动机运动控制的梯形图程序。

3. 实训设备及元器件

1）S7-200 PLC 实验工作台或 PLC 装置。

2）安装有 STEP7-Micro/WIN 编程软件的计算机。

3）PC/PPI + 通信电缆线。

4）按钮式开关、小型步进电动机、导线等必备器件。

4. 实训操作步骤

1）将 PC/PPI + 通信电缆线与计算机连接；由 Q0.0、Q0.1、Q0.2、Q0.3 分别（或经驱动器）控制步进电动机的 A、B、C、D 相线圈，步进电动机的结构如图 8-7 所示。

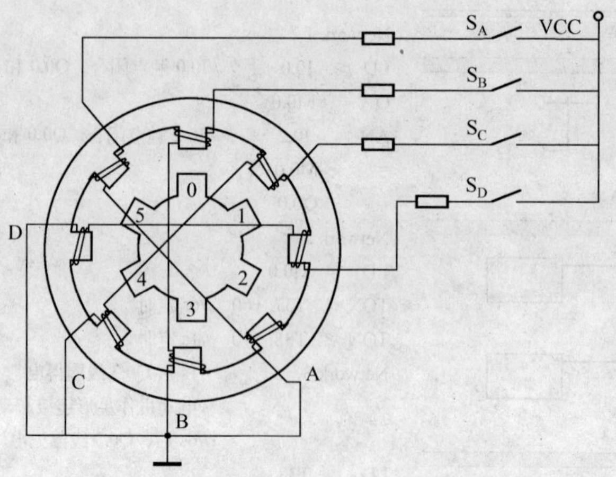

图 8-7　步进电动机的结构及开关控制图

2）运行 STEP7-Micro/WIN 编程软件，编辑相应实训内容的梯形图程序。

提示：步进电动机运动控制梯形图程序如图 8-8 所示。

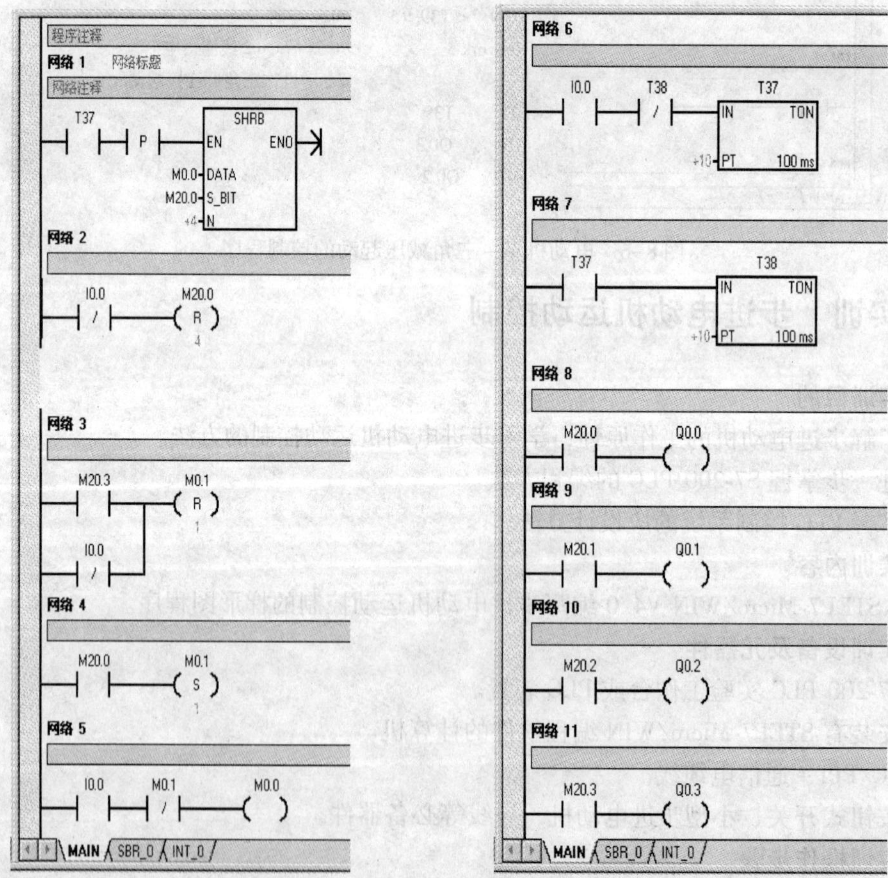

图 8-8　步进电动机运动控制梯形图程序

3）编译、保存、下载梯形图程序到 S7-200 PLC 中。

4）启动 PLC，观察运行结果，发现运行错误或需要修改程序时重复上面的过程。

5. 注意事项

PLC 输出端应符合步进电动机对电源、极性、电压及驱动电流的要求。

6. 实训操作报告

1）整理出运行调试后的梯形图程序。

2）写出该程序的调试步骤和观察结果。

8.9 思考与练习

1. PLC 控制系统的结构类型有哪些？各有什么特性？

2. 简述 PLC 控制系统的一般设计步骤。

3. 输入外围电路在什么情况下可以进行化简？输出外围电路在什么情况下可以进行化简？

4. 在设计输入输出外围电路时应注意哪些问题？

5. 为了提高 PLC 控制系统的可靠性，应采取哪些措施？

6. 如何进行 PLC 机型选择？

7. 简述 PLC 软件设计的内容和步骤。

8. 试简述 PLC 联机调试的过程。

第9章　PLC控制系统设计实例

PLC以其可靠性高、抗干扰能力强、编程简单、组合灵活、扩展方便、体积小等优点，成为现代工业自动控制系统的核心器件。本章以常见工程控制系统应用为例，通过对实例工艺分析、系统资源分配、硬件选型及程序设计等方面的介绍，阐述PLC在控制系统中软硬件的设计方法和过程。

9.1　三相异步电动机带延时的正反转控制设计

9.1.1　工作原理

异步电动机是一种将电能转换成机械能的动力机械，其结构简单、使用方便、可靠性高、易于维护、不受使用场所限制，广泛应用于厂矿企业、科研生产、交通运输、娱乐生活等各个领域。在自动控制系统中，根据生产过程和工艺要求，经常要对电动机进行起动、停止、正转、反转、顺序起动、减压起动、自锁保护和互锁保护等方面的控制。

电气设备上下、左右、前后的运动是利用电动机的正转和反转功能实现的。三相异步电动机的正反转可借助正反向接触器改变定子绕组的相序来实现，控制的方法很多，但都必须保证正反向接触器不会同时接通，以免造成电动机短路故障，常用"互锁"电路来避免此类故障。图9-1为三相异步电动机的正反转电路。M为三相异步电动机，每绕组均有首尾接头。继电器KM1和KM2分别控制电动机的正转运行和反转运行，继电器KM3用于控制电动机的星型连接。

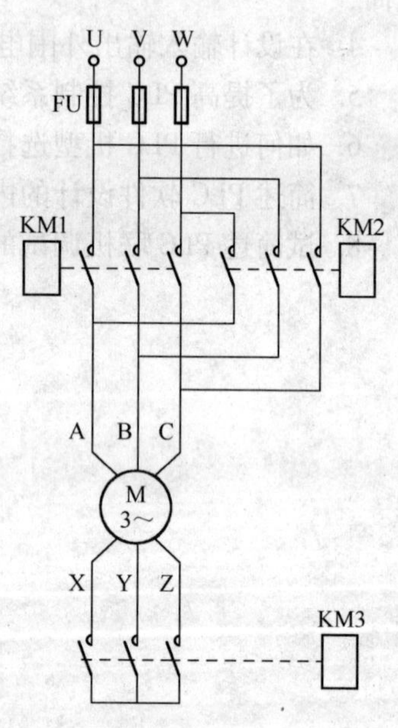

图9-1　电动机正反转主电路工作原理图

本节以三相异步电动机的控制为例，介绍电动机起动、停止、正转、反转和互锁保护控制功能的设计过程和编程方法。

9.1.2　系统控制要求

对三相异步电动机正反转控制系统的要求如下所示。

1）实现三相异步电动机的起动、停止控制。

2）实现三相异步电动机的正转、反转控制。

3）实现三相异步电动机正向运转时，延时1~2 s后进入反向运转模式。

4）实现三相异步电动机反向运转时，延时1~2 s后进入正向运转模式。

5）实现三相异步电动机的互锁保护控制。

9.1.3 控制系统 I/O 资源分配

设计 PLC 系统时分配 I/O 资源非常重要。资源规划的好坏将直接影响到系统软件的设计质量。根据系统控制要求，使用 3 个继电器分别控制电动机的正转、反转与停止，资源分配表见表 9-1 所示。

表 9-1 系统 I/O 资源分配表

名　称	代　码	地　址	说　明
正转启动按钮	SB1	I0.0	电动机正向转动
反转启动按钮	SB2	I0.1	电动机反向转动
停止按钮	SB3	I0.2	电动机停止
控制继电器 1	KM1	Q0.0	控制电动机的正向转动
控制继电器 2	KM2	Q0.1	控制电动机的反向转动
控制继电器 3	KM3	Q0.3	控制电动机星型连接

9.1.4 选定 PLC 型号

根据 I/O 资源的配置可知，系统共有 3 个开关量输入点，3 个开关量输出点。考虑到 I/O 点的利用率和 PLC 的价格，可选用西门子公司的 S7-200 PLC CPU221。

9.1.5 控制系统接线图

图 9-2 为三相异步电动机的正反转控制外围接线图，PLC 的输入开关量 I0.0、I0.1 和 I0.2 能检测来自按钮 SB1、SB2 和 SB3 输入信号，PLC 的输出开关量 Q0.0、Q0.1 和 Q0.3 的输出值用于驱动外部控制继电器，以实现相应的控制动作。

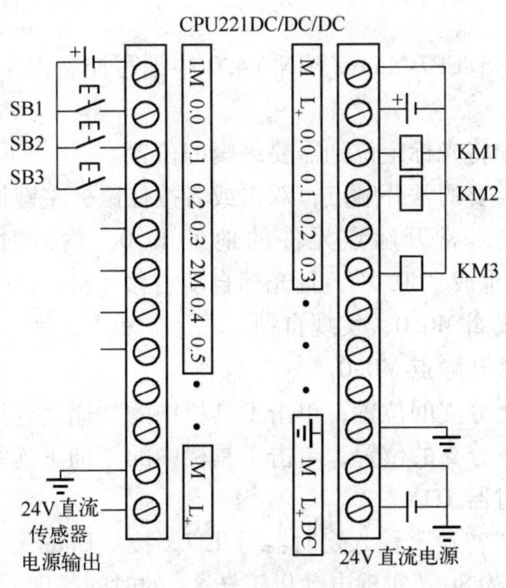

图 9-2 电动机正反转 PLC 控制接线图

9.1.6 控制系统软件设计

三相异步电动机带延时的正反转控制系统的开发设计，可以在西门子公司提供的STEP7-Micro/WIN V4.0编程环境中进行。在STEP7-Micro/WIN V4.0编程环境中，通过软件设计实现电动机的起动、停止、正转、反转和互锁保护等功能，具体操作步骤如下所示。

（1）建立新工程

在STEP7-Micro/WIN V4.0主操作界面下，选择主菜单中的“文件”→“新建”命令或单击工具栏中的“新建项目”图标，在主操作窗口中将显示新建的程序文件区。新建的程序文件以“项目1”命名，如图9-3a所示。

用户可以根据实际情况选择PLC型号。用鼠标右键单击“CPU224XP CN REL 02.01”图标，在弹出的快捷菜单中单击“类型”，如图9-3b所示。在“PLC类型”对话框中，选择需要的“CPU 221”，单击“确认”按钮，如图9-3c所示。

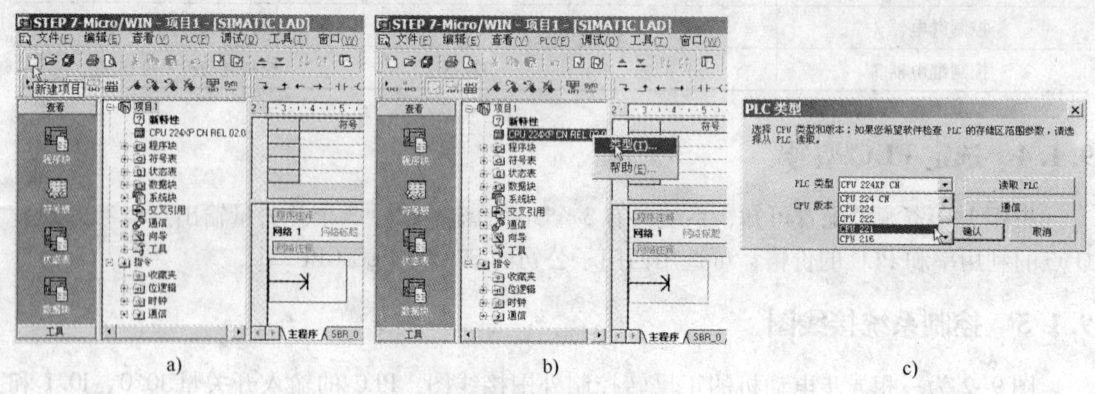

a) b) c)

图9-3 建立新工程对话框

a）新建工程对话框 b）更改类型对话框 c）选择类型对话框

（2）编写控制程序

根据控制系统要求在STEP7-Micro/WIN V4.0中编写控制程序，具体操作步骤如图9-4所示。

1）在程序编辑窗口中将光标定位到需要编辑的位置。

2）从指令树中选择需要的常开触点，双击或者按住鼠标左键拖放元件到指定位置。

3）在“?? . ?”处输入常开触点元件的地址I0.0。输入时不区分大小写，如输入“i0.0”，回车确认后自动生成“I0.0”，且光标自动右移一格。

4）选择并添加内部线圈M0.0，实现自锁。

5）选择并添加内部常开触点M0.0。

6）选择需要添加向上分支的位置，单击工具栏中的“向上连线”按钮。

7）选择需要添加向下分支的位置，单击工具栏中的“向下连线”按钮。

8）选择接通延时定时器TON。

9）在定时器上方的“????”输入定时器号T37，按〈Enter〉键确认后，光标自动移动到预置时间值参数处，输入80（实现电动机正转8 s的时间长度），再按〈Enter〉键确认。

10）按上述方法，完成该控制系统的其余程序段。

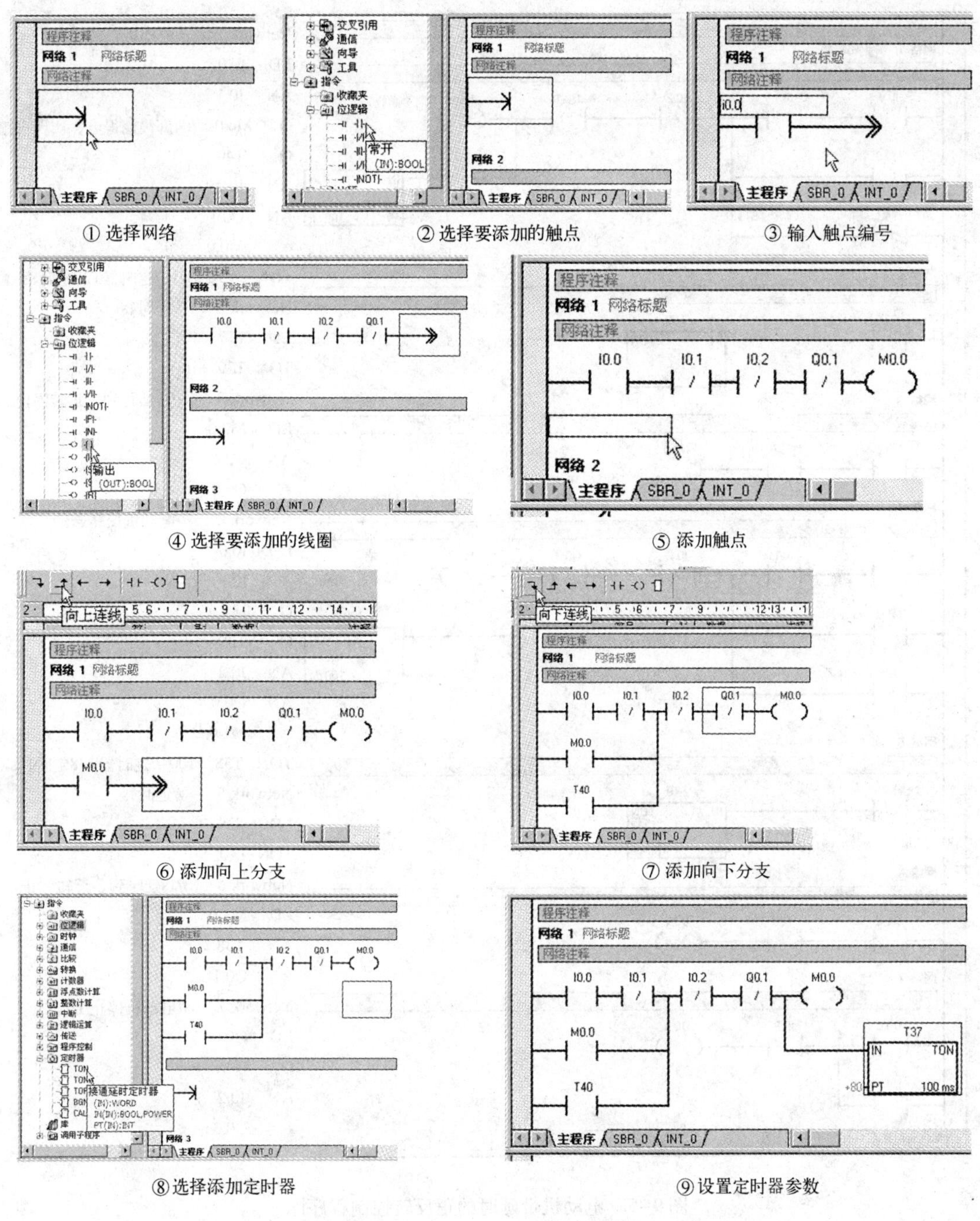

① 选择网络　② 选择要添加的触点　③ 输入触点编号

④ 选择要添加的线圈　⑤ 添加触点

⑥ 添加向上分支　⑦ 添加向下分支

⑧ 选择添加定时器　⑨ 设置定时器参数

图 9-4　编写控制程序示意图

为了增加程序的可读性、方便调试维修，可单击“程序注释”、“网络标题”或“网络注释”，输入必要的说明信息。

(3) 控制程序清单

三相异步电动机带延时正反转控制系统的梯形图程序和语句表程序，如图 9-5 所示。

三相异步电动机带延时的正反转控制程序的工作过程如下。

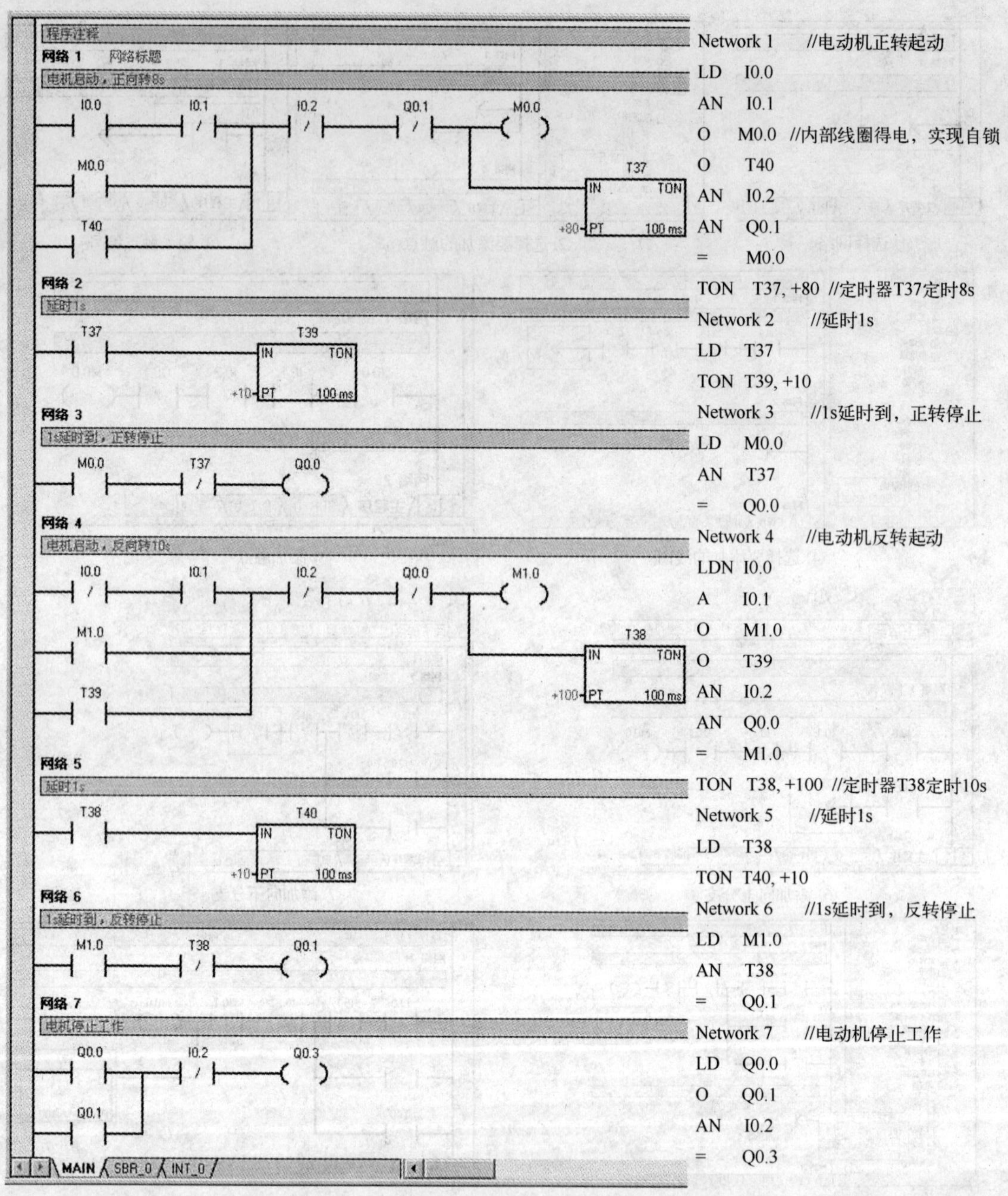

图 9-5 电动机带延时的正反转控制程序图

1）按下正向启动按钮 SB1，常开触点 I0.0 闭合，线圈 Q0.0 得电，线圈 Q0.3 也同时得电，即继电器 KM1 和 KM3 的线圈得电，此时电动机正转。

2）电动机正转 8 s 后，Q0.0 的线圈失电，延时 1s 后 Q0.1 的线圈得电，即继电器 KM1 的线圈失电，继电器 KM2 的线圈得电，此时电动机反转。

3）按下反向启动按钮 SB2，常开触点 I0.1 闭合，线圈 Q0.1 得电，线圈 Q0.3 也同时得电，即继电器 KM2 和 KM3 的线圈得电，此时电动机反转。

4）电动机反转 10 s 后，Q0.1 的线圈失电，延时 1 s 后 Q0.0 的线圈得电，即继电器 KM2 的线圈失电，继电器 KM1 的线圈得电，此时电动机正转。

5）内部线圈 M0.0 和 M1.0 得电时，对 I0.0 和 I0.1 实现自锁保护。

6）在电动机正反转时，按下停止按钮 SB3，电动机停止运转。

9.2 水塔水位实时检测控制系统设计

9.2.1 工艺过程

在广大城镇、农村、学校及工矿企业都广泛使用着水塔供水设施，该设施主要由水塔、水池、抽水泵和补水泵组成。图 9-6 为一个简化的水塔供水系统示意图，其中 ST_H 和 SC_H 为水塔和水池的上限水位传感器，ST_L 和 SC_L 为水塔和水池的下限水位传感器；电动机 M 驱动抽水泵工作，从水池中抽水注入水塔中；水池注水控制电磁阀 YV 开启，补水泵工作，自动把水注满储水水池。图 9-7 为该水塔水位实时检测控制系统流程图。

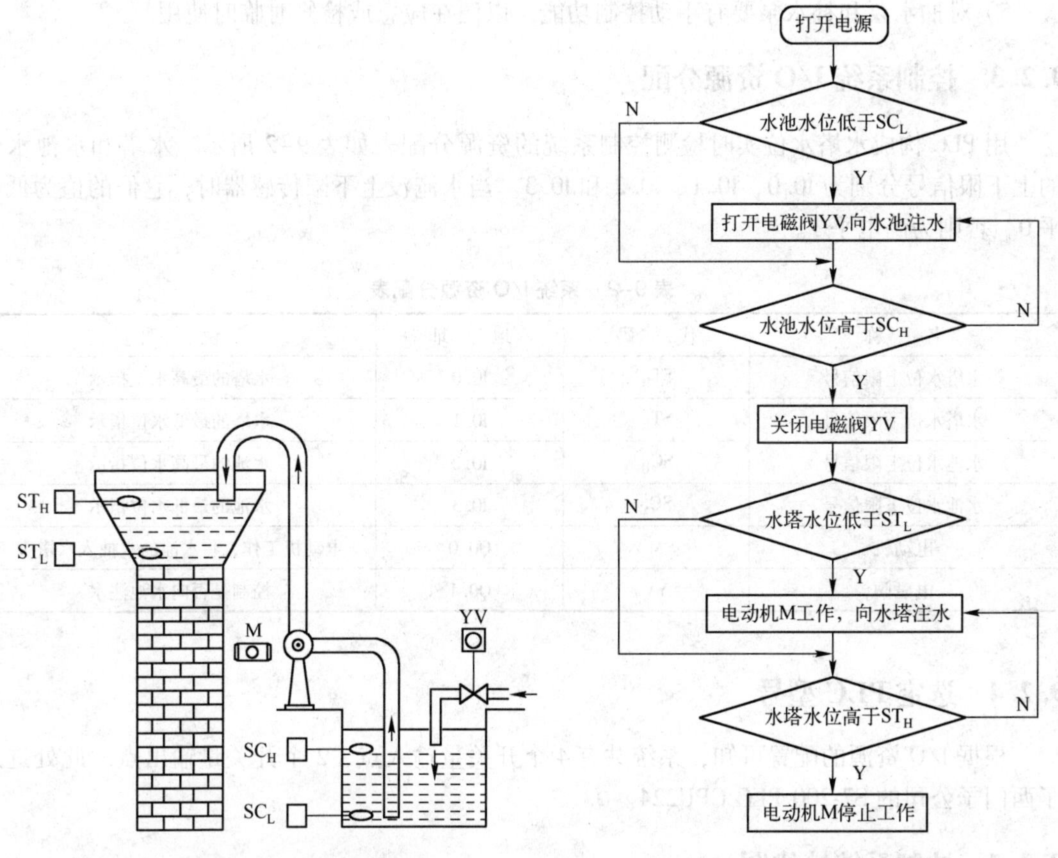

图 9-6　水塔供水系统示意图　　图 9-7　水塔供水系统控制流程图

对于如图 9-6 所示的供水设施，为了实现连续正常地自动供水，必须建立闭环控制系统，对水塔水位进行实时监控，根据水塔的高低水位自动控制抽水泵，使水位处于动态的平衡状态，避免“空塔”、“溢塔”现象发生。安装在水塔和水池内的水位上下限传感器能实时反映水塔和水池水位的变化。当水池的水位低于下限水位 SC_L 时，电磁阀 YV 打开，补水泵自动往水池注水；当水池水位达到上限水位 SC_H 时，电磁阀 YV 关闭，停止向水池注水。水塔由电动机 M 带动抽水泵供水，只要水塔水位低于水塔下限水位 ST_L，抽水泵就把水池中的水抽入到水塔中，直到水塔水位达到上限水位 ST_H，电动机 M 停止工作。

本节以图 9-6 所示的水塔供水系统为例，阐述以西门子公司的 S7-200 PLC 为核心器件的水塔水位实时检测控制系统的设计过程。

9.2.2 系统控制要求

对水塔水位实时检测控制系统的要求如下所示。

1）水塔水位低于设定下限时，自动开泵抽水，水位达到设定上限时，关泵停止抽水。

2）水池水位低于设定下限时，自动开阀注水，水位达到设定上限时，关阀停止注水。

3）要有完善的报警功能，在系统发生故障时发出声光报警。

4）要有必要的人机界面，如指示水位高低的指示灯、电动机工作指示灯等。

5）对抽水泵和补水泵要有手动控制功能，以便在应急或检修时临时使用。

9.2.3 控制系统 I/O 资源分配

用 PLC 构成水塔水位实时检测控制系统的资源分配表如表 9-2 所示。水塔和水池水位的上下限信号分别为 I0.0、I0.1、I0.2 和 I0.3。当水淹没上下限传感器时，它们的值为低电平 0，否则为高电平 1。

表 9-2 系统 I/O 资源分配表

名 称	代 码	地 址	说 明
水塔水位上限信号	ST_H	I0.0	水塔的最高水位指示
水塔水位下限信号	ST_L	I0.1	水塔的最低水位指示
水池水位上限信号	SC_H	I0.2	水池的最高水位指示
水池水位下限信号	SC_L	I0.3	水池的最低水位指示
电动机	M	Q0.0	电动机工作，将水池的水抽入水塔中
电磁阀	YV	Q0.1	控制是否向水池注水

9.2.4 选定 PLC 型号

根据 I/O 资源的配置可知，系统共有 4 个开关量输入点，2 个开关量输出点，此处选用了西门子公司的 S7-200 PLC CPU224。

9.2.5 控制系统接线图

图 9-8 为水塔水位实时检测控制外围接线图，PLC 的输入开关量 I0.0、I0.1、I0.2 和 I0.3 检测来自高低水位传感器 ST_H、ST_L、SC_H 和 SC_L 的输入信号，PLC 的输出开关量 Q0.0 和 Q0.1 的输出值用于驱动外部负载，以实现相应的控制动作。

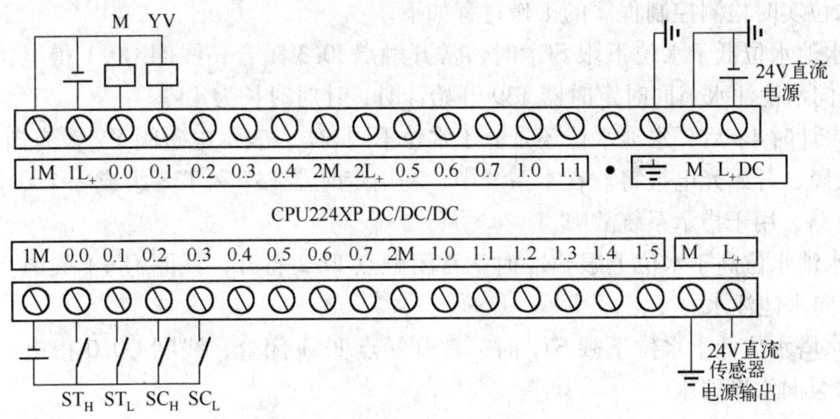

图 9-8　水塔水位实时检测 PLC 控制接线图

9.2.6　控制系统软件设计

水塔水位实时检测控制系统软件是在 STEP7-Micro/WIN V4.0 编程环境中开发设计的，具体操作步骤可参考 9.1 节应用实例的设计。

水塔水位实时检测控制系统的梯形图程序和语句表程序如图 9-9 所示。

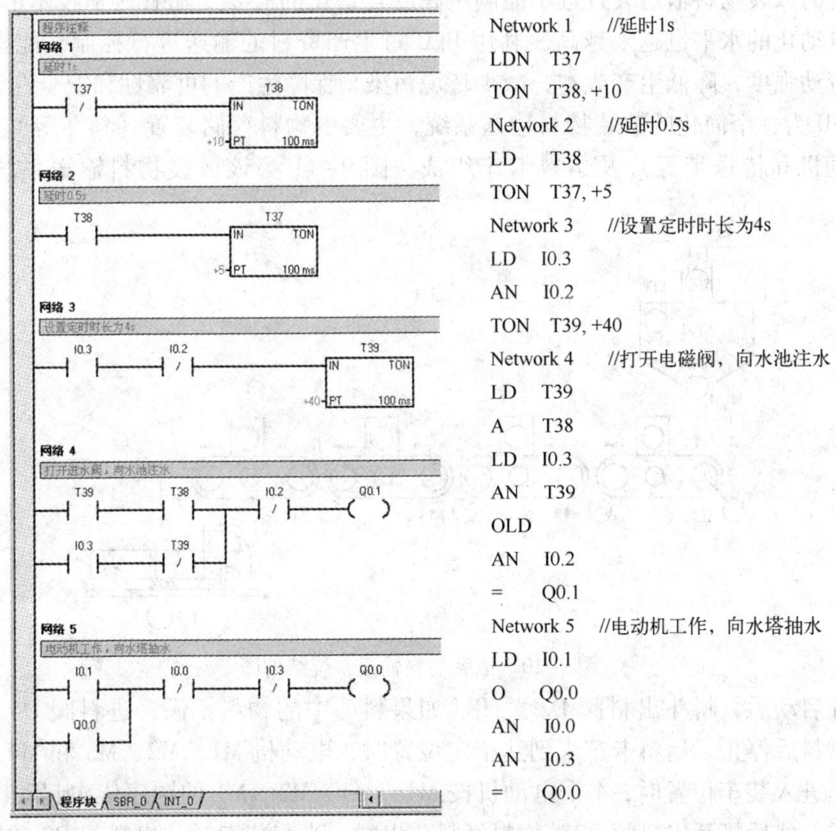

图 9-9　水塔水位实时检测控制程序图

水塔水位实时检测控制程序的工作过程如下。

1）当水池水位低于水位下限 SC_L 时，常开触点 I0.3 闭合，线圈 Q0.1 得电，打开电磁阀 YV 开始向水池注水。同时定时器 T39 开始计时，计时时长为 4 s。

2）如果计时 4 s 后，水池水位还是低于水位下限 SC_L，表示电磁阀 YV 没有向水池注水，系统发生故障，开始光电报警。在本系统中，利用定时器 T37 和 T38 组成一个 0.5 s 通、1 s 断的闪烁电路，用于指示系统故障。

3）当水池水位高于水位上限 SC_H 时，常闭触点 I0.2 打开，线圈 Q0.1 失电，关闭电磁阀 YV 停止向水池注水。

4）当水塔水位低于水位下限 ST_L 时，常开触点 I0.1 闭合，线圈 Q0.0 得电，电动机 M 工作，抽水泵向水塔注水。

5）当水塔水位高于水位上限 ST_H 时，常闭触点 I0.0 打开，线圈 Q0.0 失电，电动机 M 停止工作。

9.3 散装物料输送系统设计

9.3.1 工艺过程

散装水泥、粉煤灰、散装粮食、高炉矿渣等散装物料的装卸、搬运和运输是一项浩大的工程，传统的散装物料输送装置远不能满足高度自动化的需要。随着科学技术的日新月异，工业生产自动化的水平也越来越高，利用 PLC 对生产资料的输送进行控制，能提高生产效率，减轻劳动强度，降低生产成本，减少环境污染，保障生产的可靠性和安全性。

图 9-10 为一个简化的散装物料输送系统，主要由物料存储装置（料斗等）、物料传输装置（电动机和传送带等）及运料卡车组成。图 9-11 为该散装物料输送系统的控制流程图。

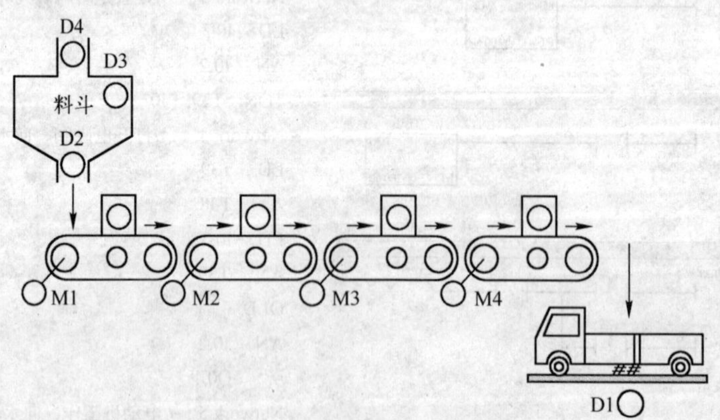

图 9-10 散装物料输送系统结构图

该系统启动后，料斗出料阀 D2 关闭。如果料斗中的物料不满，进料阀 D4 开启进料，料斗装满物料后停止。运料卡车未到达指定位置时，电动机 M1、M2、M3 和 M4 均不工作；当运料卡车进入装车位置时，4 个电动机按 M4→M3→M2→M1 的顺序依次起动，带动 4 节传送带工作。然后打开出料阀 D2，物料经料斗出料。当车装满时，出料阀 D2 关闭，4 个电动机按 M1→M2→M3→M4 的顺序依次停止工作。最后运料卡车可以开走。

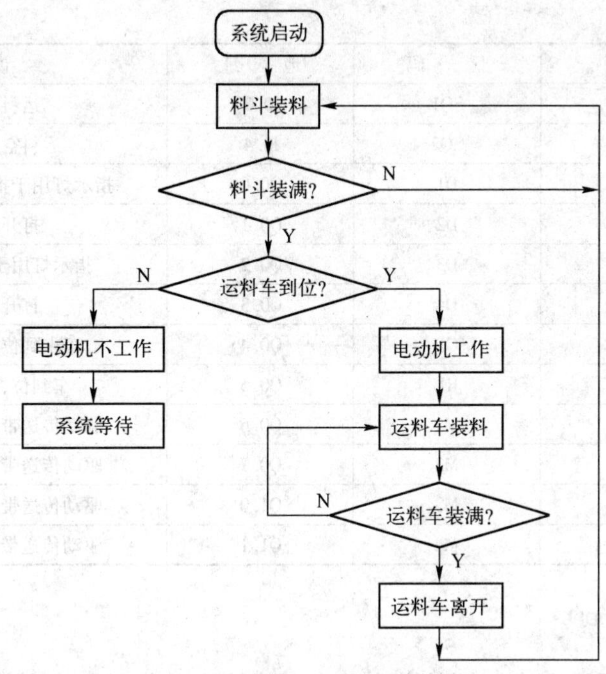

图 9-11　散装物料输送系统控制流程图

本节以图 9-10 所示的散装物料输送系统为例，阐述以 S7-200 PLC 为核心器件的散装物料输送系统的设计过程。

9.3.2　系统控制要求

对散装物料输送控制系统的要求如下。

1）系统要能自动识别料斗中物料的多少，并能根据料斗中料位的高低开启或关闭出料阀 D2 和进料阀 D4。

2）系统要能自动识别运料车的到位情况，并根据装料位置是否有运料车开启或停止电动机。

3）4 个电动机起动时按 M4→M3→M2→M1 顺序进行，停止时则按 M1→M2→M3→M4 顺序进行，且每个电动机起动和停止时都要有一定的时间间隔。

4）要有必要的人机界面，如系统启动按钮、系统关机按钮、运料车是否到位指示灯、料斗料位高低指示灯等。

9.3.3　控制系统 I/O 资源分配

用 PLC 控制散装物料自动输送的资源分配表如表 9-3 所示。料斗装满信号、车未到位信号和车满信号分别为 I0.2、I0.3 和 I0.4，它们的值为高电平 1 时有效。

表 9-3　系统 I/O 资源分配表

名　称	代　码	地　址	说　明
系统启动按钮	SB1	I0.0	系统启动运行
系统关机按钮	SB2	I0.1	系统关机停止运行
料斗中物料满信号	S	I0.2	料斗中物料已满

（续）

名　称	代　码	地　址	说　明
运料空车未到位信号	SQ1	I0.3	运料空车未到位
运料空车已装满信号	SQ2	I0.4	运料空车已装满物料
运料空车已装满指示灯	D1	Q0.0	指示灯用于指示运料空车已装满
出料电磁阀	D2	Q0.1	打开电磁阀出料
料斗已装满指示灯	D3	Q0.2	指示灯用于指示料斗已装满
进料电磁阀	D4	Q0.3	打开电磁阀进料
运料空车未到位指示灯	GL	Q0.4	车未到位，该指示灯点亮
运料空车到位指示灯	RL	Q0.5	车到位，该指示灯点亮
电动机 1	M1	Q0.6	驱动传送带 1 工作，运送物料
电动机 2	M2	Q0.7	驱动传送带 2 工作，运送物料
电动机 3	M3	Q1.0	驱动传送带 3 工作，运送物料
电动机 4	M4	Q1.1	驱动传送带 4 工作，运送物料

9.3.4　选定 PLC 型号

根据 I/O 资源的配置可知，系统共有 5 个开关量输入点，10 个开关量输出点，此处选用了西门子公司的 S7-200 PLC CPU224。

9.3.5　控制系统接线图

图 9-12 为散装物料输送系统外围接线图，PLC 的输入开关量 I0.0 和 I0.1 检测按钮 SB1 和 SB2 的输入信号，I0.2 检测来自传感器 S 的输入信号，I0.3 和 I0.4 检测来自限位开关 SQ1 和 SQ2 的信号。PLC 的输出开关量 Q0.0 ~ Q1.1 的输出值用于驱动外部负载，以实现相应的控制动作。

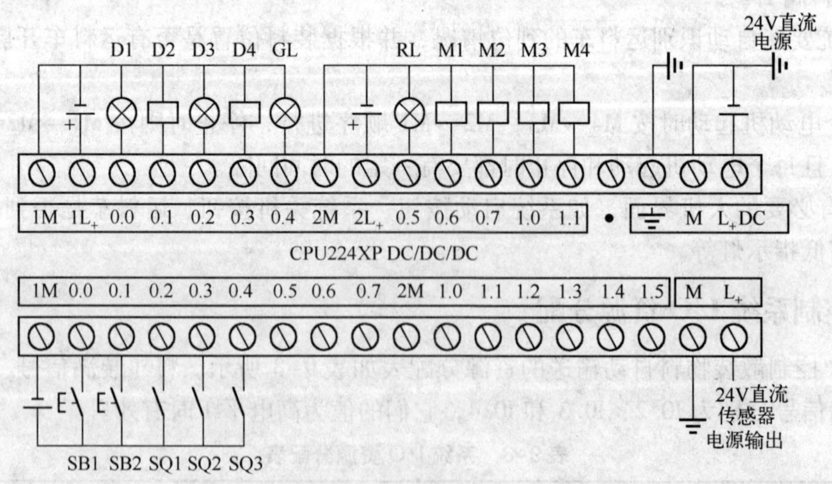

图 9-12　散装物料输送系统 PLC 控制接线图

9.3.6　控制系统软件设计

散装物料输送系统软件是在 STEP7-Micro/WIN V4.0 编程环境中开发设计的，具体操作步骤可参考 9.1 节应用实例的设计。

散装物料输送系统的梯形图程序和语句表程序如图 9-13 所示。

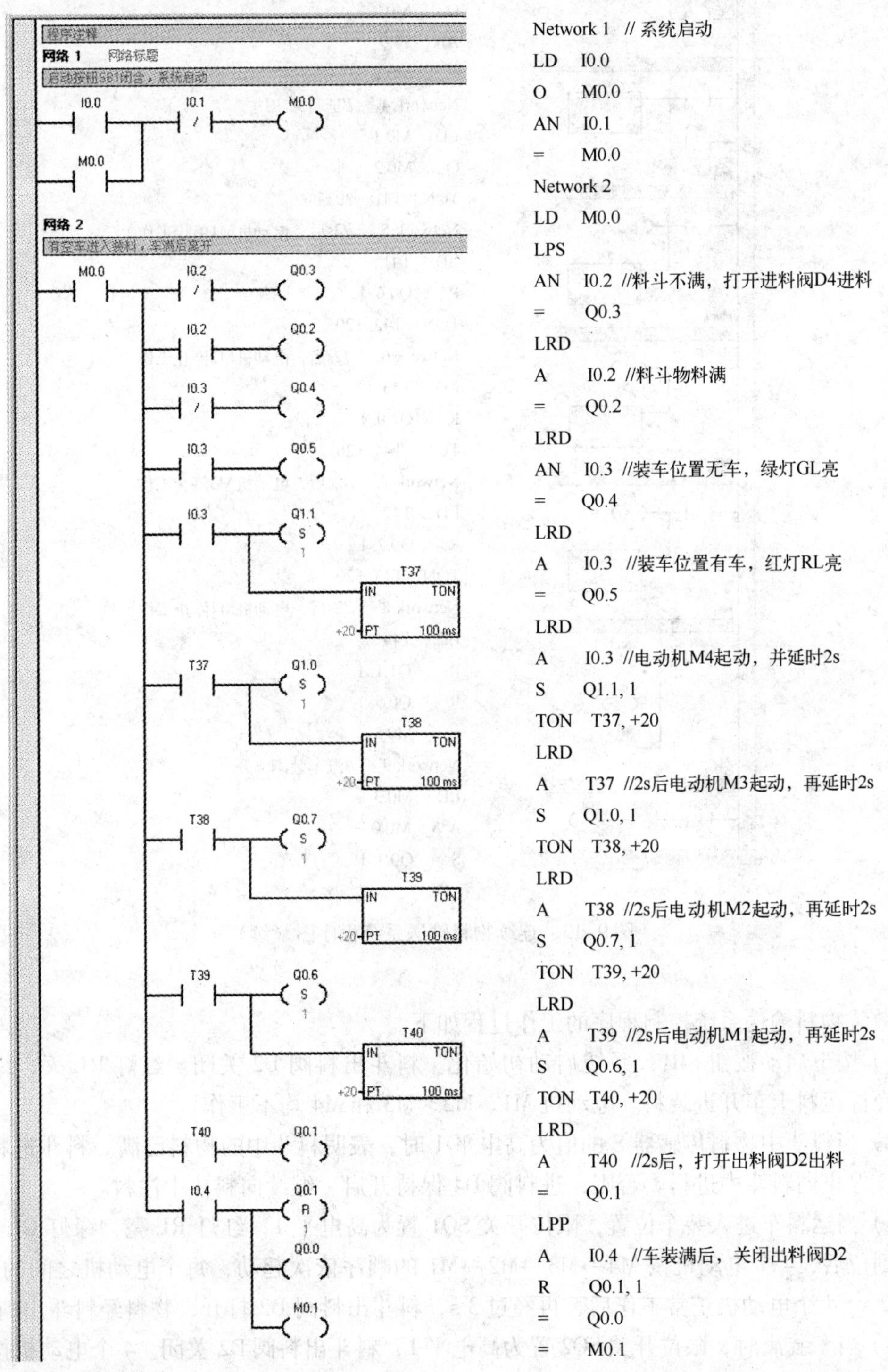

图 9-13 散装物料输送系统程序图

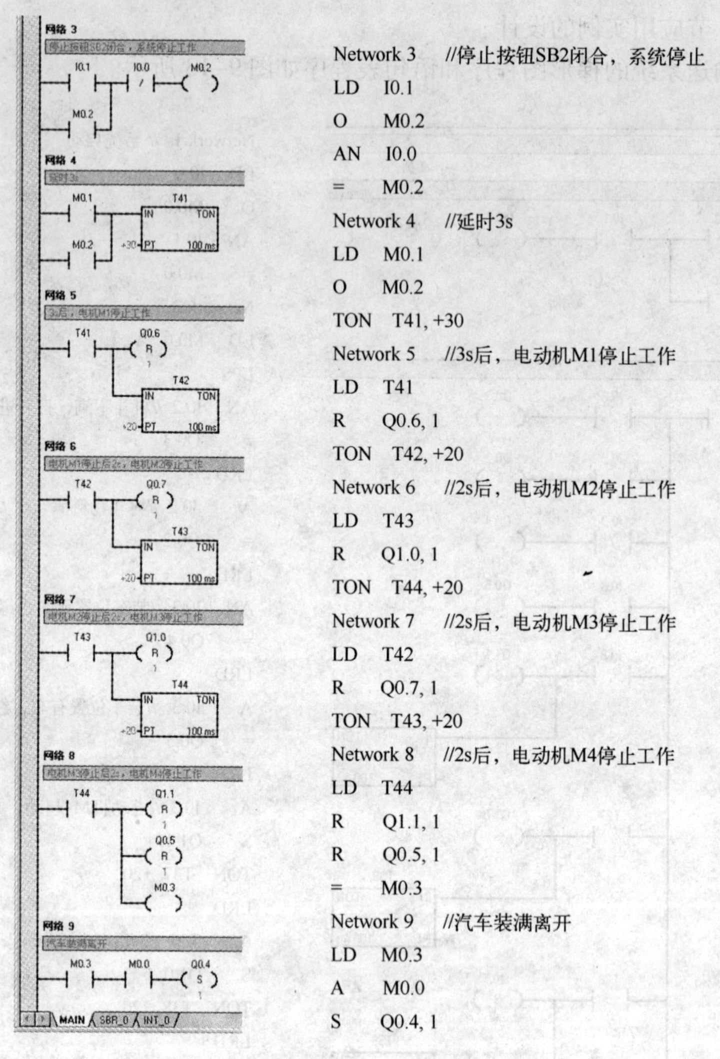

图 9–13 连续物料输送系统程序图（续）

散装物料输送系统控制程序的工作过程如下。

1）按下启动按钮 SB1，系统启动初始化。料斗出料阀 D2 关闭。红灯 RL 灭，绿灯 GL 亮，允许运料卡车开进装料。电动机 M1、M2、M3 和 M4 均不工作。

2）当料斗中物料传感器 S 的值为高电平 1 时，表明料斗中的物料已满。料斗进料阀 D4 关闭，停止向料斗中进料。否则，进料阀 D4 保持开启，继续向料斗中注料。

3）当运料车进入装车位置，限位开关 SQ1 置为高电平 1，红灯 RL 亮，绿灯 GL 灭。运料车到位后，4 个电动机按 M4→M3→M2→M1 的顺序依次起动，每个电动机之间的时间间隔为 2 s。4 个电动机正常工作后，再经过 3 s，料斗出料阀 D2 打开，物料经料斗出料。

4）当车装满时，限位开关 SQ2 置为高电平 1，料斗出料阀 D2 关闭。4 个电动机按 M1→M2→M3→M4 的顺序依次停止，每个电动机之间的时间间隔为 2 s。同时红灯 RL 灭，绿灯 GL 亮，表明运料卡车可以开走。

5）在运料车装料中途，按下停止按钮 SB2，散装物料输送系统不会立即停止运行，而是先关闭出料阀 D2，然后再按照 M1→M2→M3→M4 的顺序依次停止电动机运转，每个电动机之间的时间间隔仍为 2 s。

6）在 4 个电动机没有正常工作前，按下停止按钮 SB2，散装物料输送系统会立即停止运行。

9.4 叶片式混料机控制设计

9.4.1 工艺过程

混料机是液体物料、粉状物料、浓缩料、木粉料、树脂成型料等混合加工的必备设备，具有混合均匀度好、物料残留少、操作维修方便等优点，广泛应用于冶金、制药、化工、造纸、印染、食品、电子、陶瓷等行业。

图 9-14 为一个简化的两种液料混和的叶片式混料机示意图，主要由混料罐、叶片搅拌机和液面传感器等组成。液料 X 和液料 Y 注入混料罐后，搅拌电动机 M 开始工作，使液料均匀混合，然后输出混合液料。液面传感器 S1、S2 和 S3 用于检测液料的多少，以便控制是否开启电磁阀 YV1、YV2 或 YV3。图 9-15 为该混料机系统的控制流程图。

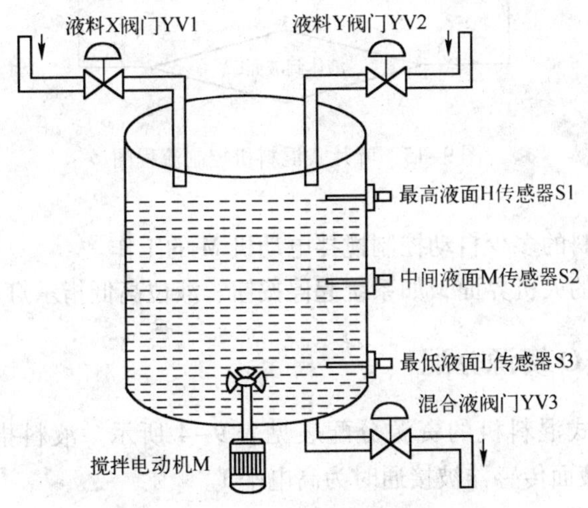

图 9-14　叶片式混料机结构示意图

本节以图 9-14 所示的叶片式混料机为例，阐述以 S7-200 PLC 为核心器件的液料混合控制系统的设计过程。

9.4.2 系统控制要求

对叶片式混料机控制系统的要求如下。

1）系统要能自动识别液料的多少，并能根据液面的高低开启或关闭电磁阀 YV1、YV2 或 YV3。

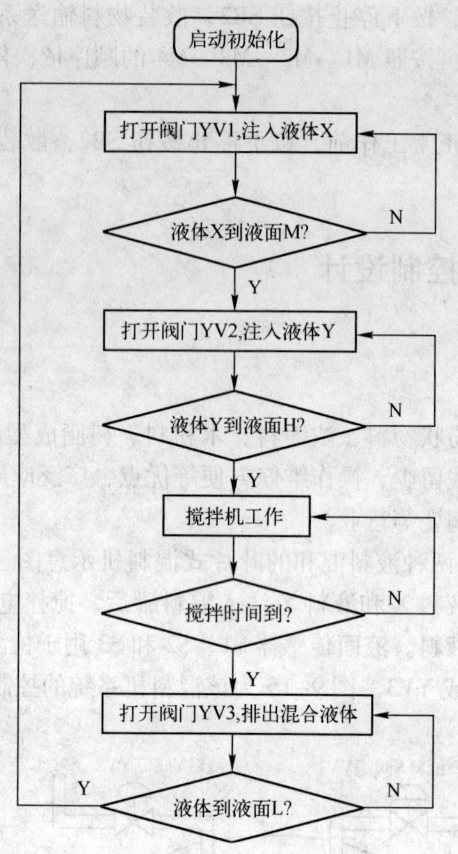

图 9-15　叶片式混料机控制流程图

2）系统要根据液料的多少自动控制搅拌电动机 M 的工作。

3）系统要有必要的人机界面，如系统起停按钮、液位高低指示灯等。

9.4.3　控制系统 I/O 资源分配

用 PLC 控制叶片式混料机的资源分配表见表 9-4 所示。液料指示信号分别为 I0.1、I0.2 和 I0.3，它们在液面传感器被接通时为高电平 1。

表 9-4　系统 I/O 资源分配表

名　称	代　码	地　址	说　明
系统启/停按钮	SB	I0.0	系统启动/停止运行
最高液面信号	S1	I0.1	需要的液料 Y 已达配比标准
中间液面信号	S2	I0.2	需要的液料 X 已达配比标准
最低液面信号	S3	I0.3	混料罐中液料最低液面
液料 X 进料电磁阀	YV1	Q0.0	控制是否向混料罐注入液料 X
液料 Y 进料电磁阀	YV2	Q0.1	控制是否向混料罐注入液料 Y

（续）

名　称	代　码	地　址	说　明
混合料出料电磁阀	YV3	Q0.2	控制是否排出混合液
搅拌电动机	M	Q0.3	驱动叶片工作，搅拌混合液料

9.4.4 选定 PLC 型号

根据 I/O 资源的配置可知，系统共有 4 个开关量输入点，4 个开关量输出点，此处选用了西门子公司的 S7-200 PLC CPU224。

9.4.5 控制系统接线图

叶片式混料机控制系统外围接线图如图 9-16 所示。PLC 的输入开关量 I0.0 检测按钮 SB 的输入信号，I0.1 ~ I0.3 检测来自传感器 S1 ~ S3 的输入信号；PLC 的输出开关量 Q0.0 ~ Q0.4 的输出值用于驱动外部负载，以实现相应的控制动作。

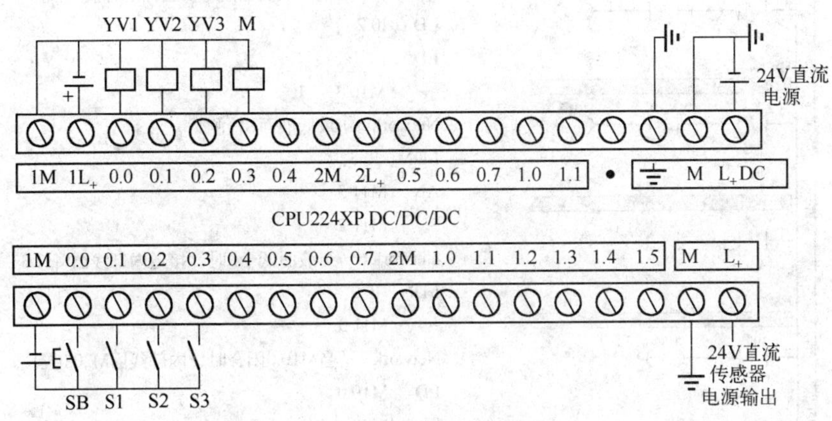

图 9-16　叶片式混料机 PLC 控制接线图

9.4.6 控制系统软件设计

叶片式混料机控制系统是在 STEP7-Micro/WIN V4.0 编程环境中开发设计的，具体操作步骤可参考 9.1 节应用实例的设计。

叶片式混料机控制系统的梯形图程序和语句表程序如图 9-17 所示。

叶片式混料机控制程序的工作过程如下。

1）按启/停按钮 SB，系统启动，打开液料 X 进料电磁阀 YV1，液料 X 注入混料罐。

2）当混料罐中的液面达到中间液面 M 时，液料传感器 S2 接通，关闭液料 X 进料电磁阀 YV1，同时打开液料 Y 进料电磁阀 YV2。

3）当混料罐中的液面达到最高液面 H 时，液料传感器 S1 接通，关闭液料 Y 进料电磁阀 YV2，同时起动搅拌电动机 M。

4）搅拌电动机 M 工作 6 s 后停止搅拌。此时，打开混合液电磁阀 YV3，开始放出混合液。

5）当液面下降到最低液面 L 位置时，液料传感器 S3 由接通变为断开。再过 3 s 后混料罐放空，关闭混合液电磁阀 YV3，开始下一个工作周期。

6）按起停按钮 SB，系统不会立即停止工作，而是将停机信号记录下来，直到完成本工作周期才停止工作。

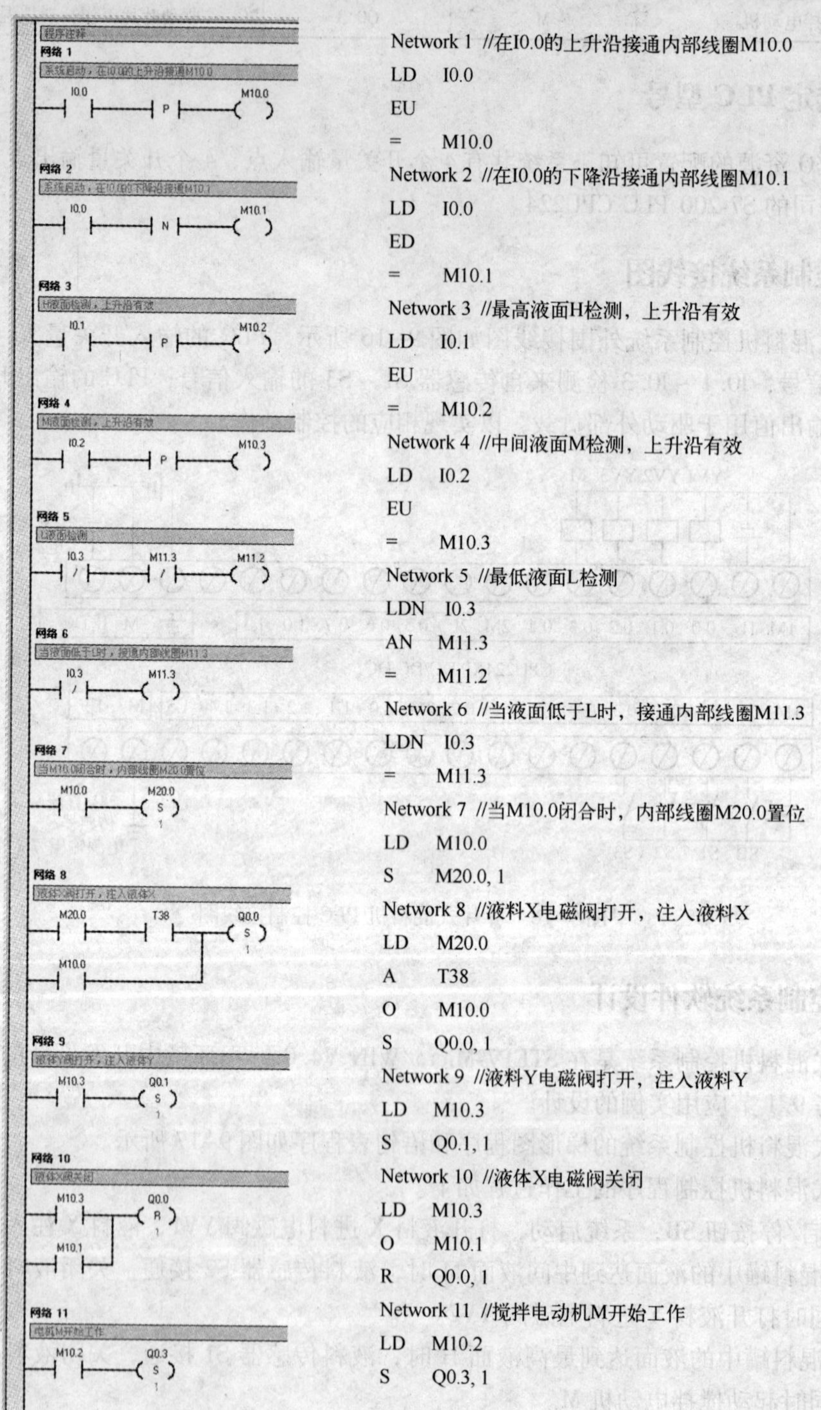

图 9-17 叶片式混料机控制系统程序图

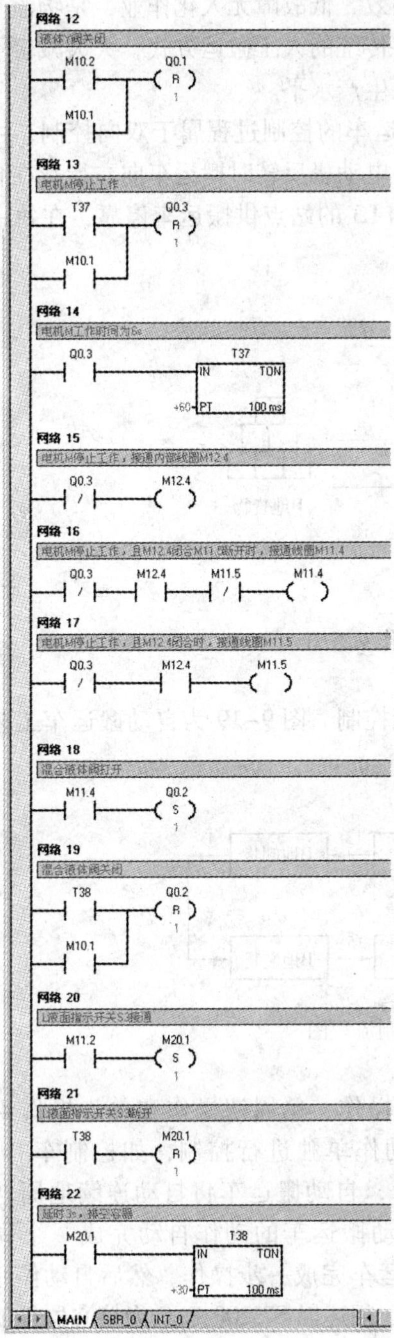

```
Network 12 //液体Y电磁阀关闭
LD    M10.2
O     M10.1
R     Q0.1, 1
Network 13 //搅拌电动机M停止工作
LD    T37
O     M10.1
R     Q0.3, 1
Network 14 //搅拌电动机M工作时间为6s
LD    Q0.3
TON   T37, +60
Network 15 //电动机M停止工作，接通内部线圈M12.4
LDN   Q0.3
=     M12.4
Network 16
LDN   Q0.3
A     M12.4
AN    M11.5
=     M11.4
Network 17
LDN   Q0.3
A     M12.4
=     M11.5
Network 18 //混合液体电磁阀打开
LD    M11.4
S     Q0.2, 1
Network 19 //混合液体电磁阀关闭
LD    T38
O     M10.1
R     Q0.2, 1
Network 20 //最低液面L指示开关S3接通
LD    M11.2
S     M20.1, 1
Network 21 //最低液面L指示开关S3断开
LD    T38
R     M20.1, 1
Network 22 //延时3s，排空混料罐
LD    M20.1
TON   T38, +30
```

图9-17　叶片式混料机控制系统程序图（续）

9.5　自动搬运车控制系统设计

9.5.1　工艺过程

自动搬运车是一种自动完成不同地点货物的装载和卸载的运输装置。自动搬运车是现代

自动化物流系统中的关键设备之一，能实现自动、高效、低故障无人化作业，是物流货物搬运正确作业、安全运行的重要保障。自动搬运车代替传统的人工搬运方式，大大减轻了工人的劳动强度，改善了工作条件和环境，提高了自动化生产水平。

图 9-18 为一个自动搬运车操作示意图。自动搬运车的控制过程属于双向控制，由一台三相异步电动机拖动，电动机正转时搬运车向右行，电动机反转时搬运车向左行。在自动搬运车行程线上有 6 个编码为 R1、R2、R3、L1、L2 和 L3 的站点供搬运车停靠，在每一个停靠点安装一个行程开关以监视搬运车是否到达该站点。

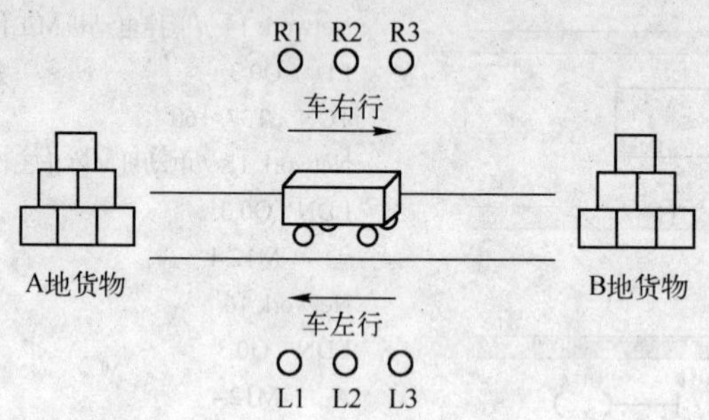

图 9-18　自动搬运车操作示意图

自动搬运车的工艺流程比较简单，属于顺序功能控制。图 9-19 为自动搬运车工艺流程图，共有 7 步动作。每次循环动作均从 A 地开始。

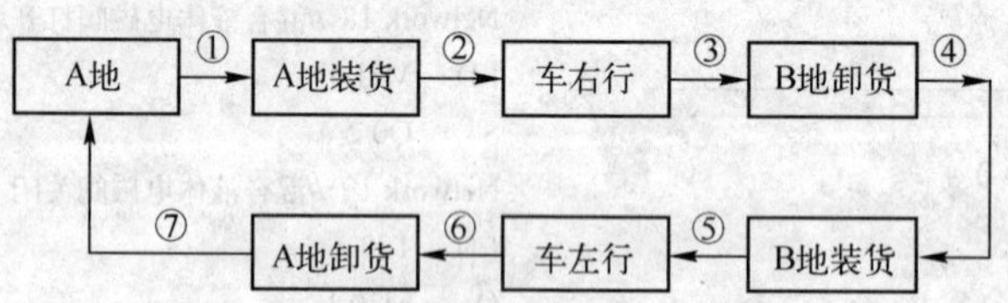

图 9-19　自动搬运车控制流程图

自动搬运车的操作方式分为手动操作、全自动操作、单周期操作和单步操作 4 种类型。手动操作是指用按钮对自动搬运车的每一步动作单独进行控制，如控制车右行/左行、装货/卸货等；全自动操作是指按下启动按钮后，自动搬运车将自动连续地周期性循环，直到按下停止按钮后结束；单周期操作是指自动搬运车的动作自动完成一个周期后就停止；单步操作是指每按一次起动按钮，自动搬运车完成一步操作，然后自动停止。

本节以图 9-18 所示的自动搬运车控制系统为例，阐述以 S7-200 PLC 为核心器件的自动搬运车控制系统的设计过程。

9.5.2　系统控制要求

对自动搬运车控制系统的要求如下。

1）控制系统要能实现搬运车自动运行，且要有一定的方向性。

2）控制系统要有货物位置检测和货物形态检测装置，以便精确无误地进行货物的自动装载和卸载。

3）控制系统要有车辆位置定位和限位装置，以便搬运车能准确停靠到 R1、L1 等站点。

4）控制系统要有灵活的运行方式，如全自动操作、单周期操作等操作方式。

5）要有必要的人机界面，如系统起停按钮、运行方式选择开关、右行/左行显示灯、装货/卸货指示灯等。

6）要有手动控制功能，以便突发异常情况时停止系统运行，或在系统维护检修时使用。

9.5.3 控制系统 I/O 资源分配

用 PLC 控制自动搬运车的资源分配表如表 9-5 所示。

表 9-5 系统 I/O 资源分配表

名　称	代　码	地　址	说　明
系统启/停按钮	QT	I0.0	系统启动/停止运行
装载货物按钮	ZH	I0.1	系统装载货物
卸载货物按钮	XH	I0.2	系统卸载货物
搬运车右行开关	YX	I0.3	搬运车向右行驶
搬运车左行开关	ZX	I0.4	搬运车向左行驶
单步操作方式按钮	DB	I0.5	系统单步完成动作
单次周期操作方式开关	DC	I0.6	系统自动完成一个周期
全自动操作方式开关	ZD	I0.7	系统自动、连续不断地周期性运行
手动操作方式开关	SD	I1.0	系统由用户手动操作完成各步动作
搬运车装货指示灯	S1	Q0.0	搬运车装货，该指示灯点亮
搬运车卸货指示灯	S2	Q0.1	搬运车卸货，该指示灯点亮
右行线站点 1	R1	Q0.2	右行线上，可供搬运车停靠的站点 1
右行线站点 2	R2	Q0.3	右行线上，可供搬运车停靠的站点 2
右行线站点 3	R3	Q0.4	右行线上，可供搬运车停靠的站点 3
左行线站点 1	L1	Q0.5	左行线上，可供搬运车停靠的站点 1
左行线站点 2	L2	Q0.6	左行线上，可供搬运车停靠的站点 2
左行线站点 3	L3	Q0.7	左行线上，可供搬运车停靠的站点 3

9.5.4 选定 PLC 型号

根据 I/O 资源的配置可知，系统共有 9 个开关量输入点，8 个开关量输出点。此处选用了西门子公司的 S7-200 PLC CPU224。

9.5.5 控制系统接线图

图 9-20 为自动搬运车控制系统的外围接线图，PLC 的输入开关量 I0.0 ~ I1.0 检测按钮和开关的输入信号；PLC 的输出开关量 Q0.0 ~ Q0.7 的输出值用于驱动外部负载，以实现相

应的控制动作。

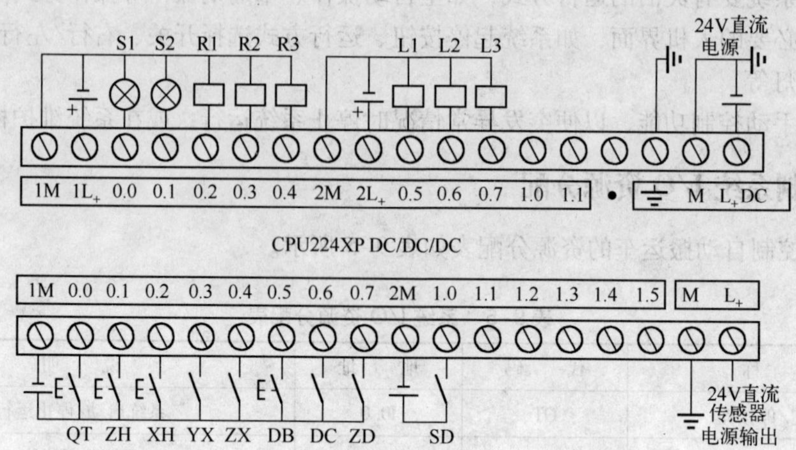

图 9-20　自动搬运车控制系统 PLC 控制接线图

9.5.6　控制系统软件设计

自动搬运车控制系统是在 STEP7-Micro/WIN V4.0 编程环境中开发设计的，具体操作步骤可参考 9.1 节应用实例的设计。

自动搬运车控制系统的梯形图程序和语句表程序如图 9-21 所示。

自动搬运车控制程序的工作过程如下。

1）按下启/停按钮 ST，系统启动，等待用户选择系统操作方式。

2）当手动操作方式开关 SD 为 ON 时，系统以手动操作方式工作。按下装货按钮 ZH，搬运车在 A 地装货，装货指示灯 S1 亮，15 s 后搬运车装货完毕 S1 灭。右行开关 YX 为 ON，搬运车开始向右行驶。在右行线上，用依次被点亮的指示灯（间隔时长为 2 s）表示经过 R1、R2、R3 站点。搬运车行驶到 B 地后，按下卸货按钮 XH，搬运车在 B 地卸货，卸货指示灯 S2 亮，15 s 后搬运车卸货完毕 S2 灭。同时，空的搬运车可以在 B 地装载新的货物。左行开关 ZX 为 ON 时，搬运车开始向左行驶。在左行线上，用依次被点亮的指示灯（间隔时长为 2 s）表示搬运车经过 L1、L2、L3 站点。最后，搬运车返回 A 地卸货。

3）当全自动操作方式开关 ZD 为 ON 时，系统以全自动操作方式工作，自动完成 A 地装货→车右行→B 地卸货→B 地装货→车左行→A 地卸货这一系列动作。延时 5 s 后开始下一个周期，且连续不断地循环。如果在搬运车工作中按下起停按钮 ST，系统不会立即停止工作，而是在搬运车完成一个周期的动作后，返回 A 地自动停止。

4）当单周期操作方式开关 DC 为 ON 时，系统以单周期操作方式工作，完成 A 地装货→车右行→B 地卸货→B 地装货→车左行→A 地卸货这一系列动作，然后系统自动停止。

5）当按下单步操作方式按钮 DB 时，系统以单步操作方式工作，每按一次该按钮，搬运车运行一步。

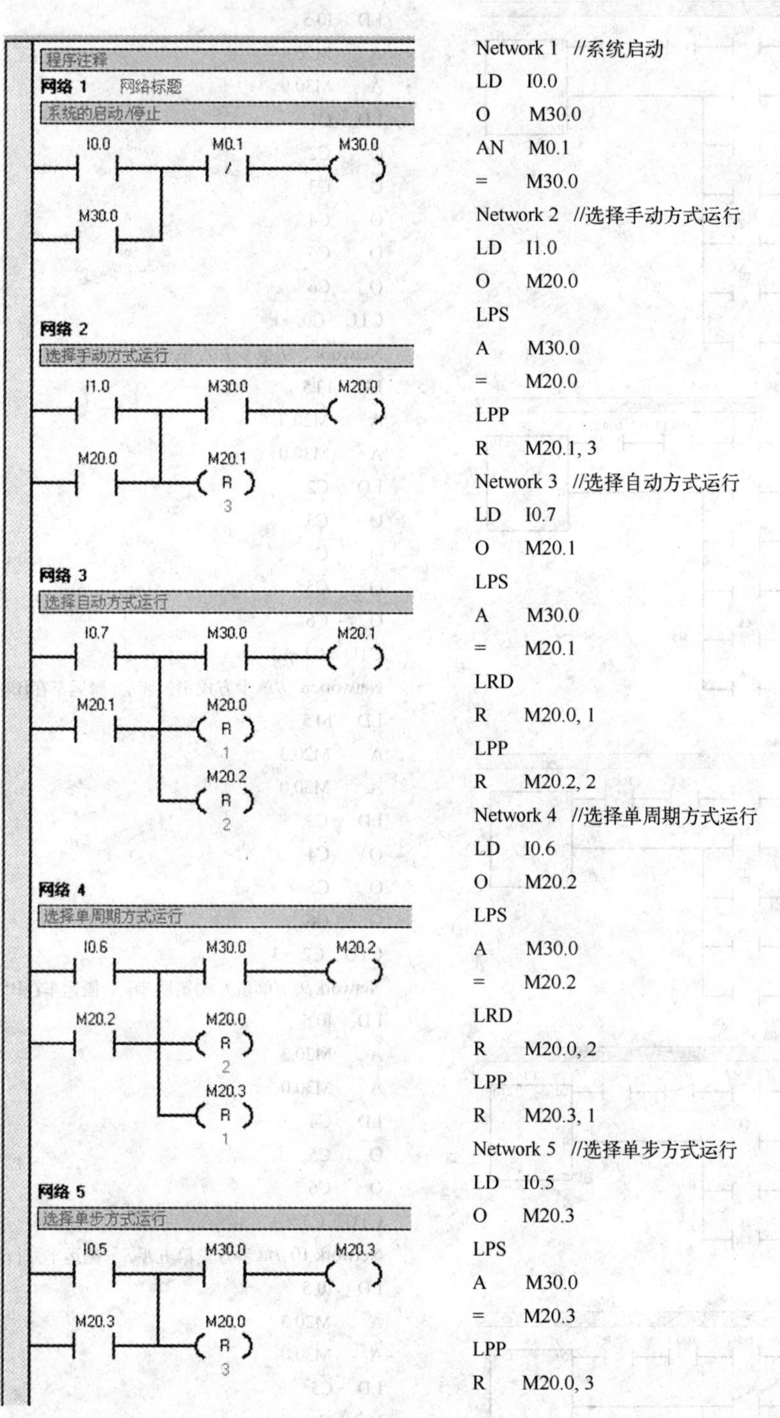


```
Network 1  //系统启动
LD    I0.0
O     M30.0
AN    M0.1
=     M30.0
Network 2  //选择手动方式运行
LD    I1.0
O     M20.0
LPS
A     M30.0
=     M20.0
LPP
R     M20.1, 3
Network 3  //选择自动方式运行
LD    I0.7
O     M20.1
LPS
A     M30.0
=     M20.1
LRD
R     M20.0, 1
LPP
R     M20.2, 2
Network 4  //选择单周期方式运行
LD    I0.6
O     M20.2
LPS
A     M30.0
=     M20.2
LRD
R     M20.0, 2
LPP
R     M20.3, 1
Network 5  //选择单步方式运行
LD    I0.5
O     M20.3
LPS
A     M30.0
=     M20.3
LPP
R     M20.0, 3
```

图 9-21　自动搬运车控制系统程序图

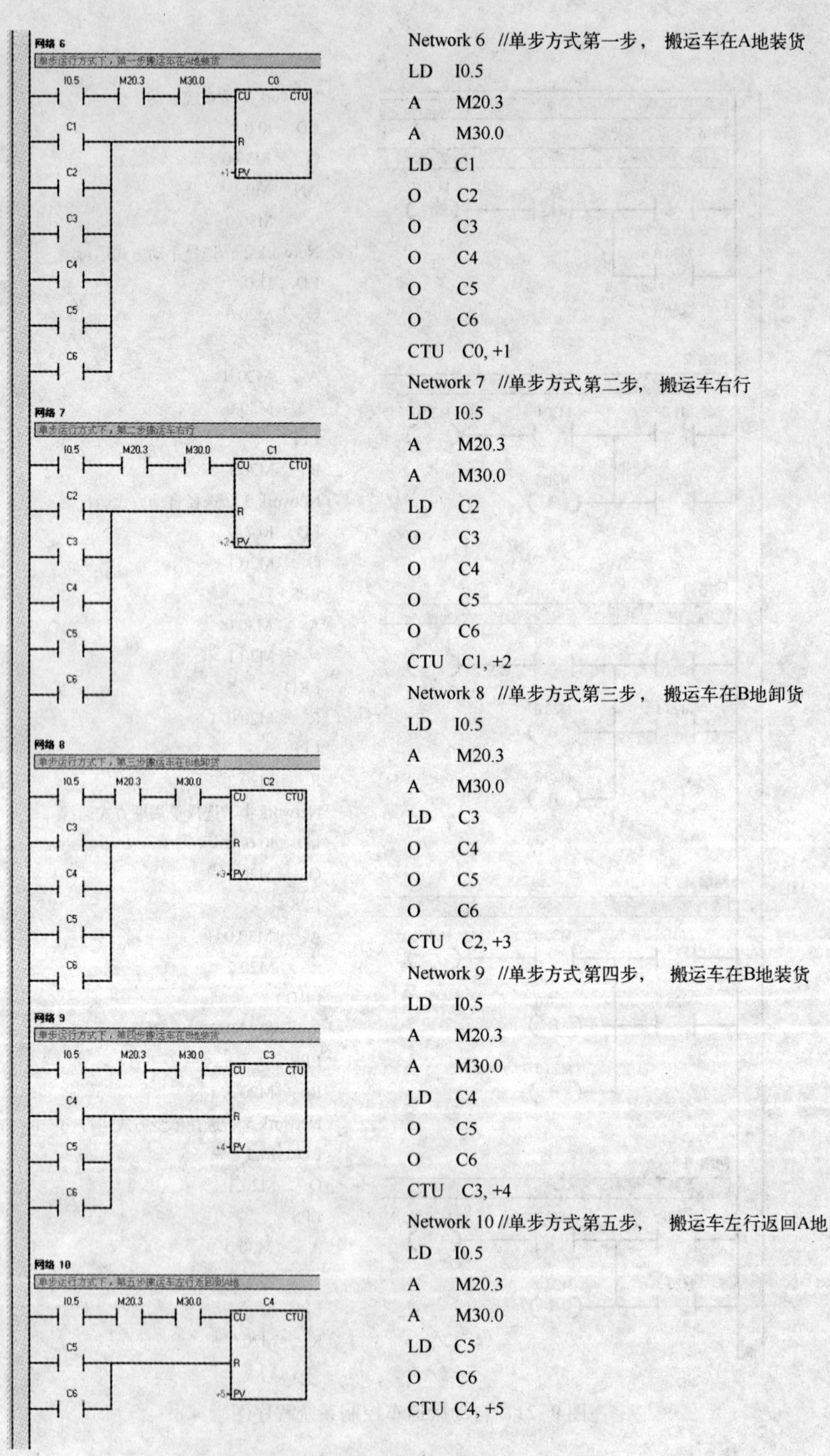

```
Network 6  //单步方式第一步， 搬运车在A地装货
LD    I0.5
A     M20.3
A     M30.0
LD    C1
O     C2
O     C3
O     C4
O     C5
O     C6
CTU   C0, +1
Network 7  //单步方式第二步， 搬运车右行
LD    I0.5
A     M20.3
A     M30.0
LD    C2
O     C3
O     C4
O     C5
O     C6
CTU   C1, +2
Network 8  //单步方式第三步， 搬运车在B地卸货
LD    I0.5
A     M20.3
A     M30.0
LD    C3
O     C4
O     C5
O     C6
CTU   C2, +3
Network 9  //单步方式第四步，  搬运车在B地装货
LD    I0.5
A     M20.3
A     M30.0
LD    C4
O     C5
O     C6
CTU   C3, +4
Network 10 //单步方式第五步，  搬运车左行返回A地
LD    I0.5
A     M20.3
A     M30.0
LD    C5
O     C6
CTU C4, +5
```

图 9-21　自动搬运车控制系统程序图（续）

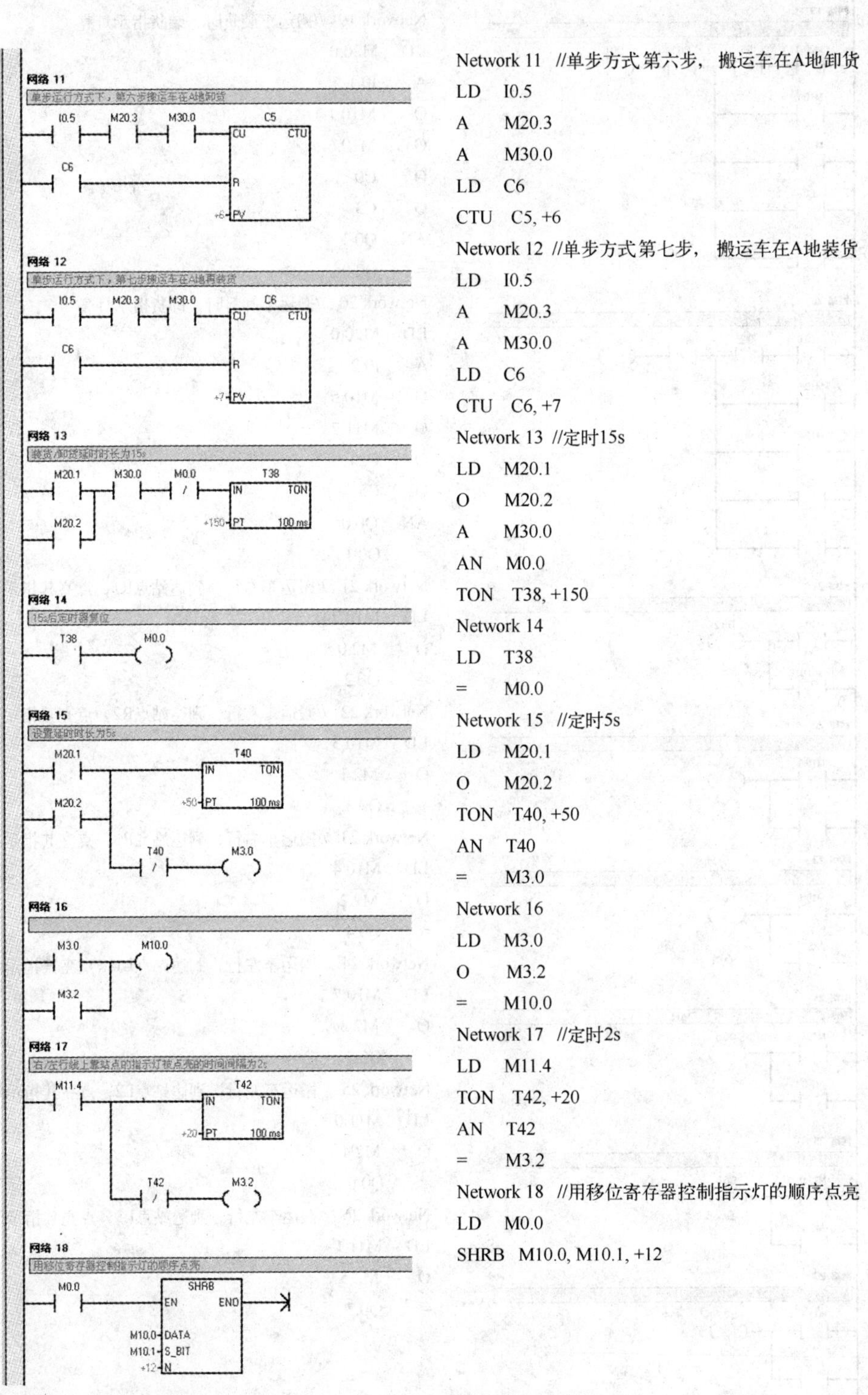


```
Network 11 //单步方式第六步，搬运车在A地卸货
LD    I0.5
A     M20.3
A     M30.0
LD    C6
CTU   C5, +6
Network 12 //单步方式第七步，搬运车在A地装货
LD    I0.5
A     M20.3
A     M30.0
LD    C6
CTU   C6, +7
Network 13 //定时15s
LD    M20.1
O     M20.2
A     M30.0
AN    M0.0
TON   T38, +150
Network 14
LD    T38
=     M0.0
Network 15 //定时5s
LD    M20.1
O     M20.2
TON   T40, +50
AN    T40
=     M3.0
Network 16
LD    M3.0
O     M3.2
=     M10.0
Network 17 //定时2s
LD    M11.4
TON   T42, +20
AN    T42
=     M3.2
Network 18 //用移位寄存器控制指示灯的顺序点亮
LD    M0.0
SHRB  M10.0, M10.1, +12
```

图 9-21　自动搬运车控制系统程序图（续）

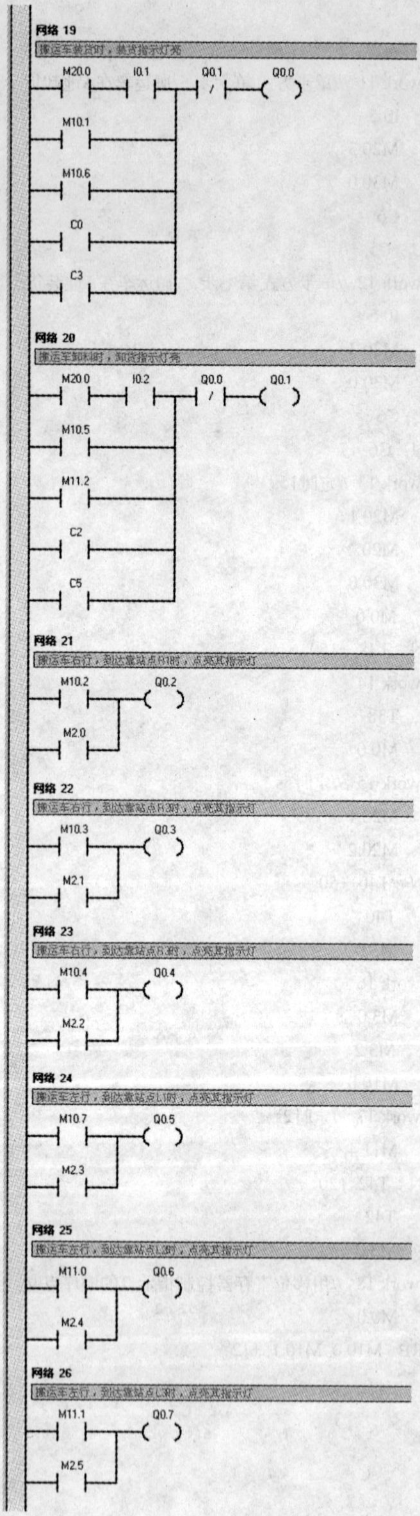

```
Network 19  //搬运车装货时，装货指示灯亮
LD    M20.0
A     I0.1
O     M10.1
O     M10.6
O     C0
O     C3
AN    Q0.1
=     Q0.0
Network 20  //搬运车卸料时，卸货指示灯亮
LD    M20.0
A     I0.2
O     M10.5
O     M11.2
O     C2
O     C5
AN    Q0.0
=     Q0.1
Network 21  //搬运车右行，到达站点R1，点亮其指示灯
LD    M10.2
O     M2.0
=     Q0.2
Network 22  //搬运车右行，到达站点R2，点亮其指示灯
LD    M10.3
O     M2.1
=     Q0.3
Network 23  //搬运车右行，到达站点R3，点亮其指示灯
LD    M10.4
O     M2.2
=     Q0.4
Network 24  //搬运车左行，到达站点L1，点亮其指示灯
LD    M10.7
O     M2.3
=     Q0.5
Network 25  //搬运车左行，到达站点L2，点亮其指示灯
LD    M11.0
O     M2.4
=     Q0.6
Network 26  //搬运车左行，到达站点L3，点亮其指示灯
LD    M11.1
O     M2.5
=     Q0.7
```

图 9-21　自动搬运车控制系统程序图（续）

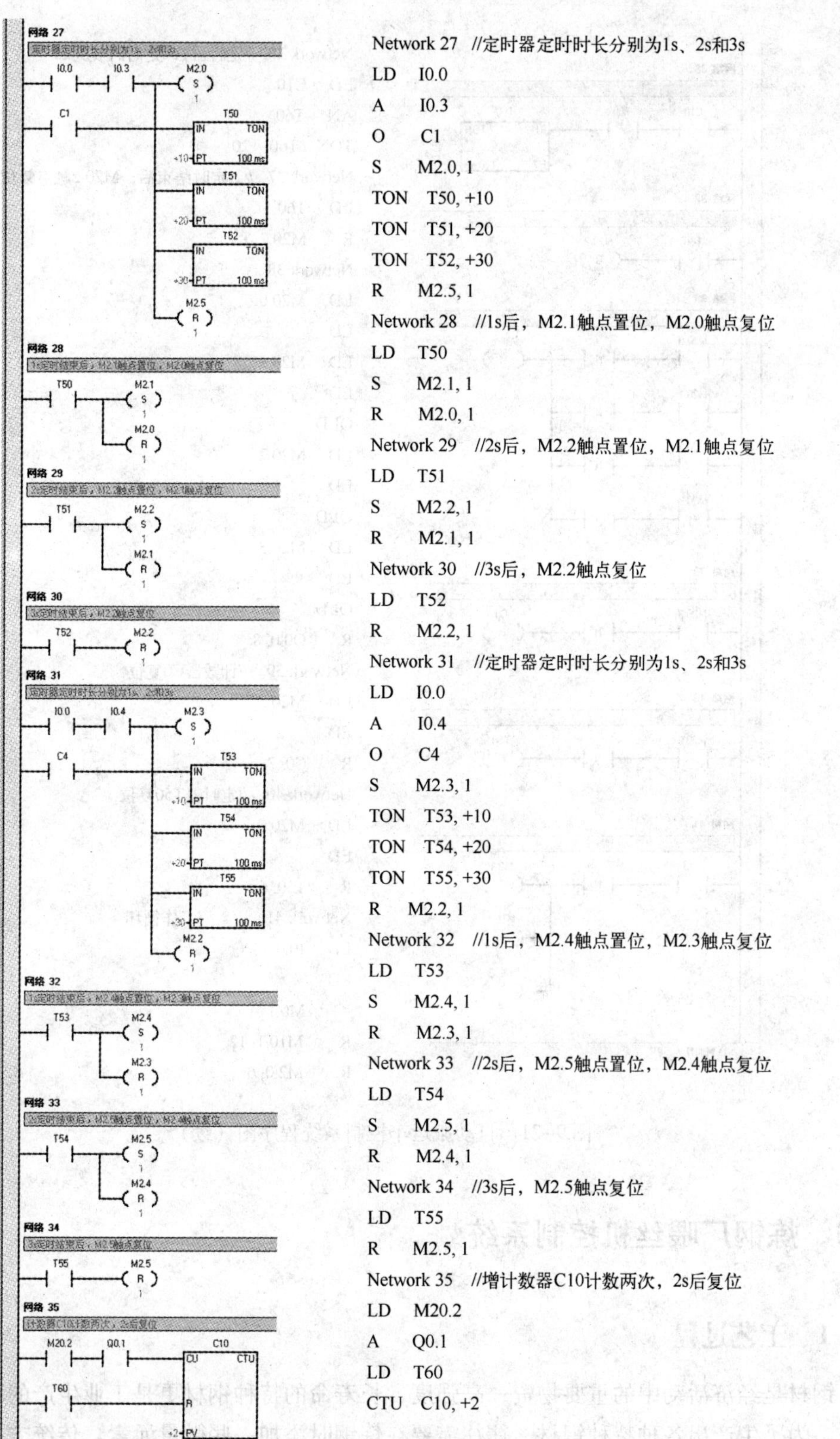

```
Network 27  //定时器定时时长分别为1s、2s和3s
LD    I0.0
A     I0.3
O     C1
S     M2.0, 1
TON   T50, +10
TON   T51, +20
TON   T52, +30
R     M2.5, 1
Network 28  //1s后，M2.1触点置位，M2.0触点复位
LD    T50
S     M2.1, 1
R     M2.0, 1
Network 29  //2s后，M2.2触点置位，M2.1触点复位
LD    T51
S     M2.2, 1
R     M2.1, 1
Network 30  //3s后，M2.2触点复位
LD    T52
R     M2.2, 1
Network 31  //定时器定时时长分别为1s、2s和3s
LD    I0.0
A     I0.4
O     C4
S     M2.3, 1
TON   T53, +10
TON   T54, +20
TON   T55, +30
R     M2.2, 1
Network 32  //1s后，M2.4触点置位，M2.3触点复位
LD    T53
S     M2.4, 1
R     M2.3, 1
Network 33  //2s后，M2.5触点置位，M2.4触点复位
LD    T54
S     M2.5, 1
R     M2.4, 1
Network 34  //3s后，M2.5触点复位
LD    T55
R     M2.5, 1
Network 35  //增计数器C10计数两次，2s后复位
LD    M20.2
A     Q0.1
LD    T60
CTU   C10, +2
```

图 9-21　自动搬运车控制系统程序图（续）

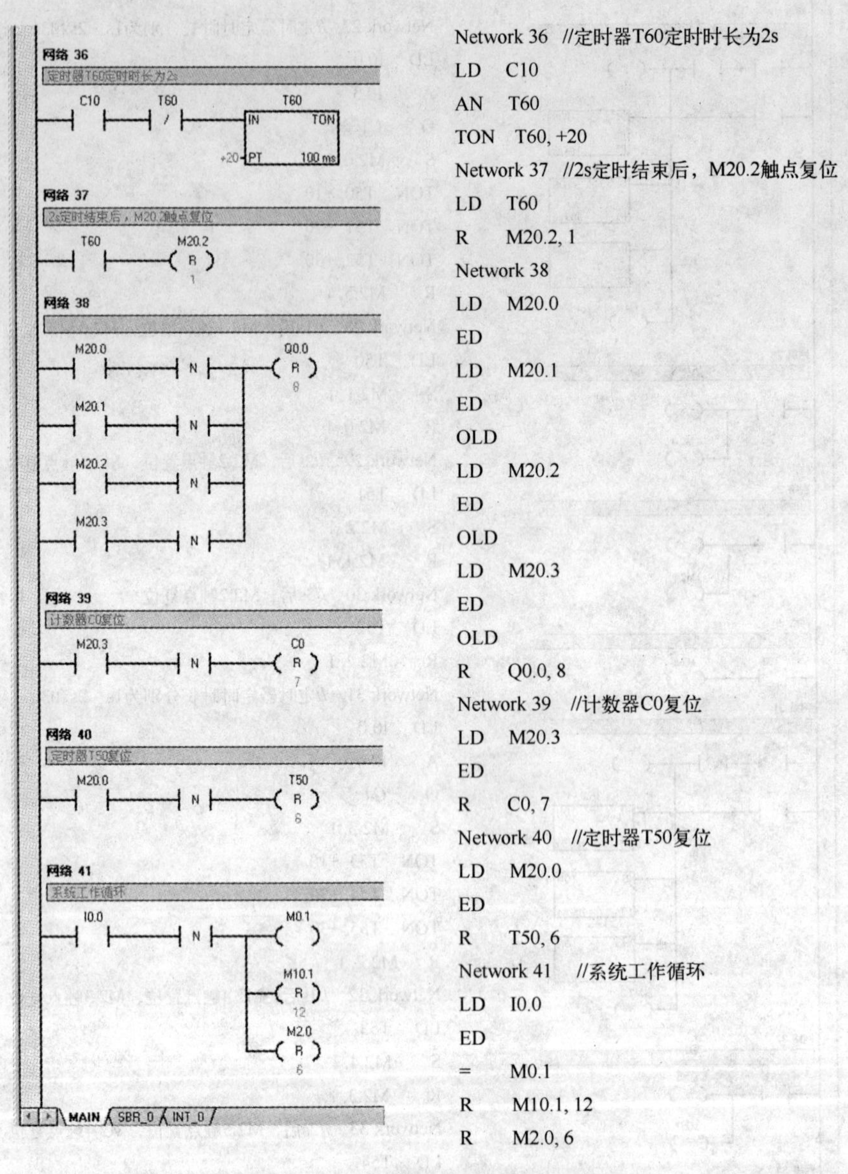

图 9-21　自动搬运车控制系统程序图（续）

9.6　炼钢厂喂丝机控制系统

9.6.1　工艺过程

钢材是经济活动中的重要物资，高强度、长寿命的特种钢材更是工业生产的重要原材料之一。为了生产出各种特种钢材，往往需要在炼钢时添加一些微量元素。传统方法是将称量好的微量元素通过人工方式放入炼钢炉中，这种方法生产效率低，实际效果很不理想。随着工业自动化的广泛应用，自动喂料控制系统（喂丝机）应运而生。

由于炼钢时钢水表面会有一层较厚的钢渣，因此喂料系统必须能够穿透钢渣，直接将微量元素送入钢水中。一般的做法是通过包丝机将微量元素包裹在钢制丝线中，并将该丝线盘绕在绕线盘上备用。然后通过喂丝机将丝线以一定的速度穿透钢渣送入钢水中。图 9-22 为喂丝机的结构示意图。

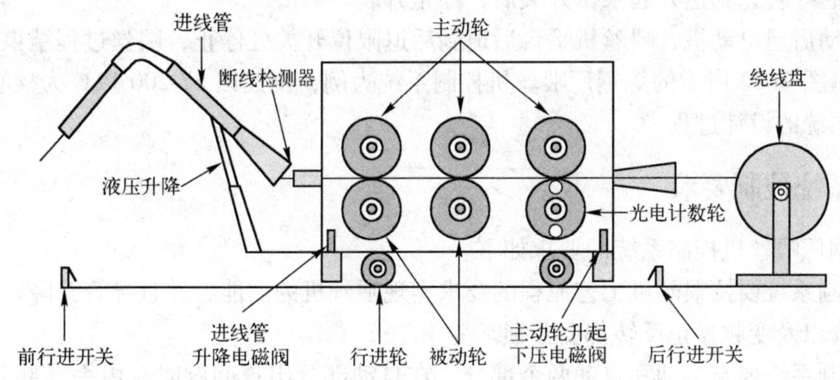

图 9-22　喂丝机结构示意图

喂丝机系统一般由移动平台、导管升降部分、送线部分和计量部分构成。喂丝机移动平台有行走式和旋转式两种，通过限位开关控制其移动操作；导管升降部分是喂丝机的出线口，通过导管升降有利于丝线穿透钢渣，深入到钢水不同层面；送线部分主要由主动轮、被动轮、电动机、变频调速器以及主动轮升降机构组成，是喂丝机的核心部分。为了保证丝线能穿透钢渣，喂丝机必须具有较高的初始速度。当电动机达到一定转速时，主动轮带动丝线进入炼钢炉。当喂丝量达到设定值时，主动轮抬起，停止喂丝。喂丝完成后，为了避免丝线头弯曲影响下次喂丝，喂丝机还必须退丝，将丝线退至导管中。计量部分用来计算需要加入微量元素的数量，通常通过计量丝线长度的方法进行计量。

喂丝机的工艺流程比较简单，基本属于顺序功能控制。图 9-23 为一个炼钢厂喂丝机工艺流程图，主要可以分为 7 个步骤，具体动作过程如下。

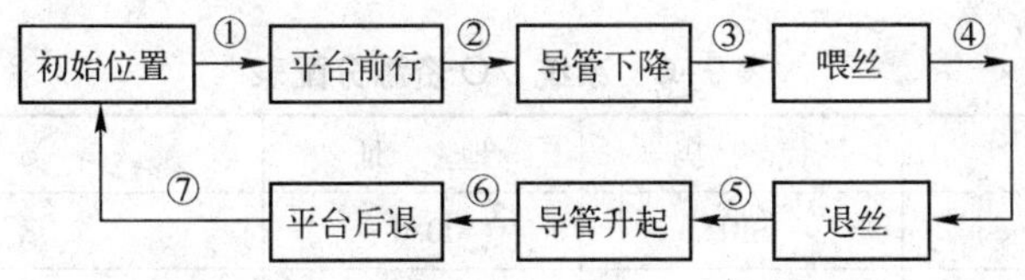

图 9-23　炼钢厂喂丝机控制系统工艺流程图

1）为了避免喂丝机对其他工序的影响，通常喂丝机初始位置都远离炼钢炉。只有当炼钢炉打开炉盖后，喂丝机才能进行操作。系统从初始位置启动，导管、主动轮处于升起状态。还需要注意，喂丝前必须先设定喂丝量。

2）起动行走电动机，喂丝机平台前行，到达前进限位开关后，喂丝机停止前行。

3）导管下降，降到下降限位开关后，停止下降。

4）变频调速器起动并正转，喂丝电动机转速达到预定值后，降下主动轮开始喂丝，光电计数器（喂丝计数器）开始计数。当计数器达到设定值时升起主动轮。变频器反向起动

（反向转速要慢），并启动定时器，该定时器和变频器到达反转时间有关。

5）定时器到达预定值后主动轮开始退丝，退丝计数器开始计数。到达退丝设定值后升起主动轮，停止变频调速器。退丝设定值一般为固定值，其长度略大于导管出口与钢渣表面的距离。

6）升起导管，到达升起限位开关后，停止升起。

7）起动后退电动机，喂丝机平台后退到后退限位开关处停止，喂丝过程结束。

本节以图 9-22 所示的炼钢厂喂丝机控制系统为例，阐述以 S7-200 PLC 为核心器件的喂丝机控制系统的设计过程。

9.6.2 系统控制要求

对炼钢厂喂丝机控制系统的要求如下。

1）控制系统要按喂丝机工艺流程的要求实现喂丝机的功能，并且导管升降、平台进退、主动轮升降以及变频器正反转都要互锁。

2）控制系统要有手动和自动两个部分。在自动部分出现问题时，由手动部分继续完成系统工作。

3）控制系统要有完善的报警功能。喂丝机系统在实际应用过程中最常见的问题是断丝。出现断丝后，计数器不能增加计数，系统处于正常状态但不能喂丝。此时必须报警，以便人工干预。

4）要有必要的人机界面，如系统起停按钮、报警指示器、信息显示设备、作业地址及指令输入设备等。

5）要有手动控制功能，以便突发异常情况时紧急停止系统运行，或在系统维护检修时使用。

9.6.3 控制系统 I/O 资源分配

PLC 控制喂丝机系统的资源分配见表 9-6 所示，在这里省略了手动部分的设计。同时，假定计数参数的设定由拨码盘输入。

表 9-6 系统 I/O 资源分配表

名 称	代 码	地 址	说 明
系统启动按钮	SB1	I0.0	系统启动
系统停止按钮	SB2	I0.1	系统停止运行
光电计数输入	CNT	I0.2	系统喂丝量预定值输入
平台前进行程开关	SQ1	I0.3	喂丝机平台前行
平台后退行程开关	SQ2	I0.4	喂丝机平台后退
导管下降限位开关	SQ3	I0.5	进线导管下降
导管上升限位开关	SQ4	I0.6	进线导管上升
断线报警输入	WN	I0.7	系统断线故障报警
参数读入	PR	I1.0	喂丝机相关参数的读取

（续）

名　称	代　码	地　址	说　明
参数复位	PCLR	I1.1	喂丝机相关参数的复位
手动选择	SD	I1.2	系统选择手动工作方式
自动选择	ZD	I1.3	系统选择自动工作方式
行走电动机正传	MZ	Q0.0	行走电动机正转，喂丝机平台前行
行走电动机反传	MF	Q0.1	行走电动机反转，喂丝机平台后退
导管电磁阀控制	YV1	Q0.2	控制进线导管升降
主动轮电磁阀控制	YV2	Q0.3	控制主动轮上升或下压
变频器正转	TZ	Q0.4	变频器正转，控制喂丝速度
变频器反转	TF	Q0.5	变频器反转，控制退丝速度
变频器复位停止	TCLR	Q0.6	变频器复位
报警输出	AL	Q0.7	故障报警指示
手动显示	SL	Q1.0	手动工作方式显示
自动显示	ZL	Q1.1	自动工作方式显示

9.6.4　选定 PLC 型号

根据 I/O 资源的配置可知，系统共有 12 个开关量输入点，10 个开关量输出点。此处选用了西门子公司的 S7-200 PLC CPU224。

9.6.5　控制系统接线图

图 9-24 为炼钢厂喂丝机控制系统外围接线图。PLC 的输入开关量 I0.0 ~ I1.3 检测按钮和开关的输入信号；PLC 的输出开关量 Q0.0 ~ Q1.1 用于驱动外部负载，以实现相应的控制动作。

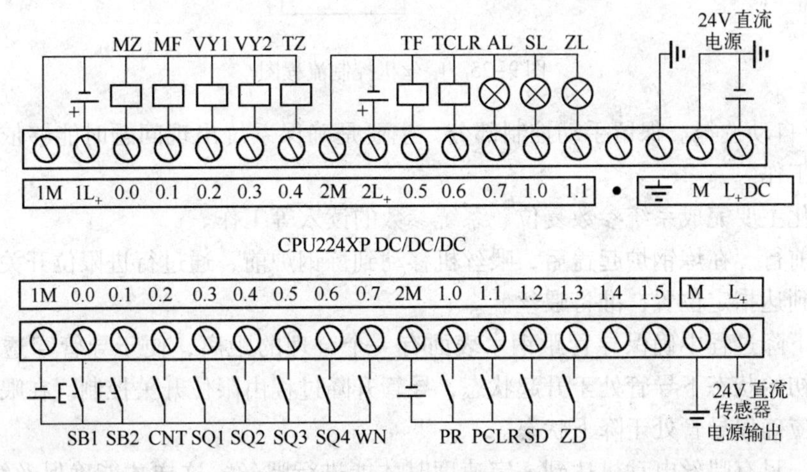

图 9-24　炼钢厂喂丝机控制系统接线图

9.6.6 控制系统软件设计

喂丝机系统的控制流程如图 9-25 所示，它主要包括手动/自动选择、平台行进、导管升降、喂丝和退丝等过程。

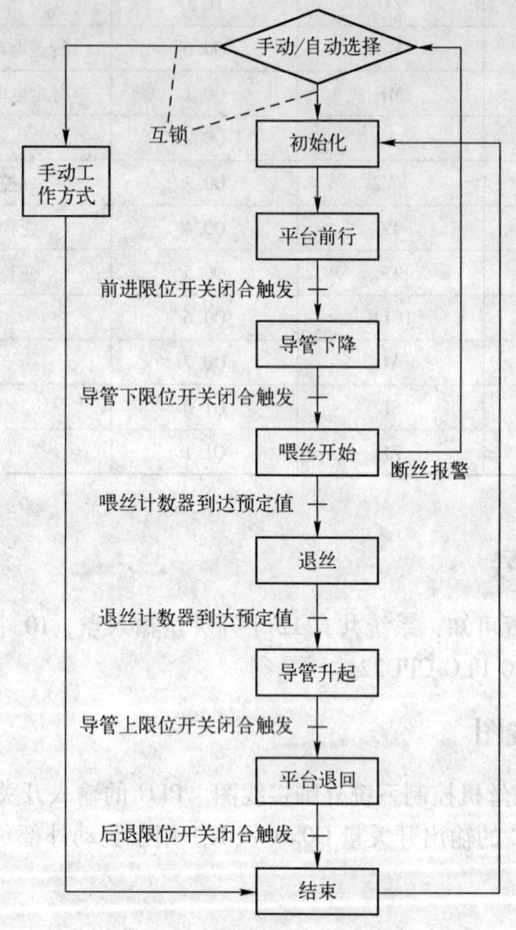

图 9-25 喂丝机控制流程图

- 手动/自动选择。保留手动控制部分，主要是确保系统出现问题时能够依靠人工操作完成工作。
- 初始化主要完成系统参数复位、系统参数的读入等工作。
- 平台前行。在炼钢炉起盖后，喂丝机移动到炼钢炉前，通过行进限位开关确保喂丝机平台到达指定位置，准备喂丝。
- 导管下降过程中确保导管距钢水表面有一个合理的距离，便于导管穿透钢渣进入钢水。初始状态下导管处于升起状态，导管升降过程由限位开关控制。在喂丝和退丝结束前应确保导管处于降下状态。
- 喂丝。只有喂丝电动机达到一定速度时才能进行喂丝，这样才能确保丝线穿透钢渣。因此喂丝主动轮必须延迟一定时间才能动作，延时时间与变频器设定的正转时间有关。喂丝量由计数器控制，喂丝计数的预定值可以通过拨码盘获得。

- 退丝。喂丝到达预定值后要进行退丝。退丝的目的是确保丝线退至导管中，以便下次喂丝能够顺利进行。退丝设定值和变频器设置有关。
- 喂丝结束部分。退丝结束后必须升起导管，确保喂丝平台退至起始位置。喂丝机退回起始位置后等待下次操作。

炼钢厂喂丝机控制系统是在 STEP7-Micro/WIN V4.0 编程环境中开发设计的，具体操作步骤可参考 9.1 节应用实例的设计。

图 9-26 ~ 图 9-30 为炼钢厂喂丝机控制系统的梯形图程序和语句表程序。

1）初始化部分。该部分包括手动/自动切换、复位计数器、喂丝长度设定、报警、启动等，如图 9-26 所示。

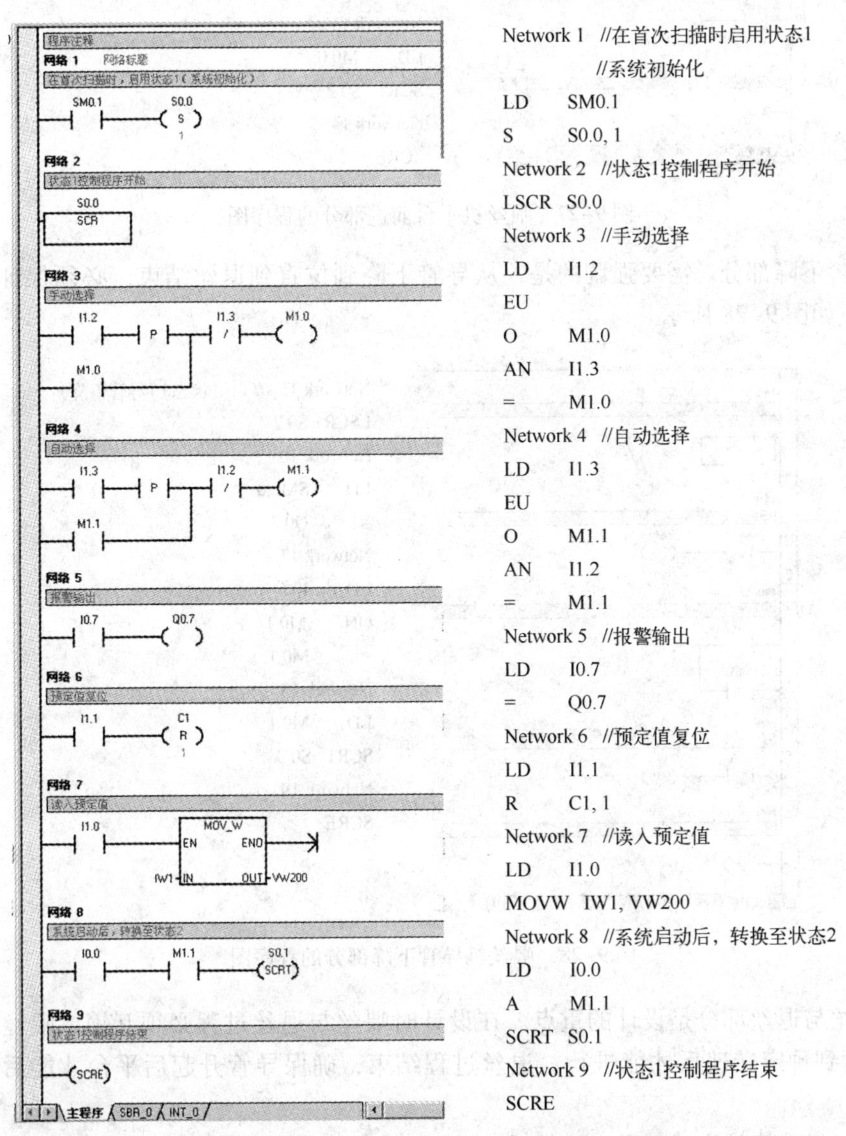

图 9-26 喂丝机控制系统初始化部分的程序图

2）喂丝机平台前进时必须确保行车准确到位，如图 9-27 所示。

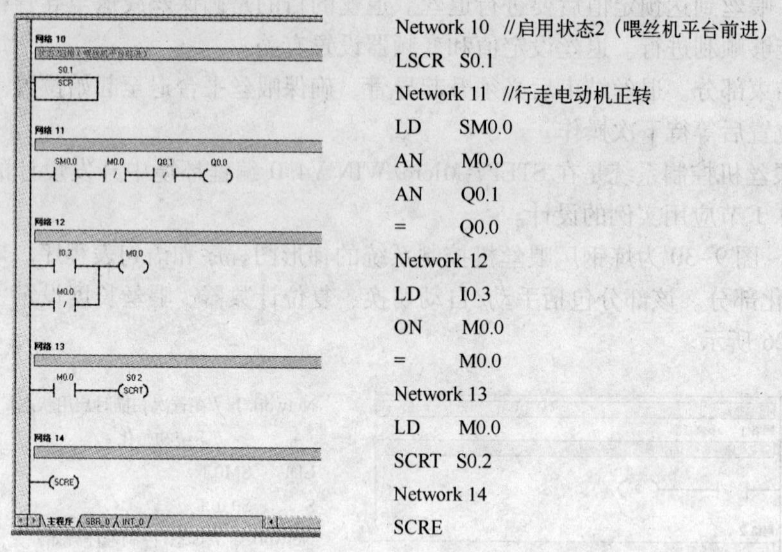

图 9-27　喂丝机平台前进部分的程序图

3）导管下降部分。需要强调的是，从导管下降到位直到退丝结束，必须保证导管处于下降位置，如图 9-28 所示。

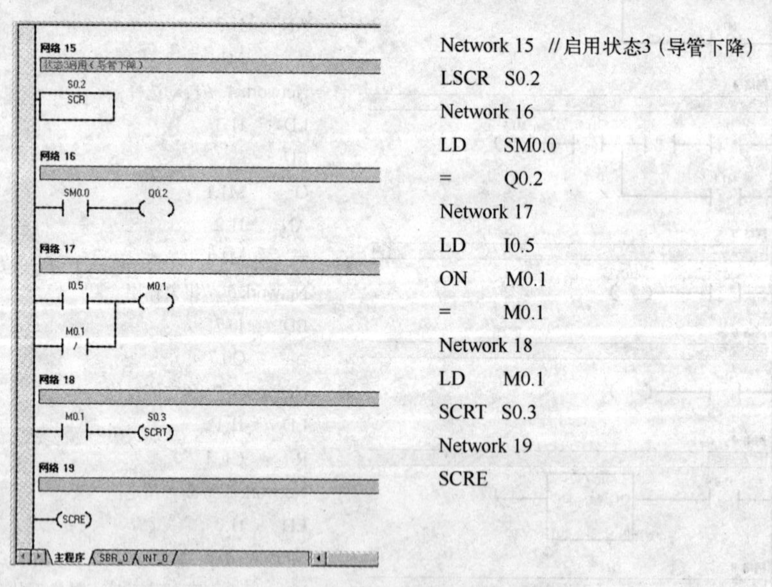

图 9-28　喂丝机导管下降部分的程序图

4）喂丝与退丝部分是设计的重点。在设计时喂丝与退丝过程必须互锁。喂丝必须在喂丝电动机达到预定转速后才能进行。退丝过程结束，确保导管升起后平台才能后退，如图 9-29所示。

5）喂丝机退丝结束后，升起导管，喂丝平台退至起始位置，等待下次操作，如图 9-30 所示。

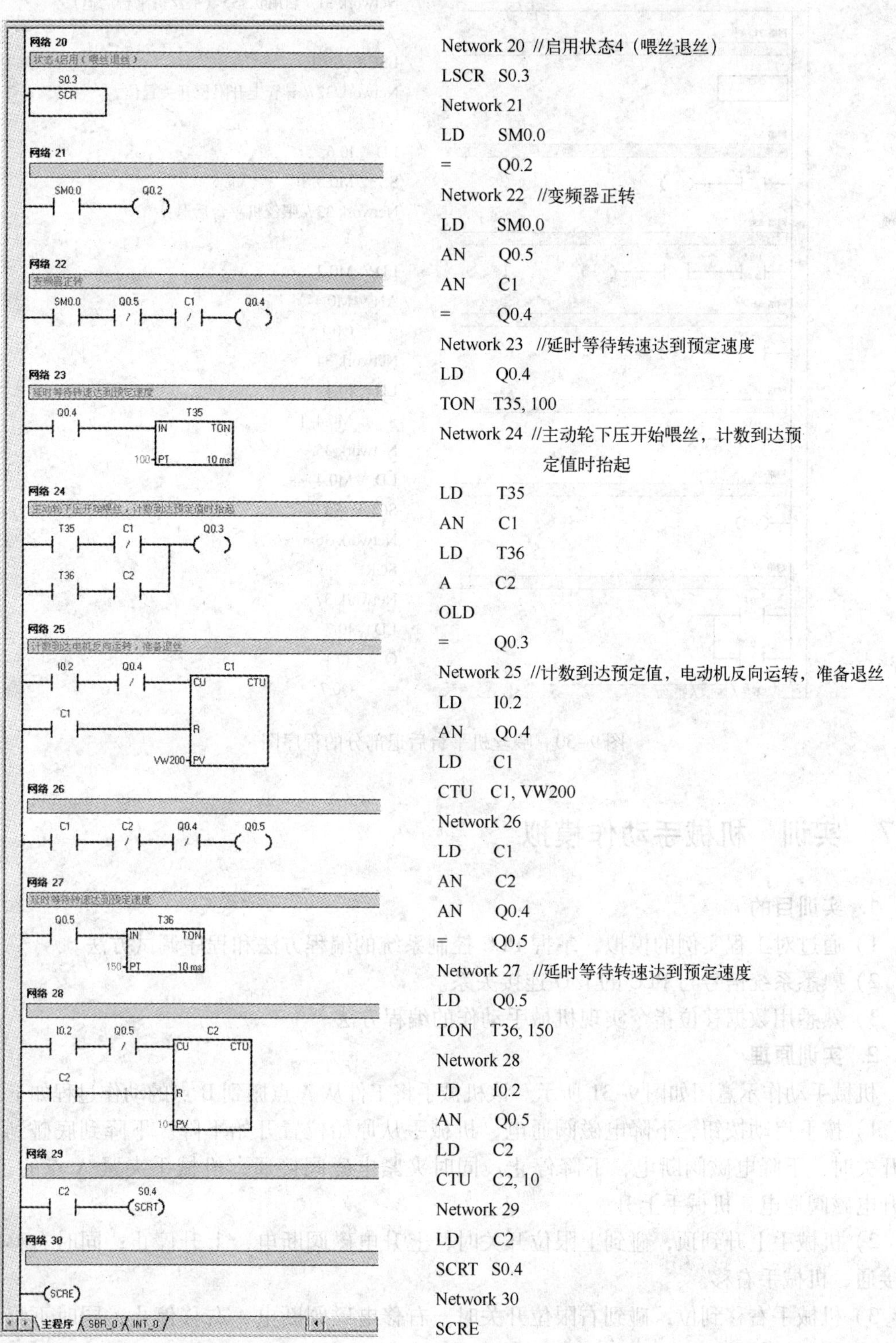

```
Network 20 //启用状态4（喂丝退丝）
LSCR  S0.3
Network 21
LD     SM0.0
=      Q0.2
Network 22  //变频器正转
LD     SM0.0
AN     Q0.5
AN     C1
=      Q0.4
Network 23  //延时等待转速达到预定速度
LD     Q0.4
TON   T35, 100
Network 24  //主动轮下压开始喂丝，计数到达预
              定值时抬起
LD     T35
AN     C1
LD     T36
A      C2
OLD
=      Q0.3
Network 25  //计数到达预定值，电动机反向运转，准备退丝
LD     I0.2
AN     Q0.4
LD     C1
CTU   C1, VW200
Network 26
LD     C1
AN     C2
AN     Q0.4
=      Q0.5
Network 27  //延时等待转速达到预定速度
LD     Q0.5
TON   T36, 150
Network 28
LD     I0.2
AN     Q0.5
LD     C2
CTU   C2, 10
Network 29
LD     C2
SCRT  S0.4
Network 30
SCRE
```

图 9-29　喂丝机喂丝退丝部分的程序图

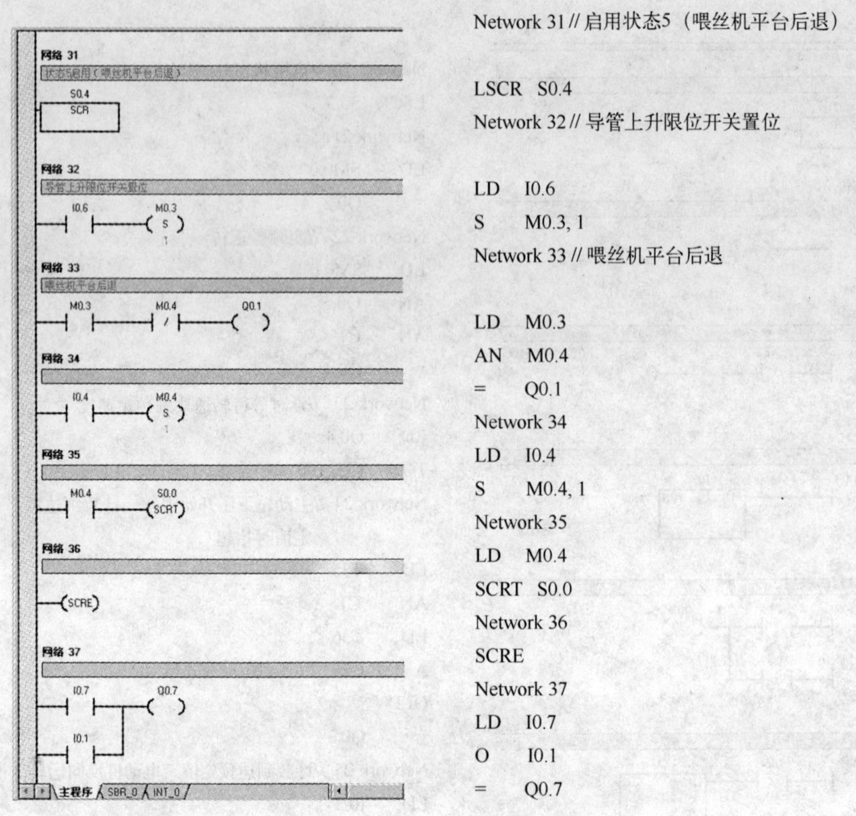


```
Network 31 // 启用状态5（喂丝机平台后退）
LSCR  S0.4
Network 32 // 导管上升限位开关置位
LD    I0.6
S     M0.3, 1
Network 33 // 喂丝机平台后退
LD    M0.3
AN    M0.4
=     Q0.1
Network 34
LD    I0.4
S     M0.4, 1
Network 35
LD    M0.4
SCRT  S0.0
Network 36
SCRE
Network 37
LD    I0.7
O     I0.1
=     Q0.7
```

图 9-30　喂丝机平台后退部分的程序图

9.7　实训　机械手动作模拟

1. 实训目的

1）通过对工程实例的模拟，掌握 PLC 控制系统的编程方法和程序调试方法。

2）熟悉系统信号与 PLC 的 I/O 连接关系。

3）熟悉用数据移位指令实现机械手动作的编程方法。

2. 实训原理

机械手动作示意图如图 9-31 所示。该机械手将工件从 A 点搬到 B 点的动作过程如下。

1）按下启动按钮，下降电磁阀通电，机械手从原始位置开始下降。下降到底碰到下限位开关时，下降电磁阀断电，下降停止。同时夹紧电磁阀接通，机械手夹紧 A 点的工件。上升电磁阀通电，机械手上升。

2）机械手上升到顶，碰到上限位开关时，上升电磁阀断电，上升停止；同时右移电磁阀接通，机械手右移。

3）机械手右移到位，碰到右限位开关时，右移电磁阀断电，右移停止；同时下降电磁阀接通，机械手下降。

4）机械手下降到底，碰到下限位开关时，下降电磁阀断电，下降停止；同时夹紧电磁阀断电，机械手放松，将工件放置于 B 点。

5）机械手放松后，上升电磁阀通电，机械手开始上升。

6）机械手上升到顶，碰到上限位开关时，上升电磁阀断电，上升停止；同时左移电磁阀接通，机械手左移。

7）机械手左移到原点，碰到左限位开关时，左移电磁阀断电，左移停止。至此，机械手完成了一个周期工作。

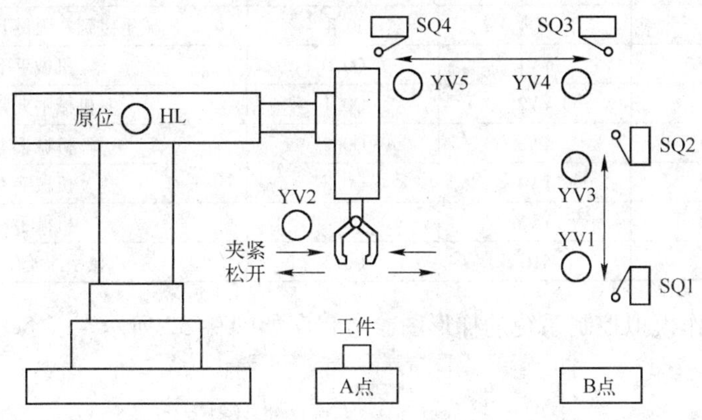

图 9-31　机械手动作示意图

3. 实训内容

利用 STEP7-Micro/WIN V4.0 编写程序模拟机械手的动作过程。

要求：

1）按下启动按钮，机械手从原始位置开始按在 A 点下降→夹紧工件→上升→右移→B 点下降→放松工件→上升→左移→回到原始位置的顺序工作。

2）利用上/下限位开关、左/右限位开关控制机械手到达指定的相应位置；利用指示灯指示上升/下降电磁阀、左移/右移电磁阀、放松/夹紧电磁阀的正常工作。

3）机械手的每次循环动作均从原始位置开始。

4. 实训设备及元器件

1）S7-200 PLC 实验工作台或 PLC 装置。

2）安装有 STEP7-Micro/WIN 编程软件的计算机。

3）PC/PPI + 通信电缆线。

4）按钮、限位开关、继电器、电磁阀、指示灯、导线等必备器件。

5. 实训操作步骤

1）将 PC/PPI + 通信电缆线与计算机连接，按表 9-7 的要求连接 PLC 与控制开关及电磁阀模拟输出元件的外部电路。

2）运行 STEP7-Micro/WIN 编程软件，编辑输入梯形图程序。

3）编译、保存、下载梯形图程序到 S7-200 PLC 中。

4）启动 PLC，观察运行结果，发现运行错误或需要修改程序时重复上面的过程。

提示：

1）模拟机械手动作，可以利用移位寄存器指令 SHRB 实现。

2）表 9-7 为机械手动作模拟控制系统 I/O 资源分配表，仅供参考。

表 9-7　机械手动作模拟控制系统 I/O 资源分配表

名　称	代　码	地　址	说　明
启动按钮	SB1	I0.0	机械手工作启动按钮
下限位开关	SQ1	I0.1	机械手碰到下限位开关后停止下降
上限位开关	SQ2	I0.2	机械手碰到上限位开关后停止上降
右限位开关	SQ3	I0.3	机械手碰到右限位开关后停止右移
左限位开关	SQ4	I0.4	机械手碰到左限位开关后停止左移
下降电磁阀	YV1	Q0.0	机械手下降
夹紧电磁阀	YV2	Q0.1	机械手夹紧工件
上升电磁阀	YV3	Q0.2	机械手上升
右移电磁阀	YV4	Q0.3	机械手右移
左移电磁阀	YV5	Q0.4	机械手左移
原始位置指示	HL	Q0.5	机械手原始位置指示灯

3）机械手动作模拟控制系统的梯形图参考程序如图 9-32 所示。

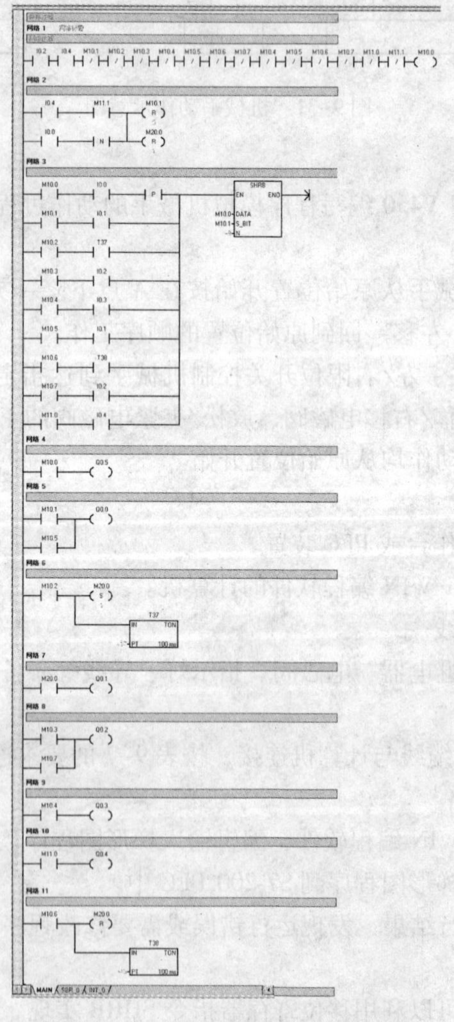

图 9-32　机械手动作的梯形图程序

6. 注意事项

1）可使用控制开关、继电器模拟限位开关的动作；使用信号灯或继电器表示电磁阀的动作。

2）注意电源极性、电压值是否符合所使用 PLC 输入、输出电路的要求。

7. 实训操作报告

1）整理出运行调试后的梯形图程序。

2）写出该程序的调试步骤和观察结果。

9.8 思考与练习

1. 设计实现 3 台电动机的顺序起停电路，有以下要求。

1）按启动按钮后，3 台电动机按照 M1、M2、M3 的顺序起动。

2）按停止按钮后，3 台电动机按照 M3、M2、M1 的顺序停止。

3）动作之间要有一定的时间间隔。

2. 某旋转工作台需要在工位 1 完成上料（上料器推进，料到位后退回等待）、在工位 2 完成打孔（将料夹紧后，钻头下钻到位后打孔，然后钻头退回，到位后松开工件，放松完成后等待）、在工位 3 完成卸件（卸料器向前，将加工完成的工件推出，推出到位后退回，退回到位后等待），3 个工位可同时进行操作，且可以通过选择开关实现自动运行、半自动运行和手动操作。试用 PLC 对该旋转工作台进行控制，并写出梯形图程序。

3. 图 9-33 是一个简单的邮件分拣系统工作示意图。启动后绿灯 L1 亮表示可以进邮件，S1 为 ON 表示模拟检测邮件的光信号检测到了邮件。拨码器模拟邮件的邮码，从拨码器读到的邮码正常值为 1、2、3、4、5。若邮码是这 5 个数中的任一个，则红灯 L2 亮，电动机 M5 运行，邮件分拣至邮箱内，完成后 L2 灭、L1 亮，表示可以继续分拣邮件。若读到的邮码不是这 5 个数，则红灯 L2 闪烁表示出错，电动机 M5 停止。重新启动后系统能重新运行。试用 PLC 对该邮件分拣系统进行控制，并写出梯形图程序。

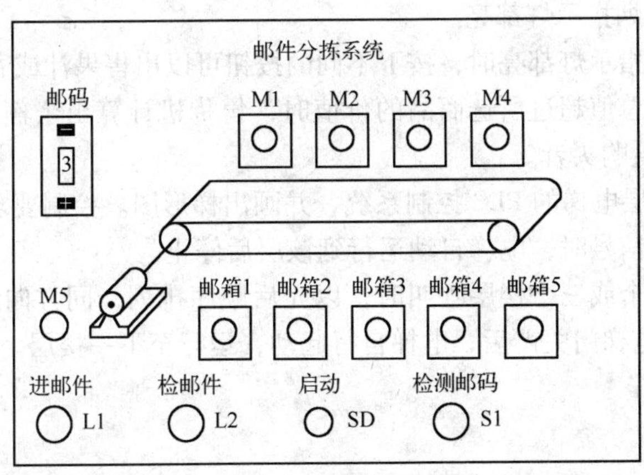

图 9-33 简单邮件分拣系统工作示意图

4. 在制药生产车间严格要求无尘化的生产环境，人和物进入这些场合必须首先进行除尘处理。为了保证除尘操作的严格进行，避免人为因素对除尘要求的影响，可用 PLC 对除尘室的门进行有效控制。控制要求如下。

1）除尘室有两道门，两道门之间有两台风机用来对人或物除尘。第二道门上有电磁锁，在系统的控制下自动锁上或打开。

2）人进入车间时必须先打开第一道门进入除尘室，除尘后方可进入室内。当第一道门打开时，开门传感器动作，第一道门关上时关门传感器动作。第二道门打开时相应的开门传感器动作。

3）第一道门关上后风机开始吹风。电磁锁把第二道门锁上，延时 20 s 后风机自动停止，电磁锁自动打开，此时可打开第二道门进入室内。

4）人从室内出来时，第二道门的开门传感器先动作，第一道门开门传感器后动作。关门传感器与进入时动作相同，但由于不需要除尘，风机和电磁铁均不动作。

5. 三水泵双恒压无塔供水系统能同时保证居民生活用水的需要和消防用水的要求。生活和消防用水共用三台水泵。平时消防管网关闭，三水泵根据生活用水量按一定的控制逻辑运行，使生活供水在恒压状态下进行。发生火灾时消防管网打开，生活用水管网关闭，三水泵供消防用水使用，并根据用水量的大小，使消防供水也在恒压状态下进行。火灾后三水泵继续为居民生活供水。试用 PLC 对双恒压无塔供水设备进行控制。控制要求如下。

1）三水泵在起动时要有软启动功能，且根据恒压的需要采取“先开先停”的原则接入和退出。

2）在用水量小的情况下，如果一台水泵连续运行时间超过 3h，则要切换到下一台水泵。即系统具有“倒泵功能”，能避免某一台水泵工作时间过长。

3）生活供水时，系统应按低恒压值运行，消防供水时系统应按高恒压值运行。

6. 试设计一个自动售货机控制系统，控制要求如下。

1）自动售货机能识别 10 元、20 元和 50 元纸币。如果不是这些钱币，系统要能自动退出钱币。

2）自动售货机能出售两种商品，果汁每瓶 12 元，香烟每盒 30 元。

3）当投入的钱币总值等于或超过 12 元时，果汁指示灯亮；当投入的钱币总值等于或超过 30 元时，果汁和香烟指示灯都亮。

4）当果汁和香烟指示灯都亮时，按下不同的按钮可以出售果汁或香烟。

5）若投入的纸币总值超过所选商品的价值时，售货机计算出余额，并且以币值为一元的硬币按照余额退还给购买者。

7. 试设计一个三层电梯的 PLC 控制系统，并画出梯形图。控制要求如下。

1）某楼层有呼叫信号时，电梯自动运行到该层后停止。

2）如果同时有两个或三个楼层呼叫时，以先后顺序排列，同方向就近楼层优先。电梯运行到就近楼层，待电梯门关严后，电梯自行起动，运行至下一楼层。

附　录

附录 A　电气简图用图形符号（部分）

（GB/T 4728. 1 ~4728. 13 - 1996 ~2000）

序　号	名　称	图形符号	文字符号	序　号	名称	图形符号	文字符号
1	一般开关（机械式）		Q	9	延时闭合的动合触点		KT
2	位置开关（动合触点）		SL	10	延时断开的动合触点		KT
3	位置开关（动断触点）		SL	11	延时闭合的动断触点		KT
4	位置开关		SL	12	延时断开的动断触点		KT
5	按钮开关	E-\	SB	13	过电流继电器	I>	KOA
6	继电器线圈		KM	14	欠电压继电器	U<	KUV
7	动合触点		KM	15	缓慢吸合继电器的线圈		KT
8	动断触点		KM	16	缓慢释放继电器的线圈		KT

（续）

序号	名称	图形符号	文字符号	序号	名称	图形符号	文字符号
17	热继电器		KTH	32	接地		E
18	电磁铁		YB	33	电压表	V	PV
19	熔断器		FU	34	电流表	A	PA
20	信号灯		HL	35	功率表	W	PW
21	插头和插座		XS；XP	36	电度表	W_h	PWh
22	电阻器		R	37	无功功率表	var	PR
23	电位器		RP	38	功率因数表	cosφ	PPF
24	电容器		C	39	频率计	Hz	PF
25	极性电容器	+	C	40	三相鼠笼式感应电动机	M 3～	MC
26	可调电容器		C	41	三相绕线式转子感应电动机	M 3～	MW
27	电抗器		L	42	桥式全波整流器		VR
28	半导体二极管		VD	43	端子		X
29	三极晶体闸流管		VTH	44	电铃		HAB（EB；PB）
30	稳压二极管		VS	45	蜂鸣器		HAB（PUB）
31	PNP 半导体管		VT				

附录 B　S7-200 PLC 基本指令集

布尔指令

指令格式	说明	指令格式	说明
LD　N	装载	A　N	与
LDI　N	立即装载	AI　N	立即与
LDN　N	取反后装载	AN　N	取反后与
LDNI　N	取反后立即装载	ANI　N	取反后立即与
O　N	或	S　BIT, N	置位一个区域
OI　N	立即或	R　BIT, N	复位一个区域
ON　N	取反后或	SI　IT, N	立即置位一个区域
ONI　N	取反后立即或	RI　BIT, N	立即复位一个区域
LDBx N1, N2	装载字节比较的结果 N1(x: <, <=, =, >=, >, <>) N2	LDWx IN1, IN2	装载字比较的结果 N1(x: <, <=, =, >=, >, <>) N2
ABx N1, N2	与字节比较的结果 N1(x: <, <=, =, >=, >, <>) N2	AWx IN1, IN2	与字比较的结果 IN1(x: <, <=, =, >=, >, <>) IN2
OBx IN1, IN2	或字节比较的结果 IN1(x: <, <=, =, >=, >, <>) IN2	OWx N1, N2	或字比较的结果 IN1(x: <, <=, =, >=, >, <>) IN2
LDDx IN1, IN2	装载双字比较的结果 IN1(x: <, <=, =, >=, >, <>) IN2	LDRx IN1, IN2	装载实数比较的结果 IN1(x: <, <=, =, >=, >, <>) IN2
ADx IN1, IN2	与双字比较的结果 IN1(x: <, <=, =, >=, >, <>) IN2	ARx IN1, IN2	与实数比较的结果 IN1(x: <, <=, =, >=, >, <>) IN2
ODx IN1, IN2	或双字比较的结果 IN1 (x: <, <=, =, >=, >, <>) IN2	ORx IN1, IN2	或实数比较的结果 IN1 (x: <, <=, =, >=, >, <>) IN2
NOT	堆栈取反	AENO	与 ENO
EU ED	检测上升沿 检测下降沿	ALD OLD	与装载 或装载
=　Bit =1　Bit	赋值 立即赋值	LDSx IN1, IN2 ASx IN1, IN2 OSXI IN1, IN2	字符串比较的装载结果 IN1(x:=, <>) IN2 字符串比较的与结果 IN1(x:=, <>) IN2 字符串比较的或结果 IN1(x:=, <>) IN2
LPS LRD LPP LDS　N	逻辑进栈(堆栈控制) 逻辑读(堆栈控制) 逻辑出栈(堆栈控制) 装载堆栈(堆栈控制)		

MOVB IN, OUT
MOVW IN, OUT
MOVD IN, OUT
MOVR IN, OUT
	字节、字、双字和实数传送	SRB OUT, N
		SRW OUT, N
		SRD OUT, N
			字节、字和双字右移

BIR IN, OUT BIW IN, OUT	立即读取传送字节 立即写入传送字节	SLB OUT, N SLW OUT, N SLD OUT, N	字节、字和双字左移
BMB IN, OUT, N BMW IN, OUT, N BMD IN, OUT, N	字节、字和双字块传送	RRB OUT, N RRW OUT, N RRD OUT, N	字节、字和双字循环右移
SWAP　IN	交换字节	RLB OUT, N RLW OUT, N RLD OUT, N	字节、字和双字循环左移
SHRB DATA, SBIT, N	寄存器移位		

（续）

数学、增减指令			
指令格式	说明	指令格式	说明
+I IN1, OUT +D IN1, OUT +R IN1, OUT	整数、双整数或实数加法 IN1 + OUT = OUT	* I IN1, OUT * D IN1, OUT * R IN1, IN2	整数、双整数或实数乘法 IN1 * OUT = OUT
-I IN1, OUT -D IN1, OUT -R IN1, OUT	整数、双整数或实数减法 OUT - IN1 = OUT	/I IN1, OUT /D, IN1, OUT /R IN1, OUT	整数、双整数或实数除法 OUT/IN1 = OUT
MUL IN1, OUT	整数乘法(16 * 16-- >32)	DIV IN1, OUT	整数除法(16/16-- >32)
SQRT IN, OUT	平方根	SIN IN, OUT	正弦
LN IN, OUT	自然对数	COS IN, OUT	余弦
EXP IN, OUT	自然指数	TAN IN, OUT	正切
INCB OUT INCW OUT INCD OUT	字节、字和双字增 1	DECB OUT DECW OUT DECD OUT	字节、字和双字减 1
PID Table, Loop	PID 回路		

逻辑操作			
指令格式	说明	指令格式	说明
ANDB IN1, OUT ANDW IN1, OUT ANDD IN1, OUT	对字节、字和双字取逻辑与	XORB IN1, OUT XORW IN1, OUT XORD IN1, OUT	对字节、字和双字取逻辑异或
ORB IN1, OUT ORW IN1, OUT ORD IN1, OUT	对字节、字和双字取逻辑或	INVB OUT INVW OUT INVD OUT	对字节、字和双字取反 (1 的补码)

表、查找和转换指令			
指令格式	说明	指令格式	说明
ATT TABLE, DATA	把数据加到表中	FILL IN, OUT, N	用给定值占满存储器空间
LIFO TABLE, DATA FIFO TABLE, DATA	从表中取数据	BCDI OUT IBCD OUT	把 BCD 码转换成整数 把整数转换成 BCD 码
FND = TBL, PTN, INDX FND <> TBL, PTN, INDX FND < TBL, PTN, INDX FND > TBL, PTN, INDX	根据比较条件在表中查找数据	BTI IN, OUT ITB IN, OUT ITD IN, OUT DTI IN, OUT	把字节转换成整数 把整数转换成字节 把整数转换成双整数 把双整数转换成整数
DTR IN, OUT TRUNC IN, OUT ROUND IN, OUT	把双字转换成实数 把实数转换成双字 把实数转换成双字	ATH IN, OUT, LEN HTA IN, OUT, LEN ITA IN, OUT, FMT DTA IN, OUT, FM RTA IN, OUT, FM	把 ASCII 码转换成 16 进制格式 把 16 进制格式转换成 ASCII 码 把整数转换成 ASCII 码 把双整数转换成 ASCII 码 把实数转换成 ASCII 码
DECO IN, OUT ENCO IN, OUT	解码 编码		
SEG IN, OUT	产生 7 段格式		
ITS IN, FMT, OUT DTS IN, FMT, OUT RTS IN, FMT, OUT	把整数转为字符串 把双整数转换成字符串 把实数转换成字符串	STI STR, INDX, OUT STD STR, INDX, OUT STR STR, INDX, OUT	把子字符串转换成整数 把子字符串转换成双整数 把子字符串转换成实数

（续）

定时器和计数器指令			
指令格式	说明	指令格式	说明
TON Txxx，PTT TOF Txxx，PT TONR Txxx，PT BITIM OUT CITIM IN，OUT	接通延时定时器 断开延时定时器 带记忆的接通延时定时器 启动间隔定时器 计算间隔定时器	CTU Cxxx，PV CTD Cxxx，PV CTUD Cxxx，PV	增计数 减计数 增/减计数

程序控制指令			
指令格式	说明	指令格式	说明
END	程序的条件结束	FOR INDX，INIT，FINAL NEXT	For/Next 循环
STOP	切换到 STOP 模式		
WDR	看门狗复位（300ms）	DLED IN	诊断 LED
JMP N IBL N	跳到定义的标号 定义一个跳转的标号	LSCR N SCRT N CSCRE SCRE	顺控继电器段的起动、转换，条件结束和结束
CALL N［N1，…］ CRET	调用子程序［N1，…可以有 16 个可选参数］ 从 SBR 条件返回		

字符串指令		实时时钟指令	
指令格式	说明	指令格式	说明
SLEN IN，OUT SCAT IN，OUT SCPY IN，OUT SSCPY IN，INDX，N，OUT CFND IN1，IN2，OUT SFND IN1，IN2，OUT	字符串长度 连接字符串 复制字符串 复制子字符串 字符串中查找第一个字符 在字符串中查找字符串	TODR T TODW T TODRX T TODWX T	读实时时钟 写实时时钟 扩展读实时时钟 扩展写实时时钟

中断指令		通信指令	
指令格式	说明	指令格式	说明
CRETI	从中断条件返回	XMT TABLE，PORT RCV TABLE，PORT	自由端口传送 自由端口接受消息
ENIDISI	允许中断禁止中断	TODR TABLE，PORT TODW TABLE，PORT	网络读 网络写
ATCH INT，EVENT DTCH EVENT	给事件分配中断程序 解除事件	GPA ADDR，PORT SPA ADDR，PORT	获取端口地址 设置端口地址

高速指令	
指令格式	说明
HDEF HSC，Mode	定义高速计数器模式
HSC N	激活高速计数器
PLS X	脉冲输出

部分习题参考答案

2.5 思考与练习

11. 变量寄存器区从 V300 开始的 10B 存储单元存放的数据如题 2-11 图所示。由位、字节、字和双字的定义可知，VB302.1 的数据为“1”，VB302 的数据为“56”，VW302 的数据为“5678”，VD302 的数据为“56789A50”。

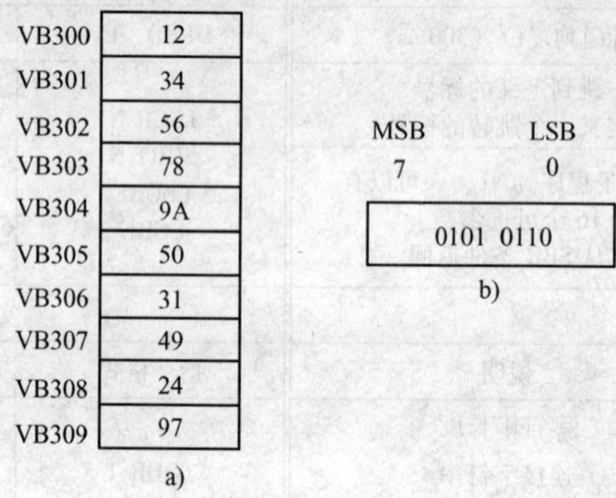

题 2-11 图

3.8 思考与练习

3. 1）按钮 SB1、SB2 为输入点，KM1 为输出点，I0.0、I0.1 为输入映像寄存器，Q1.0 为输出映像寄存器。

2）参考梯形图程序如题 3-3 图 a 所示。

3）参考梯形图程序如题 3-3 图 b 所示。

4）参考梯形图程序如题 3-3 图 c 所示。

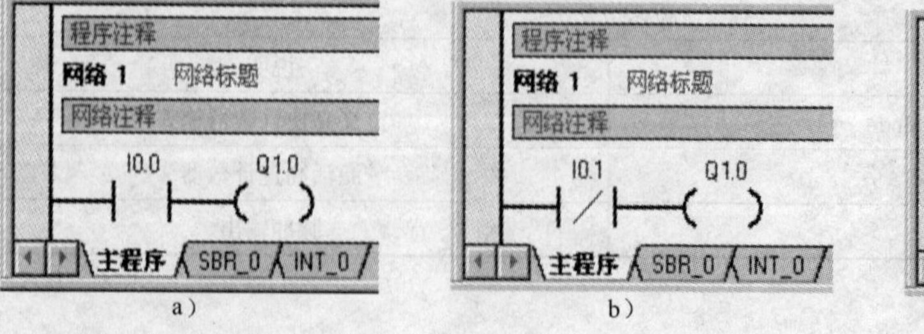

题 3-3 图

5）参考梯形图程序如题 3-3 图 d 所示。

6）梯形图需要改变。改变之后的梯形图如题 3-3 图 e 所示。

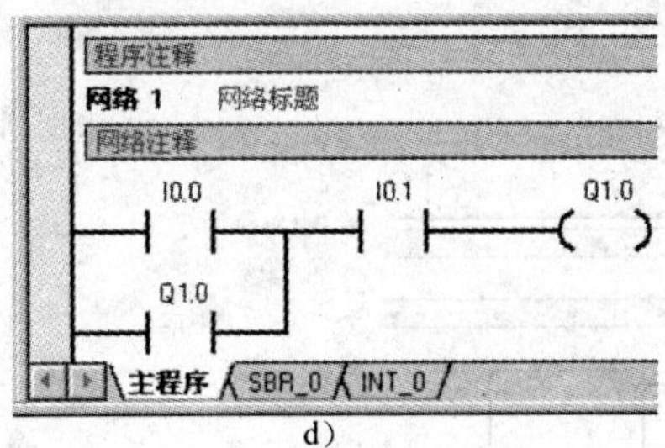

d）

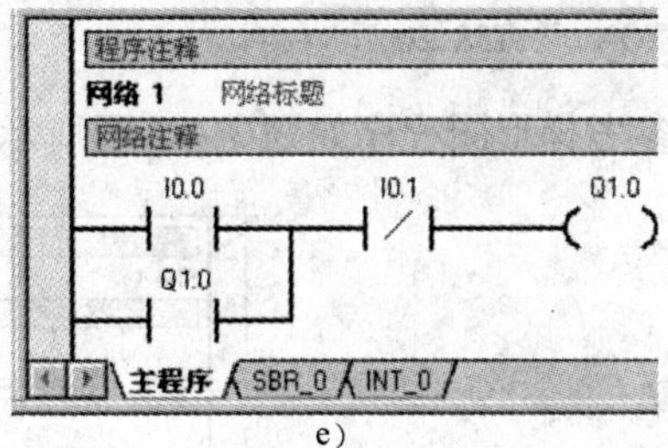

e）

题 3-3 图（续）

7. 参考梯形图程序如题 3-7 图所示。

8. 参考梯形图程序如题 3-8 图所示。

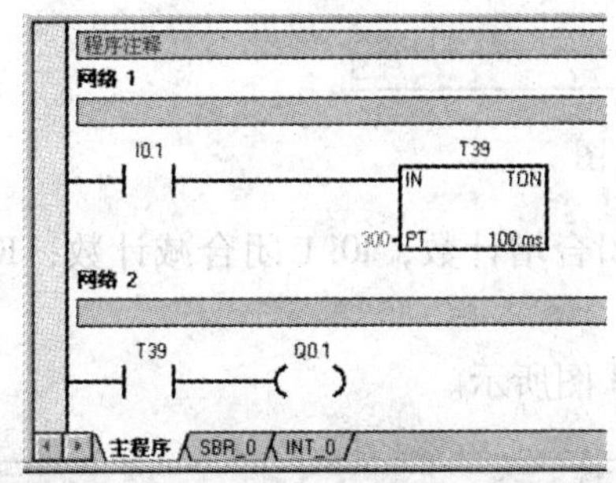

题 3-7 图

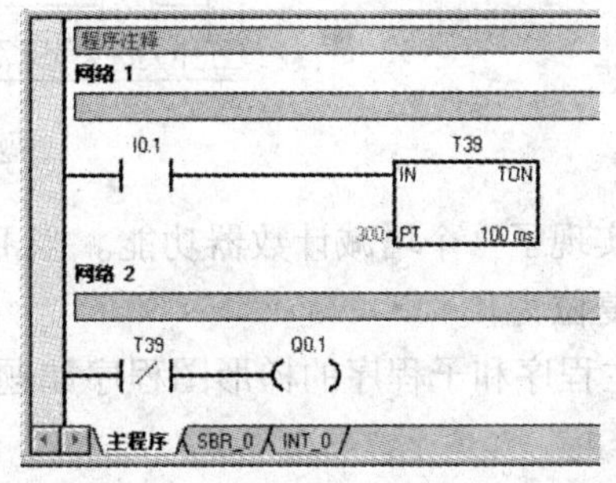

题 3-8 图

10. 参考梯形图程序如题 3-10 图所示。

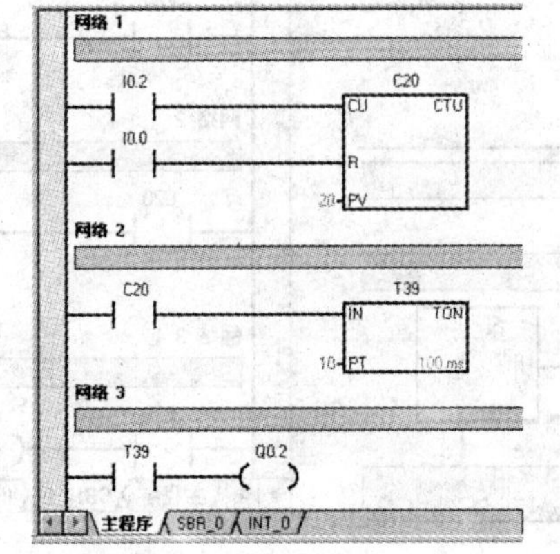

题 3-10 图

11. 此梯形图程序实现了一个 2 s 通、3 s 断的闪烁电路。语句表程序如下。

```
Network 1
LDN     T38
TON     T37,30
```

```
Network 2
LD      T37
TON     T38,20
```

12. 参考梯形图程序如题 3-12 图所示。

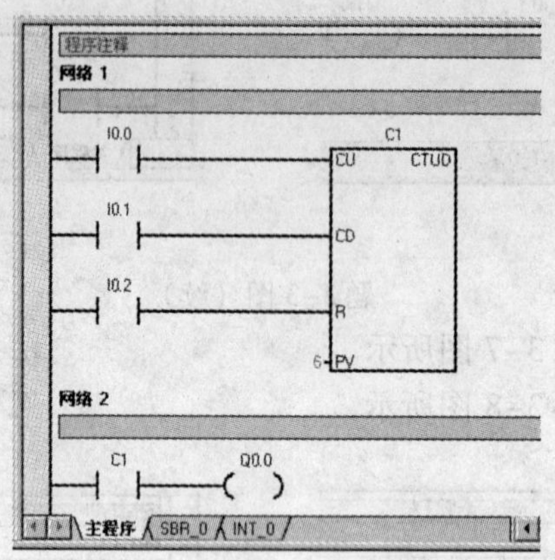

题 3-12 图

此题实现了一个增减计数器功能。当 I0.0 闭合增计数，I0.1 闭合减计数，I0.2 闭合将当前值 6 复位为 0。

13. 主程序和子程序的梯形图程序如题 3-13 图所示。

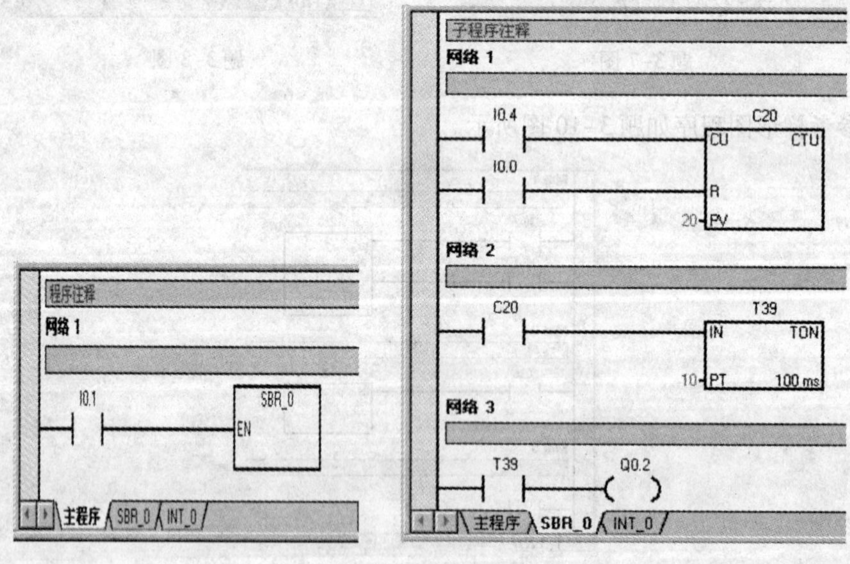

题 3-13 图

4.4 思考与练习

4. 参考例 4-2 梯形图程序结构。

5.11 思考与练习

4. 1）参考梯形图程序如题 4-4 图 a 所示。

2）参考梯形图程序如题 4-4 图 b 所示。

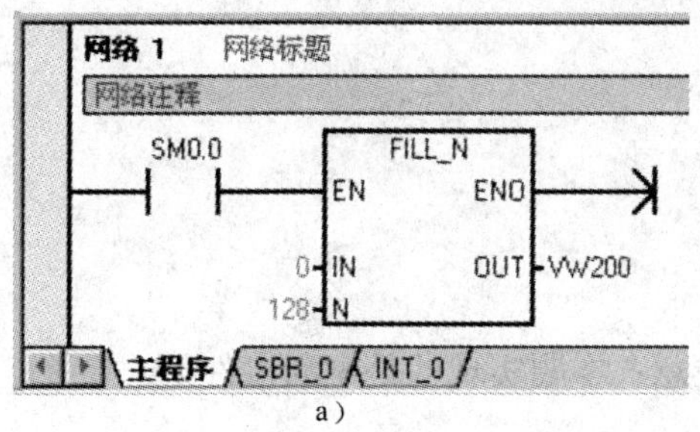

a）

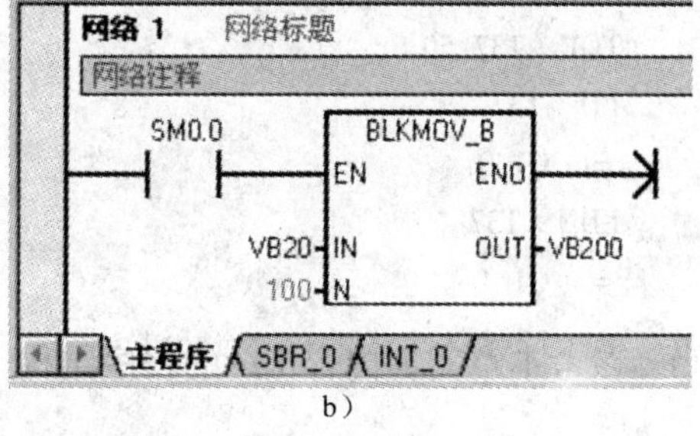

b）

题 4-4 图

6. 梯形图程序如题 4-6 图所示。

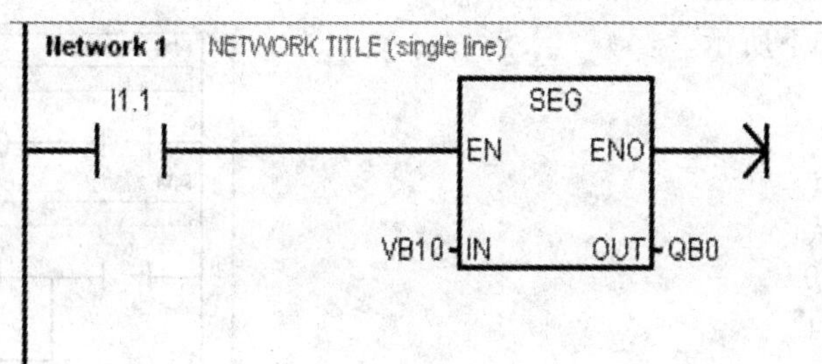

题 4-6 图

7. 梯形图程序如题 4-7 图所示。

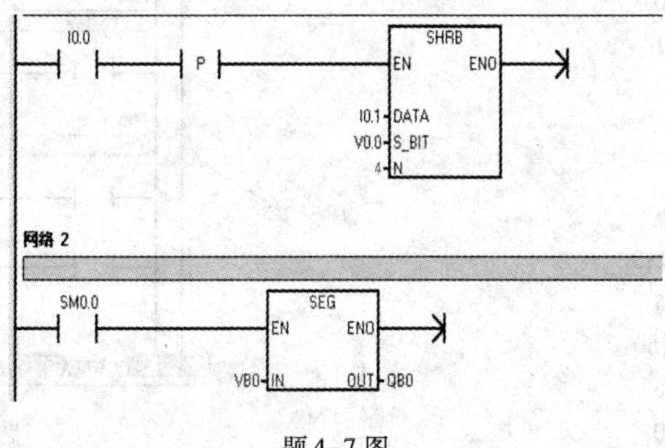

题 4-7 图

8. 语句表程序如下。

LD I0.0

```
SEG  1,QB0
LD  10.1
SEG  2,QB0
LD  10.2
SEG  3,QB0
LD  10.3
SEG  4,QB0
TOF  T37,50
LD  T37
=  Q1.0
LDN  T37
=  Q1.1
```

11. 参考本章实训内容1）的程序结构（注意：本题实现的是中断事件1）。

6.7 思考与练习

5. 改正后的梯形图如题6-5图所示。
6. 参考语句表如下所示。

```
Network 1
LD     10.0
AN     10.2
LDN    M0.0
A      M0.1
OLD
LDN    10.4
O      T38
ALD
LD     M1.0
AN     M1.1
ON     M1.2
OLD
AN     T37
=      Q0.0
S      Q0.1,3
A      M0.5
TON    T37,50
AN     M0.6
=      M2.0
```

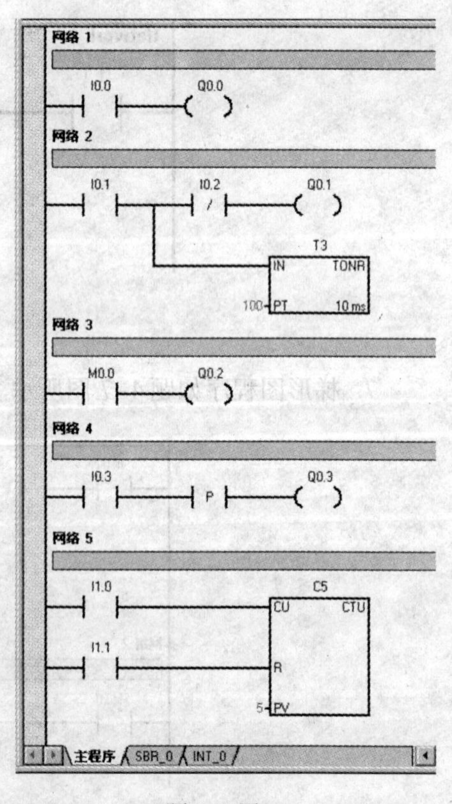

题6-5图

7. 参考梯形图程序如题6-7图所示。
9. 参考梯形图程序如题6-9图所示。

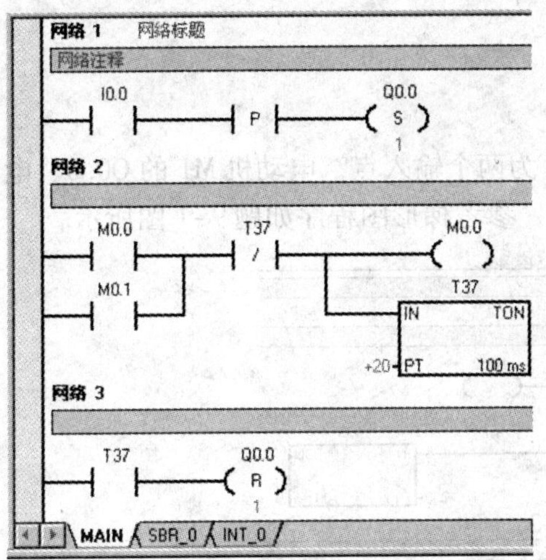

题 6-7 图

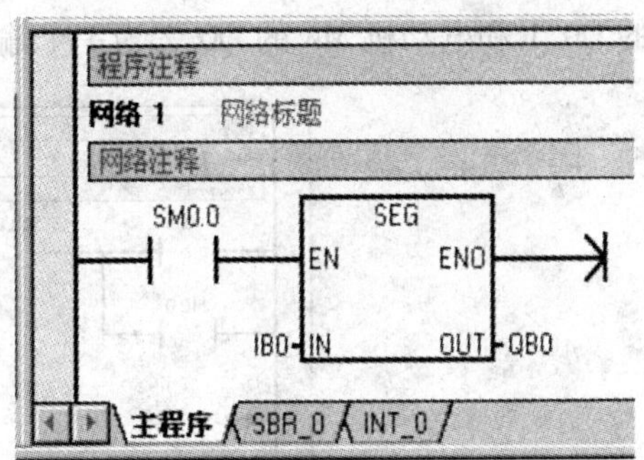

题 6-9 图

7.4 思考与练习

4. 主机发送和从机接收的参考梯形图程序如题 7-4 图所示。

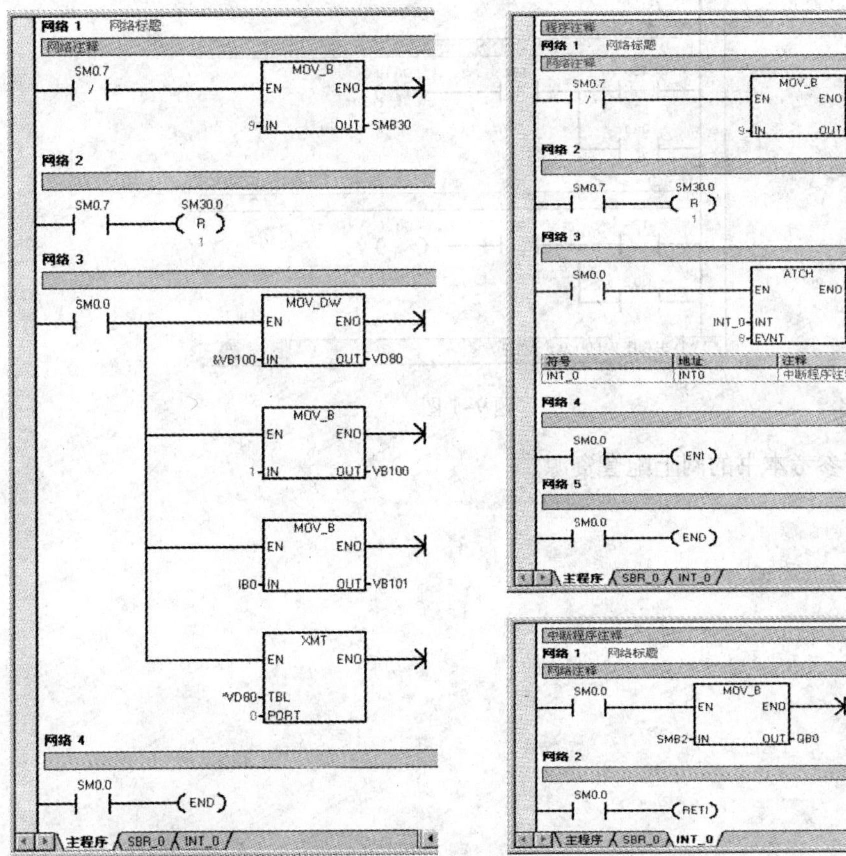

题 7-4 图

9.8 思考与练习

1. 本题中，启动按钮 I0.0 和停止按钮 I0.1 为两个输入点，电动机 M1 的 Q0.0、电动机 M2 的 Q0.1 和电动机 M3 的 Q0.2 为三个输出点，参考梯形图程序如题 9-1 图所示。

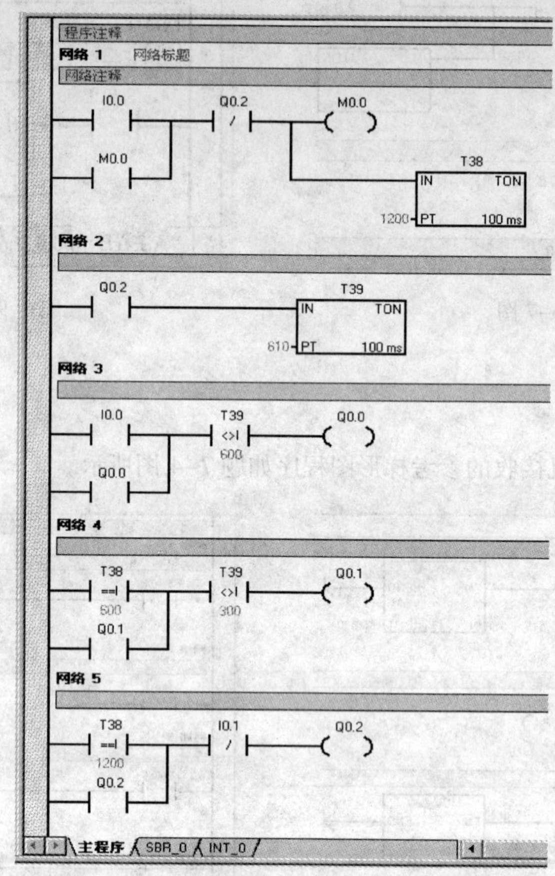

题 9-1 图

2. ~7. 请参考本书的网上配套资源。

参考文献

[1] 王永华.现代电气控制及 PLC 应用技术[M].北京:北京航空航天大学出版社,2004.

[2] 翟红程,俞宁.西门子 S7-200 PLC 应用教程[M].北京:机械工业出版社,2007.

[3] 殷洪义.可编程序控制器选择、设计与维护[M].北京:机械工业出版社,2003.

[4] 王卫兵,高俊山,等.可编程序控制器原理及应用[M].北京:机械工业出版社,2003.

[5] 张万忠,刘明芹.电器与 PLC 控制技术[M].北京:化学工业出版社,2003.

[6] 周万珍,高鸿斌.PLC 分析与设计应用[M].北京:电子工业出版社,2004.

[7] 胡学林.可编程序控制器教程[M].北京:电子工业出版社,2003.

[8] 伍锦荣.可编程控制器系统应用与维护技术[M].广州:华南理工大学出版社,2004.

[9] 张进秋,陈永利,张中民.可编程控制器原理及应用实例[M].北京:机械工业出版社,2004.

[10] 严盈富.PLC 入门[M].北京:人民邮电出版社,2005.

[11] 高钦和.可编程序控制器应用技术与设计实例[M].北京:人民邮电出版社,2004